贵州草海

国家级自然保护区
综合科学考察报告

**Report on Comprehensive Scientific Survey in
Caohai National Nature Reserve of Guizhou**

陈永祥　陈群利　冯　图/编著/

中国林业出版社
·北京·

图书在版编目（CIP）数据

贵州草海国家级自然保护区综合科学考察报告/陈永祥，陈群利，冯图编著.
-- 北京：中国林业出版社，2021.3
ISBN 978-7-5219-1105-3

Ⅰ．①贵…　Ⅱ．①陈…　②陈…　③冯…　Ⅲ．①自然保护区－科学考察－
考察报告－威宁彝族回族苗族自治县　Ⅳ．①S759.992.734

中国版本图书馆CIP数据核字(2021)第058408号

中国林业出版社·自然保护分社（国家公园分社）

策划编辑：张衍辉
责任编辑：张衍辉　　葛宝庆

出　版：中国林业出版社（100009　北京市西城区刘海胡同7号）
网　址：http://www.forestry.gov.cn/lycb.html
E-mail：cfybook@sina.com　　　电　话：010-83143521　83143612
发　行：中国林业出版社
印　刷：中林科印文化发展（北京）有限公司
版　次：2021年10月第1版
印　次：2021年10月第1次
开　本：889mm×1194mm　1/16
印　张：18.25
彩　插：32P
字　数：520千字
定　价：198.00元

贵州草海国家级自然保护区综合科学考察报告
编委会

委托单位：贵州草海国家级自然保护区管理委员会

承担单位：贵州工程应用技术学院 贵州科学院 重庆大学　贵州大学

支持平台：贵州省重点学科"生态学"（黔学位合字 ZDXK〔2013〕11）

　　　　　贵州省区域内一流建设培育学科"生态学"（QYPY-201806）

　　　　　贵州省典型高原湿地生态保护与修复重点实验室（黔科合平台人才〔2020〕2002）

　　　　　贵州省教育厅创新群体重大研究项目（黔教合 KY 字〔2017〕050）

前言

草海国家级自然保护区位于贵州省威宁县，是贵州省最大的天然淡水湖泊，也是云贵高原最重要的鸟类越冬地之一。自 1985 年正式建立省级自然保护区以来，一直受到国家和地方各级政府的高度重视，保护区建设管理越来越规范，保护成效也越来越好。

1980—1985 年及 2005—2006 年，有关部门和单位对保护区进行了 2 次科学考察，为开展以黑颈鹤等候鸟为重点的生物多样性保护和湿地生态修复起到了促进作用。为了更全面地了解保护区的现状，根据中华人民共和国环境保护部《关于印发<自然保护区综合科学考察规程>试行）的通知》（环函〔2010〕139 号）相关要求，2015 年 5 月，经贵州省林业厅批准，受草海国家级自然保护区管理委员会委托，由贵州工程应用技术学院牵头，联合贵州科学院、贵州省生物研究所、重庆大学、贵州大学等多家单位开展草海综合科学考察工作。综合科学考察共分为 22 个子课题，包括生物多样性、自然地理环境、社会经济状况、保护区管理与评价等专项调查。考察队伍包含植物学、动物学、生态学、地质学、地理学、管理学等相关学科的专业技术人员 90 余人。

2016 年 6 月底正式启动了科考工作，整个科考工作的野外调查及内业工作持续了 18 个月，参加人员 760 余人次，动用车辆 100 余台次。2018 年 9 月初，应草海国家级自然保护区管理委员会邀请，贵州工程应用技术学院组织团队对草海国家级自然保护区"二线"叠加后区域开展了补充调查工作。补充调查结束后，成立了以总课题负责人陈永祥教授为组长，陈群利教授和冯图博士为副组长的科考报告编写组，负责总报告的编撰。

2018 年 11 月初，草海国家级自然保护区管理委员会组织专家对科考项目进行了验收。专家组对科考成果高度评价，认为达到了国内领先水平，同时建议对生态系统专章论述。编写组根据专家意见，撰写了"草海湿地生态系统结构与功能"一章，力图深化对草海湿地生态系统整体性和系统性的认识，并从生态系统保护的角度提出了意见和建议。

2019 年 8 月初，草海国家级自然保护区管理委员会要求报告中经济社会发展的数据要更新到 2018 年，土地利用要使用第三次全国国土调查数据，"保护区管理"一章的内容也需要作比较大幅度的改动。编写组于 2019 年底按要求完成了修改。此后，由于新冠疫情等原因，编写、出版工作停滞了近一年时间。

2020 年 11 月确定了出版单位后，编写组组长对报告再次进行了细致的修改，并于 2021 年 1 月初向出版社提交了书稿。4 月，出版社返回了审稿意见，编写组组长与各章节的作者们认真研究审稿意见后对书稿作了进一步完善。

本书是在本次科学考察的基础上，结合保护区前两次科考的成果，参考保护区已完成的其他调查研究成果及文献资料综合编制而成，是保护区建立35年来科学研究的整体反映，具有重要价值。它的出版将使上述珍贵的科学考察资料得以有效的保存，能够让人们更加完整准确地了解草海的科学价值、保护价值和经济价值，为今后加强草海国家级自然保护区的管理、科研、宣传教育、社区发展等工作奠定坚实的基础。本书是该保护区第一次按照国家级自然保护区科学考察规范开展科学考察的基础上形成的，与前两次科学考察比较，增加了大型真菌、土壤动物、生态系统的结构与功能等内容，对全面了解保护区资源现状、更好地保护该保护区生物多样性具有重要意义。另外，本次科考还与前两次科考的结果进行了比较研究，有利于研究者和管理者了解该保护区的演变过程。

这部凝聚着众人心血和汗水的报告即将付印，在此，感谢威宁县委县人民政府、草海国家级自然保护区党工委、管委会的信任与支持；感谢省林业厅（林草局）有关处室、湿地中心、野生动物保护中心的指导和支持；感谢田昆教授、袁兴中教授多年来对贵州工程应用技术学院生态学学科团队的支持和帮助；感谢中国林业出版社的各位审稿专家和编辑同志，他们严谨治学的精神和精益求精的工作态度感动了我们每一个作者。最后特别感谢参加此次科考的贵州科学院原党委书记高贵龙、副院长张金东、生物所聂飞所长等协作单位领导、各位专家和所有同事，没有大家的辛勤付出，就不会有今天的成果。

编写组

2021 年 7 月 5 日

目录

第1章
总 论

1.1 自然保护区地理位置

贵州草海国家级自然保护区（以下简称"保护区"）位于贵州省威宁彝族回族苗族自治县县城南侧，地处云贵高原乌蒙山区腹地。其地理坐标介于北纬 26°47′35″N~26°52′10″N 和东经 104°9′23″E~104°20′10″E 之间。保护区总面积为 12006hm²，是贵州省最大的高原天然淡水湖泊，我国特有的高原鹤类——黑颈鹤的主要越冬地之一。

1.2 自然地理环境概况

保护区位于云贵高原中部，处于滇东高原向贵州高原过渡的顶点区域。保护区内出露的地层主要有石炭系、二叠系及第四系，以石炭系出露最全，分布面积最广，二叠系仅零星分布，而第四系以片状分布于草海湖盆及四周剥夷台阶上，其厚度变化大。在地质构造上，保护区处于黔西山字型构造西翼反射弧顶，也是威水背斜转折段所在。威水背斜由保护区东南角向北西方向插入，形成草海南部的北西向构造；受草海湖盆北部北东向构造的控制以及西部的西凉山背斜的影响，经由草海后折向南西方向延伸，由此形成草海湖盆南侧的东西向隆起构造；至臧家坡—白岩庆一带转向西南方向延伸，经由后期次一级构造影响，断块上升，形成云贵高原中部乌蒙山脉的切割山岭。

由于构造发育、岩性地层差异以及区域侵蚀-溶蚀作用的影响，形成四周高峻、中部低平，发育多级剥夷面，呈现出由峰丛山地、峰丛缓丘坝地、分散孤丘坝地等组合地貌。残存剥蚀缓丘间广泛发育溶蚀洼地、漏斗，坝地内部或边缘有落水洞群、竖井和小型溶洞群发育，部分峰丛山体中上部有较大洞穴分层发育，山体裸露基岩表面有溶沟、溶坑发育以及现代钙华堆积等。

保护区属亚热带高原季风气候，具有日照丰富、冬暖夏凉、冬干夏湿的气候特征。保护区年平均气温 10.9℃，最热月（7月）平均气温 17.3℃，最冷月（1月）平均气温 2.1℃，极端最高气温介于 27.5~30.1℃ 之间，极端最低气温介于 -10.3~-5.9℃ 之间，≥10℃ 积温 2583.9℃；年降水量介于 626.5~1124.1mm 之间，年均降水量 903.6mm，主要集中在 5~8 月，占全年降水总量的 70.4%；月均最大蒸发量为 45.8~117.6mm，年均蒸发量达 948.7mm，蒸发主要集中于 3~5 月，蒸发量分别为 102.8 mm、113.7 mm、117.6mm，占全年蒸发总量的 43.9%；年日照时数介于 1374~1633.7h，年平均日照时数 1455.5h；无霜期介于 137~258d 之间，平均 190.5d；多大风，年平均大风日数为 31d，春季最多，平均 24d，占全年大风日数的 79%。由于春季多大风，加剧保护区水分蒸发，导致蒸发的旺盛季节提前于降雨季节，即蒸发超前于降水，易成春旱。

草海是贵州高原上最大的天然淡水湖泊，居于金沙江支流横江、牛栏江，乌江支流六冲河、三岔河，北盘江支流可渡河之间的分水地带，为金沙江二级支流洛泽河源头。草海湖正常蓄水面积为 1980hm²，正常水位 2171.7m，最大水深约 5m。受季节性降水的影响，丰水期水位可达 2172.0m，相应水域面积 2605hm²；枯水期水位降至 2171.2m，相应水域面积 1500hm²。保护区湖盆有大中河、卯家海子河、清水沟、东山河、白马河和万下河等河流或溪沟汇入，根据对草海周边的河流或溪沟的水情实测，入湖径流流量最大的为大中河和卯家海子河。

按中国土壤分类和贵州省土壤分类系统，保护区内分布的土壤可划分为 3 个土纲，3 个亚纲，4 个土类，5 个亚类。主要包括黄棕壤、石灰土、石质土、沼泽土等。

1.3 自然资源概况

1.3.1 植物资源

保护区内大型真菌共计 229 种，分别属于 2 门 6 纲 18 目 53 科 113 属，其中，贵州新记录 27 种。

保护区浮游植物有 8 门 11 纲 25 目 41 科 86 属 247 种，浮游植物种类名录见附录 5。其中，绿藻门种类最多，2 纲 9 目 18 科 44 属共 129 种，占总数的 52.23%；蓝藻门次之，2 纲 4 目 5 科 16 属共 46 种，占总数的 18.62%；硅藻门 2 纲 6 目 9 科 14 属共 45 种，占总数的 18.22%；裸藻门 1 纲 1 目 1 科 3 属共 15 种，占总数的 6.07%；甲藻门 1 纲 1 目 2 科 2 属共 4 种，占总数的 1.62%；金藻门 1 纲 1 目 3 科 3 属共 3 种，占总数的 1.21%；隐藻门 1 纲 1 目 1 科 2 属共 3 种，占总数的 1.21%；黄藻门 1 纲 2 目 2 科 2 属共 2 种，占总数的 0.81%。绿藻在物种组成上占显著优势，蓝藻门和硅藻门次之。

保护区有地衣植物 4 科 8 属 12 种，其中，石蕊科种数最多，有 1 属 5 种；梅衣科属数最多，每属均为单种属，共 4 属 4 种；蜈蚣科有 2 属，每属为单属种；不完全地衣科，只有 1 属 1 种。

保护区苔藓植物共有 41 科 90 属 174 种，占贵州省苔藓植物总科数的 43.62%、总属数的 24.59%、总种数的 10.60%（贵州有苔藓植物 94 科、366 属、1643 种），其中，藓类植物有 25 科 73 属 149 种，苔类植物有 16 科 17 属 25 种。

保护区共有蕨类植物 22 科 40 属 111 种（含种及以下单位）。其中，网眼瓦韦 *Lepisorus clathratus*（Clarke）Ching、喜马拉雅耳蕨 *Polystichum garhwaticum*（Kze）Ching 为贵州地理分布新记录。

保护区有种子植物 139 科 408 属 745 种。其中，裸子植物 7 科 15 属 18 种，被子植物 132 科 393 属 727 种。保护区有水生维管植物 68 种，隶属 28 科 40 属。其中，蕨类植物 3 科 3 属 5 种；被子植物 25 科 37 属 63 种。

1.3.2 动物资源

保护区共记录哺乳动物 7 目 12 科 15 属 22 种。优势种有灰麝鼩、印度伏翼、西南兔、赤腹松鼠、泊氏长吻松鼠、高山姬鼠、褐家鼠、小家鼠、黄鼬。国家重点保护的哺乳动物有穿山甲、水獭、豹猫。以人工次生林为生活环境的松鼠类、黄鼬类、西南兔及适应农耕区生活的啮齿类资源较为丰富。

保护区共记录鸟类 246 种，隶属于 17 目 53 科（附录 8）。其中，非雀形目鸟类 140 种（占 56.91%），雀形目鸟类有 106 种（占 43.09%），非雀形目鸟类所占比例高于雀形目鸟类所占比例，这是因为越冬水鸟绝大多数隶属于非雀形目鸟类。所记录的鸟类中，列为国家一级重点保护野生鸟类有 7 种，列为国家二级重点保护野生鸟类有 31 种；中国特有种有 5 种。此次调查记录 246 种与 2005 年第二次草海综合科学考察 203 种相对比，增加鸟类记录 43 种（21.18%），其中，18 种为贵州省鸟类新记录，25 种为保护区鸟类新记录。

保护区爬行动物累计有 2 目 7 科 15 属 22 种，与之前的两次调查相比，多了花尾斜鳞蛇、原矛头蝮和巴西红耳龟三种，有 6 种列入《中国濒危动物红皮书》，1 种被列为国家二级重点保护野生动物，保护区爬行动物保护等级较高但资源较为匮乏。

草海两栖动物自然分布的有 2 目 7 科 12 属 15 种。外来入侵的有 1 种，包括 12 种中国特有种；国家二级重点保护野生动物 1 种；《中国濒危动物红皮书》收录 4 种；国家保护的有益的或者有重要经济、科学研究价值的陆生野生动物（"三有"动物）13 种。

保护区内共发现鱼类 18 种，其中，黄黝鱼、彩石鳑、鲢、草鱼、埃及胡子鲇、杂交鲟、黄颡鱼为外来物种，18 种鱼类隶属于 6 目 9 科 17 属。优势物种以鲫鱼、黄黝鱼、彩石鳑为主。

保护区昆虫有 14 目 98 科 473 种。其中，新增贵州新记录种 39 个。经初步鉴定，发现半翅目 2 新种：草海芳飞虱 *Fangdelphax caohaiensis* Zhou & Chen 和威宁丘额叶蝉 *Agrica weiningensis* Luo & Chen。有蜘蛛目动物 108 种，隶属于 25 科 75 属 108 种；较 2005 年的调查增加了 10 科 38 属 51 种。优势科主要是园蛛科 Araneidae、球蛛科 Theridiidae、和肖蛸科 Tetragnathidae；发现 2 个新种，1 个雄性新发现，23 个贵州新记录；地方特有种 3 个，贵州特有种 5 个，中国特有种 30 个。

保护区大型底栖动物中，甲壳类仅有 3 种，软体动物有 10 科 25 种，环节动物 18 种，其中，草海新记录有 5 种，分别是克氏原螯虾 *Procambarus clarki*、拟钉螺 *Tricula* sp.、光亮隔扁螺 *Segmentina nitida*、椭圆背角无齿蚌 *Anodonta woodiana elliptica*、湖球蚬 *Musculium lacustre*。克氏原螯虾为外来物种。

保护区内生境类型多样，土壤动物不论是种类和数量上都是比较丰富的，记录到线形动物门、环节动物门、软体动物门、节肢动物门等 4 个动物门，12 个纲，20 余类。土壤螨类、跳虫和线虫是该区域的三大优势类群。

1.3.3 土地资源

根据威宁县自然资源局提供的第三次国土调查成果数据统计可知，保护区土地类型丰富，具有耕地、水域及水利设施用地、林地、住宅用地、湿地、交通运输用地、种植园用地、公共管理与公共服务用地、商业服务用地、工矿用地和草地等一级地类 13 个。其中，主要以耕地为主，面积为 6040.63hm²，占保护区总面积的 50.34%；其次为水域及水利设施用地，面积为 2269.62hm²，占比为 18.91%，其中湖泊水面面积为 2206.63hm²；林地为 2091.27hm²，占总面积的 17.43%，包括乔木林地 1261.64hm²、灌木林地 700.62hm²、其他林地 129.01hm²；住宅用地、湿地和交通运输用地分别占保护区总面积的 5.05%、3.09% 和 2.07%；种植园用地、公共管理与公共服务用地、商业服务用地、工矿用地和草地等地类面积较小，占总面积的比例均低于 1%。

1.4 社会经济概况

保护区位于贵州省威宁县城南侧，范围涉及乡镇（街道）5 个，行政村（社区）20 个。2018 年保护区所辖村（社区）总人口 88490 人，与 2006 年的 43036 人相比，增加了 45454 人，人口增长迅速。海边社区人口增加最多，共增加 11397 人，其次为银龙社区，共增加 8493 人。除了自然增长之外，人口的增加主要是威宁县城城镇化带来城市人口的增加。

保护区范围内交通运输用地主要有铁路、公路和农村道路，其中，公路总里程 92.05km，铁路总里程 7.31km，农村道路总里程约为 225.78km。

保护区内产业主要以农业为主，2018 年，海边街道的农业总产值为 20866 万元，其中，种植业 7328

万元，林业 22 万元，畜牧业 11521 万元，渔业 243 万元；六桥街道农业总产值为 10482 万元，其中，种植业 7984 万元，林业 10 万元，畜牧业 1272 万元；陕桥街道农业总产值为 22037 万元，其中，种植业 18078 万元，林业 34 万元，畜牧业 3367 万元；草海镇农业总产值 30473 万元，其中，种植业 22435 万元，林业 22 万元，畜牧业 7005 万元；双龙镇农业总产值 37715 万元，其中，种植业 23593 万元，林业 104 万元，畜牧业 12640 万元。

1.5 保护区范围及功能区划

1.5.1 保护区范围

保护区总面积为 12006hm²，其范围主要以草海湖的集雨区域划定，但不包括草海东北部人口稠密的威宁县城区部分。具体范围如下。

①东界：从北纬 26°48′15″起，沿东经 104°20′45″处，具体位置从孔家岩以西 500m 处向北延伸至小屯坪子，向南经花果山以东 1200m 延伸至鹰嘴岩。

②南界：从东经 104°10′18″与北纬 26°47′40″起，沿北纬 26°47′40″向东北至东经 104°20′45″处。

③西界：从北纬 26°47′40″向北延伸至东经 104°9′20″、北纬 26°49′30″，再向北延伸至东经 104°11′30″、北纬 26°52′5″。

④北界：从东经 104°11′30″，北纬 26°52′5″向东北经东经 104°13′0″、北纬 26°52′55″，再向东延伸至小屯坪子。

1.5.2 保护区功能区划

保护区总面积为 12006hm²，其中，核心区面积 2105hm²，占保护区总面积的 17.53%；缓冲区面积 575hm²，占保护区总面积的 4.79%；实验区面积 9326hm²，占保护区面积的 77.68%。

（1）核心区

核心区是保护区最重要的区域，是被保护物种和环境的核心区域，是绝对保护的部分。保护区的核心区应是湿地生态系统保存完好，珍稀物种栖息地、繁殖地集中分布的区域，面积共 2105hm²，占保护区总面积的 17.53%，这一面积分别为草海正常水位（2171.7m）时蓄水面积（1980hm²）的 106.31%；丰水期（水位 2172.0m）蓄水面积（2605hm²）的 80.81%；枯水期（水位 2171.2m）水域面积（1500hm²）的 140.33%。

（2）缓冲区

缓冲区主要起隔离核心区与实验区的作用，以缓冲核心区的外来干扰或影响。保护区缓冲范围以核心区正常水位线外延 100m，面积为 575hm²，占保护区面积的 4.79%。

（3）实验区

实验区是协调社区经济发展与自然保护的重要区域，面积为 9326hm²，占保护区面积的 77.68%。由农田生态系统、森林生态系统、集镇村落环境和部分水域组成。

（陈群利、陈永祥）

第2章
自然地理环境

2.1 地质

保护区出露的地层有石炭系、二叠系及第四系。其中,以石炭系出露最全,分布面积最广,二叠系仅零星分布,而第四系以片状分布于草海湖盆及四周剥夷台阶上,其厚度变化大。

2.1.1 岩性地层

2.1.1.1 石炭—二叠系地层

上覆岩层:茅口组(P_1m)。

梁山组(P_1l):灰色、黄色、黑色炭质页岩、泥岩,夹黄灰色粉砂质泥岩;见于小箐沟、幺站新街。新街露头岩层产状,走向 NE38°/SW218°、倾向 NW300°、倾角 45°。

马平群(C_3mp):灰、灰白色厚层灰岩,顶部具豆状构造、夹黄色泥质岩,中下部具紫色泥质岩;含麦粒蜓、假希氏蜓;厚 0~274m,见于小寒洞、石基屯。石基屯露头岩层产状,走向 NE5°/SW185°、倾向 NE95°、倾角 11°。

黄龙群(C_2hn):上部浅灰至深灰色厚至块状灰岩、生物礁灰岩,含硅质岩,燧石灰岩;纺锤蜓含 *Fusulina*;小纺锤蜓。下部浅灰色厚层灰岩、白云岩、白云质灰岩;含假史塔夫蜓、分喙石燕;厚 108~238m,见于小尖山、双霞洞、樱桃洼子、白岩头、冒水水库、羊皮洞、小关山。

摆佐组(C_1b):中上部浅灰色巨厚层灰岩、白云质灰岩,普遍含方解石晶体斑块、晶体条带;下部深色白云岩、灰岩;含舟形贝、古剑珊瑚;厚 41~513m,见于胡叶山、野狗山、凤山、营角山、烙锅山、小尖山、干海子、凹河、双头山一带。

大唐组(C_1d)。

上司段(C_1d_2):灰色、灰黑色灰岩,时夹白云质灰岩、硅质岩及灰至深灰色泥岩、黄色粉砂质泥岩等;含贵州珊瑚及腕足类、长身贝;厚 115~450m,见于白家嘴、头塘、保落山、邓家院、陡山、小偏岩。

旧司段(C_1d_1):上部为黄色薄层泥岩、粉砂质泥岩、碳质质页岩,下部深灰色、灰黑色中厚层至厚层灰岩、碳质质页岩及煤层互层;含泡沫柱珊瑚;厚 90~992m,见于陕桥、大坟原、江家湾、保家桥、白家嘴、朱家湾。

下覆地层:汤粑沟组(C_1t)。

2.1.1.2 第四系地层

第四系(Qh):顶部褐色、暗褐色黏土质松散沉积层,轻度黏化;中部灰至灰白色、黄色、黄灰色粗碎屑砂砾质、粉砂质层，下部黑色炭质页岩层；底部黄色、黄褐色黏土质层，含褐色铁质层，夹铁结核；厚度10~83m。见于保家、卯官屯、鸭子塘、陈选屯等。

陈选屯剖面下部和底部未见，仅出露中上部，自下而上可清楚地划分为4层。第1层为以含粗碎屑为主的松散砂质堆积层，砾石粒径1cm，偶夹褐色、黄褐色铁质晕线、晕斑；层厚501cm。第2层为以1层顶部粗碎屑为界面突变为白色、灰白色、淡黄灰色粉砂质堆积层，夹2层褐色、黄褐色铁质条带；厚度1m。第3层为以含粗碎屑为主的粉砂质堆积层，下部为灰白色粉砂质、上部为淡黄褐色粉砂质，两层为渐变关系，粗碎屑粒径1cm，该层厚度1.5m。第4层为褐色、黄褐色、暗紫色泥质堆积层，偶见铁结核，弱黏化泥质层，厚度3~6m。露头沉积层产状，走向NE36°/SW216°、倾向NW306°、倾角22°。

下覆地层：大唐组（C_1d）。

2.1.2 构造地质

在地质构造上，保护区处于黔西山字型构造西翼反射弧顶，也是威水背斜转折段所在。威水背斜由保护区东南角向北西方向插入，形成草海南部的北西向构造；受草海湖盆北部北东向构造的控制以及西部的西凉山背斜的影响，经由草海后折向南西方向延伸，由此形成草海湖盆南侧的东西向隆起构造；至臧家坡—白岩庆一带转向南西方向延伸，经由后期次一级构造影响，断块上升，形成云贵高原中部乌蒙山脉的切割山岭。

2.1.2.1 褶皱构造

（1）威水背斜

草海保护区自然地理环境的褶皱构造基础主要是威水背斜，该背斜属黔西山字型构造西翼反射弧，系由六枝经水城的北西方向构造线，从东南向西北插入草海保护区，呈弧顶转折端至臧家坡—白岩庆一带转向南西方向延伸。背斜两翼不对称，北东翼岩层倾角较陡（40°~50°），如而大坟原露头岩层倾角则为41°；南西翼岩层倾角较为平缓（10°~20°），如白家嘴小山露头岩层倾角13°，幺站新街出露地层倾角13°；核部出露下石炭统旧司段（C_1d_1）地层，岩层倾角较缓（10°~20°），如头塘露头岩层倾角10°，陡山露头岩层倾角11°。褶皱核部为现今草海湖盆所在，地貌为分散山岭、溶蚀低丘坝地。

（2）保家屯背斜

核部地层为石炭纪下统上司段（C_1d_1），上部岩性为黄色薄层泥岩、粉砂质泥岩、碳质质页岩，下部深灰、灰黑色中厚层至厚层灰岩、碳质质页岩及煤层互层；地理位置为104°11′38″E，26°53′45″N。核部北东翼岩层走向SE104°/NW284°、倾向SW194°、倾角13°，南西翼岩层走向NE21°/SW201°、倾向NW291°、倾角63°；背斜轴面走向NE31°/SW211°、倾向NW301°、倾角7°；从横剖面形态分类来看属于横卧褶皱，揭示该区域曾经遭受过强烈的构造挤压，推测应该与威水背斜弧形转折的构造应力密切联系，其主应力轴方向应沿NE121°/NW301°挤压。地貌类型为缓丘坝地，最高海拔2195m（调查点），最低海拔2189m。

2.1.2.2 断层构造

（1）新丰—阳关山压扭性断层

发育地层石炭纪下统大塘组上司段（C_1d_2）、摆佐组（C_1b），断层走向为SE165°/NW345°、倾向SW255°、倾角71°，为压扭性断层，长约7.3km，破碎带宽6~9m。

（2）小偏岩张扭性断层

发育地层石炭纪下统上司段（C_1d_2），断层走向SE160°/NW340°、倾向NE70°、倾角67°，长约

2.5km，向西北延伸交于新丰—阳关山断层上。断层带岩层有劈理发育，共 4 条、每条平均间隔 0.12m。破碎带宽 4.8m，砂泥质填充胶结疏松。断层带东北盘有追踪张节理发育，观察数量共 8 条、平均每 1 条间隔 1m，平均宽度 0.07m，走向 SE110°/NW290°、倾向 NE20°、倾角 85°，有黏土填充。

（3）沙包包—牛蹄山正断层

发育地层石炭纪下统摆佐组（C_1b），断层走向 SE175°/NW355°、倾向 SW85°、倾角 73°。长 2km，向南延伸交于新丰—阳关山断层上，破碎带宽度变化大，节理发育，故在断层上落水洞呈串珠状分布。

（4）江家弯冲断层

发育地层石炭纪下统大塘组上司段（C_1d_1），岩性为黑炭质页岩、灰至深灰色厚层块状灰岩互层；岩层走向 SE110°/NW290° 倾向 NE20° 倾角 21°。断层走向 SE142°/NW322°、倾向 NE52°、倾角 85°、延伸 2.6km；北东盘上升而南西盘下降，形成典型的冲断层，水平地层断距 5.8m，铅垂地层断距 2.6m。断层两侧有剪节理发育共，观察数量 20 条、平均间隔 0.24m，节理走向 SE163°/NW343°、倾向 SW253°、倾角 76°。

（5）小尖山张扭性断层

发育地层石炭纪中统黄龙群（C_2hn），上部灰至深灰色厚层至块状灰岩、白云质灰岩，局部含硅质灰岩、硅质岩；岩层走向 SE119°/NW299°、倾向 NE29°、倾角 11°。断层走向 SE163°/NW343°、倾向 NE73°、倾角 87°、延伸 1.5km；断层破碎带宽 1.5m，为方解石晶体或方解石晶族填充。有张性裂隙走向 NE12°/SW192°、倾向 NW288°、倾角 86°。

（6）代家营压性断层

发育地层石炭纪中统黄龙群（C_2hn），上部灰至深灰色厚层至块状灰岩、白云质灰；岩层走向 SE119°/NW299°、倾向 NE29°、倾角 11°。发育压性断层，断层走向 NE43°/SW223°、倾向 NW313°、倾角 13°。

（7）石基屯压扭性逆冲断层

发育地层石炭纪上统马平群（C_3mp），上部灰至深灰色灰岩、黄色泥岩互层，岩层破碎；下部厚层灰岩、紫色泥岩互层。岩层产状走向 NE5°/SW185°、倾向 SE95°、倾角 11°。发育压性断层，断层走向 SE142°/NW322°、倾向 SW232°、倾角 46°、区内延伸 2.4km；南西盘相对上升，北东盘相对下降，使下部灰岩、紫色泥岩上冲于属于上部灰岩、黄色泥岩之上，属逆冲断层。

（8）小关山断层

发育地层石炭纪下统摆佐组（C_1b）和中统黄龙群（C_2hn）巨厚层灰至深灰色灰岩、白云质灰岩；岩层走向 SE105°/NW285°、倾向 SW195°、倾角 32°。断层走向 NE32°/SW212°、倾向 SE122°、倾角 82°，区内延伸 4km；破碎带宽 3~4m，为构造角砾岩填充，角砾被方解石晶体紧密胶结，同时伴有"X"节理发育。

（9）孔家山断层

发育地层石炭纪下统摆佐组（C_1b）；巨厚层浅灰至深灰色晶斑灰岩、白云质灰岩、泥灰岩，局部含板状方解石晶体或含方解石斑晶；岩层走向 SE104°/NW284°、倾向 NE14°、倾角 18°。孔家山断层走向 SE172°/NW352°、倾向 NE82°、倾角 82°，区内延伸 7.3km；地层断距 500~700m，破碎带宽 12m，含方解石晶体板状晶体。向北延伸被二铺断层和代家营断层分割成三段，其相当层分别见于牛肚子山、烙锅山、野狗山、干海子凤山大道旁。X 节理发育，节理走向一组为 NE81°/SE261°、倾向 NW351°、倾角 83°，另一组为 156°/336°、倾向 246°、倾角 65°，观察数量 12 条、平均间隔 0.4m，节理为方解石晶体填充。

（10）幺站断层

位于草海南岸，发育地层石炭纪下统（C_1d），走向 SE150°/NW330°、倾向 NE60°、倾角 61°、长 36km，西北段与金海羊街断层相交，东南与跨都向斜相连，断距 3500m，断层面倾向北东，属扭性断层。

（11）白岩庆断层

位于幺站断层南面并与之大致平行，发育地层石炭纪下统上司段（C_1d_2），走向 NW145°/NW325°、倾向 NE55°、倾角 67°、长 15km，断距 3000m，断层面倾向北东，倾角 70°，属扭性断层。

（12）二铺断层

位于草海北面，发育地层石炭纪中统黄龙群（C_2hn）和上统马平群（C_3mp），长 23.5km，地层断距 600m，断层面倾向南东，走向 NE48°/SW228°、倾向 SE138°、倾角 35°，属压性断层。

（13）小海—周家营断层

位于草海西北面，发育地层石炭纪下统（C_1b），走向 NE50°/SW230°、倾向 SE320°、倾角 70°、地层断距 500m，断层面倾向北西，属压性断层，破碎带 2m。沿断层发育地下河，草海水由此向羊街流出。

（14）胡叶山断层

发育地层石炭纪下统摆佐组（C_1b），中厚层灰至浅灰色灰岩、含方解石岩脉、含硅质灰岩；岩层走向 SE150°/NW330°、倾向 NE60°、倾角 37°，顺层理或节理面有方解石晶体生成板状岩脉；节理较发育，观察 6 条，平均间隔 0.56m，节理走向 NE70°/SW250°、倾向 NW340°、倾角 73°。断层走向 SE156°/NW336°、倾向 66°、倾角 45°；构造角砾岩，黏土疏松胶结，破碎带宽 4.2m。

（15）风山断层

发育地层石炭纪下统摆佐组（C_1b）；巨厚层灰至深灰色灰岩、白云质灰岩、硅质灰岩，含方解石晶体斑块，偶夹泥灰岩。岩层走向 NE36°/SW216°、倾向 SE126°。断层面走向 SE168°/NW348°、倾向 NE78°、倾角 67°。南西盘有牵引褶曲发育，轴面走向 SE162°/NW342°、倾向 NE72°、倾角 14°，弧顶指向 NW345°，两翼不对称，南西翼倾角 35°而北东翼倾角 15°，其岩性为薄层灰白色灰岩岩层；显示在东西向挤压中，南西盘向北西方向的扭动或北东盘向南东方向的滑动过程；显然，风山断层当属于张扭性断层，其破碎带宽 6.8m，构造角砾岩填充，方解石、黏土致密胶结。"X"节理发育，节理向地下延伸达 30m 以上，观察 17 条、平均间隔 3m。

保护区断层构造多为压性或压扭性断层，主要为北东向、北西向、北北东向。其中，北东向断层主要包括代家营断层、小关山断层、二铺断层、小海—周家营断层；北西向断层主要包括江家弯断层、石基屯断层、幺站断层、白岩庆断层；北北东向主要包括风山断层、胡叶山断层、孔家山断层、小尖山断层、沙包包—牛蹄塘断层、小偏岩断层、新丰—阳关山断层。这些断层断距大，活动性强烈，具有继承性；其中北北东向的张性断层，如：沙包包—牛蹄塘正断层、小偏岩断层、新丰—阳关山断层等，则成为草海水体寻求外流通道的主要途径。

2.1.2.3　节理构造

（1）北北东向节理

风山北侧斜节理较发育，观察节理数量 12 条、水平距离 6.9m。营角山垂直节理发育，节理走向 NE23°/SW203°、倾向 NW293°、倾角 83°，节理深可达 60m，其溶蚀裂隙宽达 1m、长 20m，有现代流水渗入、含方解石晶体。陕桥村张节理发育，走向 NE15°/SW195°、倾向 SE105°，节理长 0.4m、宽 0.02m、深 0.04m，黏土矿物填充，观察节理数量 9 条、水平距离 1m。大洼塘村双霞洞张性节理，走向 NE12°/SW192°、倾向 NW288°、倾角 86°。小箐沟张节理发育，走向 NE15°/SW195°、倾向 SE105°，观察节理数量 8 条、水平距离 1.2m。

（2）北东东向节理

胡叶山节理较发育，节理走向 NE70°/SW250°、倾向 NW340°、倾角 73°；观察节理数量 6 条、水平距离 3.4m，顺节理面有方解石晶体生成板状岩脉。营角山垂直节理发育，节理走向 NE81°/SW261°、倾向 NW351°、倾角 83°。烙锅山节理发育，节理走向 NE81°/SW261°、倾向 NW351°、倾角 83°，观察节理数量 12 条、水平距离 5m。

（3）北北西向节理

小关山节理发育，走向 SE175°/NW355°、倾向 NE85°、倾角 15°，观察节理数量 4 条、水平距离 5m。幺站新街节理发育，节理走向 SE167°/NW347°、倾向 SW257°、倾角 87°；观察节理数量 19 条、水平距离 5m。营角山垂直节理发育，节理走向 SE159°/NW339°、倾向 SW249°、倾角 85°；剪节理发育，其一组走向 SE156°/NW336°、倾向 NE66°、倾角 85°，走向 SE153°/NW333°、倾向 NE63°、倾角 14°，观察节理数量 11 条、水平距离 2m；其二组走向 SE146°/NW326°、倾向 NE56°、倾角 16°，观察节理数量 8 条、水平距离 10m。牛肚子山节理较发育，节理走向 SE171°/NW351°、倾向 SW261°、倾角 82°，观察节理数量 18 条、水平距离 20m。凤山南侧节理发育稀疏，走向 SE168°/NW348°、倾向 NE78°、倾角 67°；观察节理数量 17 条、水平距离 50m。

（4）北西向节理

新河村大山坡剪节理发育，其一组走向 SE114°/NW294°、倾向 SW204°、倾角 10°，节理长 1.5m、宽 0.02m、深 0.02m，方解石填充，观察节理数量 4 条、水平距离 3m；其二组走向 SE156°/NW336°、倾向 SW246°、倾角 65°，长 1.8m、宽 0.01m、深 0.01m，方解石填充，观察节理数量 7 条、水平距离 7m。羊皮洞 "X" 节理发育，其中之一发育方向 SE133°/NW313°，并为方解石晶体板状岩脉填充。

（5）北东向节理

海边村小偏岩张裂隙发育，走向 NE60°/SW240°、倾向 SE150°、倾角 85°；裂隙为黏土填充。羊皮洞多组 "X" 节理发育，其中之一发育方向 NE45°/SW225°节理；为方解石晶体板状岩脉填充。

保护区节理较为发育，主要节理有北北东向 NE20°/SW200°，包括凤山北侧、陕桥、营角山、双霞洞、小箐沟 5 组节理。北东东向 NE75°/SE255°，包括胡叶山、营角山、烙锅山 3 组节理。北北西向 SE165°/NW345°，包括小关山、幺站新街、营角山、牛肚子山、凤山南侧 5 组节理。北西向 SE120°/NW300°，包括新河村大山坡、羊皮洞 2 组节理发育。北东向 NE55°/SE235°，包括小偏岩、羊皮洞 2 组。显然，保护区节理发育主要以北北东向 NE20°/SW200°、北北西向 SE165°/NW345°节理发育为主，节理溶蚀扩大形成溶沟、溶槽，甚至发育竖井、落水洞，成为地表水转为地下径流的通道，成为草海水体外流通道的重要条件。

2.2 地貌

保护区断层构造多为压性或压扭性断层，各断层构造环绕草海湖盆分布，构造发育控制草海湖盆演化和影响周围地形地貌发育。早第三纪末晚第三纪初，草海地区表现为强烈的断块运动，周围地块为上升地块，形成断块山地；草海地块为下降地块，断陷沉降形成断陷盆地地形。晚第三纪的剧烈抬起、隆升，使得贵州高原轮廓基本形成，地表剥蚀不断加剧。中更新世后，草海周围断层重新复活，受东西向应力的挤压，高原进一步隆升，断块差异运动显著，草海周围断块再度抬升、草海地块则断陷沉降形成湖盆。此后，断层活动依然频繁，湖盆进一步沉降，形成高原断陷湖盆，接受湖湘沉积。草海区域地形最高点孔山梁子猫儿岩，海拔高度 2503m；地形最低点北部大桥出水口，海拔高度 2171.3m。由于构造发育、岩性地层差异以及区域侵蚀-溶蚀作用的影响，形成四周高峻、中部低平，发育多级剥夷面；呈现出由峰丛山地、峰丛缓丘坝地、分散孤丘坝地等组合地貌。残存剥蚀缓丘间广泛发育溶蚀洼地、漏斗，坝地内部或边缘有落水洞群、竖井和小型溶洞群发育，部分峰丛山体中上部有较大洞穴分层发育，山体裸露基岩表面有溶沟、溶坑发育以及现代钙华堆积等。

2.2.1 峰丛

集中分布在草海断陷盆地四周边缘地带，多为断块上升山地，经外动力侵蚀、溶蚀作用形成的连绵起伏山峰，海拔高度在2400m左右，相对高差在50~100m。如小箐沟峰丛最高海拔2412m，最低海拔2452m，山脊走向SW220°，坡向SE160°，坡度23°；小关山峰丛最高海拔2346m，山脊走向NW330°，坡向SE260°、坡度28°；陕桥峰丛最高海拔2346m，山脊走向NW330°，坡向SE260°，坡度28°。峰丛山地间常发育沟谷、洼地等地形，地貌过程以侵蚀-溶蚀为主导，地表组成物质多以灰岩夹砂岩、泥岩及其残积、坡积物覆盖。如牛肚子山最高海拔2492m，地貌组成物质为风化残积物，峰丛基部有重力堆积；季节性冲沟发育，观察16条、平均间隔1.3m，冲沟长度介于10~60m之间。

2.2.2 溶蚀缓丘

集中分布在草海断陷盆地峰丛内侧，海拔2200~2300m，相对高差多在30~50m，山顶多为浑圆状或成垄岗状，多分布在南部。如大山坡最高海拔2256m、最低海拔2216m，山脊走向NW315°、坡向SW190°、坡度38°；小山侵蚀缓丘残丘最高海拔2235m、最低海拔2217m，山脊走向SE165°、坡向SW225°、坡度34°；白马溶蚀缓丘—坝地，最低海拔2192m、最高海拔2253m，山脊走向NW330°、坡向NE25°、坡度17°；薛家海子溶蚀缓丘—洼地，最低海拔2190m、最高海拔2256m，山脊走向SW210°、坡向NW320°、坡度21°；小偏岩溶蚀残丘，最低海拔2183m、最高海拔2203m，山脊走向NW320°、坡向SE120°、坡度23°；陡山溶蚀缓丘，丘顶浑圆，最低海拔2183m、最高海拔2206m，山脊走向NW320°、坡向SE120°、坡度23°。地貌过程以侵蚀-溶蚀为主导，地表组成物质多以灰岩夹砂岩、泥岩及其残积—坡积物发育，丘顶多风化残积碎屑、泥岩灰岩碎屑，偶含碳质岩碎屑，碎屑多棱角，少量砾石有圆化，夹黏土团块。缓丘间散布一些小型海子或小型坝地，发育溶蚀洼地、漏斗或竖井等地貌。如头塘溶蚀缓丘最高海拔2235m，最低海拔2225m，山脊走向85°、坡向336°、坡度78°；地貌组成物质为灰岩、泥岩及其风化残积物，陡坡侧露头灰岩陡壁有三层水平溶洞发育。

2.2.3 坝地

主要分布在南部、西部、北部及干海子一带，高程在2185~2200m；为草海断陷盆地主体，间有孤丘散布，尤其西部、北部海子。由于构造发育、岩性因素的控制，使坝地区域出现显著的岩溶差异性发育特征。南、西部坝地位于威水背斜轴部，砂岩、泥岩和炭质页岩广布，间夹灰岩形成互层；同时压扭性断层发育，属于弱岩溶地带，积水条件好，为草海主要蓄水区。如陈选屯缓丘—坝地，最低海拔2187m、最高海拔2203m；保家缓丘—坝地，最低海拔2181m、最高海拔2205m；卯官屯缓丘—坝地，最低海拔2179m、最高海拔2205m；杨湾桥双头山溶蚀缓丘—坝地，最低海拔2179m、最高海拔2210m；郑家营村溶蚀残丘，最低海拔2175m、最高海拔2208m。地貌过程以侵蚀为主，河流比降小，流水冲积作用不强，溶蚀作用弱；地貌组成物质主要是第四纪湖相沉积物、风化残积物等。北部坝地多分布厚层或巨厚层方解石斑晶灰岩、白云质灰岩，局部含硅质灰岩，可溶岩分布广，加之存在张扭性或张性断层发育，节理发育密度也较高，岩溶发育极强；溶蚀洼地、漏斗密布，落水洞成群发育并呈串珠状排列，为草海水主要的排泄区。凹河溶蚀缓丘坝地，最低海拔 2175m、最高海拔 2197m；地貌组成物质主要为薄层风化残积物、坡积物覆盖。地貌过程主要是溶蚀、侵蚀作用，广泛发育溶洞、落水洞，且成群发育呈串珠状分布，落水洞口大面积基岩裸露；丰水期落水洞群回水漫淹洞口，说明落水洞纵深发育以达河流排水基面；其间有小型溶蚀洼地、槽地发育。

2.2.4　湖盆

湖盆主要指草海海拔 2168~2185m 间的地带，由草海湖盆底部在新构造运动过程的差异性升降，经多次间歇性沉陷，湖底高程一般在 2168~2170m。据在草海湖盆东北边，西门大水井南约 500m 处的钻孔资料显示，孔深 80.9m，最下部基岩及其风化岩屑厚 7.9m，成湖至今接受第四系沉积总厚度达 73m；一定程度上可揭示草海湖盆沉降的深度，若是这样可推测草海构造湖盆底部约 2100m。此外，陈选屯早更新世的灰至灰白色砂砾层、石英质粉砂层、黄褐色黏土层之上缺失新的沉积；同时其沉积层走向 NE36°/SW216°、倾向 NW306°、倾角 22°，而下伏大塘组地层倾角多在 10°~13°，说明陈选屯附近存在明显的差异性升降运动，该沉积层的倾斜程度进一步反映其南侧草海湖盆，在新构造运动中的断陷下沉。

2.2.5　溶蚀洼地

溶蚀洼地分布较广，高程在 2185~2250m，规模大小不一，形状多为椭圆形、浅碟形或槽谷形，底长 400~1400m、宽 220~790m，由坡积、残积亚黏土组成的平坦地形。有些洼地有溪沟流，经洼地边缘注入落水洞，地表水转入地下；有时雨季消水不畅时，洼地也常蓄水。如羊皮洞山脊最高海拔 2280m，山脊走向 SE120°、坡向 SW273°、坡度 18°。溶蚀洼地（104°16′18″E，26°54′46″N），洼地最低海拔 2216m、最高海拔 2260m，长轴 1200m、宽 360m，沿轴线（NW330°）有溪沟发育，直接注入洼地边缘落水洞。地貌过程主要为溶蚀作用、侵蚀作用，地貌组成物质为风化残积物、坡积物。有的小型洼地四壁呈阶梯状，其发育应与节理裂隙的发育密切有关；如万河溶槽，位于 E104°12′7″、N26°55′8″，海拔 2171m，发育地层 C_{1b}。发育方向（长轴走向）SE123°/NW303°，溶槽长 39.5m、宽 5.5m、深 3.4m。

2.2.6　溶洞

2.2.6.1　双霞洞

双霞洞溶蚀缓丘最高海拔 2273m，山脊走向 NE50°、坡向 SW190°、坡度 20°，地表裸岩、少量风化残积物，岩面溶痕密布，溶蚀作用强；发育上下两层水平溶洞。

上层溶洞发育在海拔 2243m 一带，溶洞水平发育（104°15′5″E，26°54′7″N，海拔 2243m），高 0.95m、宽 0.6m、洞厅水平延伸 2m，按 NE25°方向延伸。

下层溶洞发育海拔 2235m 一带，呈现水平洞穴成群发育（104°15′20″E，26°54′9″N）的特征，共发育 4 个大的洞穴。1 号洞穴发育方向 NE55°，洞高 3.1m、最宽 5.2m、最窄 1.1m，洞内有两个水平分支洞室，发育方向分别为 NW330°和 NE10°，前者宽 1.3m、高 1.1m、按 NW330°方向水平延伸 3.5m，后者高 0.95m、宽 0.6m、按 NE25°方向水平延伸 2m。有少许石钟乳碎块和外源性具一定程度磨圆性砾石碎块。2 号洞穴最低海拔 2236m，洞室宽 1.8m、最窄 1.2m、最宽 2m、高 2.1m，顺 SW210°方向发育并延伸长 5.2m，有砾石堆积。与 1 号洞在水平分支洞室前缘汇通，顺直指向 NW330°支洞。3 号洞最低海拔 2236m，宽 1.2m、高 1.5m、按 SE120°方向发育并延伸长 4.8m，有黏土堆积。4 号洞最低海拔 2236m，宽 0.7m、高 0.6m、按 NE26°方向发育并延伸长 2.5m，有碎石堆积。

双霞洞上、下 2 层水平溶洞的发育，明显受到草海区域北北西、北北东向两组断裂构造控制；洞底水平发育的特点，则说明溶洞发育的动力机制，主要受湖浪水动力自外向内沿断裂构造线进行侵蚀、溶蚀。尤其 1、2 号洞穴的发育，酷似水动力自外向内沿"X"节理发育的结果。

2.2.6.2 凹河溶洞

凹河溶洞位于 104°12′14″E，26°55′7″N，处凹河东岸坝地后壁，最高海拔 2197m，最低海拔 2183m。出露地层石炭纪下统摆左组的生物礁灰岩、含方解石斑晶灰岩，产状走向 NE86°/SW266°、倾向 NW356°、倾角 16°。洞穴成群发育，1 号洞室沿 NW318° 方向延伸 2.5m 逆时针转向发育、延伸总长度 15.5m，洞口宽 1.8m、高 1.9m；洞体水平发育，洞内有少量泥质、粉砂质堆积。2 号洞室延伸 4.2m，洞口宽 0.9m、高 0.6m；3 号洞室延伸 2.7m，洞口宽 1.6m、高 0.5m；4 号洞室延伸 2.7m，宽 1.4m、高 0.9m；5 号洞室延伸 10m，宽 1m、高 0.8m；6 号洞室按 NNW355° 方向发育并延伸 9.2m，洞口宽 0.5m、高 0.5m；7 号洞室延伸 7.2m，洞口宽 1.3m、高 1.3m。

凹河溶洞发育体现出北西向断裂构造控制，洞底水平或沿岩层层面倾斜发育；由于西侧凹河侵蚀基面的动力控制效应，规模较大且延伸较远的洞穴，在发育方向上多出现在北西向构造控制的基础上逆时针转向发育。这揭示了草海地表水体在寻求地下排水通道过程中，构造稳定期严格受断裂构造控制，一旦当新的区域性排泄基面形成，洞室发育方向随即表现出受河流基面控制的效应，从而出现向河流基面转向发育的特征。

2.2.6.3 小崖头溶洞

溶洞位于 104°12′12″E、26°55′6″N，处凹河东岸，海拔 2183m。洞室按 NNW13° 方向发育并延伸 26.7m，洞口宽 3m、高 4m，洞底倾斜。洞室延伸至 10m 处逆时针转向发育，至 16m 处有一通向地表的竖井，灌丛杂生。该竖井地面位置 104°12′17″E，26°55′7″N，海拔 2197m，井口长 10m、宽 6.5m、井深 15m。此外，小崖头溶洞洞口上壁则垂直发育一个悬壁竖井，目测井口长 0.7m、宽 0.5m、井深 4.5m。由此形成一个竖井—洞穴共同发育的溶洞景观，可称悬井溶洞；洞内旱季不积水，调查时发现有小型哺乳类动物粪便，推测较长时期内适于动物栖居。可以推断这是一个衰退型落水洞演变而成的溶洞，其洞口基底 2183m 应该是早期的地下水排泄基面，这一高度与凹河落水洞群发育地面高度相当；后期地壳进一步上升，河流水体下切，为适应侵蚀基面的改变，地表水体以早期落水洞基面为基础，向下侵蚀-溶蚀寻找新的排泄通道，伴随凹河落水洞群发育成熟，新的地下排水基面形成，小崖头落水洞水体寻求新的地下排水通道的过程也随之结束；于是便残留悬井溶洞这种特殊景观。不难想见，凹河坝地后壁出现的溶洞群，均是适应地下排水基面改变，寻求新的地下排水通道而不断溶蚀遗留下来的岩溶洞穴景观。其发育过程早期受岩层产状、断裂构造的控制，多沿北西向、北北西向、北北东向的节理断层构造线或顺岩层倾斜线发育，后期则多受西侧的凹河侵蚀基面的牵引出现逆时针转向发育。

2.2.6.4 头塘溶洞

头塘溶洞位于 104°16′19″E、26°49′36″N，处草海湖盆南缘溶蚀缓丘坡面崖壁；最高海拔 2232m、最低海拔 2223m；山脊走向 NE85°、坡向 NW336°、坡度 78°。发育地层石炭纪下统上司段的灰岩、泥灰岩，黄灰色粉砂质泥岩，夹黑色炭质页岩、泥岩互层；地貌过程以溶蚀作用、侵蚀作用及风力作用为主；地貌物质为灰岩、泥岩及其风化残积物；发育三层具水平连通性的溶蚀洞穴。

自下而上，第 1 层水平溶洞海拔 2224m，洞口宽 0.9m、高 0.4m、洞室按 SW248° 方向顺岩层倾斜线延伸 1.3m；洞口宽 0.6m、高 0.5m、洞室延伸 1m。第 2 层水平溶洞海拔 2226m，洞口宽 0.65m 、高

0.5m、洞室按 SW248°方向顺岩层倾斜线延伸 1.05m；洞口宽 0.8m、高 0.5m、洞室按 SW248°方向顺岩层倾斜线延伸 1.3m。第 3 层水平溶洞海拔 2229m，洞口宽 0.6m、高 0.5m、洞室按 SW248°方向顺岩层倾斜线延伸 1.9m。头塘 3 层溶洞发育方向基本一致，发育规模都很小；一方面说明草海下石炭地层岩性对岩溶作用的抑制，使类似区域成为草海弱岩溶地带，岩溶发育差；另一方面揭示岩溶发育的多期性特征，这种多层岩溶发育显示草海南岸头塘段间歇性上升的新构造发育特征，客观刻画草海湖盆多次沉降的事实。

2.2.6.5　陕桥溶洞

陕桥溶洞位于 104°20′50″E，26°48′37″N，草海湖盆东端，峰丛山峰海拔 2346m、洞穴发育海拔 2185m，山脊走向 NW330°、坡向 SW260°、坡度 28°；地貌物质为风化残积物，地貌作用主要是流水侵蚀、溶蚀作用。洞穴发育地层石炭纪下统上司段（C_{1d2}）灰岩部分的人工崖壁下部，其上部泥岩有垂向节理发育；溶蚀洞穴沿其上部节理面垂直向下对应发育，同一层灰岩中连续发育多个洞穴。溶蚀洞穴高 0.43m、宽 0.2m、深 0.45m；高 0.6m、宽 0.3m、深 0.55m；高 0.3m、宽 0.13m、深 0.26m；溶蚀石缝高 0.36m、宽 0.09m、深 0.16m。洞穴发育规模极小，仍可揭示喀斯特区域包气带中水体在垂向运动中的溶蚀过程；另一方面，保护区在海拔 2185m 一带发育垂向洞穴，与地质时期草海自由水面不相协调，也与头塘、凹河、小崖头水平洞穴发育形成鲜明对比，由此可揭示陕桥地块存在显著的断块下陷过程，使早期发育于包气带的溶蚀产物——垂向溶洞，居于草海湖盆自由水面上缘；就其原因与孔山断层、风山断层的活动密切联系。

2.2.6.6　黑岩洞溶洞

黑岩洞寨子山，海拔最高 2252m、最低 2145m，相对高差大于 100m，出露地层石炭纪摆佐组的方解石斑晶灰岩、生物礁灰岩；地貌峰丛谷地、峰丛洼地组合。有巨型洞穴发育于 104°14′14″E，26°57′34″N，洞穴共发育 4 层，自上而下第 1 层洞穴发育在 2230m 左右，第 2 层洞穴发育在海拔 2210m 左右，第 3 层洞穴发育在海拔 2190m，第 4 层洞穴发育在地表水潜入点上方 2166m 处有一洞穴发育，即黑岩洞。

2.2.7　落水洞

落水洞是保护区地表水下渗排泄的主要通道，多集中于阳关山以北可溶岩分布区及其断裂带上，其中以凹河一带最为典型，发育竖井状和裂隙状两种类型，且密集成群成带分布。落水洞的深度随其分布位置而异，大桥、凹河一带深度在 2.4~15m，而接近排水基面附近的落水洞可深达 20m 以上。较深落水洞底部有独立通道沟通各落水洞之间的地下水，组成排泄区域完整的地下水网，构成一个连续的地下水流曲面。而较浅落水洞底部常因泥沙、碎屑填充的阻滞作用，导致消水能力大幅下降；在暴雨季节由于地下排水阻滞而发生回流漫出洞口的现象，且具五年一遇的周期性特点。

2.2.7.1　凹河落水洞群

落水洞群位于凹河东岸溶蚀坝地，位于 104°12′6″E、26°55′7″N；最高海拔 2183m、最低海拔 2171m。发育地层主要为石炭纪摆佐组（C_{1b}）厚层生物礁灰岩、方解石斑晶灰岩，局部含硅质灰岩。落水洞发育既有竖井状又有裂隙状，常常成群发育且呈串珠状分布。

1 号落水洞发育方向（长轴走向）SE121°/NW301°，长 5.1m、宽 2.1m、深 6.2m。

2 号落水洞群发育方向（长轴走向）NE26°/SE206°；总长 9.5m，可分 3 个洞体：Ⅰ洞体宽 1.4m、深 7.9m；Ⅱ洞体宽 1.4m、深 5.8m；Ⅲ洞体宽 1.4m、深 3.7m；Ⅰ、Ⅱ、Ⅲ洞体自北东向南西延伸发育，其深度逐渐变浅，反映了草海水自北东向南西寻找地下排泄通道的过程。

3 号落水洞发育方向（长轴走向）SE126°/NW306°，长 8.9m、宽 1.8m、深 7.9m。

4 号落水洞发育方向（长轴走向）SE126°/NW306°，长 1.9m、宽 1.5m、深 2.4m。

5 号落水洞群位于 104°12′6″E、26°55′8″N，海拔 2174m；落水洞发育方向（长轴走向）SE160°/NW340°，可分 3 个洞体：Ⅰ洞体长 2.6m、宽 2.6m、深 2.8m；Ⅱ洞体长 3.3m、宽 4.6m、深 8.2m；Ⅲ洞体长 2.6m、宽 3.5m、深 10m；Ⅰ、Ⅱ、Ⅲ洞体南东向北西延伸发育并逐渐变深，揭示草海水寻找地下排泄通道的过程密切受着凹河排泄基面的强烈约束。

6 号落水洞发育方向（长轴走向）SE130°/NW310°，洞体长 2.6m、宽 1.8m、深 4m。

7 号落水洞发育方向（长轴走向）SE130°/NW310°，洞体长 4.6m、宽 6m、深 5.4m。

8 号落水洞位于 E104°12′9″、N26°55′6″，海拔 2172m。落水洞发育方向（长轴走向）SE140°/NW320°，洞体长 12.3m、宽 5.9m、深 9.2m。

9 号落水洞群位于 104°12′12″E、26°55′5″N；海拔 2170m，分两个洞群；地层 C1b 含硅质条带：82°/262°，172°∠15°。Ⅰ落水洞走向（长轴方向）9°/189°，有 2 个洞室，其一轴长方向 115°/295°，顺岩层倾向发育指向凹河，洞体长 22.5m、宽 13.4m、深 15.1m，丰水期回水漫洞；其二轴长方向 20°/200°，反岩层倾向发育，与前洞轴呈 L 型，包括 3 个洞室，洞体总长 10.5m，总宽 9.1m，深 7m、5.3m、8.1m。Ⅱ落水洞（长轴方向）5°/185°；洞体长 10.6m、宽 6.8m、深 6.1m。

10 号落水洞位于 104°12′12″E、26°54′59″N；海拔 2181m，地层 C1b。落水洞走向（长轴方向）78°/258°；洞体长 19.3m、宽 5.8m、深 6m；丰水期回水漫洞。

11 号落水洞群位于 104°12′11″E、26°54′57″N，分两个洞群；海拔 2182m，地层 C1b。Ⅰ落水洞走向（长轴方向）113°/293°；分 3 个洞室，发育方向指向凹河，洞体长 23.3m，宽 11.4m，深 11m、11.8m、12.8m；Ⅱ落水洞走向（长轴方向）116°/296°；分 4 个洞室，发育方向指向凹河，洞体长 25.8m，宽 22.3m，深 5.7m、10m、8m、8.4m。

2.2.7.2 黑岩洞落水洞

黑岩洞出口位于 104°14′27″E、26°57′30″N，河谷谷底海拔 2145m，发育地层 C_{1b}，地貌为峰丛沟谷。出口下游紧邻一天生桥，使出口下缘成一竖井，长 21m、宽 12m、深 15m，桥顶部为公路宽 10m；其下游为河谷，谷底少水，河床裸露，至坝地开阔处见少许水面。

2.2.7.3 羊皮洞落水洞

羊皮洞落水洞位于 104°16′20″E、26°54′47″N，最高海拔 2280m、最低海拔 2230m；发育地层主要为石炭纪摆佐组（C_{1b}）厚层生物礁灰岩、方解石斑晶灰岩，局部含硅质灰岩。发育 2 个竖井状落水洞，其中，1 号井口长 1.15m、宽 0.58m、深 10m；2 号井口长 1.8m、宽 0.73m、深 5m。

2.2.8 溶沟、石芽、溶坑、钙华

溶沟、石芽、溶坑、钙华等微型岩面溶蚀或堆积形态，多分布在石炭纪下统摆佐组、中统黄龙群厚层灰岩形成的峰丛斜坡或溶蚀丘坡的坡面上，受岩层节理、岩性结构的控制，岩面溶沟一般宽度在 0.04～0.13m，长为 0.85～1.2m，深 0.13～0.23m，无残积物填充；若沿节理发育的裂隙，常为黏土充填。石芽是较大型溶沟间的石脊，多为锥形或尖棱形。溶坑多发于在石炭纪下统摆佐组（C_{1b}）方解石斑晶灰岩岩面，表现为岩体方解石斑晶溶蚀之后留下的空洞，与斑晶规模相当，平均宽度在 0.65m、长为 0.1m。溶坑下缘有水流下渗的垂直裂隙岩壁常有钙化形成，适合的地方会有方解石晶族生成。

2.2.8.1　胡叶山钙华、方解石晶族

胡叶山最低海拔2271m、最高海拔2283m，地貌物质为风化残积物；现代地貌作用主要为溶蚀作用，溶蚀作用常顺层理溶蚀成较大的竖直管道或沿节理溶蚀而成空洞，提供方解石晶族形成发育的特定空间，有方解石晶族生成；岩壁有大量方解石钙华生成。

2.2.8.2　凤山溶沟、溶坑、钙华

凤山南侧峰丛最低海拔2290m，最高海拔2410m，山脊延伸方向NW275°；地貌物质为风化碎屑残积物，溶蚀作用强，山麓方解石晶斑全部溶蚀而在岩面遗留斑坑，山腰少部分晶斑残留，山体上部则溶蚀量少原生晶斑尚存。小型溶坑长0.06～0.1m、宽0.08～0.15m、深0.02～0.13m；而大型溶坑是在小型溶坑基础上进一步溶蚀，使小型溶坑之间的石脊被溶蚀完后相互贯穿联结扩大而成，长0.4～1.4m、宽0.14～1.7m、深0.12～1.0m。此外，山麓局部竖直基岩面有方解石钙华堆积成石帷幕状，分布海拔高度2320m，观察28条、平均间隔0.09m、长度1.6m、厚3～6cm。岩面溶沟发育，溶沟分布方向SE137°、坡向SW217°、分布海拔高度2340～2350m，观察28条平均间隔0.036m，长86cm、宽5～11cm、深10～23cm；观察15条平均间隔0.067m，长0.9m、宽0.04～0.13m、深0.08～0.1m；观察28条平均间隔0.1m，长0.8m、宽0.05～0.1m、深0.06～0.13m。凤山北侧峰丛最低海拔2318m、最高海拔2443m，地貌物质为风化残积物，溶蚀作用强，顺节理面有流水自高处向低处呈面状渗流，沿节理岩壁有大量方解石钙华不断生成，堆积体13个，最长55cm。羊角山峰丛，最低海拔2345m、最低海拔2375m，溶蚀作用强，顺节理溶蚀成较大的竖直管道，提供方解石晶族形成发育的特定空间，管道岩壁有大量方解晶族生成。

此外，烙锅山峰丛，最低海拔2424m、最低海拔2446m，溶蚀作用强，方解石斑晶溶蚀成较大的岩面溶坑，进一步发育形成溶沟，溶沟间的石脊形成石芽，宽者填充较厚黏土堆积物，易于耕作；狭者藤刺灌草杂生。溶坑长3～22cm、宽3～8cm、深4～9cm。

2.3　气候

保护区属于亚热带高原季风气候区，具有日照丰富、冬暖夏凉、冬干夏湿的气候特征。年平均气温10.9℃，最热月（7月）平均气温17.3℃，最冷月（1月）平均气温2.1℃；极端最高气温介于27.5～30.1℃之间，2010年极端最高气温达30.1℃，极端最低气温介于-10.3～-5.9℃之间，2008年极端最低气温-10.3℃，≥10℃积温2583.9℃。无霜期介于137～258d之间，平均190.5d，无霜期最短出现在2007年。年降水量介于626.5～1124.1mm之间，年均降水量903.6mm，日最大降水量介于37.1～85.7mm之间；最长连续降水天数介于8～20d之间，2008年达20d；降水主要集中在5～8月，占全年降水总量的70.4%。月均最大蒸发量在45.8～117.6mm间，年均蒸发量达948.7mm，最大月均蒸发量（5月）达117.6mm；蒸发主要集中于3～5月，蒸发量分别为102.8mm、113.7mm、117.6mm，占全年蒸发总量的43.9%（图2-1）。保护区日照充足，光能资源丰富，年日照时数介于1374～1633.7h，年平均日照时数1455.5h。保护区内多大风，年平均大风日数为31d，春季最多，平均24d，占全年大风日数的79%。由于春季多大风，加剧保护区水分蒸发，导致蒸发的旺盛季节提前于降水季节，即蒸发超前于降水，易成春旱；这也是造成年均蒸发量大于年均降水量重要条件，促使保护区气候水量平衡处于弱亏损状态。

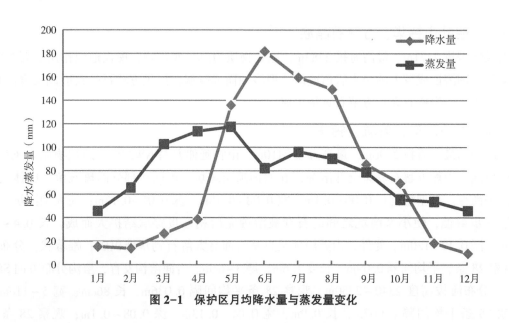

图 2-1 保护区月均降水量与蒸发量变化

2.4 水文

2.4.1 水情调查

羊猫子井（E104°15′52″，N26°49′34″）：海拔高程 2183m，水深 1.2m，井深 2m。井水排泄于两条溪沟直接注入草海，人工沟渠，沟坡直立。沟床比降 9°，溪沟水深 0.005m，沟宽 0.41m，溪水流速 0.04m/s，两条溪沟流量合计为 0.082L/s。

白马河（E104°16′20″，N26°48′44″）：海拔高程 2178m，源于十里铺，沟头有成片林地，溪沟水流经人工湿地处理后注入草海。水深 0.028m，沟宽 0.16m，沟床坡度 5°，沟坡坡度 13°，水流流速 0.077m/s，溪沟流量为 0.345L/s。

卯家桥河（E104°12′11″，N26°50′20″）：海拔高程 2175m，常流水，沟头源于吕家河村，沿途汇集薛家海子、吕家河、老鸦箐 3 条沟流，过卯家桥后经人工湿地处理注入草海。水深 0.092m，沟宽 3.9m，沟床坡度 3°，自然沟渠，沟坡坡度 83°，水流流速 0.285m/s，溪沟流量为 102.258L/s。

万下河（E104°11′29″，N26°51′12″）：海拔高程 2176m，常流水，河流两侧为农业用地，种植玉米、烤烟等，沟头源于郑家营村，经人工湿地处理后注入草海。水深 0.02m，沟宽 2.9m，沟床坡度 3°，自然沟渠，沟坡坡度 85°，人工梯形沟渠，顺直河道，水流流速 0.333m/s，溪沟流量为 19.314L/s。

簸箕湾沟（E104°28′23″，N26°28′43″）：海拔高程 2179m，季节性流水，枯水季节为生活废水排放，河流两侧为农业用地，种植玉米等，沟头源于簸箕湾高地，直接注入草海。水深 0.07m，沟宽 0.6m，沟床坡度 3°，自然沟渠，沟壁坡度 78°，水流流速 0.056m/s，溪沟流量为 2.352L/s。

大中河（E104°18′3″，N26°49′58″）：海拔高程 2177m，常流水，具生活废水排放功能，沟头源于南屯周边高地，源头与三岔河分水，流经陕桥、鸭子塘后经大马城村接纳源至塔山的前进河后经人工湿地处理后注入草海。水深 0.17m，沟宽 5.3m，沟床坡度 5°，人工顺直沟渠，沟壁坡度直立，水流流速 0.25m/s，溪沟流量为 225.25L/s。

清水沟（E104°17′2″，N26°51′19″）：海拔高程 2177m，常流水，具生活废水排放和排洪功能，沟头源于小屯坪子南侧高低高地，流经前进村、鸭子塘后注入大中河。水深 0.075m，沟宽 1.3m，沟床坡度 6°，人工顺直沟渠，沟壁坡度直立，水流流速 0.375m/s，溪沟流量为 36.563L/s。

马槽井沟（E104°16′56″，N26°51′24″）：海拔高程 2176m，常流水，生活废水、养殖污水排放，沟头源于马槽井，流经富民村经人工湿地处理后注入草海。水深 0.08m，沟宽 1.3m，沟床坡度 3°，人工顺直沟渠，沟壁坡度直立，水流流速 0.333m/s，溪沟流量为 34.632L/s。

草海大桥出水口（E104°12′42″，N26°52′49″）：海拔高程 2170m，常流水，草海水体由此排出。水深 1.309m，沟宽 14m，沟床坡度 3°，人工顺直沟渠，水流流速 0.0225m/s，出水断面流量为 2527.1554L/s。

此外，调查了 6 条溪沟的流量数据：黑泥塘沟流量为 0.35L/s；熊塘沟流量为 0.54L/s，仓上沟流量为 0.08L/s，门前山沟流量为 0.22L/s，小江家湾沟流量为 1.24L/s，西海沟流量为 3.92L/s。查阅 5 个泉眼涌水量：畜牧场涌水量为 1.1L/s，下坝涌水量为 1.2L/s，大水井涌水量为 0.8L/s，谢家涌水量为 0.9L/s，白马塘涌水量为 0.3L/s。

2.4.2　水文分区

保护区湖盆有清水沟、卯家海子河、东山河、白马河、万下河和大中河等河流溪沟汇入。草海湖正常蓄水面积为 1980hm²，正常水位 2171.7m，最大水深 5m。受季节性降水的影响，丰水期水位可达 2172.0m，相应水域面积 2605hm²；枯水期水位降至 2171.2m，相应水域面积 1500hm²。保护区岩性为石炭纪下统大塘组旧司段（C_1d_1）为砂岩、页岩、泥岩，为不透水层。草海湖盆蓄积区周边高地以及以南山地，岩性多为石炭纪的灰岩、白云质灰岩为主，夹少量泥页岩，透水作用较强，为草海水体补给。草海湖盆以北为斑晶灰岩、白云质灰岩、硅质灰岩大面积分布区，岩石溶蚀性强，加之构造发育、岩溶率高，溶蚀裂隙、落水洞和落水洞群广泛发育，如凹河落水洞群。根据对周边村民的调查访谈，落水洞群存在五年一遇的"雨时漫水、旱时消水"现象，因而，凹河及沿岸落水洞是草海水体排泄通道，成为草海水体排泄区。

2.4.3　水量平衡

利用实测保护区周边入湖的河溪流量数据，同时查取 2006—2015 年的降水量、蒸发量数据，以及草海周边井泉涌水量数据等；依据水量平衡原理，了解保护区静态蓄水量的变化：

$$\triangle Q = (P+R_1+G_1+Q_0) - (E+R_2+G_2) \tag{2-1}$$

式（2-1）中，$\triangle Q$ 为保护区蓄水量的变化量；P 为净降水量；R_1 为地表水流入量；G_1 为地下水流入量；Q_0 为生产生活排入水；E 为蒸散量（主要为水面蒸发量）；R_2 为地表水流出量；G_2 为地下水流出量。

贵州水利勘测设计院相关研究显示：草海湖盆渗漏量为 185.52L/s，则 $G_2 = 585.06×10^4 m^3$；实测草海出口径流量 $R_2 = 1300.34×10^4 m^3$。由此，保护区水量平衡可表达为：

$$\triangle Q = (2037.51+1346.79+13.82+109.5) - (2139.2+1300.34+585.06)$$
$$= -516.98×10^4 m^3$$

从水量平衡关系看，保护区年均收入水量略少于支出水量，处于弱减水状态，其主要原因是保护区蒸发强于降水，同时存在确定的渗漏过程；这种减水过程是草海湖泊退化的重要特质。

2.5　土壤

2.5.1　土壤类型

根据野外调查和室内分析，按中国土壤分类和贵州省土壤分类系统，保护区分布的土壤可划分为 3 个土纲、3 个亚纲、4 个土类、5 个亚类（表2-1）。黄棕壤发育于不同母质，主要有砂页岩、玄武岩、紫色砂页岩和古老红色风化壳等。在湿润的北亚热带生物气候条件下，土壤形成发育具有弱度富铝化作用。黄棕壤因处于湿润温凉的气候条件下，有机质累积明显，其他养分中等；石灰土全剖面有弱的碳酸盐反应，土壤 pH 值在 7.6~7.9，呈微碱性反应。土壤有机质含量和全氮含量较高，全钾含量中等偏上；石质土属于成土年龄短或土壤发生发育处于不稳定状态，受强烈的外营力干扰，土壤剖面发育不完善的幼年土壤；沼泽土分布在草海滨湖地区，土壤 pH 值为 7.3~8.1，呈微碱性反应。土壤层次明显，土壤较厚。沼泽土磷素含量高，土壤有效磷较丰富，全钾含量中等偏下，有效供钾能力处于中等偏上水平；泥炭沼泽土主要分布在草海湖中心区域，长期处于深水淹没下，沉水植物和浮叶植物死亡残存而积累多量泥炭，其厚度一般在 50cm 以上，局部地方裸露或淤积腐泥覆盖。泥炭沼泽土有机质、全氮、有效磷、有效钾等含量高。

表 2-1　保护区土壤分类

土纲	亚纲	土类	亚类
淋溶土	湿暖淋溶土	黄棕壤	暗黄棕壤
初育土	石质初育土	石灰土	棕色石灰土
		石质土	钙质石质土
水成土	水成土	沼泽土	沼泽土
			泥炭沼泽土

2.5.2　土壤理化性质

2016 年 8 月至 2017 年 10 月共采集草海湿地土壤样品 104 个。其中，草海底泥样品 54 个（表 2-2），其他土壤样品（包括草海周围的农用地、林地、湖滨沼泽草地土壤）50 个（表 2-3），样本采样点分布情况见图 2-2。

表 2-2　草海底泥样品采集情况

采样区	环境特征	采样点	样本数量（个）	
			丰水期	枯水期
东部（E 区）	紧靠威宁县城，是城市生活污水入口，也是草海旅游主线路	E1	2	2
		E2	2	2
		E3	1	1
		E4	2	2
		E5	2	1
		E6	2	2
西南（S 区）	水生植物丰富	S1	2	2
		S2	2	2
		S3	3	3
		S4	2	2
		S5	2	2
西北（N 区）	出水口	N1	1	1
		N2	1	1
		N3	1	1
		N4	1	2
		N5	1	1

表 2-3　其他土壤样品采集情况

样本种类	农用地	林地	湖滨沼泽草地	合计
样本数量（个）	20	15	15	50

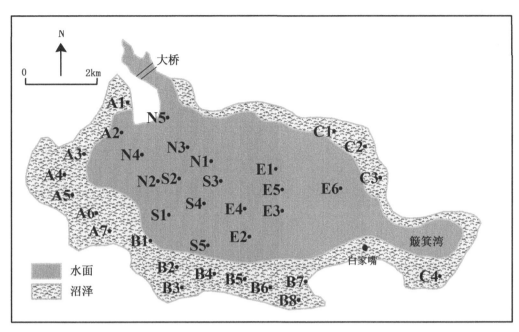

图 2-2 采样工作图

2.5.2.1 土壤温度

通过对 2016 年和 2017 年两期土壤温度进行对比分析（图 2-3）；草海流域不同土壤厚度下土壤温度变化范围为 4~8℃，8 月的土壤温度最高，10 月的土壤温度最低；不同土层土壤温度随时间变化趋势基本一致；不同土层温度变化有差异，15~20cm 的土壤温度最高。从图 2-3 可以看出，2017 年 2 月各样地各土层温度都比 2016 年 2 月的高；土壤温度从地表向下均呈递增趋势。

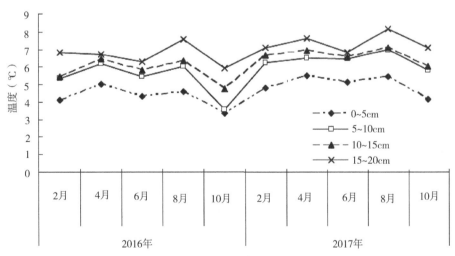

图 2-3 草海流域土壤温度随月份变化规律

2.5.2.2 土壤 pH 值

通过对草海流域土壤 pH 值进行统计分析，从图 2-4 可以看出，草海流域土壤主要为酸性土壤，pH 值中等偏低。土壤 pH 值在 4.5~6.0 之间的样品占总数的 74%；土壤 pH 值在 4.5 以下的样品占总数的 24%。总体上看，草海流域土壤酸碱度适宜植物生长。

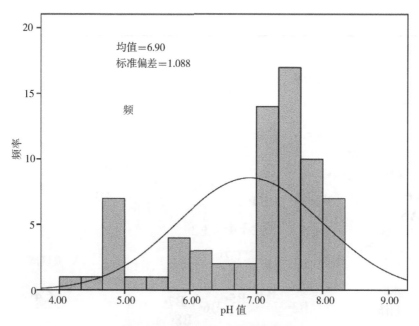

图2-4 草海土壤 pH 值变化特征

2.5.2.3 土壤容重

在不同土地利用方式下，土壤容重平均值为 1.13g/cm³，最大为 1.39g/cm³，最小值为 0.85g/cm³（表2-4）。其中，农用地土壤容重平均值最高，为 1.21g/cm³；林地次之，土壤容重平均值为 1.17g/cm³；沼泽草地区域土壤容重平均值最低，为 1.00g/cm³。

表2-4 不同用地类型下土壤容重特征

用地方式	样本数（个）	范围（g/cm³）	平均值（g/cm³）	标准差	变异系数（%）
沼泽草地	15	0.94~1.16	1.00	0.08	7.54
林地	15	0.85~1.38	1.17	0.19	16.41
农用地	20	0.99~1.39	1.21	0.20	16.72

2.5.2.4 土壤含水量

土壤含水量下降会导致湿地土壤中的泥炭和植物残体被氧化，释放出大量的二氧化碳，不但会导致湿地水源涵养功能下降，更重要的是会增加温室气体的排放。因此，研究土壤含水量可以作为评价湿地水源涵养功能的重要指标和分析湿地土壤退化现状的重要依据。草海湿地土壤含水量变化范围较为集中。不同生态模式下的土壤毛管持水量各不相同。从表2-5可以看出，草海土壤毛管持水量平均为 60.57%，最大值 196.46%，最小值 26.44%。其中，沼泽草地土壤含水量平均为 116.74%，林地为 36.95%，农用地地为 28.02%。草海土壤含水量高低顺序：沼泽草地 > 林地 > 农用地。

表2-5 不同用地类型土壤含水量变异特征

用地方式	样本数（个）	范围（%）	平均值（%）	标准差	变异系数（%）
沼泽草地	15	78.91~196.46	116.74	35.71	30.59
林地	15	28.72~52.68	36.95	10.82	29.27
农用地	20	26.44~28.91	28.02	1.37	4.91

2.5.2.5 土壤有机质

土壤有机质是衡量土壤肥力的重要指标，也是响应生态环境变化最为密切的土壤参数。土壤有机质状况控制着土壤养分的数量和有效性，同时它们也是反映人为活动对土壤影响的敏感指数。而土壤中有机质含量及其动态主要取决于土壤中有机质输入与降解的平衡。因其动态变化致使土壤有机质分布很不均匀，一切影响土壤有机质积累与分解的因子都可能影响有机质的分布。总体上，草海湿地各类土壤有机质量的分布规律：底泥>沼泽草地>农用地>林地（表2-6）。

表2-6　不同用地类型下土壤有机质变异特征

土壤类型	样本极值	有机质（g/kg）
底泥	最小值	51.86
	最大值	444.50
	平均值	241.22
	中值	209.40
	标准偏差	105.92
	变异系数（%）	50.59
沼泽草地	最小值	12.33
	最大值	81.47
	平均值	32.10
	中值	19.98
	标准偏差	22.83
	变异系数（%）	71.13
农用地	最小值	21.26
	最大值	140.45
	平均值	55.34
	中值	34.45
	标准偏差	39.36
	变异系数（%）	30.63
林地	最小值	9.55
	最大值	35.19
	平均值	26.03
	中值	29.48
	标准偏差	10.55
	变异系数（%）	40.52

2.5.2.6 土壤氮、磷、钾

草海各类土壤各营养元素含量的中值和平均值都比较接近，说明基本未受到特异值影响（表2-7）。各类土壤TOC、TN、TP、碱解氮和有效磷含量的最大值是最小值的几倍、十几倍，甚至几十倍，可见各采样点营养元素含量的差异较大。

表 2-7　草海土壤营养元素含量统计特征

土壤类型	样本极值	TOC （g/kg）	TN （g/kg）	TP （g/kg）	TK （g/kg）	碱解氮 （mg/kg）	有效磷 （mg/kg）	速效钾 （mg/kg）
底泥	最小值	36.10	3.19	0.44	1.58	245.18	3.58	12.67
	最大值	360.96	23.84	0.95	9.67	1004.06	70.56	189.98
	平均值	195.89	13.72	0.72	2.87	685.71	24.90	131.27
	标准偏差	86.02	5.88	0.12	0.32	169.06	13.96	20.12
	变异系数（%）	50.59	48.46	17.23	11.15	25.21	58.05	15.37
沼泽草地	最小值	14.80	1.49	0.31	3.47	77.61	3.34	5.32
	最大值	114.06	7.94	0.86	31.52	393.52	29.51	182.32
	平均值	44.94	3.47	0.55	12.32	164.89	10.53	142.4
	标准偏差	31.96	2.06	0.18	3.24	105.62	8.28	34.32
	变异系数（%）	71.13	59.30	31.08	26.30	64.06	78.59	24.10
农用地	最小值	17.62	1.98	0.44	7.54	94.09	1.91	8.82
	最大值	62.23	4.38	1.08	42.21	235.91	66.89	167.22
	平均值	37.87	2.90	0.75	16.23	165.14	29.11	103.7
	标准偏差	11.59	0.70	0.18	3.56	38.59	16.16	23.22
	变异系数（%）	30.63	24.07	23.43	21.93	23.37	55.53	22.39
林地	最小值	6.65	1.18	0.23	2.75	29.53	0.61	27.21
	最大值	28.57	2.14	0.61	25.42	109.88	1.56	236.21
	平均值	21.14	1.63	0.36	8.92	76.85	0.89	167.2
	标准偏差	8.57	0.38	0.17	1.87	32.22	0.41	45.32
	变异系数（%）	40.52	23.76	45.48	20.96	41.92	46.01	27.11

为定量反映调查区域内各项指标含量波动程度的大小，选用变异系数（CV）来表示其变化程度的大小，其计算公式：$CV = S^2/X$。式中，S^2 表示各指标参数的标准偏差；X 表示各指标参数的平均值。按照变异系数的划分等级：$CV<10\%$，弱变异性；$CV=10\%\sim100\%$，中等变异性；$CV>100\%$，强变异性。草海不同土壤各营养元素的变异系数都在 $10\%\sim100\%$ 之间，则草海土壤各营养元素都存在中等程度变异。草海底泥和草海湖周边的沼泽草地速效钾的变异系数最小，分布最为均匀；而林地、农用地则以 TK 的空间分布最为均匀。草海各类土壤均以有效磷的变异系数最大，说明有效磷的富集程度在不同地点存在较显著差异，分布最不均匀。

总体上，草海湿地各类土壤 TOC 和 TN 含量的分布规律：底泥>沼泽草地>农用地>林地。碱解氮含量的分布规律：底泥>农用地>沼泽草地>林地。TP 和有效磷含量的分布规律：农用地>底泥>沼泽草地>林地。TK 的分布规律：农用地>沼泽草地>林地>底泥。速效钾的分布规律：林地>沼泽草地>底泥>农用地。

2.5.3　土壤重金属元素分布特征

草海各类土壤 7 种重金属含量的中值和平均值都比较接近，说明基本未受到特异值影响（表 2-8）。土壤中重金属含量的最大值与最小值差别较大，是最小值的几倍、几十倍，甚至上百倍，可见各采样点重金属含量的分布并不均匀。

表 2-8 草海土壤重金属含量的统计特征 单位：mg/kg

土壤类型	样本极值	Cd	Cr	Pb	Hg	As	Zn
底泥	最小值	1.33	22.08	19.70	0.06	12.70	208.33
	最大值	33.56	55.33	66.73	1.78	25.14	632.25
	平均值	16.28	37.50	34.12	0.49	15.48	388.18
	标准偏差	9.15	8.15	12.80	0.39	2.44	122.73
	变异系数（%）	56.19	21.73	37.52	79.63	15.76	31.62
沼泽草地	最小值	1.13	32.89	12.97	0.06	10.58	103.06
	最大值	6.23	92.41	48.81	0.66	22.84	518.99
	平均值	2.95	58.67	25.98	0.36	17.49	196.49
	标准偏差	1.58	19.25	11.65	0.21	3.73	124.01
	变异系数（%）	53.74	32.81	44.85	58.47	21.32	63.11
农用地	最小值	0.35	25.43	12.57	0.05	8.64	112.14
	最大值	7.61	79.60	139.59	1.13	26.69	585.84
	平均值	3.49	50.32	36.22	0.34	18.77	199.26
	标准偏差	2.03	14.61	31.16	0.30	5.70	116.20
	变异系数（%）	57.91	29.03	86.03	85.90	30.35	58.32
林地	最小值	0.52	45.80	2.52	0.09	14.65	121.02
	最大值	2.24	62.63	13.86	0.36	25.13	175.77
	平均值	1.12	55.24	8.96	0.15	19.60	140.58
	标准偏差	0.69	6.65	4.69	0.12	4.37	22.58
	变异系数（%）	62.44	12.05	52.39	76.91	22.31	16.06

从表 2-8 可以看出，草海底泥和草海湖周边的沼泽草地、农用地都以 As 的变异系数最小，分布最为均匀；而林地则以 Cr 的空间分布最为均匀。草海不同土壤 7 种重金属中变异系数最大、分布最不均匀的元素各不相同，底泥和林地是 Hg、沼泽草地是 Zn、农用地则是 Pb。

总体上，草海湿地各类土壤 Cd 和 Zn 含量的分布规律：底泥>农用地>沼泽草地>林地。Cr 含量的分布规律：沼泽草地>林地>农用地>底泥。Pb 的分布规律：农用地>底泥>沼泽草地>林地。Hg 含量的分布规律：底泥>沼泽草地>农用地>林地。As 含量的分布规律：林地>农用地>沼泽草地>底泥。

2.5.4 湿地土壤农药残留特征

草海土壤 OCPs 含量的变化范围为 0.05~45.97ng/g，平均为 11.24ng/g。从农药类别看，HCHs 总量范围为 0.05~18.96ng/g，均值为 3.62ng/g；DDTs 总量范围为未检出 0~27.15ng/g，均值为 7.62ng/g。

由表 2-9 可知，草海各类土壤中 HCHs 和 DDTs 含量的中值和平均值都比较接近，说明基本未受到特异值影响。草海底泥、沼泽草地、农用地及林地土壤中 HCHs 含量的最大值分别是最小值（除去未检出）的 125.20、17.16、28.30、107.60 倍；DDTs 含量的最大值分别是最小值的 15.03、8.04、26.88、66.00 倍，可见各类土壤中 HCHs 和 DDTs 含量的变幅都较大。以变异系数的大小定量反映各类土壤 HCHs 和 DDTs 含量的波动程度，可知，草海各类土壤 HCHs 和 DDTs 含量都存在中等程度变异。其中，HCHs 和 DDTs 都以林地土壤中含量的变异程度最为显著，分布最不均匀，富集程度在不同地点存在较显著差异；以沼泽草地土壤中含量的空间变异程度最小，离散性最小，分布最均匀。

表 2-9　草海土壤 OCPs 含量统计特征　　　　　　　　　　　　　　单位：ng/g

	底泥		沼泽草地		农用地		林地	
	HCHs	DDTs	HCHs	DDTs	HCHs	DDTs	HCHs	DDTs
最小值	0.10	1.33	0.62	1.97	0.67	1.01	0.05	nd
最大值	12.52	19.99	10.64	15.83	18.96	27.15	5.38	7.26
平均值	3.36	8.56	3.16	8.58	5.13	10.32	2.84	3.00
中值	2.7	8.19	4.11	8.05	6.23	9.58	2.63	2.17
标准偏差	2.79	4.35	2.15	2.98	4.41	6.82	2.94	2.01
变异系数（%）	83.01	50.83	68.04	34.73	85.96	66.09	103.52	67.00

草海湿地各类土壤 OCPs 含量的分布规律：农用地（15.45ng/g）>底泥（11.92ng/g）>沼泽草地（11.74ng/g）>林地（5.84ng/g）。其中，HCHs 含量的分布规律为农用地（5.13ng/g）>底泥（3.36ng/g）>沼泽草地（3.16ng/g）>林地（2.84ng/g）；DDTs 含量分布规律为农用地（10.32ng/g）>沼泽草地（8.58ng/g）>底泥（8.56ng/g）>林地（3.00ng/g）。

（2.1~2.4：莫仕江、丁卫红、左太安、任金铜；2.5：张珍明、张家春、牟桂婷、吴先亮、刘盈盈、罗文敏、夏远平）

第3章
湖水水质监测与评价

草海是距今约 400 万年前开始发育的构造岩溶盆地，是典型的高原湿地生态系统，位于横断山脉东南面，云贵高原中部乌蒙山麓的威宁县城南侧，位于贵州省威宁彝族苗族回族自治县境内，湖底较平坦，因湖内水草茂密故名草海（邓一德等，1985）。从 1985 年贵州省人民政府批准建立"草海省级综合自然保护区"至今已有 30 多年，期间草海周边环境因素变化巨大。为了解草海水体的污染现状及水环境质量的变化，我们在 2016—2017 年对保护区的水体分季度进行了四次调查与监测，以期为保护区的管理决策与生态环境保护提供科学依据。

本次水质调查在草海湖水入水口、湖中心点、出水口、码头、人为活动频繁区域设置监测点 12 个（图 3-1），其经纬度见表 3-1。与 1982 年和 2005 年科学考察（向应海等，1986；张华海等，2007）的监测点布设相比，增设监测点 3 个。参考前两次科考的测定指标和《地表水环境质量标准 GB 3838—2002》，确定监测指标 32 个，测定方法按照国家标准方法测定（表 3-2）。对于水体中的农药残留设定测定指标 191 个（表 3-3），由西安国联质量检测技术股份有限公司检测。

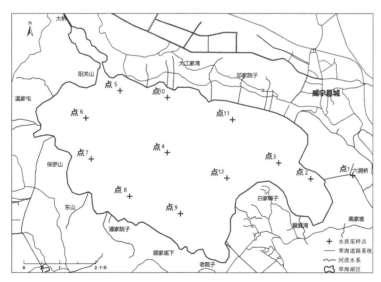

图 3-1 草海湖水水质监测点分布示意图

本次水质调查分别在 2016 年 8 月 1 日、2016 年 11 月 11 日、2017 年 3 月 17 日和 2017 年 6 月 9 日，在草海的 12 个监测点采取表面水（离水面 0.5m，水深不足 0.5m 处采取中部水样），现场监测气温、水温、pH 值、透明度、溶解氧等指标，水样低温保存后带回实验室检测。

表 3-1 各监测点的经纬度和海拔

监测点	经度（°）	纬度（°）	海拔（m）
1	104.291734	26.842567	2171
2	104.276136	26.843408	2171
3	104.269385	26.848891	2171
4	104.238431	26.850219	2171
5	104.225822	26.862655	2171
6	104.216275	26.855890	2171
7	104.217842	26.845814	2171
8	104.224067	26.839117	2171
9	104.239039	26.834300	2171
10	104.239136	26.861038	2171
11	104.257367	26.855718	2171
12	104.255887	26.841363	2171

表 3-2 水质测定指标及方法一览表

序号	测定指标	测定方法	标准号
1	水温	U53 水质分析仪	—
2	pH	U53 水质分析仪	—
3	溶解氧	U53 水质分析仪	—
4	海拔和经纬度	MG858S 手持高精度 GIS 采集器	—
5	气温	温度计直接测量	—
6	水深	卷尺直接测量	—
7	透明度	塞氏盘测定	—
8	有机耗氧量	酸性高锰酸钾法	GB 11892—89
9	碱度	盐酸滴定法	GB/T 15451—95
10	HCO_3^-，CO_3^{2-}	酸滴定法	SL 83—1994
11	硬度	EDTA 滴定法	GB 7477—87
12	氯化物	硝酸银滴定法	GB 11896—89
13	硫酸盐	火焰原子分光光度法	GB/T 13196—91
14	氨氮	便携式水质测定仪	—
15	亚硝酸盐氮	分光光度法	GB 7493—87
16	硝酸盐氮	紫外分光光度法	HJ/T 346—2007
17	总磷	电感耦合等离子体发射光谱法	HJ 776—2015
18	总氮	碱性过硫酸钾消解紫外分光光度法	HJ 636—2012
19	铁	电感耦合等离子体发射光谱法	HJ 776—2015
20	钾	电感耦合等离子体发射光谱法	HJ 776—2015
21	钠	电感耦合等离子体发射光谱法	HJ 776—2015
22	钙	电感耦合等离子体发射光谱法	HJ 776—2015
23	镁	电感耦合等离子体发射光谱法	HJ 776—2015
24	铜	电感耦合等离子体发射光谱法	HJ 776—2015
25	锌	电感耦合等离子体发射光谱法	HJ 776—2015
26	砷	原子荧光法	HJ 694—2014
27	汞	原子荧光法	HJ 694—2014

（续）

序号	测定指标	测定方法	标准号
28	镉	电感耦合等离子体发射光谱法	HJ 776—2015
29	铬（六价）	二苯碳酰二肼分光光度法	GB 7467—87
30	铅	电感耦合等离子体发射光谱法	HJ 776—2015
31	总盐量	计算法	—
32	粪大肠菌群	纸片快速法	HJ 755—2015

表 3-3　草海水体中农药残留测定项目

序号	测定项目	序号	测定项目	序号	测定项目	序号	测定项目	序号	测定项目	序号	测定项目
1	邻苯基苯酚	35	氯苯胺灵	69	硫丹（α）	103	甲基异柳磷	137	甲拌磷亚砜	171	杀虫畏
2	乙酰甲胺磷	36	毒死蜱	70	乙硫苯威	104	异丙威	138	伏杀磷	172	三氯杀螨砜
3	啶虫脒	37	甲基毒死蜱	71	乙硫磷	105	稻瘟灵	139	亚胺硫磷	173	噻菌灵
4	乙草胺	38	烯草酮	72	灭线磷	106	异丙隆	140	磷胺	174	噻虫啉
5	涕灭威	39	噻虫胺	73	醚菊酯	107	醚菌酯	141	辛硫磷	175	噻虫嗪
6	涕灭威亚砜	40	氰草津	74	乙嘧硫磷	108	利谷隆	142	抗蚜威	176	噻吩磺隆
7	涕灭砜威	41	环氟菌胺	75	噁唑菌酮	109	马拉硫磷	143	嘧啶磷	177	硫双威
8	莠去津	42	氟氯氰菊酯	76	氯苯嘧啶醇	110	甲霜灵和精甲霜灵	144	甲基嘧啶磷	178	久效威砜
9	保棉磷	43	高效氯氟氰菊酯	77	环酰菌胺	111	苯嗪草酮	145	咪鲜胺	179	久效威亚砜
10	嘧菌酯	44	霜脲氰	78	杀螟硫磷	112	甲胺磷	146	腐霉利	180	甲基立枯磷
11	苯霜灵和精苯霜灵	45	氯氰菊酯和氯氰菊酯（ζ）	79	仲丁威	113	杀扑磷	147	丙溴磷	181	甲苯氟磺胺
12	噁虫威	46	嘧菌环胺	80	苯氧威	114	甲硫威	148	猛杀威	182	三唑酮
13	乙丁氟灵	47	灭蝇胺	81	甲氰菊酯	115	灭多威	149	扑草净	183	三唑醇
14	丙硫克百威	48	o, p′-滴滴滴	82	丁苯吗啉	116	甲氧虫酰肼	150	霜霉威	184	醚苯磺隆
15	解草嗪	49	p, p′-滴滴滴	83	唑螨酯	117	异丙甲草胺和精-异丙甲草胺	151	炔螨特	185	三唑磷
16	苄嘧磺隆	50	o, p′-滴滴伊	84	倍硫磷	118	速灭磷	152	苯胺灵	186	敌百虫
17	联苯菊酯	51	p, p′-滴滴伊	85	氰戊菊酯和S-氰戊菊酯	119	久效磷	153	丙环唑	187	氟菌唑
18	啶酰菌胺	52	o, p′-滴滴涕	86	氟虫腈	120	腈菌唑	154	残杀威	188	氟乐灵
19	溴螨酯	53	p, p′-滴滴涕	87	吡氟禾草灵和精吡氟禾草灵	121	敌草胺	155	炔苯酰草胺	189	氟胺磺隆
20	乙嘧酚磺酸酯	54	溴氰菊酯和四溴菊酯	88	氟氰戊菊酯	122	烟嘧磺隆	156	吡蚜酮	190	蚜灭磷
21	噻嗪酮	55	二嗪磷	89	氟虫脲	123	酞菌酯	157	吡菌磷	191	乙烯菌核利
22	丁草胺	56	苯氟磺胺	90	氟硅唑	124	氧乐果	158	哒螨灵		
23	丁酮威	57	敌敌畏	91	氟胺氰菊酯	125	噁草酮	159	哒嗪硫磷		
24	硫线磷	58	氯硝胺	92	呋线威	126	噁霜灵	160	嘧霉胺		
25	克菌丹	59	三氯杀螨醇	93	γ-六六六（林丹）	127	亚砜磷	161	喹硫磷		
26	甲萘威	60	乙霉威	94	庚烯磷	128	多效唑	162	五氯硝基苯		
27	多菌灵	61	苯醚甲环唑	95	噻螨酮	129	对硫磷	163	喹禾灵和精喹禾灵		
28	克百威	62	乐果	96	抑霉唑	130	甲基对硫磷	164	砜嘧磺隆		
29	3-羟基克百威	63	烯酰吗啉	97	吡虫啉	131	戊菌唑	165	八氯二丙醚		
30	丁硫克百威	64	烯唑醇	98	茚虫威	132	二甲戊灵	166	西玛津		
31	灭幼脲	65	敌瘟磷	99	异菌脲	133	氯菊酯	167	多杀霉素		
32	氯丹	66	甲氨基阿维菌素苯甲酸盐	100	缬霉威	134	稻丰散	168	螺环菌胺		
33	虫螨腈	67	硫丹（β）	101	水胺硫磷	135	甲拌磷	169	戊唑醇		
34	毒虫畏	68	硫丹硫酸酯	102	异柳磷	136	甲拌磷砜	170	虫酰肼		

3.1 水质现状

3.1.1 草海水体的物理指标

从对草海水体4次现场测定数据来看，草海的水体深度差异较大，12个采样点平均深度119.7cm（表3-4），湖水最浅的地方为2号监测点，水深仅43.0cm，4号监测点最深可达205.8cm。水体的透明度越小，表明水色越深，水体的杂质越多。各监测点受季节、人为扰动等因素的不同，草海水体的透明度在34.8~164.0cm之间，平均91.9cm，点1、点2和点3（均在大中河河道）的水体透明度明显低于其他监测点。

表3-4　草海湖水的基础物理和化学指标

监测点	水深（cm）	透明度（cm）	pH值	溶解氧（mg/L）	饱和度（%）	有机耗氧量（mg/L）	总碱度（mg/L）	总硬度（mg/L）
1	50.8	43.1	8.02	5.40	58.98	10.217	242.891	336.236
2	43.0	34.8	7.74	5.29	59.16	10.953	173.566	212.612
3	80.8	40.3	7.89	5.71	65.20	10.302	185.019	214.850
4	205.8	164.0	9.38	7.46	84.40	7.767	48.858	108.609
5	131.3	100.0	9.39	6.97	80.71	7.914	39.521	86.895
6	166.3	121.0	9.22	6.69	75.76	7.280	43.819	82.140
7	134.3	125.3	9.42	6.66	73.90	6.296	37.436	83.926
8	145.8	112.8	9.39	6.76	75.80	6.503	40.829	83.322
9	132.1	109.9	9.39	6.37	70.97	6.399	45.231	85.888
10	130.5	98.9	9.27	6.76	75.91	7.188	45.966	92.485
11	117.8	54.5	8.73	6.22	69.66	8.225	105.480	129.300
12	98.3	98.3	8.69	6.11	64.99	7.532	83.440	126.043
平均	119.7	91.9	8.89	6.37	71.29	8.048	91.005	136.859

3.1.2 草海水体的化学指标

3.1.2.1 pH值、溶解氧、有机耗氧量、总碱度、总硬度

草海各监测点水体的pH值在7.74~9.62之间，平均8.89（表3-4），属于偏碱水。天然水体的pH差异很大，主要受碳酸根离子（CO_3^{2-}）和重碳酸根离子（HCO_3^-）对水质所构成的缓冲系统影响（张华海等，2007）。国家渔业水质标准规定的水体pH范围在6.5~8.5之间，只有1~3监测点在这个范围内。pH过低则削弱鱼类的血液载氧能力，摄食减少，甚至死亡。pH过高鱼类则易发生碱中毒，腐蚀皮肤及黏液等（邓希海，2008）。

水中的溶解氧的含量与空气中氧的分压、水的温度都有密切关系。草海湖水的溶解氧在5.29~7.46mg/L之间，平均6.37mg/L，溶解氧的平均值大于5mg/L，符合国家渔业用水标准规定的范围。溶解氧最高值出现草海中心（4号监测点），最低值出现在2号监测点，且1、2、3号监测点明显低于其他各点。饱和度在58.98%~84.40%之间，平均71.29%。

有机耗氧量（COD_{Mn}）也称为高锰酸钾指数，可以间接反映水受有机物污染的程度。草海的COD_{Mn}在6.296~10.953mg/L之间，平均8.048mg/L，最高值出现在2号监测点，最低值出现在7号监测点，以草

海中心 4 号点为对比，点 1、2、3 分别是其的 1.32、1.74、1.33 倍。

总碱度是指水中能与强酸发生中和作用的物质的总量，天然水中的碱度主要有碳酸盐、重碳酸盐和氢氧化物引起。草海湖水的总碱度在 37.436~242.891mg/L，平均 91.005mg/L，相当于 1.248~8.096mEq/L，平均 3.033mEq/L。一般认为总碱度在 1.00~3.00mEq/L 范围内，鱼的生产力随总碱度增大而同步提高，大于 3.505mEq/L 会抑制生物生长（张华海等，2007）。草海 1、2、3 监测点明显高于 3.505mEq/L，11 号点略高为 3.516mEq/L，其余各点均在 3mEq/L 以下。

草海水体总硬度的范围 82.140~336.236mg/L（以 $CaCO_3$ 计），平均 136.859mg/L，换算为德国度 4.602°（1.641mmol/L）~18.837°（6.718mmol/L），平均 7.667°（2.734mmol/L）。根据天然水硬度分类标准，草海水硬度低于 3.0mmol/L，属于软水。

3.1.2.2　草海水体中的主要阳离子和阴离子

不同监测点主要阳离子浓度不同，浓度顺序：钙离子（Ca^{2+}）>镁离子（Mg^{2+}）>钾离子（K^+）>钠离子（Na^+）（表 3-5）。Ca^{2+} 浓度在 21.420~101.300mg/L 内，平均 37.885mg/L，Ca^{2+} 浓度最高出现在 1 号监测点，是草海中心（4 号监测点）的 4.51 倍，最低值出现在 9 号监测点；Mg^{2+} 浓度 16.280~32.000mg/L 内，平均 20.611mg/L，最高点也是出现在 1 号监测点，是草海中心 Mg^{2+} 浓度的 1.66 倍，最低值出现在 7 号监测点；K^+ 浓度在 7.841~15.139mg/L 内，平均 10.100mg/L，K^+ 浓度最高出现在 1 号监测点，是草海中心的 1.74 倍，最低值出现在 9 号监测点；Na^+ 浓度在 8.835~32.673mg/L 内，平均 14.655mg/L，最高值出现在 1 号监测点，是草海中心的 2.74 倍，最低值出现在 7 号监测点。

表 3-5　各监测点的主要阳离子和阴离子情况

监测点	Ca^{2+} (mg/L)	Mg^{2+} (mg/L)	K^+ (mg/L)	Na^+ (mg/L)	Cl^- (mg/L)	SO_4^{2-} (mg/L)	HCO_3^- (mg/L)	CO_3^{2-} (mg/L)	全盐量 (mEq/L)
1	101.300	32.000	15.139	32.673	28.163	65.968	327.661	0.000	15.075
2	58.915	25.010	13.262	27.553	24.558	56.963	224.593	0.000	11.119
3	62.878	23.690	13.545	20.608	21.243	42.653	199.898	0.000	9.526
4	22.463	19.325	8.695	11.905	14.438	44.795	48.933	27.829	6.139
5	23.968	19.115	8.889	11.233	13.290	45.993	53.990	19.923	5.763
6	24.153	17.420	8.493	9.455	12.855	41.495	60.168	13.118	5.300
7	23.330	16.280	8.050	8.835	14.210	34.535	49.390	23.123	5.400
8	21.665	17.585	8.313	9.744	16.273	37.058	38.153	29.236	5.661
9	21.420	17.158	7.841	9.497	14.445	33.283	45.880	22.530	5.207
10	26.468	19.123	8.944	11.183	17.100	41.498	65.358	14.720	5.816
11	38.500	21.180	10.975	12.771	17.105	39.983	116.305	3.001	6.642
12	29.565	19.450	9.062	10.403	15.545	38.768	91.088	0.000	5.477
平均	37.885	20.611	10.100	14.655	17.435	43.582	110.118	12.790	7.260

注：表中的 0.00 是指该指标浓度低于最低检出限。

氯离子（Cl^-）、硫酸根离子（SO_4^{2-}）、HCO_3^- 和全盐量在分布上表现出和主要阳离子类似的规律，CO_3^{2-} 则相反。Cl^-、SO_4^{2-}、HCO_3^- 和全盐量的最低值分别出现在 6 号点、9 号点、8 号点和 9 号点，分别为 12.855mg/L、33.283mg/L、38.153mg/L 和 5.207mEq/L；最高值均在 1 号监测点，分别为 28.163mg/L、65.968mg/L、327.661mg/L 和 15.075mEq/L，分别是草海中心 4 号点的 1.95、1.47、6.70、2.46 倍。

CO_3^{2-}在 1、2、3 和 12 监测点均未检出，其他各监测点浓度范围在 3.001~29.236mg/L 内，平均 12.790mg/L。主要阴离子的浓度大小顺序：$HCO_3^->SO_4^{2-}>Cl^->CO_3^{2-}$。这与张强（2012）的结论类似，其认为在岩溶地区，水体偏碱性、水体中无机碳以 HCO_3^- 为主要形式，草海湖泊系统中的无机碳主体为碳酸盐风化产生的重碳酸根。

除了 CO_3^{2-} 以外，草海水体中主要阳离子和阴离子以东部（点 11、点 12）、大中河入水口（点 3）及其河道（点 1、点 2）的浓度较高，中部和西部较低。CO_3^{2-}分布情况恰好相反。将主要阳离子和阴离子浓度转换成 mmol/L，依照苏联阿列金提出的水化学分类系统（黄锡荃等，1982），草海水应属于重碳酸盐类、钙组、Ⅱ型水。矿化度为 0.267g/L，小于 1 g/L，属于淡水。

3.1.2.3 生物营养物质

草海水体中的总氮（TN）在 0.537~12.151mg/L，平均 2.031mg/L，各监测点 TN 的顺序：1>2>3>12>11>10>4>9>6>8>5>7，可见草海东部的水体 TN 大于中部和西部（表 3-6）。亚硝态氮（NO_2^--N）、硝态氮（NO_3^--N）、氨态氮（NH_3-N）是氮素在水体中的无机形态，从数量上来看，NO_3^--N、NH_3-N浓度要高于 NO_2^--N，它们的最高值均在 1 号监测点处，NO_2^--N 浓度的范围在 0.010~0.164mg/L 之间，NO_3^--N 的浓度范围在 0.183~1.144mg/L 之间，NH_3-N 的浓度范围在 0.176~7.954mg/L 之间。

表 3-6 草海水体中生物营养物质情况

监测点	NO_2^--N (mg/L)	NO_3^--N (mg/L)	NH_3-N (mg/L)	TN (mg/L)	TP (mg/L)	SiO_2 (mg/L)	Fe (mg/L)
1	0.164	1.144	7.954	12.151	0.652	5.067	0.365
2	0.017	0.413	1.309	2.531	0.264	4.868	0.121
3	0.013	0.364	0.694	2.110	0.133	4.443	0.098
4	0.010	0.273	0.203	0.952	0.054	0.650	0.005
5	0.028	0.219	0.204	0.577	0.052	0.874	0.026
6	0.015	0.265	0.200	0.641	0.053	0.571	0.012
7	0.013	0.183	0.176	0.537	0.045	0.640	0.012
8	0.020	0.257	0.191	0.617	0.053	0.470	0.010
9	0.036	0.283	0.180	0.856	0.052	0.361	0.006
10	0.029	0.358	0.186	1.039	0.062	0.778	0.025
11	0.032	0.385	0.281	1.119	0.079	1.944	0.013
12	0.030	0.362	0.225	1.238	0.053	0.445	0.017
平均	0.034	0.376	0.983	2.031	0.129	1.759	0.059

总磷（TP）在 0.045~0.652mg/L 之间（表 3-6），平均 0.129mg/L；SiO_2在 0.361~5.067mg/L 之间，平均 1.759mg/L，Fe 在 0.005~0.365mg/L，平均 0.059mg/L。TP、SiO_2、Fe 的最高值出现在 1 号监测点，最低值分别出现在 7 号、9 号、4 号监测点。

3.1.2.4 重金属污染情况

草海水体中砷（As）、铅（Pb）、镉（Cd）、汞（Hg）、铜（Cu）、锌（Zn）的平均含量分别为 0.806μg/L、0.893μg/L、0.194μg/L、0.011μg/L、2.548μg/L、4.012μg/L（表 3-7）。其中，As、Cd、Cu、Zn 的最高浓度出现在 1 号监测点，分别为 2.251μg/L、0.390μg/L、7.368μg/L、8.611μg/L。As 的最低浓度出现在 6 号监测点，为 0.271μg/L；Cd 的最低浓度出现在 9 号监测点，为 0.028μg/L；Cu 的最低浓度出现在 11 号监测点，为 0.395μg/L；Zn 的最低浓度出现在 4 号监测点，为 2.051μg/L。Pb 含量在 5 号

监测点最高（1.714μg/L），4 号监测点最低（0.225μg/L）。10 号采样的 Hg 含量最高，为 0.037μg/L，而
4、5、6、7、8 和 12 号监测点未检出 Hg。六价铬（Cr^{6+}）在所有监测点中未检出，即小于最低检出限
0.004mg/L，达到 I 类水标准。

表 3-7　草海水体中的重金属情况

监测点	As（μg/L）	Pb（μg/L）	Cd（μg/L）	Cr^{6+}（mg/L）	Hg（μg/L）	Cu（μg/L）	Zn（μg/L）
1	2.251	0.732	0.390	0.000	0.036	7.368	8.611
2	1.012	0.780	0.223	0.000	0.035	6.076	5.988
3	1.130	0.579	0.269	0.000	0.001	1.957	3.630
4	0.777	0.225	0.143	0.000	0.000	1.399	2.051
5	0.718	1.714	0.163	0.000	0.000	3.365	2.862
6	0.271	0.793	0.228	0.000	0.000	2.214	3.134
7	0.373	1.023	0.150	0.000	0.000	1.610	2.793
8	0.462	0.529	0.229	0.000	0.000	0.892	4.207
9	0.940	0.895	0.028	0.000	0.004	2.255	2.899
10	0.508	1.066	0.168	0.000	0.037	1.696	4.098
11	0.742	0.936	0.171	0.000	0.020	0.395	3.870
12	0.485	1.450	0.175	0.000	0.000	1.353	4.001
平均	0.806	0.893	0.194	0.000	0.011	2.548	4.012

注：表中的 0.000 是指该指标浓度低于最低检出限。

3.1.3　粪大肠菌群

监测点 6、7、8、9、10 的水样中，没有检测到大肠菌群（表 3-8）；4、5 两个监测点有两次检测到大肠
菌群数。监测点 1、2、3 水体中均有大肠菌群被检出且数量较大，分别在（920~2625）×10³个/L、（95~
1810）×10³个/L、（45~2060）×10³个/L，平均值为 1600×10³、605×10³、558.75×10³个/L，最高值出现在 1
号监测点。

表 3-8　草海水体中的大肠菌群数量及变化

| 监测点 | 大肠菌群数量（×10³个/L） | | | | |
	第一季度 2017/3/17	第二季度 2017/6/9	第三季度 2016/8/1	第四季度 2016/11/11	平均
点 1	1555	2625	1300	920	1600.000
点 2	405	1810	110	95	605.000
点 3	70	2060	60	45	558.750
点 4	10	17	0	0	6.750
点 5	6	2	0	0	2.000
点 6	0	0	0	0	0.000
点 7	0	0	0	0	0.000
点 8	0	0	0	0	0.000
点 9	0	0	0	0	0.000
点 10	0	0	0	0	0.000
点 11	0	7.5	0	0	1.875
点 12	0	2.5	0	0	0.625

不同的监测点,由于其所处的位置不同,菌群差异比较大。监测点1、2、3水面比较狭小,处于人口比较密集的区域,受人畜因素影响较大,因此菌群数量较多;而监测点6、7、8、9、10水面开阔,利于扩散,且远离居民区,受人畜因素影响很小,因而在几次时间点内都没有检测到大肠菌群的存在。而监测点4和监测点5只在第一季度和第二季度检测到有菌群的存在,监测点11和监测点12仅在第二季度检测到大肠菌群的存在。可能是因为这几个点在这个时间段的人为因素影响有关。

3.1.4 草海水体中的农药残留情况

经过对草海12个监测点的取样,分析了191个农药残留指标(表3-3),结果表明,现阶段水体中有机氯类、有机磷类、有机氮类、氨基甲酸酯类、拟除虫菊酯类等农药大类在水中残留浓度未超标,水体中无相关农药污染。

3.2 水体的水质评价

水质的评价方法有两大类:一类是以水质的物理化学参数的实测值为依据的评价方法;另一类是以水生物种群与水质的关系为依据的生物学评价方法。物理化学参数评价方法又分单项参数评价法和多项参数综合评价法(指数评价法)。生物学评价方法是根据生物与环境条件相适应的原理建立起来的生物学评价方法,通过观测水生物的受害症状或种群组成,可以反映出水环境质量的综合状况,因而既可对水环境质量作回顾评价,又可对拟建工程的生态效应作影响评价,是物理化学参数评价方法的补充。

3.2.1 单项参数评价法

根据《地表水环境质量标准(GB 3838—2002)》Ⅲ类水限值、《地表水环境质量评价方法(试行)》评价。

3.2.1.1 草海湖水的水质总体评价

草海湖水的水质符合Ⅳ类水标准(表3-9),主要污染指标为有机耗氧量(0.34)。TN、粪大肠菌群虽未参评,但浓度均超过Ⅴ类水标准。

3.2.1.2 各监测点水质评价

在各个监测点,取四次监测的平均值进行评价(表3-9),结果表明点1为劣Ⅴ类水,点2、点3为Ⅴ类水,其余各监测点为Ⅳ类水。点1的主要污染指标为NH_3-N(6.95)、有机耗氧量(0.70)、TP(0.45);点2的主要污染指标为有机耗氧量(0.83)、NH_3-N(0.31)、TP(0.06);点3~点12的主要污染指标为有机耗氧量,超标倍数依次为0.72、0.29、0.32、0.21、0.05、0.08、0.07、0.20、0.37、0.26。虽然总氮不参与评价,但是点1、点2、点3总氮含量大于2.0mg/L,超过Ⅴ类水标准,点10、点11、点12总氮含量大于1.0mg/L,符合Ⅳ类水标准,其余各点总氮符合Ⅲ类水标准。监测点6、7、8、9、10大肠菌群数达到了Ⅰ类水标准,而监测点1、2、3则远超过了Ⅴ类水的标准,点5符合Ⅱ类水标准,点4符合Ⅲ水标准。

表 3-9　各监测点的水质情况评价

序号	监测指标	点1	点2	点3	点4	点5	点6	点7	点8	点9	点10	点11	点12	总评
1	pH值						7.74~9.62							Ⅲ
2	溶解氧（mg/L）	Ⅲ	Ⅲ	Ⅲ	Ⅱ	Ⅱ	Ⅱ	Ⅱ	Ⅱ	Ⅱ	Ⅱ	Ⅱ	Ⅱ	Ⅱ
3	有机耗氧量（mg/L）	Ⅴ	Ⅴ	Ⅴ	Ⅳ	Ⅳ	Ⅳ	Ⅳ	Ⅳ	Ⅳ	Ⅳ	Ⅳ	Ⅳ	Ⅳ
4	Cl^-（mg/L）	<标准值	<标准值	<标准值	<标准值	<标准值	<标准值	<标准值	<标准值	<标准值	<标准值	<标准值	<标准值	<标准值
5	SO_4^{2-}（mg/L）	<标准值	<标准值	<标准值	<标准值	<标准值	<标准值	<标准值	<标准值	<标准值	<标准值	<标准值	<标准值	<标准值
6	NO_3^--N（mg/L）	<标准值	<标准值	<标准值	<标准值	<标准值	<标准值	<标准值	<标准值	<标准值	<标准值	<标准值	<标准值	<标准值
7	NH_3-N（mg/L）	劣Ⅴ	Ⅳ	Ⅲ	Ⅱ	Ⅱ	Ⅱ	Ⅱ	Ⅱ	Ⅱ	Ⅱ	Ⅱ	Ⅱ	Ⅲ
8	TN（mg/L）	—	—	—	—	—	—	—	—	—	—	—	—	—
9	TP（mg/L）	劣Ⅴ	Ⅳ	Ⅲ	Ⅱ	Ⅱ	Ⅱ	Ⅱ	Ⅱ	Ⅱ	Ⅱ	Ⅱ	Ⅱ	Ⅲ
10	Fe（mg/L）	>标准值	<标准值	<标准值	<标准值	<标准值	<标准值	<标准值	<标准值	<标准值	<标准值	<标准值	<标准值	<标准值
11	As（μg/L）	Ⅰ	Ⅰ	Ⅰ	Ⅰ	Ⅰ	Ⅰ	Ⅰ	Ⅰ	Ⅰ	Ⅰ	Ⅰ	Ⅰ	Ⅰ
12	Pb（μg/L）	Ⅰ	Ⅰ	Ⅰ	Ⅰ	Ⅰ	Ⅰ	Ⅰ	Ⅰ	Ⅰ	Ⅰ	Ⅰ	Ⅰ	Ⅰ
13	Cd（μg/L）	Ⅰ	Ⅰ	Ⅰ	Ⅰ	Ⅰ	Ⅰ	Ⅰ	Ⅰ	Ⅰ	Ⅰ	Ⅰ	Ⅰ	Ⅰ
14	Cr^{6+}（mg/L）	Ⅰ	Ⅰ	Ⅰ	Ⅰ	Ⅰ	Ⅰ	Ⅰ	Ⅰ	Ⅰ	Ⅰ	Ⅰ	Ⅰ	Ⅰ
15	Hg（μg/L）	Ⅰ	Ⅰ	Ⅰ	Ⅰ	Ⅰ	Ⅰ	Ⅰ	Ⅰ	Ⅰ	Ⅰ	Ⅰ	Ⅰ	Ⅰ
16	Cu（μg/L）	Ⅰ	Ⅰ	Ⅰ	Ⅰ	Ⅰ	Ⅰ	Ⅰ	Ⅰ	Ⅰ	Ⅰ	Ⅰ	Ⅰ	Ⅰ
17	Zn（μg/L）	Ⅰ	Ⅰ	Ⅰ	Ⅰ	Ⅰ	Ⅰ	Ⅰ	Ⅰ	Ⅰ	Ⅰ	Ⅰ	Ⅰ	Ⅰ
18	粪大肠菌群（个/L）	—	—	Ⅳ	—	Ⅳ	Ⅳ	—	Ⅳ	—	Ⅳ	—	Ⅳ	—
	评价结果	劣Ⅴ	Ⅴ	Ⅴ	Ⅳ	Ⅳ	Ⅳ	Ⅳ	Ⅳ	Ⅳ	Ⅳ	Ⅳ	Ⅳ	Ⅳ

注：按照《地表水环境质量评价方法（试行）》规定，水温、总氮、粪大肠菌群不参与评价。

3.2.2 综合污染指数法

采用综合污染指数和单因子污染指数对水体污染情况进行评价（表3-10）。计算式如下：

$$P_i = \frac{C_i}{S_i}$$

式中，P_i表示水体中元素i的单因子污染指数；C_i表示水体中元素i的实测浓度；S_i表示水体中元素i的评价标准（吴蕾等，2018；张川等，2017；任惠丽等，2012）。

$$I = \frac{1}{n} \sum_{n}^{i} P_i$$

式中，I为综合污染指数；n为元素个数；P_i为元素i的单因子污染指数。

表3-10　单因子污染指数和综合污染指数的评价标准

单因子污染指数（P_i）	污染水平	综合污染指数（I）	污染水平
$P_i \leq 1$	清洁	$I \leq 1$	无污染
$1 < P_i \leq 2$	轻度污染	$1 < I \leq 2$	轻度污染
$2 < P_i \leq 3$	中度污染	$2 < P_i \leq 3$	中度污染
$P_i > 3$	重度污染	$I > 3$	重度污染

选取pH值、溶解氧、有机耗氧量、氨氮、总氮、总磷和粪大肠菌群共7个指标，计算综合污染指数I（表3-11）。各点综合污染指数平均值为7.58，可见草海水质达到重度污染状态，但草海各水域的污染程度差异很大，污染集中在大中河河道及河水入水口，而其他水域为轻度污染。

表3-11　草海各监测点水质的综合污染指数

监测点	点1	点2	点3	点4	点5	点6	点7	点8	点9	点10	点11	点12	平均
I	46.62	17.18	15.62	1.53	1.30	1.20	1.15	1.23	1.22	1.32	1.35	1.26	7.58
污染水平	重度	重度	重度	轻度	轻度	轻度	轻度	轻度	轻度	轻度	轻度	轻度	重度

3.2.3 水体的富营养化程度评价

草海毗邻威宁县城且四周村落密集，生活污水的排放是威胁水体环境的重要因素。综合营养状态指数法［TLI（Σ）］是评价湖泊营养状态的常用评价方法（郭成久等，2016；崔燕等，2013；武士蓉，2015），参与评价的指标有chla、TP、TN、SD和COD_{Mn}。计算式如下：

$$TLI(\sum) = \sum_{j=1}^{m} W_j TLI_j$$

式中，TLI（Σ）为综合营养状态指数；W_j为第j种参数的营养状态指数的相关权重；TLI_j代表第j种参数的营养状态指数。W_j和TLI_j的计算参考《地表水环境质量评价方法（试行）》中的方法。根据计算出来的综合营养状态指数确定营养状态分级（表3-12）。

表 3-12　湖泊（水库）营养状态的分级

综合营养状态指数	营养状态
$TLI\ (\Sigma)\ <30$	贫营养
$30 \leqslant TLI\ (\Sigma)\ \leqslant 50$	中营养
$TLI\ (\Sigma)\ >50$	富营养
$50 < TLI\ (\Sigma)\ \leqslant 60$	轻度富营养
$60 < TLI\ (\Sigma)\ \leqslant 70$	中度富营养
$TLI\ (\Sigma)\ >70$	重度富营养

TP、TN、SD 和 COD_{Mn} 四个指标为四个季度监测的平均值，chla 浓度为毕节市环境中心监测站提供1～6月监测浓度的平均值（点 19～20，点 40～44）。整个草海水体 $TLI\ (\Sigma)$ 达到 59.48（表 3-13），且各点 $TLI\ (\Sigma)$ 均高于 50，表明草海水质整体存在富营养化，其中，点 1、点 2 达到重度富营养化，点 3 和点 11 达到中度富营养化，其余各点均为轻度富营养化。

表 3-13　草海水体的综合营养状态指数

监测点	点 1	点 2	点 3	点 4	点 5	点 6	点 7	点 8	点 9	点 10	点 11	点 12	平均
$TLI\ (\Sigma)$	81.33	72.73	69.09	56.48	56.01	55.45	53.30	54.95	56.40	58.73	62.56	59.31	59.48
富营养状态	重度	重度	中度	轻度	轻度	轻度	轻度	轻度	轻度	轻度	中度	轻度	轻度

3.2.4　水体的有机污染评价

有机污染是指以碳水化合物、蛋白质、氨基酸以及脂肪等形式存在的天然有机物质及某些其他可生物降解的人工合成有机物质为组成的污染物，可分为天然有机污染物和人工合成有机污染物两大类。有机污染综合评价法（张川等，2017；周世嘉等，2009；王利佳等，2003；上海地区水系水质调查协作组，1978）是常用的水体有机污染评价方法，它是通过计算有机污染综合指数（A）来进行相应的评价。

3.2.4.1　有机污染综合指数的计算

$$A = \frac{COD_{Mni}}{COD_{Mn0}} + \frac{BOD_{5i}}{BOD_{50}} + \frac{NH_3 - N_i}{NH_3 - N_0} + \frac{8 - DO_i}{8 - DO_0}$$

式中，A 为有机污染综合指数；计算式中各项的分子为污染物实测浓度，分母为评价标准。本次采用《地表水环境质量标准（GB 3838—2002）》Ⅲ类水限值。

3.2.4.2　评价标准

有机污染分级：$A<0$，水质良好；$0<A\leqslant 1$，水质较好；$1<A\leqslant 2$，水质开始受到污染；$2<A\leqslant 3$，水质属于轻度污染；$3<A\leqslant 4$，水质属于中度污染；$A>4$，水质属于重度污染。

3.2.4.3　评价结果

COD_{Mn}、NH_3-N、DO 取四个季度的平均值，BOD_5 以毕节市环境中心监测站提供的 6 月监测浓度的平均值（点 19～20，点 40～44）。草海水体的有机污染综合指数为 4.51（表 3-14），有机污染综合指数大于 4 的水质属于重度有机污染。其中，大中河河道及入水口（点 1～3）属于重度有机污染，其余各点水质属于中度有机污染。

表 3-14　草海各监测点的有机污染综合指数（A）

监测点	点1	点2	点3	点4	点5	点6	点7	点8	点9	点10	点11	点12	平均
A	12.17	5.68	4.82	3.32	3.51	3.49	3.32	3.33	3.43	3.44	3.89	3.75	4.51
污染水平	重度	重度	重度	中度	中度	中度	中度	中度	中度	中度	中度	中度	重度

3.3　草海水质的季节性变化与评价

3.3.1　草海水质的季度性变化

气温随季节的变化明显，第三季度测定当天平均气温 27.4℃（表 3-15），为全年最高，最低气温在第一季度，为 17.5℃（表 3-15）。水体的温度整体略低于气温，最高水温出现在第三季度为 24.6℃，最低出现在第四季度为 13.3℃。

表 3-15　不同季度草海水体理化性质变化

测定项目	第一季度（2017.3）		第二季度（2017.6）	
	含量范围	平均值	含量范围	平均值
气温（℃）	11.0~20.5	17.5	22.5~29.8	26.1
水温（℃）	13.7~17.6	15.8	20.7~26.2	23.6
水深（cm）	32.0~178.0	99.1	26.0~189.0	93.7
透明度（cm）	31.0~136.0	74.1	16.0~134.0	72.8
pH 值	8.02~8.54	8.29	7.56~10.29	9.28
溶解氧（mg/L）	5.23~8.48	6.59	5.02~7.62	6.31
饱和度（%）	54.14~82.33	66.45	56.40~88.91	74.60
有机耗氧量（mg/L）	6.805~12.270	10.059	6.010~16.750	8.967
总碱度（mg/L）	30.964~265.365	94.145	37.870~244.580	94.247
总硬度（mg/L）	82.849~321.655	135.717	83.820~377.980	140.202
Cl^-（mg/L）	12.520~43.850	21.678	16.330~34.330	22.033
SO_4^{2-}（mg/L）	33.560~78.080	54.313	27.310~73.860	39.280
HCO_3^-（mg/L）	32.200~398.644	103.446	49.220~320.340	125.323
CO_3^{2-}（mg/L）	0.000~18.003	5.334	0.000~24.800	11.433
Ca^{2+}（mg/L）	37.680~90.400	49.043	11.380~92.800	26.286
Mg^{2+}（mg/L）	18.280~30.860	22.853	16.420~35.260	20.697
K^+（mg/L）	8.017~22.520	13.056	8.467~19.090	10.367
Na^+（mg/L）	7.533~54.630	18.045	11.220~40.090	18.132
全盐量（mEq/L）	4.296~18.181	7.231	5.440~15.504	7.748
NO_2^--N（mg/L）	0.000~0.326	0.062	0.000~0.096	0.036
NO_3^--N（mg/L）	0.135~1.437	0.417	0.209~0.959	0.439
NH_3-N（mg/L）	0.226~15.430	1.664	0.200~12.217	1.560
TN（mg/L）	0.522~17.522	2.390	0.464~15.663	2.678
TP（mg/L）	0.067~0.839	0.153	0.049~1.122	0.221
SiO_2（mg/L）	0.229~4.701	1.011	0.206~11.972	2.946

（续）

测定项目	第一季度（2017.3）		第二季度（2017.6）	
	含量范围	平均值	含量范围	平均值
Fe（mg/L）	0.002~0.350	0.067	0.006~0.433	0.069
As（μg/L）	0.000~1.118	0.255	0.221~4.507	1.109
Pb（μg/L）	0.000~0.037	0.003	0.000~0.054	0.006
Cd（μg/L）	0.040~0.450	0.172	0.000~0.300	0.043
Cr^{6+}（mg/L）	0.000~0.000	0.000	0.000~0.000	0.000
Hg（μg/L）	0.000~0.014	0.001	0.000~0.081	0.011
Cu（μg/L）	0.000~5.283	1.269	0.000~8.456	1.241
Zn（μg/L）	0.880~9.810	4.136	0.550~8.440	3.153
粪大肠菌群（个/L）	0~1555000	170500	0~2625000	543667

测定项目	第三季度（2016.8）		第四季度（2016.11）	
	含量范围	平均值	含量范围	平均值
气温（℃）	23.9~29.6	27.4	13.2~23.4	18.3
水温（℃）	22.8~26.5	24.6	11.2~14.9	13.3
水深（cm）	76.0~237.0	156.9	38.0~233.0	129.2
透明度（cm）	25.0~223.0	121.2	38.0~163.0	99.5
pH 值	7.50~10.25	9.33	7.57~9.86	8.68
溶解氧（mg/L）	4.90~6.88	5.99	4.89~7.75	6.57
饱和度（%）	59.39~87.43	73.97	54.94~83.28	70.12
有机耗氧量（mg/L）	6.890~8.730	7.693	2.820~7.660	5.473
总碱度（mg/L）	28.360~208.120	79.628	37.040~253.500	95.998
总硬度（mg/L）	72.070~286.950	121.900	74.340~358.360	149.617
Cl^-（mg/L）	10.180~15.860	12.510	9.330~22.140	13.521
SO_4^{2-}（mg/L）	25.010~66.100	38.107	19.990~85.590	42.629
HCO_3^-（mg/L）	21.360~252.200	87.643	35.590~342.100	124.059
CO_3^{2-}（mg/L）	0.000~56.090	26.011	0.000~34.860	8.381
Ca^{2+}（mg/L）	16.440~103.000	35.258	14.530~119.000	40.954
Mg^{2+}（mg/L）	14.010~28.660	18.958	11.570~33.220	19.937
K^+（mg/L）	3.177~10.040	7.134	5.323~16.960	9.846
Na^+（mg/L）	6.917~15.430	10.970	3.361~24.520	11.472
全盐量（mEq/L）	5.108~11.714	6.899	3.794~16.026	7.163
NO_2^--N（mg/L）	0.000~0.208	0.017	0.000~0.120	0.020
NO_3^--N（mg/L）	0.154~1.602	0.353	0.226~0.579	0.293
NH_3-N（mg/L）	0.072~2.459	0.437	0.060~0.579	0.273
TN（mg/L）	0.610~4.803	1.353	0.442~10.615	1.702
TP（mg/L）	0.026~0.261	0.076	0.020~0.385	0.067
SiO_2（mg/L）	0.853~8.505	2.511	0.000~3.324	0.568
Fe（mg/L）	0.000~0.292	0.047	0.007~0.385	0.052
As（μg/L）	0.681~2.537	1.554	0.000~1.149	0.304

（续）

测定项目	第三季度（2016.8）		第四季度（2016.11）	
	含量范围	平均值	含量范围	平均值
Pb（μg/L）	0.900~6.855	3.557	0.000~0.086	0.007
Cd（μg/L）	0.000~0.540	0.269	0.000~0.650	0.294
Cr^{6+}（mg/L）	0.000~0.000	0.000	0.000~0.000	0.000
Hg（μg/L）	0.000~0.148	0.029	0.000~0.029	0.003
Cu（μg/L）	0.000~7.345	1.825	1.533~9.467	5.858
Zn（μg/L）	1.080~6.910	3.712	2.230~12.460	5.048
粪大肠菌群（个/L）	0~1300000	122500	0~920000	88333

目前四次监测的数据显示，第三季度湖水最深，而第二季度湖水最浅（图3-2），且水深以东部较低，特别是入水口，而西部较深，湖中心的水深平均可达206cm，湖水的深度受当年的降水量影响较大。水体的透明度大小顺序：第三季度>第四季度>第一季度>第二季度。草海水体的透明度的季节性变化除了与该监测点的水质污染情况有关，还受水中植物的生长阶段和人为扰动有关。

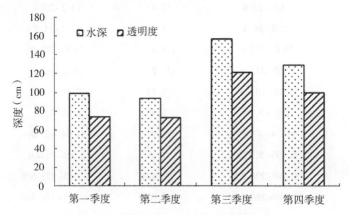

图3-2　草海水深和透明度的季节性变化

草海水体的pH值以第三季度最高，达到9.33（表3-15），第一季度最小，为8.29。溶解氧第一季度最高为6.59，第三季度最小为5.99。有机耗氧量以第一季度最高位10.059mg/L，第四季度为5.473mg/L。总碱度和总硬度以第四季度最高，分别为95.998mg/L和149.617mg/L，第三季度最低，分别为79.628mg/L和121.900mg/L。

水的矿化度又称水的含盐量，是表示水中所含盐类的数量。由于水中的各种盐类一般是以离子的形式存在，所以水的矿化度也可以表示为水中各种阳离子的量和阴离子的量的和，即 Ca^{2+}、Mg^{2+}、K^+、Na^+、HCO_3^-、SO_4^{2-}、Cl^-、CO_3^{2-} 之和。第一季度、第二季度、第三季度和第四季度全盐量分别为7.231、7.748、6.899和7.163mEq/L，可见第三季度全盐量最低（图3-3），可能是在8月降水较多，对湖水中各离子浓度有稀释作用。

草海水体中 NO_2^--N 和 NH_3-N 浓度的最高值出现在第一季度（表3-15），分别为0.062mg/L和1.664mg/L。NO_3^--N、TN、TP、SiO_2、Fe 浓度的最高值出现在第二季度，分别为0.439、2.678、0.221、2.946、0.069mg/L。造成这种情况的原因主要是因为6月初还未完全进入丰水期，湖水接受的外界补充较少。NO_2^--N、TN、Fe 浓度的最低值出现在第三季度，分别为0.017、1.353、0.047mg/L，NO_3^--N、NH_3-N、TP 和 Fe 的最低值出现在第四季度，分别为0.0293、0.273、0.067、0.568mg/L。营养盐浓度的

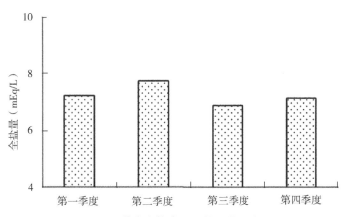

图 3-3 草海水体含盐量的季节性变化

季度性变化原因主要有：①受降水影响；②监测点的分布有影响，降水将城镇污水带入离城镇较近的监测点，导致营养盐浓度迅速上升；③水中植物的生长与枯落交替；④人类活动。

草海水体中重金属浓度较低，季节性变化也无明显的规律。由于草海周边都有居民以及各种人为或自然因素影响，因此对粪大肠菌群的数量影响较大。粪大肠菌群数量由小到大：第四季度<第三季度<第一季度<第二季度。同一个监测点 2016 年 8 月的粪大肠菌群数量高于 11 月的。可能是因为温度的降低，导致繁殖速度下降和部分菌体的死亡，因而数量减少，而到了 2017 年 3 月，随着水温的逐渐升高，繁殖速度加快，因而数量增多，至 2017 年 6 月到达最高点。

3.3.2 不同季节的水质评价

第一、二季度草海水质符合 V 类水的标准（表 3-16），第三季度水质符合 Ⅳ 类水标准，第四季度水质符合 Ⅲ 类水标准。第一季度主要污染指标为有机耗氧量、NH_3-N；第二季度主要污染指标为 NH_3-N、有机耗氧量、TP；第三季度主要污染指标为有机耗氧量。

表 3-16 草海水质的分季度评价

项目	第一季度（2017.3）	第二季度（2017.6）	第三季度（2016.8）	第四季度（2016.11）
pH 值	Ⅲ	>标准限值	>标准限值	Ⅲ
溶解氧（mg/L）	Ⅲ	Ⅲ	Ⅳ	Ⅲ
有机耗氧量（mg/L）	V	Ⅳ	Ⅳ	Ⅲ
Cl^-（mg/L）	<标准限值	<标准限值	<标准限值	<标准限值
SO_4^{2-}（mg/L）	<标准限值	<标准限值	<标准限值	<标准限值
NO_3^--N（mg/L）	<标准限值	<标准限值	<标准限值	<标准限值
NH_3-N（mg/L）	V	V	Ⅱ	Ⅱ
TN（mg/L）	—	—	—	—
TP（mg/L）	Ⅲ	Ⅳ	Ⅱ	Ⅱ
Fe（mg/L）	<标准限值	<标准限值	<标准限值	<标准限值
As（μg/L）	I	I	I	I
Pb（μg/L）	I	I	I	I

（续）

项目	第一季度（2017.3）	第二季度（2017.6）	第三季度（2016.8）	第四季度（2016.11）
Cd（μg/L）	I	I	I	I
Cr^{6+}（mg/L）	I	I	I	I
Hg（μg/L）	I	I	I	I
Cu（μg/L）	I	I	I	I
Zn（μg/L）	I	I	I	I
粪大肠菌群（个/L）	—	—	—	—
总评	V	V	IV	III

注：按照《地表水环境质量评价方法（试行）》规定，水温、总氮、粪大肠菌群不参与评价。

3.4 35年来湖水水质的变化

无论是1982年、2005年的科考报告还是本次检测结果均表明，草海水体属于淡水，按照天然水水体的划分应属于碳酸水、钙组、Ⅱ型水。2005年9个监测点水深的平均值为115.7cm（表3-17），而本次监测水深平均119.7cm，增加4cm。水体的透明度由1982年的64.2cm增至91.9cm。水体的pH值由8.1增至8.89，但是2005年的pH最高，为9.5。1982年至2016年，水体中有机耗氧量增加，2016年水体有机耗氧量平均为8.048mg/L，是1982年的1.79倍，是2005年的1.18倍。2016年水体的总碱度为91.005mg/L，比1982年增加28.912mg/L。总硬度降低至136.859mg/L，是1982年水体硬度的82%。溶解氧呈下降趋势，至2016年只有6.37mg/L（图3-4）。

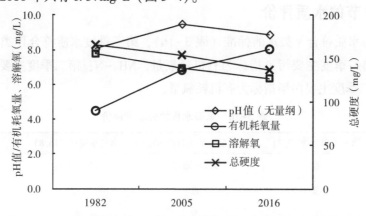

图3-4 35年来草海水体pH值、有机耗氧量、溶解氧和总硬度的变化

3.4.1 主要阴离子、阳离子的变化

1982年水体的全盐量为7.506mEq/L，2016年全盐量为7.260mEq/L，降低了0.246mEq/L（表3-17）。从各离子的情况来看，Cl^-、CO_3^{2-}、Mg^{2+}、K^+、Na^+的浓度比1982年分别增加了13.329、10.493、14.470、5.821、10.156mg/L，是1982年的4.15、5.57、3.36、2.36、3.26倍；SO_4^{2-}、HCO_3^-和Ca^{2+}浓度分别降低40.106、1.725和17.877mg/L，是1982年的52%、98%、68%。除CO_3^{2-}外，其他离子以监测点1、2、3处变化较大，且含盐量明显高于其他监测点。

3.4.2 生物营养物质的变化

水中的营养盐对植物很重要，是生长发育所必须，但是过度又会导致水体富营养化。与1982年草海水体中的营养盐相比，2005年水体的 NO_2^--N、NO_3^--N、NH_3-N、SiO_2、Fe 含量增加（表3-17），2016年 NO_2^--N、NO_3^--N、NH_3-N、TN 的浓度增加，NO_2^--N 浓度增加 0.031mg/L，NO_3^--N 的含量增加 0.350mg/L，NH_3-N 浓度提高 0.630mg/L，TN 含量增加 1.066mg/L，分别是1982年的 12.33、14.88、2.78、2.11 倍。但是 TP、SiO_2 和 Fe 的浓度分别下降 0.284、0.263 和 0.069mg/L（图3-5）。多年的比较说明水体中氮的富集很明显，而且基本上都是一致保持增加趋势。

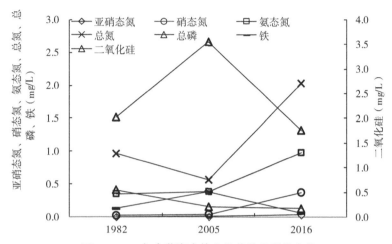

图3-5　35年来草海水体生物营养物质的变化

3.4.3 重金属及农药残留的污染变化

1982年的科学考察对铬、砷、汞、铜、铅、锌、镉、有机氯（DDT）、有机磷（1605）进行了检测，因草海那时刚完成第一期蓄水工程，威宁县城未扩展至草海边，所以除 DDT 有轻微的污染外，其他指标均未检测出（向应海等，1986）。2005年科学考察对铬、砷、汞、铜、铅、锌、镉进行了检测，认为除镉外其余6种金属对草海水造成严重污染（张华海等，2007）。本次调查对铬、砷、汞、铜、铅、锌、镉及191项农残指标检测，结果表明7种重金属含量低于地表水 I 类标准，现阶段水体中有机氯类、有机磷类、有机氮类、氨基甲酸酯类、拟除虫菊酯类等农药大类在水中残留浓度未超标，水体中无相关农药污染，DDT 也未检出。

表3-17　1982、2005和2016三年的水体理化数据比较

项目	点1			点2			点3		
	1982	2005	2016	1982*	2005	2016	1982	2005	2016
水深（cm）	—	134	50.8		165	43	—	138	80.8
透明度（cm）	14.5	—	43.1		—	34.8	35.9	—	40.3
pH值	7.9	9.62	8.02		9.71	7.74	7.8	9.76	7.89
Cl^-（mg/L）	0.230	5.870	28.163		5.670	24.558	5.588	5.420	21.243
SO_4^{2-}（mg/L）	115.566	62.600	65.968		38.200	56.963	130.708	23.400	42.653
HCO_3^-（mg/L）	170.360	1.590	327.661		4.370	224.593	144.430	6.180	199.898
CO_3^{2-}（mg/L）	0.000	5.470	0.000		4.920	0.000	0.000	3.190	0.000

（续）

项目	点 1			点 2			点 3		
	1982	2005	2016	1982 *	2005	2016	1982	2005	2016
Ca^{2+}（mg/L）	79.230	41.760	101.300	—	29.410	58.915	72.380	27.650	62.878
Mg^{2+}（mg/L）	5.730	9.940	32.000	—	8.580	25.010	10.310	8.260	23.690
K^+（mg/L）	1.830	7.290	15.139	—	4.740	13.262	8.800	3.540	13.545
Na^+（mg/L）	3.360	14.230	32.673	—	9.550	27.553	11.788	8.330	20.608
全盐量（mEq/L）	9.942	3.355	15.075	—	2.108	11.119	10.682	1.695	9.526
NO_2^--N（mg/L）	0.005	0.005	0.164	—	0.004	0.017	0.006	0.000	0.013
NO_3^--N（mg/L）	0.045	0.071	1.144	—	0.048	0.413	0.077	0.009	0.364
NH_3-N（mg/L）	0.680	0.500	7.954	—	0.420	1.309	0.481	0.180	0.694
TN（mg/L）	1.455	0.770	12.151	—	0.760	2.531	1.461	0.240	2.110
TP（mg/L）	0.145	0.020	0.652	—	0.020	0.264	0.393	0.010	0.133
SiO_2（mg/L）	4.600	1.123	5.067	—	2.146	4.868	3.000	4.228	4.443
Fe（mg/L）	0.000	0.260	0.365	—	0.360	0.121	0.232	0.069	0.098
溶解氧（mg/L）	7.02	5.48	5.40	—	6.07	5.29	5.85	6.39	5.71
有机耗氧量（mg/L）	3.760	4.506	10.217	—	6.272	10.953	4.790	6.579	10.302
总碱度（mg/L）	96.000	3.588	242.891	—	5.638	173.566	97.200	6.406	185.019
总硬度（mg/L）	227.857	146.304	336.236	—	109.607	212.612	223.214	103.857	214.850

项目	点 4			点 5			点 6		
	1982	2005	2016	1982 *	2005	2016	1982	2005	2016
水深（cm）	—	82	205.8	—	140	131.3	—	165	166.3
透明度（cm）	89.0	—	164.0	59.3	—	100.0	71.0	—	121.0
pH 值	8.2	9.54	9.38	8.4	10.2	9.39	8.4	9.64	9.22
Cl^-（mg/L）	5.725	3.510	14.438	2.925	4.470	13.290	4.475	5.380	12.855
SO_4^{2-}（mg/L）	59.154	23.000	44.795	88.085	43.000	45.993	38.305	52.600	41.495
HCO_3^-（mg/L）	98.471	6.430	48.933	64.025	3.000	53.990	128.450	4.870	60.168
CO_3^{2-}（mg/L）	3.378	2.760	27.829	1.765	5.840	19.923	0.000	3.870	13.118
Ca^{2+}（mg/L）	43.693	49.410	22.463	48.568	62.350	23.968	46.910	34.710	24.153
Mg^{2+}（mg/L）	5.413	7.450	19.325	4.895	8.810	19.115	6.445	9.180	17.420
K^+（mg/L）	3.820	2.880	8.695	3.025	3.810	8.889	2.803	5.320	8.493
Na^+（mg/L）	4.410	8.510	11.905	2.803	8.020	11.233	2.940	8.450	9.455
全盐量（mEq/L）	6.035	1.551	6.139	5.927	2.530	5.763	6.217	2.912	5.300
NO_2^--N（mg/L）	0.003	0.004	0.010	0.001	0.000	0.028	0.002	0.000	0.015
NO_3^--N（mg/L）	0.047	0.054	0.273	0.003	0.008	0.219	0.006	0.011	0.265
NH_3-N（mg/L）	0.411	0.520	0.203	0.400	0.140	0.204	0.150	0.170	0.200
TN（mg/L）	0.902	0.850	0.952	0.711	0.170	0.577	0.792	0.190	0.641
TP（mg/L）	0.289	0.013	0.054	0.245	0.142	0.052	0.792	0.023	0.053
SiO_2（mg/L）	1.300	4.052	0.650	1.125	3.994	0.874	1.400	2.881	0.571
Fe（mg/L）	0.062	0.070	0.005	0.088	0.070	0.026	0.110	0.170	0.012
溶解氧（mg/L）	7.94	6.98	7.46	8.04	10.41	6.97	7.88	6.50	6.69
有机耗氧量（mg/L）	4.980	7.731	7.767	4.188	7.501	7.914	3.260	7.501	7.280
总碱度（mg/L）	53.490	6.432	48.858	35.700	4.894	39.521	63.150	5.612	43.819
总硬度（mg/L）	135.179	155.054	108.609	131.750	193.214	86.895	168.304	125.393	82.140

（续）

项目	点7			点8			点9		
	1982	2005	2016	1982 *	2005	2016	1982	2005	2016
水深（cm）	—	80	134.3	—	65	145.8	—	72	132.1
透明度（cm）	75.0	—	125.3	97.0	—	112.8	72.0	—	109.9
pH 值	8.2	9.74	9.42	8.2	9.55	9.62	7.5	7.71	9.39
Cl^-（mg/L）	7.500	5.240	14.210	3.130	6.950	16.273	4.000	7.210	14.445
SO_4^{2-}（mg/L）	112.040	68.200	34.535	57.430	45.000	37.058	68.221	89.400	33.283
HCO_3^-（mg/L）	93.770	4.750	49.390	70.950	3.840	38.153	124.290	3.590	45.880
CO_3^{2-}（mg/L）	6.630	3.690	23.123	6.600	2.760	29.236	0.000	0.000	22.530
Ca^{2+}（mg/L）	53.510	30.000	23.330	46.099	59.410	21.665	55.710	75.880	21.420
Mg^{2+}（mg/L）	7.660	9.260	16.280	4.500	9.790	17.585	4.180	14.400	17.158
K^+（mg/L）	4.460	4.120	8.050	4.800	3.500	8.313	4.700	18.480	7.841
Na^+（mg/L）	4.250	9.700	8.835	3.320	6.460	9.744	3.120	24.780	9.497
全盐量（mEq/L）	8.574	3.537	5.400	5.682	2.576	5.661	6.985	4.246	5.207
NO_2^--N（mg/L）	0.001	0.003	0.013	0.003	0.001	0.020	0.001	0.060	0.036
NO_3^--N（mg/L）	0.007	0.040	0.183	0.008	0.033	0.257	0.009	0.089	0.283
NH_3-N（mg/L）	0.213	0.200	0.176	0.193	0.140	0.191	0.300	1.230	0.180
TN（mg/L）	0.688	0.310	0.537	0.918	0.260	0.617	0.789	1.540	0.856
TP（mg/L）	0.520	0.138	0.045	0.450	0.061	0.053	0.470	0.988	0.052
SiO_2（mg/L）	1.800	3.568	0.640	1.450	3.572	0.470	1.500	6.373	0.361
Fe（mg/L）	0.203	0.730	0.012	0.134	0.050	0.010	0.197	1.680	0.006
溶解氧（mg/L）	8.91	8.58	6.66	8.80	7.75	6.76	7.85	4.31	6.37
有机耗氧量（mg/L）	4.580	7.040	6.296	4.980	6.871	6.503	5.360	7.501	6.399
总碱度（mg/L）	48.000	5.433	37.436	41.700	4.305	40.829	61.500	2.947	45.231
总硬度（mg/L）	154.821	113.946	83.926	129.821	189.929	83.322	156.429	250.500	85.888

项目	点10			点11			点12		
	1982	2005	2016	1982 *	2005	2016	1982	2005	2016
水深（cm）	—	—	130.5	—	—	117.8	—	—	98.3
透明度（cm）	—	—	98.9	—	—	54.5	—	—	98.3
pH 值	—	—	9.27	—	—	8.73	—	—	8.69
Cl^-（mg/L）	—	—	17.100	—	—	17.105	—	—	15.545
SO_4^{2-}（mg/L）	—	—	41.498	—	—	39.983	—	—	38.768
HCO_3^-（mg/L）	—	—	65.358	—	—	116.305	—	—	91.088
CO_3^{2-}（mg/L）	—	—	14.720	—	—	3.001	—	—	0.000
Ca^{2+}（mg/L）	—	—	26.468	—	—	38.500	—	—	29.565
Mg^{2+}（mg/L）	—	—	19.123	—	—	21.180	—	—	19.450
K^+（mg/L）	—	—	8.944	—	—	10.975	—	—	9.062
Na^+（mg/L）	—	—	11.183	—	—	12.771	—	—	10.403
全盐量（mEq/L）	—	—	5.816	—	—	6.642	—	—	5.477

（续）

项目	点 10			点 11			点 12		
	1982	2005	2016	1982*	2005	2016	1982	2005	2016
NO_2^--N（mg/L）	—	—	0.029	—	—	0.032	—	—	0.030
NO_3^--N（mg/L）	—	—	0.358	—	—	0.385	—	—	0.362
NH_3-N（mg/L）	—	—	0.186	—	—	0.281	—	—	0.225
TN（mg/L）	—	—	1.039	—	—	1.119	—	—	1.238
TP（mg/L）	—	—	0.062	—	—	0.079	—	—	0.053
SiO_2（mg/L）	—	—	0.778	—	—	1.944	—	—	0.445
Fe（mg/L）	—	—	0.025	—	—	0.013	—	—	0.017
溶解氧（mg/L）	—	—	6.76	—	—	6.22	—	—	6.11
有机耗氧量（mg/L）	—	—	7.188	—	—	8.225	—	—	7.532
总碱度（mg/L）	—	—	45.966	—	—	105.480	—	—	83.440
总硬度（mg/L）	—	—	92.485	—	—	129.300	—	—	126.043

项目	平均值		
	1982	2005	2016
水深（cm）	—	115.7	119.7
透明度（cm）	64.2	81.8	91.9
pH 值	8.1	9.5	8.89
Cl^-（mg/L）	4.197	5.524	17.435
SO_4^{2-}（mg/L）	83.689	49.489	43.582
HCO_3^-（mg/L）	111.843	4.291	110.118
CO_3^{2-}（mg/L）	2.297	3.611	12.790
Ca^{2+}（mg/L）	55.763	45.620	37.885
Mg^{2+}（mg/L）	6.142	9.519	20.611
K^+（mg/L）	4.280	5.964	10.100
Na^+（mg/L）	4.499	10.892	14.655
全盐量（mEq/L）	7.506	2.723	7.260
NO_2^--N（mg/L）	0.003	0.009	0.034
NO_3^--N（mg/L）	0.025	0.040	0.376
NH_3-N（mg/L）	0.354	0.389	0.983
TN（mg/L）	0.965	0.566	2.031
TP（mg/L）	0.413	0.157	0.129
SiO_2（mg/L）	2.022	3.549	1.759
Fe（mg/L）	0.128	0.384	0.059
溶解氧（mg/L）	7.79	6.94	6.37
有机耗氧量（mg/L）	4.487	6.834	8.048
总碱度（mg/L）	62.093	5.028	91.005
总硬度（mg/L）	165.922	154.200	136.859

注：表中 1982 年每个监测点数据来自于草海科学考察报告（向应海等，1986），2005 年数据来自于草海研究（张华海等，2007）。"*"为 1982 年未采集到点 2 的水样。表中的数值"0"代表含量低于监测最低限，"—"代表无数据。

综上所述，草海属于淡水湖泊，水体中含盐量 0.267g/L，水质类型属于重碳酸盐类钙组第 Ⅱ 类水，硬度小于 3.0mmol/L，属于软水；湖水 pH 值平均 8.89，平均水深 119.7cm，透明度 91.9cm；水体中溶解氧平均 6.37mg/L，有机耗氧量为 8.048mg/L；主要阳离子浓度顺序：$Ca^{2+}>Mg^{2+}>K^+>Na^+$，主要阴离子浓度顺序：$HCO_3^->SO_4^{2-}>Cl^->CO_3^{2-}$；水中的 N 素含量丰富，特别是靠近居民点的监测点，有 50% 的监测点水体总氮含量大于 1.0mg/L；水体中重金属未超标，粪大肠菌群集中出现在 1、2、3 号监测点；现阶段水体中有机氯类、有机磷类、有机氮类、氨基甲酸酯类、拟除虫菊酯类等农药大类在水中残留浓度未超标，水体中无相关农药污染；各个监测点之间湖水理化指标差异较大，监测点 1、2、3 的 32 个指标中有 22 个指标明显高于其他监测点。说明这 3 个监测点的区域湖水受人为活动影响较大。

通过《地表水环境质量评价方法（试行）》的单项参数评价法评价草海湖水为 Ⅳ 类水，主要污染指标为有机耗氧量（0.34mg/L），造成有机污染的原因可能有二：一是草海临近县城，四周村庄环绕，多年来的四周人为活动和种养殖业产生的污水、排泄物、废弃物等直接或间接地排入湖中，造成水体的污染；二是大量营养物质入湖，使得水生生物大量繁殖，其死亡后也为湖水提供了大量的有机物质，且草海是一个相对封闭的湖泊，只进不出的现象，加剧了有机物的污染。TN、粪大肠菌群均超过 Ⅴ 类水标准。点 1 为劣 Ⅴ 类水，点 2、点 3 为 Ⅴ 类水，其余各监测点为 Ⅳ 类水；通过综合污染指数法评价草海湖水，结果为湖水重度污染，1、2、3 监测点为重度污染，其余各点轻度污染；通过综合营养状态指数法对草海的水体富营养化程度进行评价，草海湖水属于轻度富营养状态，但在 3 号监测点达到中度富营养化，1、2 号监测点达到重度富营养化；通过有机污染综合指数法评价，草海湖水属于重度有机污染，但大部分水域属于中度有机污染。根据草海的情况，可以通过对生活污水的集中处理及达标排放、科学和规范养殖技术、农田的科学施肥等途径控制氮、磷等营养物质进入湖水中，通过适当的生态修复措施逐渐恢复湿地生态系统的自净能力。

草海湖水第三季度湖水的透明度、pH 值最高，溶解氧、有机耗氧量、总硬度、总碱度和全盐量最低；NO_2^--N 和 NH_3-N 浓度的最高值出现在第一季度，NO_3^--N、TN、TP、SiO_2、Fe 浓度的最高值出现在第二季度；湖水中重金属浓度无明显规律，粪大肠菌群数量由小到大顺序：第四季度<第三季度<第一季度<第二季度；第一、二季度草海水质符合 Ⅴ 类水标准，第三季度水质符合 Ⅳ 类水标准，第四季度水质符合 Ⅲ 类水标准。

自 1982 年来，草海水体仍然是属于碳酸水、钙组、Ⅱ 型水，未发现重金属污染；与 1982 年相比，草海湖水水深、pH 值、有机耗氧量、总碱度增加，水体的总硬度、溶解氧下降；水体的全盐量降低 0.246mEq/L，氮素的富集明显，NO_2^--N、NO_3^--N、NH_3-N、TN 的浓度增加，TP、SiO_2 和 Fe 的浓度分别下降；农药残留 DDT 项目未检出。

（薛晓辉、游萍、刘红 郑鹏飞、秦小军、任金铜）

第4章
植物多样性

4.1 大型真菌

课题组于 2016 年 6 月至 10 月、2017 年 5 月至 11 月对保护区进行野外调查和市场考察、农户访谈，共获得标本 300 余份。凭证标本存放于草海国家级自然保护区管委会和贵州省生物研究所真菌标本馆（HGAS）内。

4.1.1 物种多样性组成分析

本次科学考察共鉴定大型真菌种类 229 种（包括种下等级变种），属 2 门 6 纲 18 目 53 科 113 属（表 4-1）。其中，27 种为贵州新记录。

表 4-1　保护区大型真菌统计　　　　　　　　　　　　　　　　　　　　　单位：个

门	纲	目	科	属	种
子囊菌门 Ascomycota	3	4	7	8	12
担子菌门 Basidiomycota	3	14	46	105	217
共计	6	18	53	113	229

草海经济真菌较多，食用菌 106 种（戴玉成等，2010），有药用价值有 65 种（戴玉成和杨祝良，2008；吴兴亮等，2012），有毒种类 46 种（卯晓岚，2006）木材腐朽菌 69 种，菌根菌有 64 种。物种多样性名录按 Dictionary of The Fungi 第十版（2008）系统排列。物种名称以最新分类系统（http://www. indexfungorum. org/Names/Names. asp）检索的其当前学名为准，物种多样性名录按照属名的字母顺序进行排列（附录 7）。限于研究时间和文献不完备，尚有部分标本有待进一步鉴定。

保护区含有 10 种以上的优势科有 7 科共 112 种（表 4-2），占总科数的 13.21%，占总种数的 48.91%。分别为红菇科 Russulaceae，37 种，占总种数的 16.16%；多孔菌科 Polyporaceae，17 种，占总种数的 7.42%；牛肝菌科 Boletaceae，14 种，占总种数的 6.11%；伞菌科 Agaricaceae、12 种，占总种数的 5.24%；鹅膏科 Amanitaceae、口蘑科 Tricholomataceae 各 11 种，各占总种数的 4.80%；小脆柄菇科 Psathyrellaceae，10 种，占总种数的 4.37%。这 7 科包含了本区的重要属红菇属 Russula、乳菇属 Lactarius、鹅膏属 Amanita、乳牛肝菌属 Suillus，这些科属是本区数量最多的真菌类群。含有 10 种以下的科共有 46 科，占总科数的 86.79%，占总种数的 51.09%，含有 2~9 种的科有 29 个共 100 种，占总科数的 54.72%，占总种数的 43.69%，含有 1 个种的科有 17 个，占总科数的 32.07%，占总种数的 7.42%。

表 4-2　保护区大型真菌优势科（≥10 个）统计

科名	属数（个）	种数（个）	占总种数的比例（%）
红菇科 Russulaceae	2	37	16.16
多孔菌科 Polyporaceae	12	17	7.42
牛肝菌科 Boletaceae	11	14	6.11
伞菌科 Agaricaceae	7	12	5.24
鹅膏科 Amanitaceae	1	11	4.80
口蘑科 Tricholomataceae	6	11	4.80
小脆柄菇科 Psathyrellaceae	4	10	4.37
合计	43	112	48.91

从表 4-3 和表 4-4 可以看出，草海大型真菌中≥5 个种的属有 7 个共 73 种，占总属数的 6.20%，占总种数的 31.88%；含有 2~4 个种的属有 33 个共 83 种，占总属数的 29.20%，占总种数的 36.24%；1 个种的属有 73 个，占总属数的 64.60%，占总种数的 31.88%，其中，红菇属 Russula、乳菇属 Lactarius、鹅膏属 Amanita、乳牛肝菌属 Suillus、口蘑属 Tricholoma、蜡蘑属 Laccaria 种类与壳斗科、松科植物共生，裸菇属 Gymnopus 种类生于林中腐殖质上，这与该地区大量杉木林和青冈栎的分布有关系。

表 4-3　保护区大型真菌优势属（≥5 个）统计

属名	种数（个）	占总种数的比例（%）	习性
红菇属 Russula	25	10.92	共生
乳菇属 Lactarius	12	5.24	共生
鹅膏属 Amanita	11	4.80	共生
裸菇属 Gymnopus	7	3.01	地生
乳牛肝菌属 Suillus	7	3.01	共生
口蘑属 Tricholoma	6	2.62	共生
蜡蘑属 Laccaria	5	2.18	共生
合计	73	31.88	

表 4-4　保护区大型真菌大型真菌科、属内种的组成分析

含种数（个）	科数（个）	占总科数比例（%）	种数（个）	占总种数比例（%）	含种数（个）	属数（个）	占总属数比例（%）	种数（个）	占总种数比例（%）
≥10	7	13.21	112	48.91	≥5	7	6.20	73	31.88
2~9	29	54.72	100	43.67	2~4	33	29.20	83	36.24
1	17	32.07	17	7.42	1	73	64.60	73	31.88
合计	53	100.00	229	100.00	合计	113	100.00	229	100.00

4.1.2　大型真菌的分布特点

大型真菌的分布除受到气候、海拔、土壤等环境因子影响外，还受到植物种类的影响。大型真菌种类组成会随着植被类型发生变化。保护区内陆生高等植物有成片的松科、杉科和杜鹃花灌丛分布，成片的阔叶林较少，混交林主要分布在吴家坟、徐家梁子一带，各植被类型下大型真菌种类有所差异。

阔叶林主要以壳斗科植物和经济树种漆树 Toxicodendron veeniciflua 和核桃 Juglans regia 为主，其他树种有云南桤木林、滇杨林、鹅耳枥+化香林、山杨林，主要分布在孔家山、草海村寨周边、石龙村、簸箕

湾、王家院子至中山梁子一带。常见的大型真菌有轮纹韧革菌 *Stereum ostrea*、香菇 *Lentinus edodes*、大红菇 *Russula alutacea*、橙黄硬皮马勃 *Scleroderma citrinum*、白乳菇 *Lactarius piperatus*（Fr.）S. F. Gray、绒白乳菇 *Lactarius vellereus*（Fr.）Fr.、小托柄鹅膏 *Amanita farinosa* Schwein.、灰鹅膏 *Amanita vaginata*（Bull.）Fr.、长裙竹荪 *Dictyophora indusiata*、木耳 *Auricularia auricula-judae*、毛木耳 *Auricularia polytricha*、林地蘑菇 *Agaricus silbaticus*、紫晶蜡蘑 *Laccaria amethystea*、小鸡油菌 *Cantharellus minor*、网纹马勃 *Lycoperdon perlatum*、绿红菇 *Russula virescens* 等。

针阔混交林主要以壳斗科和松科、杉科植物为主，有云南松+华山松+栎类阔叶树种、云南松+云南桤木分布于雷打山、胡叶林徐家梁子、阳关山、海子屯至大桥，混交林下大型真菌最为丰富。常见的大型真菌有蓝黄红菇 *Russula cyanoxantha*、大白菇 *Russula delica*、皱木耳 *Auricularia delicata*、梭形拟琐瑚菌 *Clavulinopsis fusiformis*、侧耳 *Pleurotus ostreatus*、美味齿菌 *Hydnum repandum*、硬皮地星 *Astraeus hygrometricus*、小灰包 *Lycoperdon pusillum*、卵孢鹅膏 *Amanita ovalispora*、蛹虫草 *Cordyceps militaris*、马鞍菌 *Helvella elastica*、白耙齿菌 *Irpex Lacteus*、铅色短孢牛肝菌 *Gyrodon lividus*、泡质盘菌 *Peziza vesiculosa* 和虎皮乳牛肝菌 *Suillus pictus* 等。

针叶林主要有云南松林、华山松林、杉木林和刺柏林，分布于西部大桥至石口子、双包山、马脚岩、小屯坪子和白家嘴、小扁山至黑泥塘。其中，云南松林下灌木和草本植物甚少，华南松林下杂灌密集，杉木林零星分布，多分布与村寨附近，侧柏多散生于山顶或山体中部。针叶林下分布的大型真菌种类较多有小托柄鹅膏、卵孢鹅膏、卷缘齿菌 *Hydnum repandum*、栎裸柄伞 *Gymnopus dryophilus*、铅色短孢牛肝菌、红蜡蘑 *Laccaria laccata*、美丽褶孔牛肝菌 *Phylloporus bellus*、白黄小脆柄菇 *Psathyrella candolleana* 等。

灌丛系指以灌木为优势所组成的植被类型。它与森林植被的区别不仅是高度上的不同，更主要的是灌木的建群种多为丛生的灌木生活型，灌木植株一般无明显的主干。此类灌丛绝大多数都是当地森林被破坏后形成的次生植被。灌（草）丛在草海附近山坡上都有分布，为草海重要的森林植被，但郁闭度大，林下真菌种类极少。常见的大型真菌种类有长根奥德蘑 *Oudemansiella radicata*、簇生韧黑伞 *Naematoloma fasciculare*、黄硬皮马勃 *Scleroderma flavidum*、白绒鬼伞 *Coprinopsis lagopus* 等。

4.1.3 大型真菌资源评价

4.1.3.1 腐生菌

保护区内森林、灌丛及草本植物的代谢产物以及遍布的枯枝落叶形成的腐殖质，为大型真菌生长提供了营养条件。保护区内共有腐生菌 69 种，常见的有生于林中腐殖质上的伯特路小皮伞 *Marasmius berteroi*、黑顶小皮伞 *Marasmius nigrodiscus*、洁小菇 *Mycena pura*、安络裸菇 *Gymnopus androsaceus*、湿裸脚伞 *Gymnopus aquosus*、二型裸脚菇 *Gymnopus biformis*、栎裸柄伞、红柄金钱菌 *Gymnopus erythropus*、盾状裸菇 *Gymnopus peronatus*、*Gymnopus subpruinosus* 等，以及生于腐木上的蜜环菌 *Armillaria mellea*、假蜜环菌 *Armillaria tabescens*、金针菇 *Flammulina velutipes*、侧耳、裂褶菌 *Schizopyllum commune*、黄褐环锈伞 *Pholiota spumosa*、木耳、树舌灵芝 *Ganoderma applanatum*、灵芝 *Ganoderma sichuanense*、烟色烟管菌 *Bjerkandera fumosa*、白耙齿菌 *Irpex lacteus*、红贝菌 *Earliella scabrosa*、毛蜂窝孔菌 *Hexagonia apiaria*、桦褶孔菌 *Lenzites betulina* 等，对于林中腐殖质的分解和森林生态系统的循环起着重要的作用。

4.1.3.2 菌根菌

菌根是真菌与植物根共生所形成的复合生命体。能形成菌根的真菌称为菌根菌，菌根可分为外生菌根和内生菌根两大类，其中，形成外生菌根的菌根菌基本上都是大型真菌。这些菌根菌在促进植物生长发育、抗病、抗逆，以及保持水土、维护生态系统的良性循环方面都具有重要的作用。

本区的菌根真菌有 64 种，主要为鹅膏科、牛肝菌目、红菇目的种类，常见的有灰托鹅膏菌 *Aamanita vaginata*、铅色短孢牛肝菌、红黄褶孔牛肝菌 *Phylloporus rhodoxanthus*、苦粉孢牛肝菌 *Tylopilus felleus*、铜绿红菇 *Russula aeruginea*、大红菇、橙黄硬皮马勃、多根硬皮马勃 *Scleroderma polyrhizum*、网纹灰包 *Lycoperdon perlatum*、香乳菇 *Lactarius camphoratus*、松乳菇 *Lactarius deliciosus* 等，这些菌根菌是保护区内森林生态系统中的重要促进者。

4.1.3.3　食用菌

本区分布有食用菌 106 种，常见的种类有林地蘑菇、蜜环菌、冠锁瑚菌 *Clavulina cristata*、多汁乳菇 *Lactavius volemus*、木耳、毛木耳、香菇、裂褶菌、乳牛肝菌 *Suillus bovinus*、蓝黄红菇、白乳菇、松乳菇、红汁乳菇 *Lactarius hatsudake*、稀褶乳菇 *Lactarius hygrophoroides*、美红菇 *Russula puellaris* 等。

4.1.3.4　药用菌

本区内药用菌有 65 种，常见的有黄硬皮马勃、树舌灵芝、灵芝、裂褶菌、臭黄菇 *Russula foetens*、蓝黄红菇、香菇、木耳、蜜环菌、毛柄小火焰菇 *Flammulina velutipes*、蛹虫草、银耳 *Tremella fuciformis*、云芝 *Trametes versicolor* 等，这些种类为活性物质的筛选提供了资源，在中药材行业越来越引起重视。

4.1.3.5　毒菌

保护区内毒蘑菇有 46 种，最常见如小托柄鹅膏、豹斑鹅膏 *Amanita pantherina*（DC.）Krombh.、小毒蝇鹅膏 *Amanita melleiceps*、球基鹅膏 *Amanita subglobosa*、灰鹅膏、毒滑锈伞 *Hebeloma fastibile*、亚黄丝盖伞 *Inocybe cookei*、黄丝盖伞 *Inocybe fastigiata*、黄褐丝盖伞 *Inocybe rimosa* 等，数量还较多，当地居民有采食鹅膏属种类、丝盖伞种类的习惯，而这些有毒的和可食用的形态特征不易区别。因此，在采撷此类野生食用菌时须格外小心，注意区分，为安全起见，最好避免采食鹅膏属真菌。

4.1.4　小结

保护区虽然植被曾经遭到严重破坏，原生林消失，次生林人为干扰严重，但大型真菌资源还是十分丰富的，共计 229 种，隶属于 2 门 6 纲 18 目 53 科 116 属，其中，贵州新记录 27 种。该保护区海拔 2170～2527m，垂直梯度变化不大，从分布特点来说，混交林种类最多，其次为针叶林，灌丛面积广，种类极少。该地区可食用的红菇、乳牛肝产量极其丰富，可作为林下抚育品种，达到以林养菌、以菌养林的目的，一方面保护生态环境，另一方面增加林下收益。

草海 229 种大型真菌中，食用菌 106 种，药用菌有 65 种，毒蘑菇种类 46 种，要做好常见野生食药用菌的保育，促进食用菌产业发展，做好蘑菇中毒宣传，预防蘑菇中毒事件的发生。草海地区木材腐朽菌有 69 种，菌根菌有 64 种，其中，红菇科有 37 种，大多具有食药用价值，加强菌根菌的保育、促繁研究是十分有益的。草海可商品化栽培的种类有香菇、木耳、金针菇、长根菇、侧耳等，可收集优质菌种资源，用于当地商业化大型栽培食用菌的生产。

4.2　浮游植物

4.2.1　浮游植物群落组成

本次考察共调查出浮游植物 8 门 11 纲 25 目 41 科 86 属 247 种，浮游植物种类名录见附录 5。其中，绿藻门种类最多，2 纲 9 目 18 科 44 属共 129 种，占总数的 52.23%；蓝藻门次之，2 纲 4 目 5 科 16 属共

46 种，占总数的 18.62%；硅藻门 2 纲 6 目 9 科 14 属共 45 种，占总数的 18.22%；裸藻门 1 纲 1 目 1 科 3 属共 15 种，占总数的 6.07%；甲藻门 1 纲 1 目 2 科 2 属共 4 种，占总数的 1.62%；金藻门 1 纲 1 目 3 科 3 属共 3 种，占总数的 1.21%；隐藻门 1 纲 1 目 1 科 2 属共 3 种，占总数的 1.21%；黄藻门 1 纲 2 目 2 科 2 属共 2 种，占总数的 0.81%。绿藻在物种组成上占显著优势，蓝藻门和硅藻门次之（表 4-5）。

表 4-5　保护区浮游植物群落组成

群落组成	纲（个）	目（个）	科（个）	属（个）	种（个）
绿藻	2	9	18	44	129
蓝藻	2	4	5	16	46
硅藻	2	6	9	14	45
裸藻	1	1	1	3	15
甲藻	1	1	2	2	4
金藻	1	1	3	3	3
隐藻	1	1	1	2	3
黄藻	1	2	2	2	2
合计	11	25	41	86	247

（1）浮游植物常见种和优势种的分布

夏季草海浮游生物中出现频度大于 50% 的种类有 4 种，分别为蛋白核小球藻 *Chlorells pyrenoidosa*、微囊藻属一种 *Microcystis* sp.、脆杆藻属一种 *Fragilaria* sp. 和四尾栅藻 *Scenedesmus quadricauda*，出现频度分别为 91.67%、66.67%、50% 和 50%；秋季草海浮游生物中出现频度大于 50% 的种类有 5 种，分别为蛋白核小球藻、席藻属一种 *Phormidium* sp.、脆杆藻属一种、四尾栅藻和微小四角藻 *Tetraedron minimum*，出现频度分别为 100%、50%、50%、50% 和 50%；夏季浮游生物的优势种为微囊藻属一种、蛋白核小球藻和四尾栅藻，优势度指数分别为 0.24、0.09 和 0.02；秋季浮游生物的优势种为蛋白核小球藻、微囊藻属一种、席藻属一种和点形平裂藻 *Merismopedia punctata*，优势度指数分别为 0.12、0.03、0.03 和 0.03。

（2）浮游植物个体数量和生物量

夏季草海浮游植物细胞平均数量为 3.94×10^6 ind/L，其中，蓝藻门浮游植物数量最多，平均为 2.13×10^6 ind/L，绿藻门次之，平均数量为 1.27×10^6 ind/L，硅藻门平均数量为 0.41×10^6 ind/L。夏季草海浮游植物生物量平均为 4.14mg/L，其中，甲藻门浮游植物生物量最多，平均为 1.79mg/L；绿藻门次之，平均生物量为 1.37mg/L；硅藻门平均生物量为 0.43mg/L。

秋季草海浮游植物细胞平均数量为 3.22×10^6 ind/L，其中，绿藻门浮游植物数量最多，平均为 1.39×10^6 ind/L，蓝藻门次之，平均数量为 1.17×10^6 ind/L，硅藻门平均数量为 0.46×10^6 ind/L。冬季草海浮游植物生物量平均为 2.78mg/L，其中，绿藻门浮游植物生物量最多，平均为 1.43mg/L；硅藻门次之，平均生物量为 0.48mg/L；甲藻门平均生物量为 0.39mg/L。

（3）浮游植物多样性指数

夏季草海浮游植物 Shannon-Wiener 多样性指数介于 0.45~2.27 之间，平均值为 1.26；Margalef 丰富度指数介于 0.22~1.20 之间，平均值为 0.62；Pielou 均匀度指数介于 0.31~0.99 之间，平均值为 0.57。秋季草海浮游植物 Shannon-Wiener 多样性指数介于 0.52~2.41 之间，平均值为 1.28；Margalef 丰富度指数介于 0.23~1.00 之间，平均值为 0.58；Pielou 均匀度指数介于 0.29~0.83 之间，平均值为 0.56。

4.2.2　浮游植物现存量及多样性指数评价

（1）浮游植物现存量评价

依据《湖泊富营养化调查规范（第二版）》中有关浮游植物数量的富营养化标准大于1×10^6ind/L为富营养化。草海夏季浮游植物细胞平均数量为3.94×10^6ind/L，秋季为3.22×10^6ind/L，从浮游植物数量角度来看，草海已经达到富营养的水平。

依据《微型生物监测新技术》中划分湖泊营养类型的标准：<3mg/L为贫营养；3~5mg/L为中营养；5~10mg/L为富营养；>10mg/L为超富营养。夏季草海浮游植物生物量平均值为4.14mg/L，秋季草海浮游植物生物量平均值为2.78mg/L。从浮游植物生物量角度评价，夏季草海整体处于中营养状态，秋季处于贫营养状态。

（2）浮游植物多样性指数评价

依据《微型生物监测新技术》中的评价标准，从Shannon-Wiener多样性指数角度来看，草海水质整体状况为中污染或重污染，从Margalef丰富度指数来看草海水质为重污染或严重污染。从浮游植物均匀度指数角度来看，草海水质整体情况为中污染或轻污染。从浮游植物多样性指数评价结果来看，不同的多样性指数评价结果不尽相同，从Shannon-Wiener多样性指数和Margalef丰富度指数角度来看，草海水质整体处于中污染或重污染状态。

4.2.3　浮游生物变化比较

1983年科考结果表明，草海浮游植物由8门91属组成，其中，绿藻门45属，硅藻门16属，蓝藻门15属，甲藻门4属，金藻门4属，裸藻门4属，黄藻门1属，隐藻门2属。浮游植物年平均细胞数量为4.01×10^6ind/L，年平均生物量为1.54mg/L。

2005年科考，草海浮游植物由8门96属207种组成，其中，绿藻门有47属99种，硅藻门24属60种，蓝藻门16属27种，裸藻门3属15种，隐藻门2属2种，甲藻门2属2种，金藻门1属1种，黄藻门1属1种。浮游植物的平均细胞数为11.112×10^6ind/L，平均生物量为4.6954mg/L。

本次考察调查浮游植物与2005年相比总体少了10属，但物种增加了40种。具体而言，蓝藻门增加的属分别为集胞藻属 *Synechocystis*、皮果藻属 *Dermocarpa*、束球藻属 *Gomphosphaeria*、管胞藻属 *Chamaesiphon* 和柱胞藻属 *Cylindrospermum*；减少的属分别为粘杆藻属 *Gloeothece*、蓝纤维藻属 *Dactylococcopsis*、须藻属 *Homoeothrix*、双眉藻属 *Amphora*、项圈藻属 *Anabaena*、鱼腥藻属 *Anabeana* 和鞘丝藻属 *Lyngbya*。绿藻门减少的属分别为素衣藻属 *Polytoma*、球粒藻属 *Coccomonas*、桑葚藻属 *Pyrobotrys*、小桩藻属 *Characium*、拟新月藻属 *Closteriopsis*、葡萄藻属 *Botryocladia*、水网藻属 *Hydrodictyon*、辐丝藻属 *Radiofilum*、筒藻属 *Cylindrocapsa*、刚毛藻属 *Cladophora*、中带鼓藻属 *Mesotaenium*、柱孢鼓藻属 *Cylindrospermum*、柱形鼓藻属 *Penium*、缢丝鼓藻属 *Gymnozyga*；增加的属分别为集球藻属 *Palmellococcus*、顶棘藻属 *Chodatella*、骈胞藻属 *Binuclearia*、多芒藻属 *Golenkinia*、双胞藻属 *Geminella*、转板藻属 *Mougeotia*、根枝藻属 *Rhizoclonium*、顶接鼓藻属 *Spondulosium*、瘤接鼓藻属 *Sphaerozosma*。硅藻门减少的属分别为冠盘藻属 *Stephanodiscus*、圆筛藻属 *Coscinodiscus*、平板藻属 *Tabellaria*、美壁藻属 *Caloneis*、双壁藻属 *Diploneis*、羽纹藻属 *Pinnularia*、双眉藻属 *Amphora*、曲壳藻属 *Achnanthes*、窗纹藻属 *Epithemia*、菱形藻属 *Nitzschia*；增加的属分别为菱板藻属 *Hantzschia*、双菱藻属 *Surirella*。金藻门增加的属为黄群藻属 *Synura* 和锥囊藻属 *Dinobryon*。黄藻门增加的属为拟气球藻属 *Botrydiopsis*。可见浮游植物种类组成中绿藻、蓝藻和硅藻的变化较大。

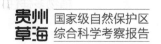

4.3 地衣、苔藓

4.3.1 物种组成

4.3.1.1 苔藓植物种类组成

经鉴定，保护区苔藓植物共有41科90属174种1亚种，占贵州省苔藓植物总科数的43.62%、总属数的24.59%、总种数的10.60%，其中，藓类植物有25科73属149种，苔类植物有16科17属25种1亚种。

（1）科的组成

保护区苔藓植物科的组成见表4-6，其中，优势科（≥10种的科）有3科，占保护区总科数的7.32%，总种数的40.80%。多种科（含5~9种的科）有8科，占保护区总科数的19.51%，总种数的31.61%。少种科（含2~4种的科）有13科，占保护区总科数的31.71%，总种数的17.82%。单种科（只含1种的科）有17科，占保护区总科数的41.46%，总种数的9.77%。其中，优势科分别是丛藓科Pottiaceae（26种）、真藓科Bryaceae（25种）和青藓科Brachytheciaceae（16种），这3个科均是苔藓植物中种类较多的科，且丛藓科和真藓科为世界广泛分布科。

表4-6　保护区苔藓植物科的组成统计表

科的组成	科数（个）	占保护区总科数的百分比（%）	种数（种）	占保护区总种数的百分比（%）
优势科（≥10种）	3	7.32	71	40.80
多种科（5~9种）	8	19.51	55	31.61
少种科（2~4种）	13	31.71	31	17.82
单种科（1种）	17	41.46	17	9.77
合计	41	100.00	174	100.00

（2）属的组成

保护区苔藓植物属的组成见表4-7，其中，优势属（≥6种的属）有3属，占保护区总属数的4.44%，总种数的21.83%。多种属（含4~5种的属）有5属，占保护区总属数的5.56%，总种数的11.50%。少种属（含2~3种的属）有25属，占保护区总属数的27.78%，总种数的34.49%。单种属（只含1种的属）有56属，占保护区总属数的62.22%，总种数的32.18%。优势属分别是青藓属Brachythecium（11种）、真藓属Bryum（14种）和凤尾藓属Fissidens（6种）。单种属的比例较高，显示保护区苔藓植物较丰富的特点。

表4-7　保护区苔藓植物属的组成统计表

属的组成	属数（个）	占保护区总属数的百分比（%）	种数（种）	占保护区总属数的百分比（%）
优势属（≥6种）	4	4.44	38	21.83
多种属（含4~5种）	5	5.56	20	11.50
少种属（含2~3种）	25	27.78	60	34.49
单种属（1种）	56	62.22	56	32.18
合计	90	100.00	174	100.00

4.3.1.2 苔藓植物区系成分分析

参照吴征镒对中国种子植物属的分布区类型研究的范围界定，结合保护区实际，保护区苔藓植物区系成分有13种（表4-8）。

表4-8 保护区苔藓植物区系成分统计表

序号	区系成分	种数（种）	占总种数的百分比（%）
1	世界分布成分	12	—
2	泛热带分布	9	5.52
3	热带亚洲和热带美洲间断分布	2	1.23
4	旧世界热带分布	3	1.84
5	热带亚洲至热带澳大利亚分布	3	1.84
6	热带亚洲至热带非洲分布	3	1.84
7	热带亚洲分布	29	17.79
8	北温带分布	62	38.04
9	东亚—北美间断分布	7	4.29
10	欧亚温带分布	4	2.46
11	温带亚洲分布	3	1.84
12	东亚分布	23	14.11
13	中国特有分布	15	9.20
	合计	175	100.00

（1）世界分布成分

保护区苔藓植物世界分布成分有12种，隶属于8科10属，常见种有真藓 *Bryum argenteum* Hedw.、大羽藓 *Thuidium cymbifolium* Doz. et Molk.、银藓 *Anomobryum filiforme*（Dicks.）Solms、尖叶匐灯藓 *Plagiomnium acutum*（Lindb.）T. Kop. 等。

（2）泛热带分布成分

保护区苔藓植物泛热带分布成分有9种，占保护区苔藓植物总种数的5.52%，常见种有高山真藓 *Bryum alpinum* Huds ex With.、纤枝短月藓 *Brachymenium exile*（Dozy. & Molk.）Bosch et Lac.、长叶纽藓 *Timmiella tortuosa*（Hedw.）Limpr.、卷叶凤尾藓 *Fissidens dubius* P. Beauv. 等。

（3）热带亚洲和热带美洲间断分布成分

保护区苔藓植物热带亚洲和热带美洲间断分布成分只有近高山真藓 *Bryum pseudoalpinum* Ren. & Card. 2种，占保护区苔藓植物总种数的1.23%。

（4）旧世界热带分布成分

保护区苔藓植物旧世界热带分布成分有大灰藓 *Hypnum plumaeforme* Wils.、叉苔 *Metzgeria furcata*（L.）Dum. 和狭叶扭口藓 *Barbula subcontorta* Broth.，共3种，占保护区苔藓植物总种数的1.84%。

（5）热带亚洲至热带澳大利亚分布成分

保护区苔藓植物热带亚洲至热带澳大利亚分布成分有反叶粗蔓藓 *Meteoriopsis reclinata*（C. Mull.）Fleisch.、双齿异萼苔 *Hetroscyphus bescherellei*（Steph.）Hatt. 和异芽丝瓜藓 *Pohlia leucostoma*（Bosch. et Lac.）Fleisch，共3种，占保护区苔藓植物总种数的1.84%。

（6）热带亚洲至热带非洲分布成分

保护区苔藓植物热带亚洲至热带非洲分布成分有橙色锦藓 *Sematophyllum phoeniceum*（C. Muell.）Fleisch. 和光苔 *Cyathodium cavernarum* Kunze，共 3 种，占保护区苔藓植物总种数的 1.84%。

（7）热带亚洲分布成分

保护区苔藓植物热带亚洲分布成分有 29 种，占保护区苔藓植物总种数的 17.79%，常见种有芽孢链齿藓 *Desmatodon gemmascens* Chen、双齿裂萼苔 *Chiloscyphus latifolius*（Nees）Engel et Schust.、偏蒴藓 *Ectropothecium buitenzorgii*（Bel.）Mitt 等。

（8）北温带分布成分

保护区苔藓植物北温带分布成分有 62 种，占保护区苔藓植物总种数的 38.04%，是所有区系成分组分中含量最高的一种，常见种有链齿藓 *Desmatodon latifolius*（Hedw.）Brid.、高山紫萼藓 *Grimmia montana* Bruch. et Schimp.、黄色真藓 *Bryum pallescens* Schleich. ex Schwaegr.、藻苔 *Takakia lepidoioides* Hatt.、平叉苔 *Metzgeria conjugata* Lindb. 等。

（9）东亚—北美间断分布成分

保护区苔藓植物东亚-北美间断分布成分有 7 种，占保护区苔藓植物种数的 4.29%，分别是薄壁大萼苔 *Cephalozia otaruensis* Steph.、偏叶小曲尾藓 *Dicranella subulata*（Hedw.）Schip. 和互生鳞叶藓 *Taxiphyllum alternans*（Card.）Twats.。

（10）欧亚温带分布成分

保护区苔藓植物欧亚温带分布有赤根青藓 *Brachythecium erythrorrhizon* B. S. G.、梨蒴曲柄藓 *Campylopus pyriformis*（Schultz）Brid.、深绿褶叶藓 *Palamocladium euchloron*（C. Muell）Mijk et marg、沙氏真藓 *Bryum sauteri* B. S. G. A，共 4 种，占保护区苔藓植物总种数的 2.46%。

（11）温带亚洲分布成分

保护区苔藓植物温带亚洲分布成分只有阔叶小石藓 *Weisia planifolia* C. Muell. 等 3 种，占保护区苔藓植物总种数的 1.84%。

（12）东亚分布成分

保护区苔藓植物东亚分布成分有 23 种，占保护区苔藓植物总种数的 14.11%，如密叶拟鳞叶藓 *Pseudotaxiphyllum densum*（Card.）Iwats.、密叶光萼苔 *Porella densifoli*（Steph.）Hatt.、东亚小金发藓 *Pogonatum inflexum*（Lindb.）Lac.、小蛇苔 *Concephalum japonicum*（Thunb.）Grolle 等。

（13）中国特有分布成分

保护区苔藓植物中国特有种有 15 种，占保护区苔藓植物总种数的 9.20%，如达乌里耳叶苔小叶变型 *Frullania davurica* f. *microphylla*（Massal.）Hatt.、平叶墙藓 *Tortula planifolia* Li、大坪丝瓜藓 *Pohlia tapintzense*（Besch.）Redf. et Tan. 等。

4.3.1.3　苔藓植物生态类型

依据陈邦杰苔藓植物群落类型的划分，结合保护区苔藓植物的生活环境和生长状况，保护区苔藓植物的生态分布有 4 种类型。

（1）水生类型

保护区水生苔藓植物的种类较少，大多生活在水质较清澈的溪流旁，或潮湿的土壁和石壁，对环境的要求较高，只有 8 种，占保护区苔藓植物总种数的 4.02%。如，采自陕桥村农耕地水沟边土壁的沼地藓 *Palustriella commutata*（Hedw.）Ochyra、水灰藓 *Hygrohypnum luridum*（Hedw.）Jenn.、侧枝匐灯藓凹叶变种

Plagiomnium maximoviczii Lindb. var. *emarginatum* Chen. ex Li. et Zang. 、东亚小金发藓等。

（2）石生类型

保护区石生苔藓植物多生长在石壁或石缝凹面，有 68 种，占保护区苔藓植物总种数的 34.17%，如采自白家嘴咀路边的圆叶匍灯藓 *Plagiomnium vesicatum*（Besch）T. Kop；采自顶子山树根的石生耳叶苔 *Frullania inflata* Gott. et al.；采自老坟山的钝叶光萼苔 *Porella obtusata*（Tayl.）Trev.；采自簸箕湾的小蛇苔、黄色真藓等。

（3）土生类型

保护区土生苔藓植物多生长在干燥的林下土面、住宅土垠等地，有 96 种，占保护区苔藓植物总种数的 48.24%，如采自顶子山和朱家湾等地的狭边大叶藓 *Rhodobryum ontariense*（Kind.）Kindb.；采自种羊场灌木林和九台寺华山松林下等地的小仙鹤藓 *Atrichum crispulum* Schimp. ex Besch.；采自白马村蒋家院子杉树林下和九台山华山松林下的圆叶苔 *Jamensoniella autumnalis*（DC.）Steph.；采自大岩山的尖叶匍灯藓；采自火龙山灌木下杂草丛的山羽藓 *Abietinella abietina*（Hedw.）Fleisch.；采自薛家海子松树林下的短肋羽藓 *Thuidium kanedae* Sak. 等。

（4）树生类型

保护区树生苔藓植物多生长在树干树枝上，有 27 种，占保护区苔藓植物总种数的 13.57%，如采自薛家海子的暗绿细鳞苔 *Lejeunea obscura* Mitt.；采自银龙村住户的小青藓 *Brachythecium perminusculum* C. Muell.；采自小江家湾柳树上的真藓；钝叶光萼苔、东亚附干藓 *Schwetschkea matsumurae* Besch. 、芽胞链齿藓等。

4.3.2 草海围湖区域苔藓植物种类组成

草海围湖区域指的是现在的部分核心保护区，围绕草海湖与环海路之间的范围，主要是一些荒废的农耕地和农户住宅周围，该区域有苔藓植物 13 科 17 属 21 种：①合叶苔科 Scapaniaceae 波瓣合叶苔 *Scapania undulata*（L.）Dumort.；②叶苔科 Jungermanniaceae 圆叶苔；③齿萼苔科 Lophocoleaceae 双齿裂萼苔；④细鳞苔科 Lejeuneaceae 暗绿细鳞苔；⑤丛藓科 Pottiaceae 阔叶小石藓、平叶墙藓；⑥葫芦藓科 Funariaceae 葫芦藓 *Funaria hygrometrica* Hedw.；⑦真藓科 Bryaceae 大坪丝瓜藓、真藓；高山真藓；⑧提灯藓科 Mniaceae 圆叶匍灯藓、尖叶匍灯藓；⑨羽藓科 Thuidiaceae 狭叶小羽藓 *Haplocladium angustifolium*（Hamp. et. C. Muee.）Broth. 、短肋羽藓；⑩青藓科 Brachytheciaceae 斜蒴藓 *Camptothecium lutescens*（Hedw.）B. S. G；林地青藓 *Brachythecium starkei*（Brid.）B. S. G. 、小青藓、毛尖青藓 *Brachythecium piligerum* Card.；⑪灰藓科 Hypnaceae 密叶拟鳞叶藓；⑫金发藓科 Polytrichaceae 疣小金发藓 *Pogonatum urnigerum*（Hedw.）P. Beauv；⑬地钱科 Marchantiaceae 地钱 *Marchantia polymorpha* L. 。

4.3.3 地衣植物种类组成

经鉴定，保护区有地衣植物 4 科 8 属 12 种，其中，石蕊科含种类最多，有 1 属 5 种；梅衣科含属数最多，每属均为单种属，共 4 属 4 种；蜈蚣科有 2 属，每属为单属种；不完地衣科，只有 1 属 1 种。

根据地衣植物的外部形态，地衣通常有壳状、叶状和枝状 3 种生长型，其间还有鳞壳状、鳞叶状等中间类型。保护区地衣植物的生长型有壳状、鳞叶状和叶状 3 种。

（1）壳状地衣

保护区此种生长型地衣植物有 2 种，占保护区地衣植物种数的 16.67%，分别是裂皮癞屑衣 *Lepraria lobificans* Nyl. 和拟枪石蕊 *Cladonia subradiata*（Vain）Sandst. 。

（2）鳞叶状地衣

保护区此种生长型地衣植物有瘦柄红石蕊 *Cladonia macilenta* Hoffm.、雀石蕊 *Cladonia stellaris*（Opiz）Pouzar & Vězda 和喇叭粉石蕊 *Cladonia chlorophaea*（Flk.）Spreng. 3 种，占保护区地衣植物种数的 25.00%。

（3）叶状地衣

保护区此种生长型地衣植物有 7 种，占保护区地衣植物种数的 58.33%，如粗星叶衣 *Punctelia rudecta*（Ach.）Krog、皱衣 *Flavopamelia caperata*（L.）Hale、颈石蕊 *Cladonia cervicornis*（Ach.）Flot. 等。

4.3.4 小结

保护区苔藓植物物种较丰富，有 41 科 90 属 174 种 1 亚种，其中，藓类植物有 25 科 73 属 149 种，苔类植物有 16 科 17 属 25 种。苔藓植物区系成分以北温带为主，其次是热带亚洲成分和东亚成分，反映了保护区暖湿的气候特点。以土生种类最多，其次依次是石生种类和树生种类，水生种类最少。围湖区苔藓植物有 13 科 17 属 21 种，这些种类在保护区其他范围内亦有分布。

保护区地衣植物有 4 科 8 属 12 种，其中石蕊科种类最多，有 5 种；其次是梅衣科和蜈蚣科，分别有 4 种和 2 种；不完全地衣最少，只有 1 种。地衣生长型较单一，有壳状、鳞叶状和叶状三种，其中叶状地衣比例最多。

4.4 蕨类植物

保护区共有蕨类植物 22 科 40 属 111 种（含种及以下单位），其中，网眼瓦韦 *Lepisorus clathratus*（Clarke）Ching、喜马拉雅耳蕨 *Polystichum garhwaticum*（Kze）Ching 为贵州地理分布新记录。草海蕨类分别占全国蕨类植物 63 科 231 属 2600 种的 34.92%、17.32% 和 4.27%，占贵州蕨类植物 54 科 153 属 931 种（李茂等，2009）的 40.74%，26.14% 和 11.92%；科的地理分布以泛热带成分占优势，为 54.54%；属的分布热带、亚热带成分和温带成分各占 46.67% 和 53.33%，具有过渡性；区内温带种占优势，为总种数的 62.39%，其中，东亚分布有 25 种，占总种数的 22.94%，中国特有 29 种，占总种数的 26.61%，两者共计 54 种，为温带分布总种数的 79.41%，占有绝对优势。

4.4.1 科的组成与地理分布

4.4.1.1 科的组成

保护区共有蕨类植物 22 科，科内种数从 1~23 种不等（表4-9）。

表4-9 保护区蕨类植物科组成

科名	属数（个）	种数（种）
≥15 种的科		
鳞毛蕨科 Dryopteridaceae	3	23
蹄盖蕨科 Athyriaceae	4	16
水龙骨科 Polypodiaceae	4	15
6~14 种的科		
中国蕨科 Sinopteridaceae	6	9
铁角蕨科 Aspleniaceae	1	9
裸子蕨科 Hemionitidaceae	2	6

（续）

科名	属数（个）	种数（种）
≤5 种的科		
石松科 Lycopodiaceae	2	3
凤尾蕨科 Pteridaceae	1	4
金星蕨科 Thelypteridaceae	2	3
木贼科 Equisetaceae	2	3
紫萁科 Osmundaceae	2	2
铁线蕨科 Adiantaceae	1	3
卷柏科 Selaginellaceae	1	3
蕨科 Pteridiaceae	1	2
肿足蕨科 Hypodematiaceae	1	2
乌毛蕨科 Blechnaceae	1	2
碗蕨科 Dennstaedtiaceae	1	1
阴地蕨科 Botrychiaceae	1	1
里白科 Gleicheniaceae	1	1
姬蕨科 Hypolepidaceae	1	1
球子蕨科 Onocleaceae	1	1
满江红科 Azollaceae	1	1
合计	40	111

将本地区蕨类植物中每一科中数量大于或等于 15 个种的科定为本地的优势科，该地区的优势科共 3 个，分别为鳞毛蕨科 Dryopteridaceae（3 属 23 种）、蹄盖蕨科 Athyriaceae（4 属 16 种）、水龙骨科 Polypodiaceae（4 属 15 种），这 3 个优势科共 11 属 54 种，占该地区蕨类植物总种数的 48.65%，构成了保护区蕨类植物的主体，保护区蕨类中含 6~14 个种的科有 3 个，共有 9 属 24 种；小于或等于 5 个种的科有 16 个，共 20 属 33 种。从系统演化上看，保护区种数集中的科、属在系统发育顺序上是位置靠后现今仍处于活跃进化状态的科、属。

4.4.1.2　科的地理成分

参照吴征镒（1991）中国种子植物属的分布区类型及吴世福等（1993）中国蕨类植物属的分布区类型及区系特征标准可将保护区蕨类植物 22 个科、40 个属的地理成分分为 10 个分布区类型（表 4-10）。其中，属世界分布的有 11 个科，如石松科 Lycopodiaceae、卷柏科 Selaginellaceae 等，由于这些科广泛分布于世界各大洲而难以看出本地区蕨类植物的区系组成特点，因此在统计 10 个分布类型中包含的科数占总科数的比例时，不将其计算在内。其中，泛热带分布的有 6 个科，如里白科 Gleicheniaceae、碗蕨科 Dennstaedtiaceae、凤尾蕨科 Pteridaceae 等，占总科数的 54.54%；北温带分布的有 3 个科，如木贼科 Equisetaceae、阴地蕨科 Botrychiaceae，占总科数的 27.27%，热带亚洲至热带非洲分布的有 1 科，为肿足蕨科 Hypodematiaceae，占总科数的 9.09%。东亚分布及其变型的仅有裸子蕨科 Hemionitidaceae 1 科，占总科数的 9.09%。从科的地理分布类型来看，保护区的蕨类植物主要以热带分布的泛热带成分为主，说明本区蕨类植物与热带地区有较强的相关性。

4.4.2　属的组成与地理分布

（1）属的成分

保护区有蕨类植物共 40 属，属内从 1~13 种不等，根据每一属中种的数量大于等于 7 个种区分出优势属，该地区的优势属有5个，分别为鳞毛蕨属 Dryopteris（13种）、蹄盖蕨属 Athyrium（13种）、铁角蕨属 Asplenium（9种）、耳蕨属 Polystichum（7种）和瓦韦属 Lepisorus（8种）。这5个优势属共50种，占该地区蕨类植物属、种总数的12.50%和45.05%，在该地区具有绝对的生长优势。该地区蕨类植物中含2~6个种的属有16个，如卷柏属 Selaginella、铁线蕨属 Adiantum、凤了蕨属 Coniogramme 等，共42种，占该地区蕨类植物总属、种数的40.00%和37.84%。本区位于乌蒙山腹地，是中国蕨类植物2个分布亚区中国—喜马拉雅和中国—日本的交汇地带，只有1个种分布的属有在这里有19个，占总属数的43.18%，说明当地蕨类区系具有较强的过渡性，为本区一大特点。

（2）属的地理分布

保护区蕨类植物的40属可以分为10个分布区类型（表4-10）。在地理分布类型中属于世界分布的有10个属，如石松属 Lycopodium，扁枝石松属 Diphasiastrum 和卷柏属 Selaginella 等，在统计占总属数的比例时不将其计算在内。泛热带分布有9属，占总属数的30.00%，如里白属 Diplopterygium、凤尾蕨属 Pteris 和金星蕨属 Parathelypteris 等；旧大陆热带分布的有1个属，为石韦属 Pyrrosia，占总属数的3.33%；热带亚洲至热带非洲分布的共有2属，它们分别是肿足蕨属 Hypodematium、瓦韦属 Lepisorus，占总属数的6.67%。热带亚洲分布的共有2属，分别为金粉蕨属 Onychium 和水龙骨属 Polypodiodes，占总属数的6.67%；在分布区类型中属于北温带分布的共有8个属，占总属数的26.67%，如问荆属 Equisetum，木贼属 Hippochaete 和阴地蕨属 Sceptridium 等；东亚与北美洲间断分布的仅有峨眉蕨属 Lunathyrium 1属，占总属数的3.33%；温带亚洲分布有4个属，占总属数的13.33%，分别为假冷蕨属 Pseudocystopteris、贯众属 Cyrtomium 和薄鳞蕨属 Leptolepidium 等；东亚分布及其变型共有2个属，占总属数的6.67%；中国特有分布仅有中国蕨属 Sinopteris 1属，占总属数的3.33%。从属的地理成分看，保护区主要以泛热带分布（30.00%）和北温带分布（26.67%）为主，共占56.67%，具有从热带向温带过渡的性质。

表4-10　保护区蕨类植物科、属的分布区类型

序号	分布类型	科数（个）	占总科数的百分比（%）	属数（个）	占总属数的百分比（%）
1	世界分布	11	—	10	—
2	泛热带分布	6	54.54	9	30.00
3	旧大陆热带分布	0	0	1	3.33
4	热带亚洲至热带非洲分布	1	9.09	2	6.67
5	热带亚洲分布	0	0	2	6.67
6	北温带分布	3	27.27	8	26.67
7	东亚与北美洲间断分布	1	9.09	1	3.33
8	温带亚洲分布	0	0	4	13.33
9	东亚分布及其变型	0	0	2	6.67
10	中国特有分布	0	0	1	3.33
合计		22	100.00	40	100.00

注：世界分布成分不计入区系成分。

（3）种的地理成分

保护区共有蕨类植物111种（含种及以下单位），其中，喜马拉雅耳蕨、网眼瓦韦为贵州地理分布新记录种，按照蕨类植物的区系地理分布类型可将本地区的蕨类植物分为12个分布区类型（表4-11），其中，世界分布2种，为扁枝石松 Diphasiastrum complanatum 和蕨 Pteridium aquilinum var. latiusculum，由于世界分布的类型分布于世界各大洲，因此统计12个分布区所包含的蕨类植物种数占总种数的比例时不将

其计算在内。泛热带分布的有 5 种，占总种数的 4.59%，如紫萁 Osmunda japonica、里白 Diplopterygium glaucum 等。旧大陆热带分布的仅有 1 种，占总种数的 0.92%，为大叶假冷蕨 Pseudocystopteris atkinsonii；热带亚洲和热带美洲间断分布的有 3 种，分别为姬蕨 Hypolepis punctata、野鸡尾金粉蕨 Onychium japonicum 和粟柄金粉蕨 Onychium japonicum var. lucidum，占总种数的 2.75%；热带美洲至热带大洋洲分布的有 4 种，占总种数的 3.67%，如凤尾蕨 Pteris cretica、蜈蚣草 Pteris vittata 等；热带亚洲至热带非洲分布的有 2 种，占总种数的 1.83%，如变异铁角蕨 Asplenium varians 等；北温带分布的有 5 种，如犬问荆 Equisetum palustre、节节草 Hippochaete ramosissima 等，占总种数的 4.59%；温带亚洲分布的有 8 种，如细毛碗蕨 Dennstaedtia hirsuta、普通凤了蕨 Coniogramme intermedia 和光叶凤了蕨 Coniogramme intermedia var. glabra 等，占总种数的 7.34%。

保护区的蕨类植物中，温带亚洲分布的有 8 种，占总种数的 7.40%；东亚分布及其变型 25 种；占 22.94%；中国特有分布 29 种，占 26.60%；三者相加为 56.94%，占绝对优势，说明该地区的蕨类植物种具有以温带成分为主的温带性质。

表 4-11　保护区蕨类植物种的区系组成

序号	分布区类型	种数（种）	占总种数比例（%）
1	世界分布	2	—
2	泛热带分布	5	4.59
3	旧大陆热带分布	1	0.92
4	热带亚洲和热带美洲间断分布	3	2.75
5	热带美洲至热带大洋洲分布	4	3.67
6	热带亚洲至热带非洲分布	2	1.83
7	热带亚洲、亚热带分布	26	23.85
8	北温带分布	5	4.59
9	东亚与北美洲间断分布	1	0.92
10	温带亚洲分布	8	7.34
11	东亚分布及其变型	25	22.94
12	中国特有分布	29	26.60
合计		111	100.00

注：世界分布成分不计入区系成分。

综上所述，保护区共有蕨类植物 22 科 40 属 111 种（含种及以下单位），其中，网眼瓦韦、喜马拉雅耳蕨为贵州地理分布新纪录，其蕨类植物的现代分布具有一定的丰富度和特殊性。本区蕨类植物优势科为鳞毛蕨科 Dryopteridaceae（3 属 23 种）、蹄盖蕨科 Athyriaceae（4 属 16 种）和水龙骨科 Polypodiaceae（4 属 15 种）；科的地理分布主要以热带分布的泛热带成分为主（占总科数的 54.54%），说明本区蕨类植物与热带地区有较强的相关性；从属的地理成分看，保护区主要以泛热带分布（30.00%）和北温带分布（26.67%）为主，共占 56.67%，具有从热带向温带过渡的性质。在种的水平上，保护区蕨类植物以中国特有成分和东亚成分为主的温带分布成分占绝对优势，为 56.94%，说明该地区的蕨类植物种具有以温带成分为主的温带性质；另，保护区蕨类只有一个种分布的属多达 17 个，占总属数的 42.50%，为本区一大特点。

4.5 水生维管植物

当前，对水生维管植物尚无明确定义。调查采用库克（Cook）等（1974）中"水生维管植物是指所有蕨类植物亚门和种子植物亚门中，那些光合作用部分永久或至少一年中数月沉没水中或漂浮水面的植物"，来定义水生维管植物类群。

4.5.1 水生维管植物物种组成

2016 年至 2017 年 10 月，通过 3 次实地监测调查（2016 年 8 月和 2017 年 5 月、8 月），共记录保护区水生维管植物 68 种，隶属 28 科 40 属（附录 2）。其中，蕨类植物 3 科 3 属 5 种；被子植物 25 科 37 属 63种；共同组成保护区水生维管植物成分（表 4-12）。

表 4-12 保护区水生维管植物组成成分

植物类别	科数（个）	百分率（%）	属数（个）	百分率（%）	种数（种）	百分率（%）
蕨类植物	3	10.71	3	7.5	5	7.35
被子植物	25	89.29	37	92.5	63	92.65
其中（双子叶植物）	13	46.43	16	40.0	23	33.82
其中（单子叶植物）	12	42.86	21	52.5	40	58.83
合计	28	100.00	40	100.00	68	100.00

本次监测调查表明：1983—2016 年的 30 余年间，草海水生维管植物科、属、种在物种多样性水平上，呈上升的趋势。通过图 4-1 可以看出，本次监测调查与 1983 年对比，草海水生维管植物增加了 8 科，12 属，28 种；占总科数的 28.57%，占总属数的 30.00%，占总种数的 41.18%。其中，蕨类植物增加 1科，1 属，3 种；被子植物增加 7 科（双子叶植物 4 科、单子叶植物 3 科），13 属（双子叶植物 6 属、单子叶植物 7 属），28 种（双子叶植物 12 种、单子叶植物 16 种）。

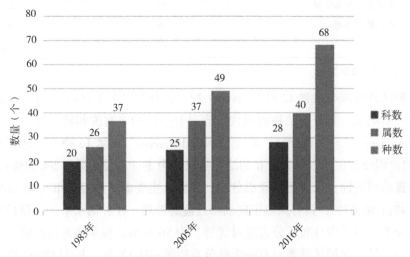

图 4-1 保护区水生维管植物种类统计信息（1983—2016 年）

此外，在本次草海科考中，发现草海下游锁黄仓村落附近水塘分布有水毛茛属 *Batrachium*（DC.）Gray 植物，经标本采集、查阅相关资料，鉴定为水毛茛 *Batrachium bungei*（Steud.）L.Liou，浸制标本分别存放于贵州省生物研究所、贵州草海国家级自然保护区管委会，水毛茛属和水毛茛均为贵州省属、种的分布新记录。其来源估计为，经迁徙候鸟由若尔盖等高纬度繁殖区摄食种籽后带入。

4.5.2 水生维管植物群落特征

4.5.2.1 生活型

草海水生维管植物按形态特征、生态习性，可分为挺水植物、浮叶植物、漂浮植物和沉水植物4个生活型。其中，挺水植物以芦苇 *Phragmites australis*、菰 *Zizania latifolia*、水葱 *Scirpus validus*、水烛 *Typha angustifolia*、藨草 *Scirpus triqueter*、黑三棱 *Sparganium stoloniferum*、荆三棱 *Scirpus yagara* 等为代表；浮叶植物以莕菜 *Nymphoides peltatum*、两栖蓼 *Polygonum amphibium*、野果细菱 *Trapa maximowiczii* 为代表；漂浮植物以满江红 *Azolla imbricata*、浮萍 *Lemna minor*、紫萍 *Spirodela polyrrhiza* 等为代表；沉水植物以金鱼藻 *Ceratophyllum demersum*、光叶眼子菜 *Potamogeton lucens*、抱茎眼子菜 *Potamogeton perfoliatus*、穗状狐尾藻 *Myriophyllum spicatum*、篦齿眼子菜 *Potamogeton pectinatus*、海菜花 *Ottelia acuminata* 等为代表。监测调查表明：从1983年至今，在草海水生维管植物生活型中，沉水植物增加了5种，占沉水植物总种数的26.32%；漂浮植物增加了3种，占漂浮植物总种数的75.00%；挺水植物增加了23种，占挺水植物总种数的54.76%；浮叶植物种数未变（表4-13）。

表4-13 保护区水生维管植物生活型对比表（1983—2016年）

生活型	1983年		2005年		2012年		2016年	
	种数（种）	所占比例（%）	种数（种）	所占比例（%）	种数（种）	所占比例（%）	种数（种）	所占比例（%）
沉水植物	14	37.84	14	28.57	15	24.59	19	27.94
浮叶植物	3	8.11	3	6.12	3	4.92	3	4.41
漂浮植物	1	2.70	3	6.12	3	4.92	4	5.88
挺水植物	19	51.35	29	59.19	40	65.57	42	61.77
合计	37	100.00	49	100.00	61	100.00	68	100.00

4.5.2.2 主要群落类型

依据优势种原则，草海水生维管植物群落可分为挺水、浮叶、漂浮和沉水4个生活型，22个群系类型。其中，挺水植物有芦苇群落、李氏禾群落、水葱群落、藨草群落、菰群落、水烛群落、水葱+荆三棱群落、水葱+两栖蓼+空心莲子草群落、水莎草+灯心草群落；浮叶植物主要有两栖蓼群落、莕菜群落、眼子菜群落、莕菜-水葱-金鱼藻群落等；漂浮植物为满江红+紫萍+浮萍群落；沉水植物主要有金鱼藻、微齿眼子菜群落、光叶眼子菜群落、篦齿眼子菜群落、海菜花群落、黄花狸藻群落、光叶眼子菜+穗状狐尾藻+篦齿眼子菜群落、抱茎眼子菜+黑藻+小茨藻群落等共同组成草海维管植物群落类型。此外，本次监测调查发现，随草海水位上升，原刘家巷子较典型的浅水复合群落类型：藨草+剪刀草+李氏禾-莕菜-光叶眼子菜群落 Comm. *Scirpus triqueter*+ *Sagittaria trifolia* L. var. *trifolia* f. *longiloba*+*Leersia hexandra*-*Nymphoides peltatum*- *Potamogeton lucens* 已消失。

4.5.2.3 主要群落分布

（1）芦苇群落 Comm. *Phragmites australis*

草海芦苇群落发现于2011年，其来源为人为引入。笔者当年5月进行水生植物监测时发现，最早出现在草海东北部大中河入湖区域面积约100m²，同时发现的还有香蒲科 Typhaceae 水烛。当前，芦苇群落作为单一优势种，现已广泛分布于保护区浅水区域和周边潮湿的农地及水沟，对黑颈鹤、灰鹤及斑头雁等冬候鸟栖息地构成严重威胁。适应最大可至 1.5m 左右的水深。

（2）李氏禾群落 Comm. *Leersia hexandra*

多年生禾本科杂草，具发达的地下横支根茎和匍匐茎；当前广泛分布于保护区浅水区域以及周边潮湿地带，该物种适应性强，分布水深可达 1.5~2m，花果期 6~8 月，是草海主要水生植物之一。

（3）水葱群落 Comm. *Scirpus validus*

莎草科挺水植物，曾经是草海水生维管植物群落的优势种；当前主要分布区位于草海东北部夏候鸟、留鸟繁殖区及草海周边浅水范围，为黑水鸡、骨顶鸡及小䴙䴘等提供了天然的栖息繁衍场所；群落盖度 100%。花果期 6~9 月，一般水深 0.5~1.2m。

（4）菰群落 Comm. *Zizania latifolia*

禾本科挺水植物，主要分布于草海东北部（西海码头附近）、北岸吴家岩头等周边淤泥较厚、水体呈富营养化的区域；该物种耐污性强，群落盖度 100%，一般水深 0.8~1.2m。

（5）藨草群落 Comm. *Scirpus triqueter*

莎草科挺水植物，曾是草海浅水区域优势种之一，广泛分布于草海周边浅水区域；近年随草海水位逐年提升，该群落已呈萎缩趋势。花果期 6~9 月，一般水深 0.2~0.8m。

（6）水烛群落 Comm. *Typha angustifolia*

2011 年监测调查期间发现，其来源不详。群落位于草海东北部大中河入湖区域，面积 30~50m²，翌年面积增加了 3 倍，8 月期间常见游人采集其花序（长椭圆形小坚果），人类不当行为亦可能成为该物种的传播媒介；当前该群落分布草海东北部、中部（大江家湾）、西部（吴家岩头、阳关山）等人类活动频繁区域，群落盖度 100%。花果期 6~9 月，一般水深 1.2~.5m。

（7）水葱+荆三棱群落 Comm. *Scirpus validus+Scirpus yagara*

主要分布在草海东北部（原西海码头入湖口附近），水体呈富营养化状态，群落优势种水葱盖度约 60%~70%，荆三棱群落镶嵌其中，盖度在 30%~40% 之间，每株荆三棱植株有地下球茎 2~3 个，直径 3~5cm。分布区水深 0.8~1.2m。

（8）水葱+两栖蓼+空心莲子草群落 Comm. *Scirpus validus+Polygonum amphibium +Alternanthera philoxeroides*

主要分布在草海东北部（原西海码头入湖口附近），水体发黑，呈富营养化状态，群落优势种水葱盖度 70%~80%，两栖蓼和空心莲子草镶嵌其中，群落盖度 20%~25%，该群落两栖蓼为挺水型（直立生长），株高 15~20cm；群落边缘偶有黑三棱分布，分布区水深 0.8~1.2m。

（9）水莎草+灯心草群落 Comm. *Juncellus serotinus+Juncus setchuensis*

主要分布草海刘家巷子至大中河入湖口区域，属草甸湿地类型，为黑颈鹤等主要的觅食地与夜栖地之一；当前随草海水位提升，该群落分布区正逐步被芦苇群落所替代。

（10）两栖蓼群落 Comm. *Polygonum amphibium*

多年生浮叶植物。过去该群落主要分布草海中部、西部水域，尤其西部保落山与阳关山之间分布面积较大；当前该群落分布区域减少，原因不详，本次调查样方中未见。花果期 7~9 月，一般水深 1.5~2cm。

（11）莕菜群落 Comm. *Nymphoides peltatum*

多年生浮叶植物。莕菜群落曾经在草海广泛分布，具适应性、耐污性较强；近年调查发现，其分布于草海东北部（原西海码头入湖口附近）、刘家巷子等；当前，主要分布于草海西部阳关山（大中河河道附近），群落盖度 100%，水体发黑。花果期 4~10 月，水深 1.0~1.5m。

（12）眼子菜群落 Comm. *Potamogeton distinctus*

多年生浮叶水生植物。主要分布于草海周边静水区域或沟塘环境，群落盖度约 80%，常伴生有李氏禾、东方泽泻等。花果期 5~10 月，水深 0.2~0.8m。

（13）荇菜-水葱-金鱼藻群落 Comm. *Nymphoides peltatum-Scirpus validus-Ceratophyllum demersum*

该复合群落分布于草海东北部水体富营养区域，其中，荇菜群落盖度约 75%，水葱群落盖度约 20%，群落边缘分布有沉水植物金鱼藻，盖度约 5%。分布区水深 1.2~1.5m。

（14）满江红+紫萍+浮萍群落 Comm. *Azolla imbricata+Spirodela polyrrhiza+Lemna minor*

由于漂浮植物受水质、风向、气温等环境因子影响，主要分布草海东北部（原西海码头附近）水体富营养化区域，群落盖度满江红 95%，紫萍及浮萍 5%，峰值时该群落分布面积可达 100~200hm²，覆盖厚度 10~15cm。

（15）金鱼藻 Comm. *Ceratophyllum demersum*

金鱼藻是草海主要沉水植物之一，属耐污性较强种类，群落盖度 100%，主要分布草海东北部（原西海码头附近）水体富营养化区域，水体表面覆盖满江红、紫萍及浮萍。花果期 6~10 月，一般水深 1.2~1.5cm。

（16）光叶眼子菜群落 Comm. *Potamogeton lucens*

多年生沉水植物。为草海重要的沉水植物，是众多水禽的主要食料；广泛分布于草海（除西海码头外）的水域，主要分布于草海西部水质较好区域，群落盖度 95% 左右，偶有抱茎眼子菜、黑藻及狐尾藻镶嵌其中，花果期 7~9 月，水深 1.5~3m。

（17）微齿眼子菜群落 Comm. *Potamogeton maackianus*

多年生沉水植物。广布于草海水质较好的区域，优势种群主要分布于草海西部倮落山至阳关山之间，群落盖度 100%，花果期 7~9 月，水深 1.5~3m。

（18）篦齿眼子菜群落 Comm. *Potamogeton pectinatus*

多年生沉水植物。主要分布于草海中部大中河区域，延水流方向由东至西。花果期 5~10 月，一般水深 1.2~1.5m。

（19）海菜花群落 Comm. *Ottelia acuminata*

多年生沉水植物。我国特有，过去曾是草海主要的沉水植物之一，也是众多水禽的主要食料；由于该群落对水质要求较高，当前仅零星分布于草海西部（倮落山至阳关山之间）、刘家巷子，花果期 7~9 月，水深 1.5~3m。

（20）黄花狸藻群落 Comm. *Utricularia aurea*

一年生沉水植物。主要分布于草海（刘家巷子、大江家湾等）周边静水区域或沟汊、水塘环境，群落盖度约 80%，常伴生有菹草、黑藻等。花果期 6~11 月，水深一般在 0.5~1.2m。

（21）光叶眼子菜+穗状狐尾藻+篦齿眼子菜群落 Comm. *Potamogeton lucens +Myriophyllum spicatum+Potamogeton pectinatus*

群落均为多年生沉水植物。群落盖度依次为光叶眼子菜 60% 左右，穗状狐尾藻约 30%，篦齿眼子菜约 10%，主要分布草海中部、西部水质较好区域，一般水深 1.5~3m。

（22）抱茎眼子菜+黑藻+小茨藻群落 Comm. *Potamogeton perfoliatus+Hydrilla verticillata + Najas minor*

群落均为多年生沉水植物。群落盖度依次为抱茎眼子菜 50% 左右，黑藻约 30%，小茨藻约 20%；群落主要分布草海中部、西部水质较好区域，水深 1.5~3m。

4.5.2.4 生物量变化

本次草海科考生物量监测于 2016 年 8 月中旬进行。继 1983 年、2005 年、2012 年至 2016 年科考与监测表明，保护区水生植物生物量呈逐年增长趋势。本次科考生物量数据与之前数据统计对比，较 1983 年鲜重增加 66.15%，干重增加 75.69%；较 2005 年鲜重增加 60.77%，干重增加 51.98%；较 2012 年鲜重增加 17.20%，干重增加 15.90%（表4-14）。

表 4-14　保护区各样点生物量累计平均值不同年份变化

时间/ 科目	1983 年 9 月（平均值）		2005 年 8 月（平均值）		2012 年 8 月（平均值）		2016 年 8 月（平均值）	
	鲜重 （g/m²）	干重 （g/m²）	鲜重 （g/m²）	干重 （g/m²）	鲜重 （g/m²）	干重 （g/m²）	鲜重 （g/m²）	干重 （g/m2）
草海东部	1141.6	126.4	2980.6	453.2	4364.5	423.3	5456	634.9
草海中部	1195.0	100.6	826.8	92.0	1854	196.8	2552.9	257.4
草海西部	1821.6	106.3	1012.1	113.1	3952.5	532.7	4275.1	478.5
合计	4158.2	333.3	4819.5	658.3	10171	1152.8	12284	1370.8

4.5.3　外来入侵水生植物

在草海的水生维管植物中，有外来入侵种 1 种，即空心莲子草 *Alternanthera philoxeroides*（Mart.）Griseb.，被列入国家环保总局与中国科学院发布的《中国外来入侵物种名单（第一批）》（2003 年 1 月发布）；原产地为南美洲，世界温带及亚热带地区广泛分布。1892 年在中国上海附近岛屿出现，五十年代作为猪饲料推广栽培，如今几乎扩散至我国黄河以南的人类活动区域。

草海空心莲子草于 2002 年，随人为从江苏引种鹅、鸭苗进入保护区，对草海湿地生态系统的危害主要表现：①通过种间竞争，排挤其他物种，导致群落物种单一化及生物多样性下降；②优势群落覆盖水面，大量争夺阳光和水体中氧分，严重影响沉水植物光合作用以及水生动物（鱼、虾等）生存；③田间、湿地大量繁殖，危害农作物生长；④阻塞河道通畅，破坏湿地自然景观。

当前，虽然空心莲子草仍在保护区范围广泛零星分布，但从 2010 年至今，经保护区管理部门逐年开展的人工清除，目前其主要分布区为草海东北部（原西海码头），该群落的泛滥趋势已基本得到控制。

4.5.4　水生维管植物种类、群落结构变化

4.5.4.1　水生维管植物种类变化

1983 年至今的 30 余年间，草海水生维管植物科、属、种在物种多样性水平上，虽然呈上升的趋势，但从新增种类如满江红、空心莲子草、黑三棱、水烛、芦苇及浮萍等物种来看，均具有以下共同生理习性：①耐污染，对环境适应性强；②繁殖方式多样、生长迅速等，极易形成优势群落，且有扩张泛滥趋势。

以满江红为例，常与蓝藻门 Cyanophyta 中鱼腥藻 *Anabaena azotica* Ley 共生，通常生长于富营养化水体中，具有耐污染、适应性强及生长迅速等生理习性，因而容易在富营养化水体中大面积聚集、繁殖扩张、形成泛滥态势。对水域生态环境的危害主要表现：①污染水质。致使水体 pH 呈酸性表现，CO_2 浓度增高，水的嗅值浓度、色度增高，有毒细菌增多；造成水体变黑发臭，是造成水体水质恶化的直接和重要诱因。②破坏水环境生态平衡。在遮蔽水体光照、消耗水中溶解氧的同时，对水鸟及水生生物的生存空间构成

严重威胁；随季节性死亡沉降后，又导致其所吸收（空气与水体）的污染物对水体产生二次污染，进一步加重了水体富营养化程度，严重影响生态系统的结构与功能以及生物多样性下降。草海作为相对封闭的内陆淡水湖泊生态系统，其每一个物种和群落的减少或消失，都是该物种和群落对生态系统变化的生理响应；而物种的增加，这与鸟类等动物的迁徙和人类活动等行为密切相关。

4.5.4.2 主要群落结构变化

与历史资料对比，1983 年草海挺水植物群落分布面积依次为水葱群落>蔗草群落>荆三棱群落>水莎草群落及李氏禾群落共同组成。当前，挺水植物群落分布面积依次为芦苇>李氏禾>水葱>水烛等群落组成。挺水植物主要群落已由过去的莎草类型演变为禾草类型。从芦苇、水烛等大型挺水植物最早分布区环境来看，首先是局部湖床淤积抬升为该类群建群提供了基本条件，加之具有适应性强、繁殖方式多样及生长迅速等生理习性，以及一些不当的人类活动等为其提供了传播途径，使得种群迅速扩张。其次，水位抬升后，原来草海周边流转的农耕地丢荒，芦苇在无人清除的状态下迅速扩张。此外，随近年草海水位整体抬升，水葱、蔗草及水莎草等群落对水位环境变化的生理响应，种群逐渐萎缩，因而改变了草海原有浅水环境下挺水植物群落结构。以刘家巷子为例，随水位整体抬升，该区域原分布较典型的浅水复合群落类型——蔗草+剪刀草+李氏禾-苔菜-光叶眼子菜等，已不复存在。究其原因主要：①水位抬升后，人类活动减少（耕种、放牧等）；②骨顶鸡、斑嘴鸭等夏候鸟、留鸟栖息地及种群因人类活动减少得以扩大，春季对蔗草、苔菜、海菜花、光叶眼子菜等植物萌发的嫩茎需求量巨增，而该区域面积和水生维管植物种类、群落承载力有限，致使物种多样性与生物量均呈下降趋势，这也是导致该区域水生维管植物种类、群落结构变化的主要原因之一。

4.5.4.3 生物量变化

本次生物量监测调查，除局部样方（刘家巷子）生物量与植物种类有所减少外，6 号固定样方，2016 年 6~7 月，因实施"重点污染区底泥疏浚"试点工程，导致样方生物量减少异常，2017 年 8 月重新安排补点采样数据恢复正常，且高于历史水平。由此可见，草海的水生维管植物在适宜的条件下，具有较高的遗传多样性水平。与历史资料比对，草海水生维管植物生物量总体呈上升趋势。通过草海生物量变化（表 4-14）与水质变化（表 3-17）对比，1983—2014 年，可以看出其生物量变化与水质变化规律相吻合。

综上所述，分析草海水生维管植物种类、群落结构和生物量变化的主要胁迫因子：①湖面水位上升及水土流失导致的湖底抬升；②人类活动增加导致的水体污染、富营养化程度加剧；③水生维管植物群落对水位抬升的生理响应，种类、群落生态位发生改变。

此外，水生维管植物种类、群落结构和生物量的变化是一个长期的、较为复杂的过程，其受到的影响因子也比较多，包括其自身的生物学、生态学特性、群落结构的变化、外来物种的入侵、水体的污染或富营养化程度、水体的深度、透明度及人类活动等；只有通过长期的、更多广度和深度（如不同年度、季节、群落类型、空间层次等）的监测调查，才有可能对整个草海湿地生态系统中水生维管植物种类、群落结构与生物量的变化做出一个较为合理的解释。

为此，建议持续对草海上游及周边山体开展植被绿化工作，以乡土乔木为主，构建乔灌草结构，防止水土流失；尽快完成草海各入湖河口生态湿地建设，拦截来至上游及周边区域的泥沙及污染物。维持合理的水位并对进入草海入湖污染物进行控制与削减，最大限度解除草海湿地的各项胁迫因子，有助于恢复湿地自我调节与净化功能作用，维护湿地生物多样性。持续开展草海水生维管植物种类、群落结构变化的定期监测研究，探讨草海水域面积及其水生植物种类、群落对鸟类种群的承载能力，科学合理的规划草海不同鸟类种群栖息地范围。

4.6 陆生种子植物

保护区有种子植物 139 科 408 属 745 种（含部分栽培种），包括裸子植物 7 科 15 属 18 种、被子植物 132 科 393 属 727 种；其中，水生种子植物 25 科 37 属 63 种。本次调查在 2005 年科考的基础上新记录到种子植物 15 科、36 属、73 种。

4.6.1 科的区系分析

4.6.1.1 科的基本特征

由表 4-15 可见，保护区 139 科种子植物中，含 3 种以上的有 65 科，占总科数的 46.76%；其中，草本或以草本为主的科有 35 科，在 19 个含 10 种以上的较大科中，木本为主的仅有壳斗科 Fagaceae、杜鹃花科 Ericaceae、忍冬科 Caprifoliaceae 和蔷薇科 Rosaceae 等 4 科，此外蝶形花科 Papilionaceae、禾本科 Gramineae 也有少数木本种类；含 20 种以上的科有菊科 Compositae、蔷薇科、禾本科 Gramineae、蝶形花科 Papilionaceae、蓼科 Polygonaceae 等 5 科。总体来看，保护区种子植物种类组成较为分散。

表 4-15　保护区种子植物科的排列顺序

中文名	学名	属数：种数	中文名	学名	属数：种数
含 20 种以上的科			五加科	Araliaceae	5：6
菊科	Compositae	34：69	报春花科	Primulaceae	2：5
蔷薇科	Rosaceae	25：57	山茶科	Theaceae	2：5
禾本科	Gramineae	35：55	金丝桃科	Hypericaceae	2：5
蝶形花科	Papilionaceae	20：30	松科	Pinaceae	4：5
蓼科	Polygonaceae	2：23	景天科	Crassulaceae	3：5
含 10~19 种的科			大戟科	Euphorbiaceae	3：5
百合科	Liliaceae	13：19	樟科	Lauraceae	3：5
唇形花科	Labiatae	13：19			
伞形科	Umbelliferae	12：17	含 3~4 种的科		
莎草科	Cyperaceae	6：17	萝藦科	Asclepiasaceae	2：4
毛茛科	Ranuculaceae	7：16	旋花科	Convolvulaceae	3：4
茜草科	Rubiaceae	5：14	葡萄科	Vitaceae	2：4
忍冬科	Caprifoliaceae	3：13	藜科	Chenopodiaceae	2：4
兰科	Orchidaceae	11：13	漆树科	Anacardiaceae	2：4
十字花科	Cruciferae	7：12	柏科	Cupressaceae	3：4
壳斗科	Fagaceae	2：11	桑科	Moraceae	3：4
杜鹃花科	Ericaceae	3：11	锦葵科	Malvaceae	3：4
石竹科	Caryophyllaceae	7：11	黄杨科	Buxaceae	3：4
龙胆科	Gentianaceae	3：10	紫草科	Boraginaceae	3：4
玄参科	Scrophulariaceae	4：10	杉科	Taxodiaceae	4：4

（续）

中文名	学名	属数∶种数	中文名	学名	属数∶种数
	含5~9种的科		芸香科	Rutaceae	2∶4
堇菜科	Violaceae	1∶8	败酱科	Valerianaceae	1∶4
葫芦科	Cucurbitaceae	5∶8	灯心草科	Juncaceae	1∶3
眼子菜科	Potamogetonaceae	1∶8	胡颓子科	Elaeagnaceae	1∶3
卫矛科	Celastraceae	2∶8	山矾科	Symplocaceae	1∶3
小檗科	Berberidaceae	3∶8	山茱萸科	Cornaceae	2∶3
杨柳科	Salicaceae	2∶7	马鞭草科	Verbenaceae	2∶3
荨麻科	Urticaceae	5∶7	鼠李科	Rhamnaceae	2∶3
茄科	Solanaceae	4∶7	榛科	Corylaceae	2∶3
苋科	Amaranthaceae	3∶6	鸭跖草科	Commelinaceae	3∶3
木犀科	Oleaceae	3∶6	茨藻科	Najadaceae	2∶3
桔梗科	Campanulaceae	5∶6	凤仙花科	Balsaminaceae	1∶3
天南星科	Araceae	4∶6	小二仙草科	Haloragidaceae	2∶3
木兰科	Magnoliaceae	2∶6	车前草科	Plantaginaceae	1∶3

4.6.1.2　科的区系特点

保护区有种子植物139科，根据吴征镒院士（1991）的中国种子植物分布区类型划分为5个分布区（表4-16）。

表4-16　保护区种子植物科的地理分布区类型

序号	分布区类型	科数（个）	科数率（%）
一	世界分布	45	—
二	热带分布		
	（1）泛热带	41	43.62
	（2）热带亚洲和热带美洲间断分布	11	11.70
	（3）旧世界热带分布	2	2.13
	（4）热带亚洲至热带非洲分布	1	1.06
	（5）热带亚洲分布	2	2.13
三	温带分布		
	（1）温带分布	10	10.64
	（2）北温带分布	17	18.09
	（3）东亚与北美洲间断分布	4	4.25
四	东亚分布		
	（1）东亚分布	2	2.13
	（2）东亚变型	1	1.06
	中国喜马拉雅（SH）变型	1	1.06
五	中国特有分布	2	2.13
	合计	139	100.00

（1）世界分布

世界分布区类型包括几乎遍布世界各大洲而没有特殊的分布中心的科，或虽有一个或数个分布中心但包括世界分布属的科。该分布类型保护区有 45 科，占总科数的 32.37%，其中，草本植物有 36 科，常见的有菊科、蔷薇科、蝶形花科、延龄草科 Triliaceae、百合科 Liliaceae、金鱼藻科 Ceratophyllaceae、狸藻科 Ientibulariaceae、毛茛科 Ranuculaceae、伞形科 Umbelliferae、禾本科、茜草科 Rubiaceae；木本植物有 7 科，常见的有杜鹃花科、大戟科 Euphorbiaceae、鼠李科等。

（2）热带分布

保护区植物区系中热带分布有 57 科，占总科数的 60.64%，含泛热带分布、热带亚洲和热带美洲间断分布、旧世界热带分布、热带亚洲和热带非洲间断分布、热带亚洲分布等 5 个类型。主要有漆树科 Anacardiaceae、榆科 Ulmaceae、萝藦科 Asclepiasaceae、苦苣苔科 Gesneriaceae、天南星科 Araceae、樟科 Lauraceae、山矾科 Symplocaceae、桑科 Moraceae、荨麻科 Urticaceae、山茶科 Theaceae、卫矛科 Celastraceae、芸香科 Rutaceae、兰科 Orchidaceae、桑寄生科 Loranthaceae、楝科 Meliaceae、芸香科、马鞭草科 Verbenaceae、鸭跖草科、千屈菜科 Lythraceae、苦苣苔科、菝葜科 Smilacaceae、五加科 Araliaceae、水鳖科 Hydrocharitaceae、木兰科 Magnoliaceae、安息香科 Styrcaceae、茄科 Solanaceae、棕榈科 Plamae、紫金牛科 Myrsinaceae、鸢尾科 Iridaceae、木犀科 Oleaceae、薯蓣科 Dioscoreaceae 等。

（3）温带分布

保护区种子植物中温带成分 37 科，占总科数的 39.36%。主要有壳斗科、桦木科 Betulaceae、忍冬科、胡桃科 Juglandaceae、槭树科 Aceraceae、松科 Pinaceae、胡颓子科 Elaeagnaceae、山茱萸科 Cornaceae、凤仙花科、牻牛儿苗科 Geraniaceae、石竹科 Caryophyllaceae、悬铃木科 Platanaceae、杨柳科 Salicaceae、紫草科 Boraginaceae、芍药科 Paeoniaceae、越橘科 Vacciniaceae、鹿蹄草科 Pyrolaceae、鼠李科、五味子科 Schisandraceae、八角科 Illiciaceae、蜡梅科 Calycanthaceae、三尖杉科 Cephalotaxaceae、旌节花科 Stachyuraceae、南天竹科 Nandinaaceae、鞘柄木科 Torricelliaceae 等。其中，壳斗科、桦木科、忍冬科、胡桃科、槭树科是保护区常绿落叶阔叶混交林的主要组成。

总体来看，保护区种子植物科的区系成分以热带科占优势。但这一结果远远不能说明区系的热带性质，一个区域或一个自然实体区种子植物性质，往往不是以科来决定的，而是以"种"这个最基本单位来决定的（吴征镒，1983）。此外，保护区热带分布的 57 科中，没有典型的热带亚洲科，不足以证实其热带性质。

4.6.2 属的区系分析

保护区共有种子植物 408 属，分布区类型见表 4-17。

表 4-17 保护区种子植物属的地理分布

分布区类型及变型	属数（个）	属数率（%）
1. 世界分布	58	—
2. 泛热带	51	14.57
2-1 热带亚洲、大洋洲和南美洲（墨西哥）间断	2	0.57
3. 热带亚洲和热带美洲间断分布	7	2.00
4. 旧世界热带	11	3.14
4-1 热带亚洲、非洲和大洋洲间断	1	0.29
5. 热带亚洲至热带大洋洲	12	3.43
6. 热带亚洲至热带非洲	15	4.28
7. 热带亚洲（印度—马来西亚）	10	2.86

（续）

分布区类型及变型	属数（个）	属数率（%）
8. 北温带	90	25.71
8-1 北极—高山	1	0.29
8-2 北温带和南温带（全温带）间断	25	7.14
8-3 欧亚和南美洲温带间断	1	0.29
8-4 地中海区、东亚、新西兰和墨西哥到智利间断	2	0.57
9. 东亚和北美洲间断	28	8.00
10. 旧世界温带	28	8.00
10-1 地中海区、西亚和东亚间断	6	1.71
10-2 地中海区和喜马拉雅间断	1	0.29
10-3 欧亚和南非洲（有时也在大洋洲）间断	2	0.57
11. 温带亚洲分布	6	1.71
12. 地中海区、西亚至中亚分布及其变型	3	0.86
13. 中亚	1	0.29
13-2 中亚至喜马拉雅	1	0.29
14. 东亚（东喜马拉雅—日本）	20	5.71
14-1 中国—喜马拉雅（SH）	9	2.57
14-2 中国—日本（SJ）	8	2.29
15. 中国特有	9	2.57
合计	408	100.00

4.6.2.1 世界分布

该分布区类型指遍及全世界、没有固定分布中心的属。保护区共有 58 属。其中，木本植物有悬钩子属 *Rubus*、槐属 *Sophora*、远志属 *Polygala*、鼠李属 *Rhamnus*、金丝桃属 *Hypericum* 等；草本的有金鱼藻属 *Ceratophyllum*、蓼属 *Polygonum*、藜属 *Chenopodium*、苋属 *Amaranthus*、酸浆属 *Physalis*、茄属 *Solanum*、莕菜属 *Nymphoides*、毛茛属 *Ranunculus*、车前草属 *Plantago*、老鹳草属 *Geranium*、剪股颖属 *Agrostis*、芦苇属 *Phragmites*、拉拉藤属 *Galium*、碎米荠属 *Cardamine*、香科科属 *Teucrium*、鼠麴草属 *Gnaphalium*、堇菜属 *Viola* 等。

4.6.2.2 热带分布

由表 4-17 可见，保护区种子植物属的区系地理成分中热带性质的属共有 109 属，占 31.14%，含泛热带分布、热带亚洲和热带美洲间断分布、旧世界热带分布、热带亚洲至热带大洋洲、热带亚洲与热带非洲分布、热带亚洲（印度—马来西亚）分布等 6 个分布型。木本种类主要有卫矛属 *Euonymus*、山矾属 *Symplocos*、花椒属 *Zanthoxylum*、大戟属 *Euphorbia*、樟属 *Cinnamomum*、吴茱萸属 *Evodia*、雀舌木属 *Leptopus* 等；草本植物有冷水花属 *Pilea*、凤仙花属 *Impatiens*、狗尾草属 *Setaria*、羊耳蒜属 *Liparis*、鸭跖草属 *Commelina*、天胡荽属 *Hydrocotyle*、下田菊属 *Adenostemma*、打碗花属 *Calystegia*、裂稃草属 *Schizachyrium*、求米草属 *Oplismenus*、荩草属 *Arthraxon*、芒属 *Miscanthus*、鱼眼草属 *Dichrocephala*、楼梯草属 *Elatostema*、马蓝属 *Serobilanthes*、地黄连属 *Munronia* 等；藤本植物或攀援植物有南蛇藤属 *Celastrus*、薯蓣属 *Dioscorea*、崖豆藤属 *Millettia*、常春藤属 *Hedera*、鸡矢藤属 *Paederia* 等。

4.6.2.3 温带分布

保护区种子植物属的区系地理成分中温带性质分布属共 241 属，占 68.86%，含北温带分布、东亚与北美洲间断分布、旧世界温带分布、温带亚洲分布、中海、西亚至中亚分布、中亚分布、东亚分布等分布型。主要有栎属 *Quercus*、蒿属 *Artemisia*、栒子属 *Cotoneaster*、荚蒾属 *Viburnum*、杜鹃属 *Rhododendron*、小檗属 *Berberis*、蔷薇属 *Rosa*、芸薹属 *Brassica*、画眉草属 *Eragrostis*、香青属 *Anaphalis*、杨属 *Populus*、紫菀属 *Aster*、缬草属 *Valeriana*、蓟属 *Cirsium*、乌头属 *Aconitum*、百合属 *Lilium*、天南星属 *Arisaema*、草莓属 *Fragaria*、蒲公英属 *Taraxacum*、红景天属 *Rhodiola*、蚤缀属 *Arenaria*、稠李属 *Padus*、接骨木属 *Sambucus*、茜草属 *Rubia*、婆婆纳属 *Veronica*、杨梅属 *Myrica*、唐松草属 *Thalictrum*、柳叶菜属 *Epilobium*、火绒草属 *Leontopodium*、马桑属 *Coriaria*、木兰属 *Magnolia*、漆树属 *Toxicodendron*、黄杉属 *Pseudotsuga*、刺槐属 *Robinia*、楤木属 *Aralia* 等；灌木层有勾儿茶属 *Berchemia*、南烛属 *Lyonia*、胡枝子属 *Lespedeza*、菖蒲属 *Acorus*、爬山虎属 *Parthenocissus*、万寿竹属 *Disporum*、粉条儿菜属 *Aletris*、鹅观草属 *Roegneria*、水芹属 *Oenanthe*、沙参属 *Adenophora*、菊属 *Dendranthema* 等。此外，保护区有中国特有属 9 属，如木瓜属 *Chaenomeles*、长蕊斑种草属 *Antiotrema*、动蕊花属 *Kinostemon*、蜡梅属 *Chimonanthus*、通脱木属 *Tetrapanax* 等，占总属数的 2.21%。

综上所述，保护区种子植物属的区系地理成分中温带分布 241 属，占 68.86%；热带分布 109 属，占 31.14%；温带成分占明显优势，表明保护区种子植物区系属于温带性质。

4.6.3 种的地理分布区类型

一个自然区域和一个行政的植物区系是由各自的植物种类组成的。研究种的地理分布区类型可以确定该区域的植物区系地带性质和起源（吴征镒，1983）。保护区有种子植物 745 种，划分为 15 个地理分布区类型（表 4-18）。

表 4-18 保护区种子植物种的地理分布

分布区类型	种数（种）	种数率（%）
1 世界分布	69	9.26
2 泛热带分布	24	3.22
3 热带亚洲和热带美洲间断分布	3	0.40
4 旧世界热带分布	1	0.13
5 热带亚洲至热带大洋洲分布	11	1.48
6 热带亚洲至热带非洲分布	7	0.94
7 热带亚洲分布	155	20.81
8 北温带分布	38	5.10
9 东亚和北美洲间断分布	8	1.07
10 旧世界温带分布	15	2.01
11 温带亚洲分布	3	0.40
12 地中海、西亚至中亚分布	1	0.13
13 中亚分布	1	0.13
14 东亚分布	147	19.73
15 中国特有分布	262	35.17
合计	745	100.00

4.6.3.1　世界分布种

保护区有世界分布种 69 种，占保护区的总种数 9.26%，主要有萹蓄 *Polygonum aviculare*、狐尾藻 *Myriophyllum verticillatum*、车前草 *Plantago asiatica*、狗尾草 *Seteria viridis*、灯心草 *Juncus effusus*、马鞭草 *Verbena officinalis*、黄花蒿 *Artemisia annua*、苦苣菜 *Sonchus oleraceus*、龙牙草 *Agrimonia pilosa*、百脉根 *Lotus corniculatus*、金鱼藻 *Ceratophyllum demersum* 等。

该分布种中草本占绝对优势；全世界分布较少，亚世界分布较多，如欧亚分布种，反映出农业开发和人类活动的关系。

4.6.3.2　热带分布种

由表 4-18 可见，保护区热带性质分布种有 201 种，占该保护区总种数的 26.98%，含泛热带分布、热带亚洲至热带美洲间断分布种、旧世界热带分布、热带亚洲至热带大洋洲分布种、热带亚洲至热带非洲分布种、热带亚洲分布等分布型。主要有紫萍、大画眉草 *Eragrostis cilianensis*、白茅 *Imperata cylindrica*、李氏禾 *Leersia hexandra*、鬼针草 *Bidens pilosa*、小二仙草 *Haloragis micrangtha*、狼尾草 *Pennisetum alopecuroides*、茜草 *Rubia cordifolia*、铜锤玉带草 *Pratia nummularia*、下田菊 *Adenostemma lavenia*、密子豆 *Pycnospora lutescens*、糯米团 *Gonostegia hirta*、爵床 *Rostellularia procumbens*、尼泊尔蓼 *Polygonum nepalense*、野葵 *Malva verticillata*、矛叶荩草 *Arthraxon lanceolatus*、木蓝 *Indigofera tinctoria*、小花琉璃草 *Cynoglossum lanceolatum*、十字苔草 *Carex cruciata*、铁仔 *Myrsine africana*、山矾 *Symplocos sumuntia*、细齿叶柃木 *Eurya nitida*、桑树 *Morus alba*、樟树 *Cinnamomum camphora*、红袍刺藤 *Rubus niveus*、鸡矢藤 *Paederia scandens*、高山薯蓣 *Dioscorea kamoonensis*、香花崖豆藤 *Millettia dielsiana*、菊状千里光 *Senecio laetus*、间型沿阶草 *Ophiopogon intermedius*、长萼堇菜 *Viola inconspica*、蛇含委陵菜 *Potentilla kleiniana*、酸模叶蓼 *Polygonum capathifolium*、一把伞南星 *Arisaema erubescens*、山莓 *Rubus corchorifolius* 等。

4.6.3.3　温带分布种

由表 4-18 可见，保护区温带性质分布种有 475 种，占该保护区总种数的 63.76%，含北温带分布、东亚与北美洲间断分布、旧世界温带分布、温带亚洲分布、中亚分布、东亚分布种、中国特有种分布等类型。主要有羊茅 *Festuca ovina*、雀舌草 *Stellaria alsine*、蔊菜 *Rorippa dubia*、地榆 *Sanguisorba officinalis*、婆婆纳 *Veronica polita*、珠光香青 *Anaphalis margaritacea*、鸭跖草 *Commelina communis*、椭圆叶花锚 *Halenia elliptica*、狗牙根 *Cynodon dactylon*、附地菜 *Trigonotis peduncularis*、牧地香豌豆 *Lathyrus pratensis*、漆姑草 *Sagina japonica*、女娄菜 *Melandrium apricum*、荞麦 *Polygonum fagopyrum*、水芹 *Oenanthe javanica*、三叶木通 *Akebia trifoliate*、繁缕 *Stellaria media*、雀翘 *Polygonum sieboldii*、荙菜、费菜 *Sedum aizoon*、齿叶藁吾 *Ligularia dentate*、蛇莓委陵菜 *Potentilla centigrana*、半夏 *Pinellia ternate*、荆三棱、茅莓 *Rubus parvifolius*、忍冬 *Lonicera japonica*、接骨草 *Sambucus chinensis*、粉花绣线菊 *Spiraea japonica*、梅笠草 *Chimaphila japonica*、四照花 *Dendrobenthamia japonica* var. *chinensis*、风轮菜 *Clinopodium chinense*、青榨槭 *Acer davidii*、荩草 *Arthraxon hispidus*、三尖杉 *Cephalotaxus fortunei*、白栎 *Quercus fabri*、总状扁核木 *Prinsepia utilis*、青荚叶 *Helwingia japonica*、七叶一枝花 *Paris polyphylla*、盐肤木 *Rhus chinensis*、鱼腥草 *Houttuynia cordata* 等。

4.6.3.4　中国特有种分布

限于分布在中国境内的植物种，称为中国特有种。保护区中国特有种都是属于泛北极东亚植物区系。保护区中国特有种 262 种，划分为 4 个地区分布亚型：南北片、南方片、西南片、贵州特有（表 4-19）。

表 4-19　保护区中国特有种子植物分布统计

保护区联系的植物区系	种数（种）	占该区植物区系种数的百分比（%）
1. 南北片	84	
广布或亚广布	28	10.69
西南、西北、华中	8	3.05
西南、西北、中南、华东	18	6.87
西南、中南、华东	19	7.25
西南、中南、西北	11	4.20
2. 南方片	123	
西南、华中	22	8.40
西南、华东	5	1.91
西南、华南	3	1.15
西南、华中、华东	49	18.70
西南、华南、华东	8	3.05
西南、中南	36	13.74
3. 西南片	52	
黔、滇	14	5.34
黔、川	2	0.76
黔、滇、川	23	8.78
黔、滇、藏	2	0.76
黔、滇、川、桂	5	1.91
黔、川、滇、藏	6	2.29
4. 贵州特有	3	1.15

（1）南北片

指分布于长江以南和以北的植物种，主要有杏 *Ginkgo biloba*、茅栗 *Castanea sequinii*、过路黄 *Lysimachia christinae*、野百合 *Lilium brownii*、花红 *Malus asiatica*、糙苏 *Phlomis umbrosa*、红叶木姜子 *Litsea rubescens*、长叶胡颓子 *Elaeagnus bockii*、垂枝早熟禾 *Poa declinata*、细蝇子草 *Silene tenuis*、粘毛蒿 *Artemisia mattfeldii*、水朝阳花 *Inula helianthus-aquatica*、亮叶桦 *Betula luminifera*、粗齿冷水花 *Pilea sinofasiata*、打破碗花花 *Anemone hupehensis*、灯笼草 *Clinopodium polycephalum*、细齿稠李 *Padus vaniotii*、沿阶草 *Ophiopogon bodinieri*、粗齿铁线莲 *Clematis argentilucida*、刺柏 *Juniperus formosana*、杉木 *Cunninghamia lanceolata*、野扇花 *Sarcococca ruscifolia*、苦皮藤 *Celastrus angulatus* 等。

（2）南方片

指分布于长江以南广大地区的植物种，主要有红肤杨 *Rhus punjabensis* var. *sinica*、西南沿阶草 *Ophiopogon mairei*、西南山梗菜 *Lobelia sequinii*、黄山药 *Dioscorea panthaica*、钻形紫菀 *Aster subulatus*、剑叶虾脊兰 *Calanthe davidii*、海菜花、慈姑 *Sagittaria sagittifolia*、阳荷 *Zingiber striolatum*、短葶飞蓬 *Erigeron breviscapus* 等。

（3）西南片

分布于云南、贵州、西藏、四川、重庆及湖南、广西交界处的植物。由于草海处于川南至滇北、滇中、滇东到贵州西部的云贵高原中部，该区域的一些重要特有种成为保护区森林植被的建群种或主要的伴生物种，如云南松 *Pinus yunnanensis*、云南油杉 *Keteleeria evelyniana*、云南羊蹄甲 *Bauhinia yunnanensis*、

滇杨 *Populus yunnanensis*、川滇桤木 *Alnus ferdinandi-coburgii*、云贵鹅耳枥 *Carpinus pubescens*、滇榛 *Corylus yunnanensis*、昆明榆 *Ulmus changii* var. *kunmingensis*、珍珠荚蒾 *Viburnum foetidum* var. *ceanothoides*、云南勾儿茶 *Berchemia yunnanensis*、川滇蜡树 *Ligustrum delavayanum*、云锦杜鹃 *Rhododendron fortunei*、贵州金丝桃 *Hypericum kouytcheouense*、矮杨梅 *Myrica nana* 等。其他常见种类还有蓝花凤仙花 *Impatiens cyanantha*、小叶粉叶栒子 *Cotoneaster glaucophyllus* var. *meiophyllus*、云南知风草 *Eragrostis ferruginea* var. *yunnanensis*、毛叶丁香 *Syringa tomentella*、粘毛香青 *Anaphalis bulleyana*、叶苞过路黄 *Lysimachia franchetii*、糙叶千里光 *Senecio asperifolius*、宽刺绢毛蔷薇 *Rosa sericea* f. *pteracantha*、长蕊斑种草 *Antiotrima dunnianum*、云南鸡矢藤 *Paederia yunnanensis* 等。

（4）贵州特有种

限于分布在贵州省内的植物种，称为贵州特有种，保护区有贵州特有种 3 种，分别是毕节小檗 *Berberis guizhouensis*、威宁小檗 *Berberis weiningensis*、长柱车前 *Plantago cavaleriei*。

4.6.4 珍稀濒危植物

保护区共有陆生珍稀濒危植物 7 科 16 属 19 种，其中，国家一级保护野生植物仅红豆杉 1 种，二级保护野生植物 2 科 2 属 2 种；《濒危野生动植物国际贸易公约（附录Ⅱ）》（《CITES 公约》）1 科 11 属 13 种；贵州省重点保护树种 2 属 3 种（表4-20）。

表4-20 保护区珍稀濒危陆生植物

序号	植物名称	科名	习性	保护级别	现状	分布
1	红豆杉 *Taxus chinensis* (Pilger) Rehd.	红豆杉科 Taxaceae	常绿乔木	Ⅰ	渐危	马脚岩
2	香樟 *Cinnamomum camphora* (L.) Presl.	樟科 Lauraceae	常绿乔木	Ⅱ	渐危	石龙
3	黄杉 *Pseudotsuga sinensis* Dode	松科 Pinaceae	常绿乔木	Ⅱ	渐危	吕家河、幺站
4	三尖杉 *Cephalotaxus fortunei* Hook. f.	三尖杉科 Cephalotaxaceae	常绿乔木	省级	渐危	石龙
5	粗榧 *Cephalotaxus sinensis* (Rehd. et Wils.) Li	三尖杉科 Cephalotaxaceae	常绿乔木	省级	渐危	石龙岩山疏林
6	刺楸 *Kalopanax septemlobus* (Thunb.) Koidz.	五加科 Araliaceae	落叶乔木	省级	渐危	观鸟台、孔家山
7	白芨 *Bletilla stiata* (Thunb.) Rchb. f.	兰科 Orchidaceae	多年生草本	*	渐危	南屯；清水沟
8	剑叶虾脊兰 *Calanthe davidii* Franch.	兰科 Orchidaceae	多年生草本	*	稀有	南屯
9	头蕊兰 *Cephalanthera longifolia* (L.) Fritsch	兰科 Orchidaceae	多年生草本	*	渐危	长山
10	春兰 *Cymbidium goeringii* (Rchb. f.) Rchb. f.	兰科 Orchidaceae	多年生草本	*	渐危	石龙
11	线叶春兰 *Cymbidium goeringii* (Rchb. f.) Rchb. f. var. *serratum* (Schltr.) Y. S. Wu et S. C. Chen	兰科 Orchidaceae	多年生草本	*	渐危	南屯山坡林下
12	绿花杓兰 *Cypripedium henryi* Rolfe	兰科 Orchidaceae	多年生草本	*	渐危	南屯
13	大叶火烧兰 *Epipactis mairei* Schltr.	兰科 Orchidaceae	多年生草本	*	稀有	南屯山坡林下
14	斑叶兰 *Goodyera* sp.	兰科 Orchidaceae	多年生草本	*	稀有	孔家山
15	粉叶玉凤花 *Habenaria glaucifolia* Bur. et Franch.	兰科 Orchidaceae	多年生草本	*	稀有	南屯山地灌草丛下
16	扇唇舌喙兰 *Hemipilia flabellata* Bur. et Franch.	兰科 Orchidaceae	多年生草本	*	稀有	石龙岩石山地
17	裂瓣角盘兰 *Herminium alaschanicum* Maxim.	兰科 Orchidaceae	多年生草本	*	稀有	孔家山山坡灌草丛
18	叉唇角盘兰 *H. lanceum* (Thunb.) Vuijk	兰科 Orchidaceae	多年生草本	*	稀有	石龙山坡灌草丛
19	羊耳蒜 *Liparis japonica* (Mig.) Maxim.	兰科 Orchidaceae	多年生草本	*	稀有	南屯山地灌丛下阴湿处；孔家山

注："*"为《濒危野生动植物国际贸易公约附录Ⅱ》的保护物种。

4.6.5 陆生外来入侵植物

根据国家环境保护部 2003 年 1 月 10 日、2010 年 1 月 7 日、2014 年 8 月 20 日、2016 年 12 月 20 日发布的中国外来入侵物种名单，结合本次科学考察，保护区陆生外来入侵植物有以下几种。

（1）土荆芥 *Chenopodium ambrosioides* L.

别名：臭草、杀虫芥、鸭脚草。

形态特征：一年生或多年生草本，有强烈的令人不愉快的香味，高 50~100cm，茎具棱且分枝较多。叶长圆状披针形至披针形，柄较短，叶缘具稀疏不整齐的大锯齿，上部叶逐渐狭小而近全缘，下部叶较宽大，叶下面散生油点。花两性或雌性，团生于上部叶腋；花被裂片 5，较少为 3，绿色；雄蕊 5；花柱不明显，柱头伸出花被外。胞果扁球形。种子细小，结实量极大。

地理分布：原产中、南美洲，现广泛分布于全世界温带至热带地区。保护区内西海码头、江家湾、吕家河等地路边有分布。

入侵历史：1864 年在台湾省台北淡水采到标本，现已广布于北京、山东、陕西、上海、浙江、江西、福建、台湾、广东、海南、香港、广西、湖南、湖北、重庆、贵州、云南等地。通常生长在路边、河岸等处的荒地以及农田中。

入侵危害：在长江流域经常是杂草群落的优势种或建群种，种群数量大，对生长环境要求不严，极易扩散。含有毒的挥发油，对其他植物产生化感作用。也是花粉过敏源，对人体健康有害。

防治方法：苗期及时人工锄草，花期前喷施百草枯等除草剂。

（2）落葵薯 *Anredera cordifolia*（Tenore）Steenis

别名：藤三七、藤子三七、川七、洋落葵

形态特征：常绿大型藤本，长可逾 10m。根状茎粗壮。叶卵形至近圆形，先端急尖，基部圆形或心形，稍肉质，腋生珠芽（小块茎）常多枚集聚，形状不规则。总状花序具多花，花序轴纤细，弯垂；花小，白色。

地理分布：南美热带和亚热带地区。保护区内幸福小镇、江家湾、刘家巷等地有分布。

入侵历史：20 世纪 70 年代从东南亚引种，目前已在重庆、四川、贵州、湖南、广西、广东、云南、香港、福建等地逸为野生。

入侵危害：以块根、珠芽、断枝高效率繁殖，生长迅速，珠芽滚落或人为携带，极易扩散蔓延，由于其枝叶的密集覆盖，从而导致下面被覆盖的植物死亡，同时也对多种农作物有显著的化感作用。

防治方法：机械拔除，地下要彻底挖出其块根，同时彻底清理地上散落的珠芽，连同茎干一起干燥粉碎或者深埋，避免再次孳生蔓延。化学防治宜在幼苗期，成年植株抗药性很强。

（3）钻形紫菀 *Aster subulatus* Michx.

别名：钻叶紫菀。

形态特征：茎直立，高 25~100cm，具条棱，稍肉质，上部略分枝，无毛。基生叶倒披针形，花后凋落；茎中部叶线状披针形，主脉明显，侧脉不显著，无柄；上部叶渐狭窄，全缘，无柄，无毛。头状花序常圆锥状排列于茎顶，总苞片 3~4 层，外层较短，内层较长，线状钻形，边缘膜质，无毛；舌状花长与冠毛相等或稍长；管状花花冠短于冠毛。瘦果长圆形或椭圆形，长 3~4mm。

地理分布：原产北美洲，现广布于世界温带至热带地区。保护区内鸭子塘、刘家巷、东山有分布。

入侵历史：1827 年在澳门发现。本种可产生大量瘦果，果具冠毛随风散布入侵。现分布于安徽、澳门、北京、福建、广东、广西、贵州、河北、河南、湖北、湖南、江苏、江西、辽宁、山东、上海、四川、台湾、天津、香港、云南、浙江、重庆。

入侵危害：喜生于潮湿的土壤，沼泽或含盐的土壤中也可以生长，常沿河岸、沟边、洼地、路边、海岸蔓延，侵入农田危害棉花、花生、大豆、甘薯、水稻等作物，也常侵入浅水湿地，影响湿地生态系统及其景观。

防治方法：钻形紫菀以种子为繁殖器官，故在植物开花前应整株铲除，也可通过深翻土壤，抑制其种子萌发；加强粮食进口的检疫工作，精选种子；并使用使它隆、二甲四氯等进行化学防除。

（4）小蓬草 *Conyza canadensis*（L.）Cronq.

别名：加拿大飞蓬、飞蓬、小飞蓬、小白酒菊。

形态特征：植株高 40~120cm，茎直立，具纵条纹，疏被长硬毛，上部分枝。下部叶倒披针形，渐尖，基部渐狭成柄，边缘具疏锯齿或全缘，茎中部和上部叶较小，线状披针形或线形，疏被短毛。头状花序排列成顶生多分枝的圆锥花序；总苞片 2~3 层，线状披针形或线形，顶端渐尖；外围花雌性，细筒状，长约 2.5mm。瘦果长圆形，长 1.2~1.5mm，冠毛污白色。

地理分布：原产北美洲，现广布世界各地。保护区内在西海码头、簸箕湾、南屯、石龙等地路边、荒地、林缘都有分布。

入侵历史：1860 年在山东烟台发现。现分布于安徽、澳门、北京、福建、甘肃、广东、广西、贵州、海南、河北、河南、黑龙江、湖北、湖南、吉林、江苏、江西、辽宁、内蒙古、宁夏、青海、山东、山西、陕西、四川、台湾、天津、西藏、香港、新疆、云南、浙江、重庆。我国各地均有分布，是我国分布最广的入侵物种之一。

入侵危害：该植物可产生大量瘦果，蔓延极快，对秋收作物、果园和茶园危害严重，为一种常见杂草，通过分泌化感物质抑制邻近其他植物的生长。

防治方法：通常通过苗期人工拔除。化学防治可在苗期使用绿麦隆或在早春使用 2，4-D 丁酯防除。

（5）一年蓬 *Erigeron annuus*（L.）Pers.

别名：白顶飞蓬、千层塔、治疟草、野蒿。

形态特征：植株高 30~120cm。茎直立，上部有分枝，被糙伏毛。基生叶长圆形或宽卵形，长 4~15cm，宽 1.5~3cm，基部渐狭成翼柄状，边缘具粗齿；茎生叶互生，长圆状披针形或披针形，顶端尖，边缘有少数齿或近全缘，具短柄或无柄。头状花序排成疏圆锥状或伞房状；总苞片 3 层；外围的雌花舌状，舌片线形，白色或淡蓝紫色；中央的两性花管状，黄色。瘦果长圆形，边缘翅状。冠毛污白色，刚毛状。

地理分布：原产北美洲，现广布北半球温带和亚热带地区。国内除内蒙古、宁夏、海南外，各地均有采集记录。保护区内南屯、石龙、孔家山等地路边、草地均有分布。

入侵危害：1827 年在澳门发现。本种可产生大量具冠毛的瘦果，瘦果可借冠毛随风扩散，蔓延极快，对秋收作物、桑园、果园和茶园危害严重，也可入侵草原、牧场、苗圃造成危害，常入侵山坡湿草地、旷野、路旁、河谷或疏林下排挤本土植物。该植物还是害虫地老虎的宿主。

防治方法：开花前拔除或开展替代种植，入侵面积比较大时可采用化学防治，先人工去除其果实，用袋子包好，再拔除，或结合化学防治。

4.6.6 小结

本次科考对保护区陆生种子植物种类资源进行了全面系统的调查，调查范围增加了前两次科考没有涉及的区域，新记录到前两次科考中没有记录的种子植物 15 科、36 属、73 种。

保护区种子植物区系成分丰富，有种子植物 139 科 408 属 745 种。保护区种子植物属的区系地理成分中温带分布 241 属，占 68.86%；热带分布 109 属，占 31.14%，温带成分占明显优势，保护区种子植物区系属于温带性质；在种的分布型中，温带分布种占优势，共 475 种，占全区总种数的 63.76%；热带种分布 201 种，占全区总种数的 26.98%；世界分布种 69 种，占全区总种数的 9.26%，分析结果和属的温带性质一致。

保护区共有陆生珍稀濒危植物 7 科属 19 种，其中，国家一级保护野生植物仅红豆杉 1 种，国家二级保护野生植物 2 科 2 属 2 种；《濒危野生动植物国际贸易公约（附录Ⅱ）》1 科 11 属 13 种；贵州省重点保护树种 2 属 3 种。

调查结果表明：保护区陆生种子植物多样性不容乐观，2005 年科考中记录到的兰科植物 11 种，本次科考中有 4 种未发现，即剑叶虾脊兰、斑叶兰属 *Goodyera* R. Br.、裂瓣角盘兰 *Herminium alaschanicum* Maxim.、叉唇角盘兰 *Herminium lanceum*（Thunb.）Vuijk，新记录到绿花杓兰 *Cypripedium henryi* Rolfe，同时龙胆科植物资源量也明显下降，可能与生境的破坏及过度采挖有关。

建议加大对自然保护区建设投入及相关研究资助，加强保护区人为活动的管理，尽量减少人为活动对保护区生态系统的影响，尽快开展外来入侵植物的监测及防治等研究工作，以保护其生物多样性。

4.7 植被

保护区地质地貌的发育和环境演化受地质构造运动的控制，早期地壳急剧隆升，古草海湖完全露出地面，晚期隆升活动越来越强，使古草海沉积层普遍发生倾斜，局部发生褶曲和断层，导致盆地基底逐渐向东倾斜，盆地中心逐渐向东迁移，新的岩溶盆地形成。在此背景下，草海湿地植被从早期到晚期也有较大的变化，早期以常绿栎、栗、胡桃和枫杨等阔叶树组成成分较多，含有不少椴、木犀和木兰等亚热带组分；晚期则以松、云杉、冷杉、铁杉和桦等组分显著增加为特征。

草海五千年来经历了 3 个温湿期和 3 个干凉期，现在草海正处于干凉期。受气候变化影响，草海植被先后经历了 5 次针阔叶混交林、1 次阔叶林、2 次针叶林、1 次稀树草原和 1 次森林草原的植物群落演替过程（图 4-2）。草海湿地植被在寒冷或干凉期，由于气候较为干燥寒冷，一方面，植被主要是耐冷型或耐旱型的针叶林木为主的，这种生态多样性单一，生态环境较为脆弱；另一方面，草海湿地水体温度较低，水中藻类等微生物和植物生长繁殖缓慢，供湖中动物的食物也就较少，从而动物数量及种类就少。而在温暖或温湿期，草海湿地的气候较为温暖湿润，一方面植被以喜湿喜暖的植被为主，形成针阔叶林，这种植被类型生态多样性较好；另一方面，草海湿地水体温度较暖和，水中藻类等微生物和植物生长繁殖快，供湖中动物的食物也就较多，从而动物数量及种类就多。

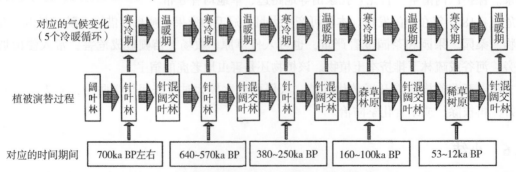

图 4-2 草海植被演替过程（来源于彭益书，2014）

人类活动在草海湿地植被的演变和环境变化中也起着重要作用，既能促进草海湿地植被的正向演替，生态环境恢复，缓解草海湖泊向沼泽的演化，同时也能使草海湿地植被的逆向演替，加剧生态环境的恶化，加速草海湖泊向沼泽的演化。

总的来讲，草海植被的演替不但受地质构造运动的控制，还受到全球气候变化和近代人类活动的重要影响；地带性植被由中亚热带半湿润常绿阔叶林逆向演替为目前的次生性针叶林和针阔混交林。

4.7.1 保护区植被在贵州植被区划中的位置

保护区植被的分布与组合符合植被地域分异的地带性规律，又具有它自身的特殊性，作进一步的植被区、小区划分，保护区在贵州植被区划系统中属于：

Ⅰ 亚热带常绿阔叶林区域

　ⅠA 东部湿润常绿阔叶林亚区域

　　ⅠA i 中亚热带常绿阔叶林地带

　　　ⅠA i b 云贵高原半湿润常绿阔叶林区

　　　　ⅠA i b-1 滇黔边缘高原山地常绿栎林、云南松林亚区

　　　　　ⅠA i b-1a 威宁盘县高原山地常绿栎林、常绿落叶混交林、云南松林小区

该小区的主要特征：地形平缓开阔，地面起伏较小，属高原缓溶丘地貌，由于碳酸盐类岩石广布，致使漏斗、落水洞和溶蚀洼地盆地等岩溶地貌广泛发育。气候为亚热带半湿润季风气候，具有光照丰富、冬暖夏凉、冬干夏湿、干湿分明等特征。土壤大部为高原黄棕壤，土壤质地黏重，通透性较差，有机质含量较高。地带性植被为中亚热带半湿润常绿阔叶林，由于受到人为活动的影响破坏，目前多为次生性的针叶林和针阔混交林，主要植被类型有云南松林、华山松、杉木、滇杨以及森林植被破坏后发育形成的灌丛和灌草丛。

4.7.2 植被分类

根据群落的特征，按照《中国植被》中的分类系统，划分出不同的植被类型。保护区内自然植被共有5个植被型组、8个植被型、17个群系。

（1）针叶林（needle-leaf forest）

Ⅰ. 亚热带针叶林（subtropical needle-leaf forest）

1. 云南松林（*Pinus yunnanensis* forest）

2. 华山松林（*Pinus armandi* forest）

3. 杉木林（*Cunninghamia lanceolata* forst）

Ⅱ. 亚热带针叶混交林（subtropical mixed needle-leaf forest）

4. 云南松、华山松混交林（*Pinus yunnanensis*，*Pinus armandi* forest）

（2）针阔混交林（mixed needle-leaf and broad-leaf forest）

Ⅲ. 亚热带针叶、落叶阔叶混交林（subtropical mixed needle-leaf forest）

5. 云南松、槲栎混交林（*Pinus yunnanensis*，*Quercus aliena* forest）

（3）阔叶林（broad-leaf Forest）

Ⅳ. 温带落叶阔叶林（temperate broad-leaf deciduous forest）

6. 槲栎林（*Quercus aliena* forest）

7. 滇杨林（*Populus yunnanensis* forest）

8. 鹅耳枥林 （*Carpinus turczaninowii* forest）

Ⅴ. 亚热带落叶阔叶林 （subtropical broad-leaf deciduous forest）

9. 化香树、鹅耳枥林 （*Platycarya strobilacea*, *Carpinus turczaninowii* forest）

（4）灌丛 （Scrub）

Ⅵ. 温带落叶阔叶灌丛 （temperate broad-leaf deciduous scrub）

10. 枸子灌丛 （*Cotoneaster* spp. scrub）

11. 滇榛灌丛 （*Corylus yunnanensis* scrub）

12. 扁刺峨眉蔷薇灌丛 （*Rosa omeiensis* scrub）

13. 矮生枸子、小檗灌丛 （*Cotoneaster dammerii*, *Berberis thunbergii* scrub）

14. 滇榛、平枝枸子、西南枸子灌丛 （*Corylus yunnanensis*, *Cotoneaster horizontalis*, *Cotoneaster franchetii* scrub）

Ⅶ. 亚热带、热带常绿阔叶、落叶阔叶灌丛 （subtropical and tropical broad-leaf evergreen and deciduous scrub）

15. 短柄枹栎灌丛 （*Quercus glandulifera* Bl. var. *brevipetiolata* scrub）

16. 古宗金花小檗、平枝枸子灌丛 （*Berberis wilsonae*, *Cotoneaster horizontalis* scrub）

Ⅷ. 亚高山硬叶常绿阔叶灌丛 （subalpine broad-leaf evergreen sclerophyllous scrub）

17. 杜鹃花灌丛 （*Rhododendron simsii* scrub）

（5）栽培植被 （cultural vegetation）

4.7.3 主要植被群系特征概述

4.7.3.1 针叶林

（1）云南松林

云南松林是亚热带西部半湿润季风气候下典型的针叶林，是云贵高原上常见的重要森林群落，威宁是贵州省云南松林分布最为集中的区域之一。云南松林外貌为翠绿色，垂直结构层次分明，常具有乔木层、灌木层和草本层3个基本层次，目前多为中幼林，乔木层郁闭度为70%~80%，树高平均为18m，胸径平均为15.9cm，活枝下高平均为9m，偶有槲栎和华山松。林下灌木和草本植物较少，灌木主要有杉木、扁刺峨眉蔷薇、古宗金花小檗、牛奶子、云南杨梅、火棘、枸子等。常见草本植物有一年蓬、车前草、紫花地丁、画眉草属等。藤本及附生植物极少见。

郑家营村一带的云南松林，乔木层郁闭度约80%，树高平均为21m，胸径平均为9.1cm，活枝下高平均为12m，林冠层中偶见槲栎和云南柞木。灌木层主要为枸子和扁刺峨眉蔷薇，覆盖度约为20%，平均高为1m。草本层以禾本科、菊科、白酒草属、画眉草属、紫花地丁为主，覆盖度约为30%。

民族村一带的云南松林长势较好，乔木层郁闭度约70%，树高平均为21m，胸径平均为14.5cm，活枝下高平均为9m，伴有槲栎生长。灌木层主要为枸子、火棘和扁刺峨眉蔷薇，覆盖度约为20%，平均高为1.2m。草本层主要为白酒草属、蔷薇属、苔草属、车前草、鱼腥草、一年蓬，覆盖度约为15%。

（2）华山松林

华山松林为我国亚热带西部地区的山地针叶林，树冠为广圆锥形，主产于我国中部和西南部高山上，分布于西北、中南及西南各地。保护区内多为人工栽培的纯林，主要分布在南部城关南屯，有一片华山松良种繁育基地。乔木层郁闭度为60%~75%，树高5~35m不等，胸径3.2~26.7cm。灌木层种类较复杂，以落叶灌木为主，常见的种类有山杨、滇榛、栒子、扁刺峨眉蔷薇、槲栎、贵州小檗、粉叶栒子、火棘等。

红光村一带华山松林，乔木层郁闭度约为 60%，树高平均为 13m，胸径平均为 7.29cm，活枝下高平均为 1.5m，伴有槲栎、杉木生长。灌木层覆盖度约为 50%，主要有山杨、滇榛、栒子、扁刺峨眉蔷薇、贵州小檗、火棘等。草本层高度在 40cm 以下，覆盖度约为 30%，主要有蒿属、珠光香青、求米草、唇形科、醡浆草属、截叶铁扫帚、半夏、画眉草属、木犀科、老鹳草属、菊科、禾本科、车前草、紫花地丁等。

阳关山一带的华山松林，乔木层郁闭度约为 75%，树高平均为 17m，胸径平均为 17.7cm，活枝下高平均为 7m，偶有刺柏、云南松和滇杨。灌木层以刺柏和杉木为主。草本层覆盖度约为 20%，主要有蛇莓、鱼腥草、一年蓬、车前草、鼠掌老鹳草、苦荞麦、猪殃殃、珠光香青、车轴草属、紫花地丁等。

杜家店一带的华山松林，乔木层郁闭度约为 70%，树高平均为 15m，胸径平均为 17.3cm，活枝下高平均为 5.5m。灌木层覆盖度约为 30%，主要包括滇榛、贵州小檗、火棘、扁刺峨眉蔷薇、西南栒子等。草本层覆盖度约为 40%，主要包括草莓属、夏枯草、蒿属、车轴草属、禾本科、毛茛科、短葶飞蓬、菊科、车前草、蒲公英、木犀科、伞形科、红素馨、半夏、唇形科等。

（3）杉木林

杉木林大部分为人工纯林，树冠塔形，外貌暗绿色，林相整齐，在草海附近主要分布在南面以及村寨附近。乔木层以杉木组成单优势种群落，平均高 29m，胸径平均为 21.2cm，冠幅平均为 5m×6m，郁闭度为 85%。林下由于人为活动的影响，灌木和草本植物稀疏。灌木层主要包括平枝栒子、金丝梅、珍珠荚蒾和云南杨梅等。草本层高度在 35cm 以下，覆盖度平均为 40%，常见种类有车前草、车轴草属、蒿属、婆婆纳、蒲公英、紫花地丁、唇形科、野芝麻、鱼腥草、蓼属、珠光香青、小蓬草、木犀科、禾本科、醡浆草、悬钩子属、鼠掌老鹳草、草莓属、野棉花、求米草、紫草科、猪殃殃、报春花科等。

（4）华山松—云南松林

华山松、云南松混交林分布于石龙村曹家院子周围，乔木层郁闭度约 70%，平均胸径 15.1cm，平均树高 19m，活枝下高平均为 7m。乔木层中云南松胸径平均为 13.7cm，树高平均为 17m；华山松胸径平均为 16.3cm，树高平均为 20m。灌木层植物丰富，覆盖度约为 30%，主要有贵州金丝桃、火棘、平枝栒子、珍珠荚蒾、杜鹃、滇榛、威宁小檗、扁刺峨眉蔷薇。草本层覆盖度约为 20%，主要有车前草、禾本科、菊科、唇形科、毛茛科、菊科、草莓属、风轮草、夏枯草、珍珠菜、悬钩子属、截叶铁扫帚、茜草科、牛至。

4.7.3.2 针阔叶混交林

云南松—槲栎林是保护区内少有的针阔混交林，分布在郑家营村一带。乔木层郁闭度约为 80%，树高平均为 23m，平均胸径为 14.7cm。针叶树以云南松为主，偶有刺柏、杉木，胸径平均为 11cm，树高平均为 20m。阔叶树以槲栎为主，胸径平均 19.2cm，树高平均为 27m。灌木层高 80~130cm，覆盖度为 35%，常见种有西南栒子、珍珠荚蒾、云南杨梅、杜鹃、火棘、贵州金丝桃。草本层覆盖度约 13%，主要有车前草、画眉草属、一年蓬、鱼腥草、菊科、荞麦属、禾本科等。

4.7.3.3 阔叶林

（1）滇杨

滇杨树冠卵圆形或广卵形，较喜水湿，生长迅速，产于中国云南中部、北部和南部等地，贵州西部及四川西南部亦有分布，适生于土层深厚的宅旁、路旁、河池旁以及沟谷等地，故多分布在村寨周围。分布在白家嘴子的滇杨林生长较好，乔木层郁闭度为 85%，平均胸径为 15.6cm，平均树高为 23m，偶尔有华山松、杉木。灌木层平均高1.5m，覆盖度约为10%，滇榛、阿里山十大功劳、西南栒子、扁刺峨眉蔷薇、杜鹃、垂柳、珍珠荚蒾、贵州小檗等。草本层覆盖度约为50%，主要包括禾本科、蕨类、红素馨、一把伞南星、唇形科、车前草、黑穗画眉草 *Eragrostis nigra*。

分布在小尖山的滇杨林，层次比较单一，只有乔木层和草本层。乔木层的优势植物为滇杨，平均高18m，平均胸径7.9cm，郁闭度为70%。草本层在30cm以下，覆盖度35%，主要包括唇形科、蒲公英、紫花地丁、鱼腥草、菊科、禾本科、荞麦属、草莓属、白酒草属、羊茅、蛇莓、珠光香青、伞形科、蒿属、鬼针草、苔草等。

（2）槲栎

槲栎为落叶乔木，生于海拔100~2000m的向阳山坡，常与其他树种组成混交林或成小片纯林。分布在郑家营村附近的槲栎林，乔木层郁闭度约75%，树高平均为25m，胸径平均为14.5cm。灌木层高度为60~130cm，覆盖度约25%，主要包括珍珠荚蒾、矮生栒子、贵州金丝桃、扁刺峨眉蔷薇、云南杨梅等。草本层覆盖度约20%，高度在10cm以下，主要由鱼腥草、菊科、车前草、禾本科、毛茛科、一年蓬、荞麦属、短莛飞蓬、杜鹃花科、蒿属等组成。

（3）鹅耳枥

鹅耳枥在我国分布相当广泛，在华北、西北、华中、华东、西南一带都曾有过它们的足迹。树皮暗灰褐色，粗糙，浅纵裂，稍耐阴，喜肥沃湿润土壤。代表样地分布在石龙村一带，乔木层郁闭度80%，平均高9m，平均胸径7.4cm，混有白栎、短柄抱栎。灌木层覆盖度约为30%，主要植物有贵州金丝桃、平枝栒子、木槿、西南栒子、常春藤、威宁小檗、马桑。草本层在8~40cm，覆盖度约为30%，主要包括禾本科、忍冬、三叶木通、吉祥草、蒿属、蕨类、菊科、天南星。

（4）鹅耳枥—化香树林

鹅耳枥林+化香树林是保护区内少有的植物群落，主要分布在石龙村一带的陡坡地段，由于人为活动的影响，岩石裸露较多，土层浅薄，生境条件较差。群落林相不整齐，郁闭度约为75%，分层较多，平均高度为13m，林木径级差异大，最大胸径达81cm，最小胸径5cm。在该群落中，乔木层主要树种为鹅耳枥、化香树，其次为华山松、梨、槲栎、花椒、杜鹃等。其中，鹅耳枥平均树高13m，平均胸径8cm；化香树平均高16m，平均胸径13.8cm。灌木层覆盖度约为15%，平均高1m，主要植物有火棘、卫矛、西南栒子、长叶胡颓子、杜鹃、滇榛、贵州小檗等。草本层植物覆盖度为20%，平均高20cm，主要包括紫花地丁、禾本科、蒿属、唇形科、菊科、天南星科、红素馨、悬钩子属、半夏、唇形科、吉祥草、豆科、忍冬等植物。

4.7.3.4 灌丛

（1）栒子灌丛

该灌丛是保护区内灌丛的主要类型，生境为石质山，土层浅薄，平均高度70cm，总盖度40%，主要有粉叶栒子、平枝栒子、匍匐栒子、矮生栒子、西南栒子、火棘、贵州金丝桃、扁刺峨眉蔷薇、威宁小檗、滇榛、珍珠荚蒾、红素馨、截叶铁扫帚。草本层覆盖度约为50%，主要包括蒿属、禾本科、豆科、夏枯草、蒲公英、菊科、草莓属、华火绒草、唇形科、画眉草属、白车轴草、悬钩子属。

（2）滇榛灌丛

群落高90cm，总覆盖度约90%，优势灌丛树种有滇榛、火棘、西南栒子、扁刺峨眉蔷薇、贵州金丝桃、牛奶子、珍珠荚蒾等。草本层高40cm，覆盖度25%，主要包括禾本科、蒿属、唇形科、菊科、天南星科、野棉花、茜草等。

（3）古宗金花小檗—平枝栒子灌丛

该灌丛为威宁县石灰岩上的主要灌丛植被，分布较普遍。群落盖度约为 70%，高度一般为 20~40cm，灌木多为喜阳旱生植物，该群落多以平枝栒子、古宗金花小檗占优势，伴生有火棘、贵州金丝桃、银果胡颓子、滇榛、总状扁核木等。草本层覆盖度约为 50%，主要以茜草、蒿、莎草占优势，伴生有东亚唐松草、风轮菜、珠光香青、牛至等。

（4）杜鹃花灌丛

该灌丛为常绿灌丛，常形成较茂密的植被覆盖，覆盖度约为 85%，在海拔 1800~2100m 的山地中上部呈斑块状零星分布，可以分为灌木层、草本层和地被层 3 个层次。灌木层平均高为 2m，主要包括杜鹃、马缨杜鹃、露珠杜鹃、大白杜鹃、杜鹃、云南杨梅、小果南烛等。草本层覆盖度约为 20%，主要包括石松、里白、芒萁等蕨类植物。地被层以苔藓和地衣为主。

（5）扁刺蔷薇灌丛

该灌丛覆盖度约为 50%，高 100~150cm，优势植物为扁刺蔷薇，其他灌木有粉叶栒子、杜鹃、贵州金丝桃、银果胡颓子、滇榛、槲栎、贵州小檗、珍珠荚蒾。草本层覆盖度约为 25%，主要包括禾本科、蒿属、紫花地丁、车前草、瓜子金、画眉草属、蕨类。

（6）矮生栒子—小檗灌丛

该灌丛总覆盖度约为 40%，高 40~100cm，主要包括矮生栒子、威宁小檗、贵州小檗、滇榛、火棘、扁刺峨眉蔷薇、贵州金丝桃、粉叶栒子。草本层覆盖度约为 50%，高 10~30cm，主要包括禾本科、毛茛科、车前草、清明草、夏枯草、地榆、菊科、唇形花科、蕨类、紫花地丁、牛至、刺儿菜。

（7）短柄枹栎灌丛

该灌丛分布在海波 2197m 的杜家店村，土壤瘠薄，多为石质山地，覆盖度约为 45%，平均高 160cm，优势植物为短柄枹栎，其次为粉叶栒子、火棘、珍珠荚蒾。草本层覆盖度约为 60%，主要包括马鞭草、问荆、蒿属、鼠麴草、鼠掌老鹳草、求米草、风轮菜、苍耳、短葶飞蓬、酸模叶蓼、禾本科、莎草科、鱼腥草、蒲公英。

（8）滇榛—平枝栒子—西南栒子灌丛

该灌丛分布在 2176m 的双龙庄，处于山地的中下部，总覆盖度约为 70%，平均高 100cm，主要有滇榛、平枝栒子、西南栒子，其次为贵州金丝桃、威宁小檗、珍珠荚蒾、火棘、扁刺峨眉蔷薇。草本层覆盖度约为 30%，主要包括蒿属、打火草、红素馨、禾本科、菊科、夏枯草、野棉花、车前草、草莓属、牛至、悬钩子属、马鞭草。

4.7.3.5 栽培植被

威宁县是滇东高原东部的高寒地区，海拔落差大约为 1645m，受亚热带季风的影响，年温差小，日温差大，适宜多种农作物生长。目前，主要有以马铃薯和荞麦为主的农作物、以苹果为主的经果林、以茶叶和中药材为主的经济作物、以万寿菊和薰衣草为主的花卉。

为了更有效地保护草海湿地，保持草海流域的生态平衡，为珍稀野生动植物提供良好的生存环境，提出以下建议。

（1）实施多种生态建设工程，加快植被恢复，减少水土流失，提高草海生态环境承载力

水是湿地的最重要的生态服务功能之一，它对水生植物群落的演替起着决定性的作用。为了保障草海的水环境安全，根据草海流域干旱贫瘠、降水集中的气候特点，实施多种生态工程，积极恢复草海流域内的植被，控制水土流失减缓草海湖的淤积，在改善生态环境的同时提高当地居民的生活水平，为开

发生态旅游创造有利条件。

通过林业生态工程，建造以木本植物为主体的优质、高效、稳定的复合生态系统。对草海四周水土流失严重的荒山荒坡、疏幼林地，以及政府划定的退耕还林区域，相应采取人工造林、人工促进天然更新和封山育林等多种营造方式，其中，对于灌丛地和疏幼林地采取封禁措施。造林树种选择以"适地适树"为原则，选择适宜本地生物气候条件的树种，注意搭配部分具有经济价值和观赏价值的树种，其中以华山松、云南松、柳杉、刺柏、山杨、云南白杨、云南桤木等为主，大力营造针阔叶混交林、异龄林、形成乔木、灌丛、草本立体结构的森林群落。在草海周围建设环海风景防护林带，种植吸收和抗毒害能力强的树种，形成一条绿色隔离带，营造良好的环境。在立地条件较好的区域，适宜经济林生长的坡耕地、地埂边种植经济林作物。

（2）发展生态旅游业，保护草海植被，促进保护区经济可持续发展

在草海湿地开展生态旅游，必须禁止开展与保护区保护目标和任务相违背的经营活动，把保护、科研、教育、生态、旅游等有机结合起来，增加资金投入，多渠、多层、多元化发挥保护区综合效益。根据草海保护区实际情况，划定草海旅游区域范围，严禁游客随意进入核心区；规范旅游项目，限定进入草海的游客数量；控制进入游览区的机动车数量，并采取措施减少机动车尾气和噪声对保护区造成干扰；加强草海湿地开发生态旅游的宣传工作，防止旅游垃圾对湿地生态环境造成污染。

（4.1：邓春英、康超、向准、李青、夏远平；4.2：张跃伟、何宗苋、袁兴中；4.3：蒋洁云、冯图、陈坤浩、骆强、张春、何斌、葛传龙、余丹凤、李望军；4.4：骆强、葛传龙、冯图、张春、余丹凤、李望军；4.5：袁果、何梅、陈翔、夏远平、李亚龙、龙汉武、黄筑、吕敬才、代亮亮；4.6：陈坤浩、冯图、骆强、蒋洁云、游萍、张春；4.7：何斌、蒋洁云、张鹏飞）

第5章
动物多样性

2016年6月至2017年10月，对保护区野生动物资源进行了调查。保护区有各类动物49目212科1086种（表5-1）。从表5-1可以看出，动物资源的变化是比较大的。一方面，随着研究方法的进步及采集强度的加大，新增了397种动物，包括鸟类43种、昆虫284种、蜘蛛51种等，还发现了4个新种和一批新记录；首次对土壤动物进行了专题调查；另一方面，随着草海水环境等的变化，动物组成和数量等也发生了较大的变化，如鱼类的优势种变为鲫鱼、麦穗鱼、黄黝鱼、彩石鲋等小型鱼类，过去常见的草海云南鳅在湖区已采集不到，只在附近的杨湾桥水库还能见到；甲壳类等大型底栖动物种类减少、外来物种逐渐成为优势群体等，都提示环境变化的巨大影响。

表5-1 保护区野生动物目科种统计表

种类	年份	目（个）	科（个）	种（种）	备注
哺乳类	2007年	7	11	18	
	本次	7	13	22	
鸟类	2007年	17	34	203	
	本次	17	53	246	包括亚种及变种，含8个贵州省新记录
爬行类	2007年	3	6	19	
	本次	2	7	22	含蜥蜴目和蛇目
两栖类	2007年	2	7	14	
	本次	2	7	15	
鱼类	2007年	4	6	14	
	本次	6	9	18	确定了草海云南鳅的分布区域
昆虫	2007年	13	58	189	不含水生昆虫86种，合并种数266
	本次	14	98	473	含2个新种和39个贵州省新记录
甲壳动物	2007年			5	
	本次			3	外来物种2
蜘蛛	2007年	1	15	57	含1个新种
	本次	1	25	108	含2个新种和23个贵州省新记录
软体动物	2007年			15	
	本次			25	本次13种，含新增10种
环节动物	2007年			15	其中寡毛类13种
	本次			18	本次6种，含新增3种

（续）

种类	年份	目（个）	科（个）	种（种）	备注
土壤动物	2007 年				未专门调查
	本次				4 个动物门，12 个纲，20 余类，大型土壤动物 18 类（目），中型土壤 20 余大类，小型土壤动物 8 目 21 科 31 属
浮游动物	2007 年			140	
	本次			136	
合计	2007 年	47	137	689	
	本次	49	212	1086	

5.1 哺乳类

2016 年至 2017 年，对保护区红线内哺乳动物进行了专题调查，依据草海科考底图确定调查样线和样点，调查前，白天乘车熟悉一次调查样线和样点，在科考地图上加以标注，选择样点时考虑不同生境类型，采用野外样线样点定期调查的方法，根据植被、海拔、生境的特点，确定有代表性的调查路线，进行实地调查。调查区域主要限于保护区的核心区与缓冲区，调查方法主要采用铁质鼠铗、粘鼠纸、鼠笼捕捉法，辅以访谈法、观察法和网捕法。

5.1.1 物种多样性组成分析

保护区共记录哺乳动物 22 种，隶属于 7 目 13 科 18 属，包括食虫目 2 种、翼手目 2 种、鳞甲目 1 种、兔形目 1 种、啮齿目 11 种、食肉目 3 种、偶蹄目 2 种（表 5-2）。本次调查仅限于保护区内，共记录到哺乳动物 12 种，即灰麝鼩 *Crocidura attenuata*、中麝鼩 *Crocidura russula*、西南兔 *Lepus comus*、赤腹松鼠 *Callosciurus erythraeus*、泊氏长吻松鼠 *Dremomys pernyi*、高山姬鼠 *Apodemus chevrieri*、褐家鼠 *Rattus norvegicus*、小家鼠 *Mus musculus*、黄鼬 *Mustela sibirica*、水獭 *Lutra lutra* 和豹猫 *Felis bengalensis*，与之前的调查相比，多了豹猫、高山姬鼠、中麝鼩、野猪（*Sus scrofa*）4 种，结合以往的调查，保护区兽类动物累计有 7 目 13 科 18 属 22 种（附录 8）。草海哺乳动物的优势种有灰麝鼩、印度伏翼 *Pipistrellus coromandra*、西南兔、赤腹松鼠、泊氏长吻松鼠、高山姬鼠、褐家鼠、小家鼠、黄鼬。

表 5-2　保护区哺乳类组成

目	科	种（种）
食虫目	鼩鼱科 Soricidae	2
翼手目	蹄蝠科 Hipposideridae	1
	蝙蝠科 Vespertilionidae	1
鳞甲目	穿山甲科 Manidae	1
兔形目	兔科 Leporidae	1
啮齿目	松鼠科 Sciuridae	2
	鼯鼠科 Petauristidae	1
	田鼠科 Arvicolidae	1
	鼠科 Muridae	7

（续）

目	科	种（种）
食肉目	鼬科 Mustelidae	2
	猫科 Felidae	1
偶蹄目	鹿科 Cervidae	1
	猪科 Suidae	1

5.1.2 区系组成

在草海 22 种哺乳动物中，属于东洋界成分的有 17 种，即灰麝鼩、中麝鼩、大蹄蝠、印度伏翼、穿山甲、西南兔、赤腹松鼠、泊氏长吻松鼠、霜背大鼯鼠、昭通绒鼠、中华姬鼠、高山姬鼠、黄胸鼠、大足鼠、社鼠、豹猫、黄麂，占保护区哺乳动物总数的 77.27%；属于古北界成分的有 3 种，即褐家鼠、小家鼠、黄鼬，占保护区哺乳动物总数的 13.64%；属于广布种的有 2 种即水獭、野猪，占保护区哺乳动物总数的 9.09%。可见，保护区哺乳动物区系特征是以东洋界成分为主，其次是古北界种，广布种分布最少。

在草海 22 种哺乳动物中，有 4 种分布型，属于东南亚热带-亚热带型的有 11 种，包括大蹄蝠、印度伏翼、穿山甲、赤腹松鼠、泊氏长吻松鼠、霜背大鼯鼠、大足鼠、黄胸鼠、社鼠、水獭、豹猫，占保护区哺乳动物总数的 50.00%；属于南中国型的有 5 种，即灰麝鼩、中麝鼩、高山姬鼠、中华姬鼠、黄麂，占保护区哺乳动物总数的 22.73%；属于北方型的有 4 种，即褐家鼠、小家鼠、黄鼬、野猪，占保护区哺乳动物总数的 18.18%；属于横断山脉-喜马拉雅型的有 2 种，即西南兔、昭通绒鼠，占保护区哺乳动物总数的 9.09%。可见，保护区哺乳动物分布型是以东南亚热带-亚热带型为主，其次是南中国型和北方型，横断山脉-喜马拉雅型最少，缺少旧大陆热带-亚热带型和季风型。其区系在我国动物地理区划中，属于东洋界-西南区-西南山地亚区-黔西高原中山省（表 5-3）。

表 5-3　保护区兽类分布型组成

分布型	种类	种数	比例（%）
东南亚热带-亚热带型	大蹄蝠、印度伏翼、穿山甲、赤腹松鼠、泊氏长吻松鼠、霜背大鼯鼠、大足鼠、黄胸鼠、社鼠、水獭、豹猫	11	50.00
横断山脉-喜马拉雅型	西南兔、昭通绒鼠	2	9.09
南中国型	灰麝鼩、中麝鼩、高山姬鼠、中华姬鼠、黄麂	5	22.73
北方型	褐家鼠、小家鼠、黄鼬、野猪	4	18.18
旧大陆热带-亚热带型		0	0
季风型		0	0

5.1.3 珍稀濒危哺乳动物

保护区现记录的 22 种哺乳动物中，属于国家一级保护野生动物的有穿山甲、二级的有水獭和豹猫。其中，穿山甲被《世界自然保护联盟濒危物种红色名录》（以下简称《IUCN 红色名录》）列为极危等级，《CITES 公约》附录 I 级保护动物；水獭被《IUCN 红色名录》列为近危等级；豹猫被《中国濒危动物红皮书》列为易危等级，CITES 附录 II 保护动物。西南兔、赤腹松鼠、泊氏长吻松鼠、霜背大鼯鼠、昭通绒鼠、黄鼬、黄麂均列入《国家保护的有益的或者有重要经济、科学研究价值的陆生野生动物目录》即"三有动物"。

5.1.4 保护措施及建议

本次调查补充了保护区的4种兽类，即豹猫、高山姬鼠、中麝鼩和野猪，并完善了其采集地、生境、经纬度和海拔等基础资料。草海的国家一级和二级保护野生哺乳动物有穿山甲、水獭和豹猫，由于过度猎杀和生境的破坏，调查遇见率及访谈遇见率较低，数量急剧减少，建议加强保护。原生植被破坏严重，兽类赖以生存的生境破坏和改变较大，缺少大型哺乳动物活动的生物走廊，林区较大型的兽类数量急剧减少。保护区的优势兽类是以农耕区活动为主的食虫类、啮齿类及以林区活动为主的黄鼬和松鼠，保护区哺乳动物资源较为匮乏，建议加快保护区植被修复，为保护区兽类种群恢复提供必要的条件。

5.2 鸟类

草海是贵州省最大的天然淡水湖泊湿地，因水生植物丰富，越冬候鸟众多，湿地生态系统完整，已被列为我国以及世界重要湿地之一。草海自20世纪80年代初恢复蓄水前后，由贵州省生物研究所对草海进行综合科学考察，记录草海鸟类110种。1986年出版的《贵州鸟类志》中，记录草海及其周边鸟类152种。2005年7月，对草海开展第二次综合科学考察，记录到鸟类203种。2008年、2009年草海开展了两次国际观鸟节活动，又增加了部分记录。2016年11月至2017年10月，对草海开展了第三次综合科学考察，此次考察鸟类调查区域覆盖整个保护区，并对锁黄仓等草海周边小型湿地鸟类进行调查。采用样点和样线调查法进行调查，此次调查鸟类分类系统采用《中国鸟类分类与分布名录》，结合相关历史资料对鸟类多样性进行进一步分析。

5.2.1 鸟类多样性与区系分析

（1）鸟类多样性

此次调查，采用样线法、样点法、集群鸟类统计法较为系统地对区域内鸟类资源进行科学考察。综合此前科考资料，保护区共记录到鸟类246种，隶属于17目53科（附录8）。

（2）种类组成分析

记录到的246种鸟类中，非雀形目鸟类140种（占56.91%，表5-4），雀形目鸟类有106种（占43.09%），非雀形目鸟类比例高于雀形目鸟类比例，这是因为草海主要是一个重要的越冬湿地，冬季有大量的水鸟到此越冬，而这些水鸟绝大多数属于非雀形目鸟类。

表5-4 保护区鸟类目、科和种的组成

目	科（个）	种（种）	占总种数的百分比（%）
鸊鷉目 PODICIPEDIFORMES	1	3	1.22
鹈形目 PELECANIFORMES	1	1	0.41
鹳形目 CICONIIFORMES	3	20	8.13
雁形目 ANSERIFORMES	1	29	11.79
隼形目 FALCONIFORMES	2	20	8.13
鸡形目 GALLIFORMES	1	3	1.22
鹤形目 GRUIFORMES	2	11	4.47
鸻形目 CHARADRIIFORMES	8	31	12.60

（续）

目	科（个）	种（种）	占总种数的百分比（%）
鸽形目 COLUMBIFORMES	1	3	1.22
鹃形目 CUCULIFORMES	1	6	2.43
鸮形目 STRIGIFORMES	1	4	1.62
夜鹰目 CAPRIMULGIFORMES	1	1	0.41
雨燕目 APODIFORMES	1	1	0.41
佛法僧目 CORACIIFORMES	2	3	1.22
戴胜目 UPUPIFORMES	1	1	0.41
䴕形目 PICIFORMES	1	3	1.22
雀形目 PASSERIFORMES	24	106	43.09
合计	53	246	100.00

（3）区系分析

根据郑作新的《中国鸟类分布名录》一书，按鸟类主要繁殖地区作为区系成分划分标准，共记录到留鸟和夏季繁殖鸟 127 种，属于东洋界的种类共有 66 种，占繁殖鸟种数的 51.97%；属于东洋界和古北界共有的广布种有 28 种，占繁殖鸟类总种数 22.05%。可见，保护区鸟类的区系构成以东洋界成分为主。

（4）居留类型

目前，在草海所记录的 246 种鸟类中有留鸟 94 种（表 5-5），占鸟类种数的 38.21%；夏候鸟 33 种，占鸟类种数的 13.41%；冬候鸟 86 种，占鸟类种数的 34.96%；旅鸟 13 种，占鸟类种数的 5.28%；居留情况不明的 22 种，占 8.94%。从居留类型可以看出草海保护区内的冬候鸟种数较大，且多集中在雁形目、鹤形目、隼形目和鸻形目，这反映出草海为鸟类重要越冬湿地的特点。

表 5-5　保护区鸟类居留型统计信息

	留鸟	夏候鸟	冬候鸟	旅鸟	居留情况不明
种类（种）	94	33	86	13	22
百分比（%）	38.12	13.14	34.96	5.28	8.94

5.2.2　重点保护鸟类

保护区所记录的鸟类中，列为国家一级重点保护野生鸟类的有 12 种，列为国家二级重点保护野生鸟类的有 39 种；（根据 2021 年版的《国家重点保护野生动物名录》）《IUCN 红色名录》中列为极危（CR）的鸟类有 1 种、濒危（EN）的有 5 种、易危（VU）的有 12 种、近危（NT）的有 28 种；列入《CITES公约》附录 Ⅰ 的有 6 种，列入《CITES 公约》附录 Ⅱ 的有 27 种；中国特有种有 5 种（表 5-6）。

表 5-6　保护区的重要保护鸟类及受胁物种

种名	保护级别	CITES	IUCN	中国特有种
黑鹳 *Ciconia nigra*	Ⅰ	附录Ⅱ	VU	
东方白鹳 *Ciconia boyciana*	Ⅰ	附录Ⅰ	EN	
彩鹮 *Plegadis falcinellus*	Ⅰ		DD	
白琵鹭 *Platalea leucorodia*	Ⅱ	附录Ⅱ	NT	

（续）

种名	保护级别	CITES	IUCN	中国特有种
黑脸琵鹭 *Platalea minor*	I		EN	
大天鹅 *Cygnus cygnus*	II		NT	
小天鹅 *Cygnus columbianus*	II		NT	
小白额雁 *Anser erythropus*	II		VU	
棉凫 *Nettapus coromandelianus*	II		EN	
鸳鸯 *Aix galericulata*	II		NT	
罗纹鸭 *Anas falcata*			NT	
花脸鸭 *Anas formosa*	II	附录 II	NT	
青头潜鸭 *Aythya baeri*	I		CR	
白眼潜鸭 *Aythya nyroca*			NT	
黑颈鹧鹧 *Podiceps nigricollis*	II			
黑翅鸢 *Elanus caeruleus*	II	附录 II	NT	
黑鸢 *Milvus migrans*	II	附录 II	LC	
白尾海雕 *Haliaeetus albicilla*	I	附录 I	VU	
白腹鹞 *Circus spilonotus*	II	附录 II	NT	
白尾鹞 *Circus cyaneus*	II	附录 II	NT	
鹊鹞 *Circus melanoleucos*	II	附录 II	NT	
松雀鹰 *Accipiter virgatus*	II	附录 II	LC	
雀鹰 *Accipiter nisus*	II	附录 II	LC	
苍鹰 *Accipiter gentilis*	II	附录 II	NT	
普通鵟 *Buteo buteo*	II	附录 II	LC	
大鵟 *Buteo hemilasius*	II	附录 II	VU	
乌雕 *Clanga clanga*	I	附录 II	EN	
草原雕 *Aquila nipalensis*	I	附录 II	VU	
白肩雕 *Aquila heliaca*	I	附录 I	EN	
金雕 *Aquila chrysaetos*	I	附录 II	VU	
黄爪隼 *Falco naumanni*	II	附录 II	VU	
红隼 *Falco tinnunculus*	II	附录 II	LC	
灰背隼 *Falco columbarius*	II	附录 II	NT	
燕隼 *Falco subbuteo*	II	附录 II	LC	
游隼 *Falco peregrinus*	II	附录 I	NT	
白腹锦鸡 *Chrysolophus amherstiae*	II		NT	
灰鹤 *Grus grus*	II	附录 II	NT	
白头鹤 *Grus monacha*	I	附录 I	LC	
黑颈鹤 *Grus nigricollis*	I	附录 I	VU	
棕背田鸡 *Porzana bicolor*	II		LC	
紫水鸡 *Porphyrio porphyrio*	II		VU	
水雉 *Hydrophasianus chirurgus*	II		NT	
长嘴剑鸻 *Charadrius placidus*			NT	

（续）

种名	保护级别	CITES	IUCN	中国特有种
白腰杓鹬 *Numenius arquata*			NT	
大滨鹬 *Calidris tenuirostris*	Ⅱ		VU	
翠金鹃 *Chrysococcyx maculatus*			NT	
西红角鸮 *Otus scops*	Ⅱ	附录Ⅱ	LC	
雕鸮 *Bubo bubo*	Ⅱ	附录Ⅱ	NT	
斑头鸺鹠 *Glaucidium cuculoides*	Ⅱ	附录Ⅱ	LC	
短耳鸮 *Asio flammeus*	Ⅱ	附录Ⅱ	NT	
短嘴金丝燕 *Aerodramus brevirostris*			NT	
棕胸佛法僧 *Coracias benghalensis*			NT	
白颈鸦 *Corvus pectoralis*			NT	
黑胸鸫 *Turdus dissimilis*			NT	
宝兴歌鸫 *Turdus mupinensis*			LC	√
红胁绣眼鸟 *Zosterops erythropleurus*	Ⅱ			
画眉 *Garrulax canorus*	Ⅱ	附录Ⅱ	NT	
橙翅噪鹛 *Garrulax elliotii*	Ⅱ		LC	√
红嘴相思鸟 *Leiothrix lutea*	Ⅱ	附录Ⅱ	LC	
暗色鸦雀 *Paradoxornis zappeyi*	Ⅱ		VU	√
黄腹山雀 *Parus venustulus*			LC	√
滇䴓 *Sitta yunnanensis*	Ⅱ		VU	√
白眉鹀 *Emberiza tristrami*			NT	

注：1）Ⅰ–国家一级重点保护野生动物；Ⅱ–国家二级重点保护野生动物。

　　2）附录Ⅰ–列入濒危野生动植物种国际贸易公约附录Ⅰ；附录Ⅱ–列入濒危野生动植物种国际贸易公约附录Ⅱ。

　　3）CR–极危；EN–濒危；VU–易危；NT–近危；LC–无危。

5.2.3　新记录

此次调查记录 246 种与 2005 年第二次草海综合科学考察 203 种相对比，增加鸟类记录 43 种（21.18%），其中，18 种为贵州省鸟类新记录，25 种为保护区鸟类新记录。

5.2.3.1　贵州省鸟类新记录

自 2010 年以来，对草海越冬鸟类持续开展了监测工作，在保护区记录的鸟类，经查阅《中国鸟类分类与分布名录》《贵州鸟类志》及相关文献资料，发现 8 种未公开发表的贵州省鸟类新记录，其中普通燕鸻 *Glareola maldivarum*、棕胸佛法僧 *Coracias benghalensis* 等为贵州省鸟类科的新记录，现分别记述如下。

（1）花脸鸭 *Anas formosa*

2017 年 11 月 14 日 16：00 左右，在威宁县锁黄仓下游河道（104.202431°E，26.908992°N，海拔 2172m）进行鸟类调查时，记录到 2 只花脸鸭，分别为一雌一雄。确定该鸟为贵州省鸟类新记录，且为贵州省所记录到的第 29 种鸭科鸟类。

花脸鸭隶属于雁形目鸭科，雄鸟头顶色深，纹理分明的亮绿色脸部呈杏黄色月牙形斑块的特征。多斑点的胸部染棕色，两胁具鳞状纹似绿翅鸭。肩羽形长，中心黑色而上缘白色。翼镜铜绿色，臀部黑色。雌鸟似白眉鸭及绿翅鸭，但体略大且嘴基有白点；脸侧有白色月牙形斑块。繁殖于中国东北的小型湖泊。

在华中和华南的一些地区越冬，偶见于香港。该鸟为国家二级重点保护野生动物。

（2）黑翅鸢 *Elanus caeruleus*

2011 年 12 月 20 日，在保护区胡叶林（104.202490°E，26.845884°N，海拔 2172m）开展草海越冬水鸟监测时，看见有猛禽在湖面上空飞行，立即用佳能数码相机拍摄记录，后通过查阅《中国鸟类野外手册》《Raptors of the World》确认为黑翅鸢。此后，2017 年 1 月，笔者在贵州省茂兰国家级自然保护区调查时再次记录到此鸟，经核对记录为一只亚成体。

黑翅鸢隶属于隼形目鹰科，为体小（30cm）的白、灰及黑色鸢。特征为黑色的肩部斑块及形长的初级飞羽。成鸟的头顶、背、翼覆羽及尾基部灰色，脸、颈及下体白色。是唯一一种振羽停于空中寻找猎物的白色鹰类。亚成鸟似成鸟但沾褐色。其分布状况为罕见留鸟，见于云南、广西、广东及香港的开阔低地及山区，高可至海拔 2000m。曾在湖北及浙江有过记录。

黑翅鸢为国家二级重点保护野生动物。

（3）大鵟 *Buteo hemilasius*

2016 年 3 月 29 日，在保护区大江家湾至小江家湾中间区域（104.230787°E，26.862955°N，海拔 2173m）开展调查工作时，记录到一只大型猛禽停栖于距草海环湖路 20m 的电杆上，确认为大鵟，经观察该鸟为浅色型雌鸟。

大鵟俗称饿老鹰，隶属于隼形目鹰科，与棕尾鵟相似但体形较大，尾上偏白并常具横斑，腿深色，次级飞羽具清楚的深色条带。浅色型具深棕色的翼缘。深色型初级飞羽下方的白色斑块比棕尾鵟小。尾常为褐色而非棕色。在北方分布区甚常见，在南方罕见。繁殖于中国北部和东北部、青藏高原东部及南部的部分地区。可能也在中国西北繁殖。冬季北方鸟南迁至华中及华东，偶有鸟至广西、广东及福建。

大鵟为国家二级重点保护野生动物。

（4）水雉 *Hydrophasianus chirurgus*

2013 年 5 月 26 日，贵州省生物研究所职工赵平、袁果在保护区刘家巷子（104.285424°E，26.831060°N，海拔 2173m）调查草海水生植物时，记录下 2 只水鸟，鉴定为水雉。

水雉隶属于鸻形目水雉科，体形与秧鸡相似，除枕部黑色外，整个头部和颏、喉至上胸白色；后颈至肩金黄色；两侧具大形白斑；上体余部褐紫色；中央尾羽极为延长。下体黑色、国内主要分布于云南、广西、广东、江西、湖北、湖南、福建、浙江、江苏、台湾、海南岛等地，也见于四川、河南、河北、山西。

（5）普通燕鸻 *Glareola maldivarum*

2017 年 3 月 24 日，保护区管理委员会管护员刘广慧在胡叶林片区（104.201975°E，26.845333°N，海拔高度 2171m）管护时拍摄记录，确认为普通燕鸻。在查阅相关鸟类资料后，认定为贵州省鸟类科的新记录。

普通燕鸻隶属于鸻行目燕鸻科，其形态特征为翼长，叉形尾，喉皮黄色具黑色边缘（冬候鸟较模糊）。上体棕褐色具橄榄色光泽；两翼近黑；尾上覆羽白色；腹部灰；尾下白；叉形尾黑色，但基部及外缘白色。分布于亚洲东部；冬季南迁经印度尼西亚至澳大利亚。

（6）中杓鹬 *Numenius phaeopus*

2017 年 9 月 4 日，保护区管理委员会管护员刘广慧在刘家巷子片区管护时拍摄记录，经确认为中杓鹬。

中杓鹬隶属于鸻形目鹬科，体形偏小。眉纹色浅，具黑色顶纹，嘴长而下弯。似白腰杓鹬但体形小许多，嘴也相应短。较常见的亚种 *variegatus* 腰部偏褐，但一些个体腰及翼下为白色，与指名亚种相近。国内分布状况为迁徙时常见于国内大部分地区，尤其常见于华东及华南沿海几处河口地带。少数个体在台湾及广东越冬。

（7）棕胸佛法僧 *Coracias benghalensis*

2013 年 3 月 4 日，贵州省生物研究所职工赵平在刘家巷子片区，拍摄记录下此鸟，通过核对鉴定，确认为棕胸佛法僧，认定此鸟为贵州省鸟类的新记录。

棕胸佛法僧隶属于佛法僧目佛法僧科，系中等体形鸟类，头顶铜绿；嘴黑褐，似鸦嘴；飞羽浅蓝色和紫蓝色相间，飞行中尤为明显和鲜亮；外侧尾羽基部紫蓝，先端浅蓝；胸棕褐；腹及尾下覆羽浅蓝色。国内分布偶见于中国南方、西南及西藏南部的开阔原野及农田。

（8）紫翅椋鸟 *Sturnus vulgaris*

2013 年 1 月 6 日，在保护区胡叶林（104.201488°E，26.844732°N，海拔 2171m）开展鸟类调查时，记录到 16 只紫翅椋鸟，并且拍摄照片。

紫翅椋鸟隶属于雀形目椋鸟科，为闪辉黑、紫、绿色椋鸟。具不同程度白色点斑，体羽新时为矛状，羽缘锈色而成扇贝形纹和斑纹，旧羽斑纹多消失。分布于中国西部的农耕区、城镇周围及荒漠边缘。

紫翅椋鸟又名欧洲椋鸟，因其较强的繁殖与生存能力，在美国被列为十大外来入侵生物，每年欧洲椋鸟所造成的美国农业经济损失达 8 亿美元。此外，大量的飞鸟对飞机的飞行也是一个致命的威胁。因此，对紫翅椋鸟的种群监测也变得十分重要。

此外，有 7 种鸟为 2009 年"中国·贵州威宁草海国际观鸟节"开展的观鸟比赛中新增的贵州省鸟类新记录，分别为苇鹀 *Emberiza pallasi*、白腹鹞 *Circus spilonotus*、豆雁 *Anser fabalis*、彩鹬 *Rostratula benghalensis*、乌雕 *Aquila clanga*、黄爪隼 *Falco naumanni*；有 3 种已公开发表，分别为发表于《四川动物》的彩鹮 *Plegadis falcinellus*（王汝斌，2014）；发表于《动物学杂志》的白头鹮鹳 *Mycteria leucocephalus*（李筑眉等，2009）和钳嘴鹳 *Anastomus oscitans*（罗祖奎等，2013）。

5.2.3.2　保护区鸟类新记录

我们以《草海国家级自然保护区鸟类资源调查研究》中所记录的 203 种鸟为依据，此次科学考察新增草海鸟类新记录 26 种（不含贵州省新记录），分别为牛背鹭 *Bubulcus ibis*、紫背苇鳽 *Ixobrychus eurhythmus*、小天鹅 *Cygnus columbianus*、鸳鸯 *Aix galericulata*、普通秧鸡 *Rallus aquaticus*、白胸苦恶鸟 *Amaurornis phoenicurus*、白翅浮鸥 *Chlidonias leucopterus*、红翅凤头鹃 *Clamator coromandus*、短嘴金丝燕 *Aerodramus brevirostris*、金腰燕 *Cecropis daurica*、暗灰鹃鵙 *Coracina melaschistos*、白头鹎 *Pycnonotus sinensis*、黑枕黄鹂 *Oriolus chinensis*、灰背椋鸟 *Sturnia sinensis*、丝光椋鸟 *Sturnus sericeus*、灰椋鸟 *Sturnus cineraceus*、红喉姬鹟 *Ficedula parva*、棕扇尾莺 *Cisticola juncidis*、山鹪莺 *Prinia crinigera*、纯色山鹪莺 *Prinia inornata*、强脚树莺 *Cettia fortipes*、褐柳莺 *Phylloscopus fuscatus*、冠纹柳莺 *Phylloscopus reguloides*、黄腹山雀 *Parus venustulus*、白眉鹀 *Emberiza tristrami*。

5.2.3.3　威宁县鸟类的历史记录

保护区的鸟类名录的确定是以保护区内记录的鸟类和距保护区边界 1.5km 左右记录的湿地鸟类。但是，鸟类有较强的扩散迁徙能力，为提供参考，将威宁县一些未进入草海鸟类名录的记录整理见表 5-7。

表 5-7 威宁县鸟类的历史记录

种名	地点	依据	备注
凤头蜂鹰 *Pernis ptilorhynchus*	威宁机场	笔者记录	
烟腹毛脚燕 *Delichon dasypus*	松木坎	贵州鸟类志	
白腹短翅鸲 *Hodgsonius phoenicuroides*	凉山、松木坎	贵州鸟类志	
白尾蓝（地）鸲 *Cinclidium leucurum*	松木坎	贵州鸟类志	
紫宽嘴鸫 *Cochoa purpurea*	凉山	贵州鸟类志	
栗腹矶鸫 *Monticola rufiventris*	富乐	贵州鸟类志	
白腹鸫 *Turdus pallidus*	松木坎、观风海	贵州鸟类志	
黑头奇鹛 *Heterophasia capistrata*	凉山、松木坎、富乐	贵州鸟类志	
黑额凤鹛 *Yuhina nigrimenta*	保家	贵州鸟类志	
黄腹树莺 *Cettia robustipes*	城关、松木坎	贵州鸟类志	
棕眉柳莺 *Phylloscopus armandii*	松木坎	贵州鸟类志	
灰蓝（姬）鹟 *Ficedula leucomelanura*	松木坎	贵州鸟类志	
白腹（姬）鹟 *Ficedula cyanomelana*	凉山	贵州鸟类志	
沼泽山雀 *Parus palustris*	凉山、松木坎	贵州鸟类志	
火冠雀 *Cephalopyrus flammiceps*	六洞、松木坎	贵州鸟类志	
蓝喉太阳鸟 *Aethopyga gouldiae*	松木坎	贵州鸟类志	
红眉松雀 *Pinicola subhimachala*	富乐	贵州鸟类志	
黑尾蜡嘴雀 *Eophona migratoria*	松木坎	贵州鸟类志	
林岭雀 *Leucosticte nemoricola*	威宁机场	笔者记录	贵州省鸟类新记录

5.2.4 草海重要湿地鸟类种群动态

此次草海鸟类调查工作，自 2016 年 12 月至 2017 年 11 月，整个调查时间为 1 个年度，开展了 8 次水鸟同步调查工作，记录到水鸟 212805 只。由图 5-1 可以看出，从 11 月初开始到次年的 1 月初，草海的水鸟有一个大规模的迁入，水鸟迁入量在 6 万只左右；而在 2 月中上旬，草海的水鸟开始迁离草海返回繁殖地，这一迁离的过程会持续到 5 月上旬，这当中迁离数量最大的是 2 月初至 3 月初，估计接近 5 万只。同时，由图 5-2 可以看出越冬鸟类的快速迁入阶段，鸟类物种的数量会出现一个下降，据此推测，草海也许是部分鸟类迁徙的中间停歇点，在 3~4 月，物种的下降趋势没有数量的下降趋势快，这反映出草海水鸟在这一阶段在种类上会有一定的繁殖鸟迁入。

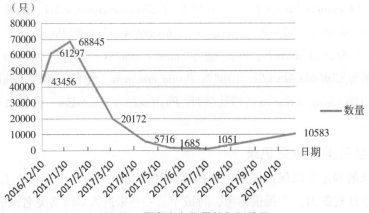

图 5-1 草海水鸟数量的年折线图

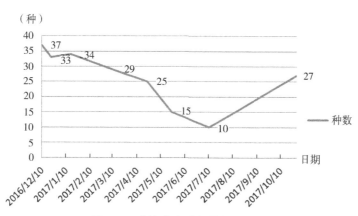

图5-2 草海水鸟种数的年折线图

由图5-3、图5-4可以看出，草海水鸟的最大种群骨顶鸡的数量变化，与全年数量的总折线曲线极为相像，但鹤类的迁入与迁出与季节相关性最为显著。

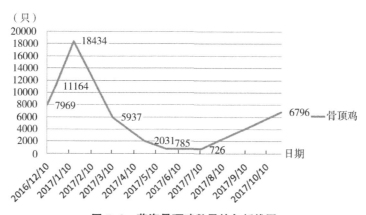

图5-3 草海骨顶鸡数量的年折线图

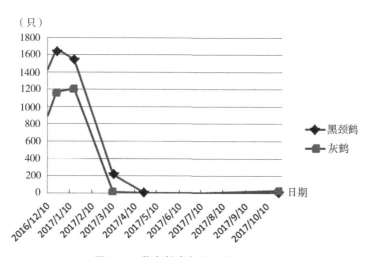

图5-4 草海鹤类数量的年折线图

由图5-5可以看出草海越冬雁鸭类最多的为赤颈鸭与赤膀鸭，其次为斑头雁与赤麻鸭，这4种雁鸭中赤膀鸭的迁入与迁出与其余3种差异较大，特别明显的为第一阶段的迁离，赤颈鸭仅有30%迁出，而另外3种有接近80%迁出。

由图5-6、图5-7可以看出，草海夏季繁殖鸟的核心群体为骨顶鸡、黑水鸡和小䴙䴘，而紫水鸡种群

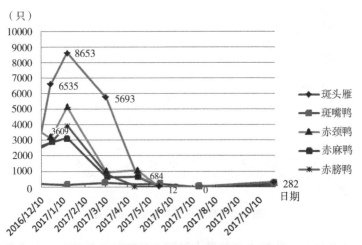

图 5-5 草海主要雁鸭类数量的年折线图

在草海存在着明显的越冬鸟特征。鹭科鸟中，大白鹭呈明显越冬鸟特点，夜鹭则有明显繁殖鸟特点，值得关注的为牛背鹭，其种群在 3~5 月，快速增加又快速减少，具体原因尚需进一步研究。

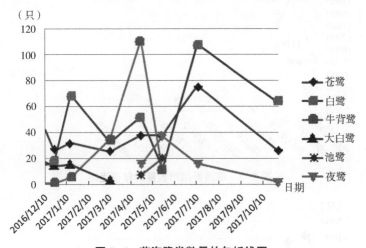

图 5-6 草海鹭类数量的年折线图

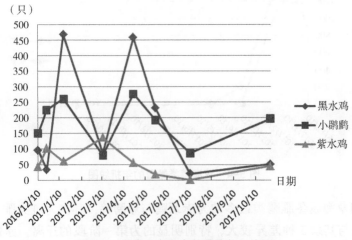

图 5-7 草海水鸟留鸟数量的年折线图

5.2.5 水鸟栖息地选择

此次调查对斑嘴鸭的栖息地选择进行了专门的调查，研究发现越冬期斑嘴鸭的活动范围较繁殖期大。这主要是因为在繁殖期草海湿地内鸟类数量较少，相对其生活空间较大，但在越冬期大量雁鸭类迁入，造成斑嘴鸭在草海的生存空间变小，所以其选择在锁黄仓下游生活。

调查表明，黑颈鹤和灰鹤主要集中分布于草海的西部区域。其中，黑颈鹤活动区域主要在草海西部的胡叶林、王家院子、朱家湾、簸箕湾、锁黄仓、阳关山、温家屯、薛家海子及杨湾桥水库周边的坡耕地；灰鹤主要分布于西部的锁黄仓、阳关山、温家屯、胡叶林、王家院子、薛家海子、杨湾桥水库及胡叶林管理站和杨湾桥水库之间的坡耕地；鹤类和斑头雁的夜栖地均位于草海边的沼泽内，共 7 处，分别为吴家岩头、阳关山、温家屯、胡叶林、王家院子、刘家巷和朱家湾。

5.2.6 监测物种

（1）监测鸟种的筛选标准

鉴于保护区的管理工作与物种监测关系密切，有必要确定监测鸟种。从保护管理的角度考虑，监测鸟种的选择标准有以下几条：①国家法律规定保护的濒危物种；②位于生态链顶端的物种；③种群数量达到 5%～10% 的物种；④相对容易识别，叫声特别，通过简单培训，保护区职员和护林员即可识别进行监测的物种。

（2）监测鸟种

根据现有鸟类资料和草海鸟类分布情况，建议选择黑颈鹤、灰鹤、斑头雁、赤麻鸭、斑嘴鸭、绿头鸭、赤颈鸭、赤膀鸭、骨顶鸡、黑水鸡、紫水鸡等鸟类作为水鸟监测物种；选择普通鵟、红隼、燕隼、小嘴乌鸦作为林鸟监测物种。

5.2.7 保护措施与建议

1986 年出版的《贵州鸟类志》中，记录到草海及其周边鸟类 152 种。2005 年 7 月，在对草海开展第二次综合科学考察，记录到鸟类 203 种，本次调查发现鸟类共计 246 种。其中，国家一级保护野生鸟类 6 种，国家二级保护野生鸟类 31 种；IUCN 认定的极危（CR）1 种，濒危（EN）的有 5 种，易危（VU）的有 12 种，近危（NT）的有 28 种，《CITES 公约》附录 I 的 6 种，附录 II 的 27 种；中国特有种 5 种。草海鸟类具有物种多样性高、珍稀濒危物种多的特点，保护草海得天独厚的鸟类资源优势，需要强化以下几方面。

（1）强化宣传教育

自然保护区具有很多其他区域无法替代的作用，要大力宣传"野生动物保护法""环境保护法""水污染防治法"等法律法规，提高广大群众爱护大自然的自觉性，为保护区的管理奠定思想基础，对来保护区的参观人员，也要利用各种场合和各种形式进行宣传教育，使来访者热爱保护区，支持保护区的工作。加强职业培训和宣传教育，提高保护区职工和周边群众对水生野生动物多样性的认识。建议在毕节地区的中小学尤其是威宁县的中小学开展有关保护区的乡土课程，使中小学生从小养成热爱大自然，保护野生动植物和生态环境的良好习惯，认识到保护生物多样性和生态平衡的重要性。

（2）加强法制建设

完善法规建设，强化依法管理。在大力宣传《中华人民共和国自然保护区管理条例》《中华人民共和国野生动物保护法》《中华人民共和国环境保护法》《中华人民共和国水污染防治法》《中华人民共和国水生野生动物保护实施条例》《中华人民共和国水生野生动物利用特许办法》《国家重点保护野生动物名录》等法律法规的基础上，加强保护区各项规章制度的建立和完善工作，如捕捞许可证制度，宣传教育制度等，做到让保护区管理人员和周边群众都懂法守法，以身作则，为保护区的建设发展尽职尽责，尽心尽力。

（3）强化监督管理

法规再多，制度再完善，如果不加强监督管理并落实到保护区的实际工作中去，保护区的建设和发展都将是纸上谈兵。因此，应建立政府主导，保护区管理局、处、站主管，周边社区群众协管的保护区监督管理机制，形成一套科学、合理、高效、和谐的管理模式，共同维护管理保护区，使保护区的建设和发展又快又好。

5.3 爬行动物

保护区爬行动物的资源调查，早期曾有胡淑琴、刘承钊在毕节做了部分补充调查，报道了《贵州省两栖爬行动物调查及区系分析》（1973）；李德俊在草海及其附近调查了爬行动物资源，报道了爬行动物19种，仅2种采于城关（1986）；冉景丞和陈会明报道了草海爬行动物19种（2007）。以上调查，主要调查范围很多不在保护区范围之内，也未见其在保护区的分布区和采集地，据此，2016年至2017年，对保护区红线内（图5-8）爬行动物进行了专题调查，以了解保护区爬行动物资源现状。

保护区爬行动物的物种鉴定根据文献《贵州爬行类志》进行。区系确定则是以胡淑琴、刘承钊的《贵州省两栖爬行动物调查及区系分析》为参考标准。

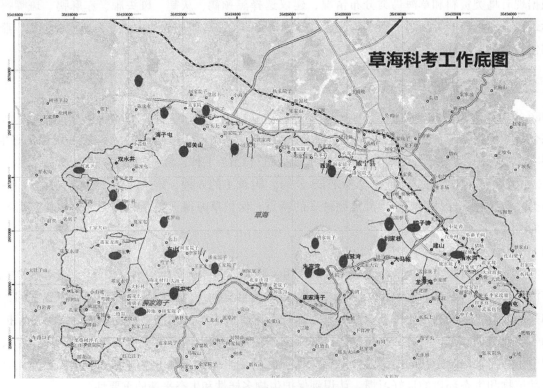

图5-8 保护区科考图及样线样点位置

5.3.1　种类组成

本次调查采获爬行动物共 7 种，即八线腹链蛇 *Amphiesma octolineata*、斜鳞蛇中华亚种 *Pseudoxenodon macrops sinensis*、花尾斜鳞蛇 *Pseudoxenodon stejnegeri*、原矛头蝮 *Protobothrops mucrosquamatus*、菜花原矛头蝮 *Protobothrops jerdonii*、黑线乌梢蛇 *Zaocys nigromarginatus* 和巴西红耳龟 *Trachemys scripta elegans*，与之前的两次调查相比，多了花尾斜鳞蛇、原矛头蝮和巴西红耳龟三种。结合前两次的调查，保护区爬行动物累计有 2 目 7 科 16 属 22 种（表 5-8 和附录 8）。1980—1986 年的草海首次科考，曾记录了 2 种城关附近的爬行动物，即乌龟 *Chinemys reevesii* 和紫灰锦蛇指名亚种 *Elaphe porphyracea porphyracea*。其余爬行动物的采集点在龙街镇和黑石镇。草海爬行动物的优势种有斜鳞蛇和八线腹链蛇，常见毒蛇是菜花原矛头蝮与原矛头蝮。考虑到本次调查选点密集，调查时间较长，但发现的种类较少，认为保护区爬行动物资源较为匮乏。

表 5-8　保护区爬行动物组成

目	科	种（种）
龟鳖目 Tesudines	龟科 Testudinidae	1
	泽龟科 Testudinidae	1
有鳞目 Squamata	鬣蜥科 Agamidae	1
	石龙子科 Scincidae	1
	游蛇科 Colubridae	14
	蝰科 Viperidae	1
	蝮科 Crotalinae	3

5.3.2　区系特征

在保护区 22 种爬行动物中，属于古北东洋界成分的有 3 种，即乌龟、黑眉锦蛇、虎斑颈槽蛇大陆亚种，占保护区爬行动物总数的 13.64%；属于华中区种的有 4 种，即花尾斜鳞蛇、斜鳞蛇中华亚种、双全白环蛇、无颞鳞腹链蛇，占保护区爬行动物总数的 18.18%；属于华中华南区种的有 3 种，即原矛头蝮、蝘蜓、王锦蛇，占保护区爬行动物总数的 13.64%；属于西南区种的有 10 种，即紫灰锦蛇指名亚种、八线腹链蛇、黑线乌梢蛇、菜花原矛头蝮、昆明龙蜥、颈棱蛇、棕网腹链蛇、颈斑蛇、棕头剑蛇、白头蝰，占爬行动物总数的 45.44%；华南区 1 种，即山烙铁头；外来入侵种 1 种，即巴西红耳龟，各占保护区爬行动物总数的 4.55%。可见，保护区爬行动物区系特征是以西南区成分为主，其次是华中区种，与贵州爬行动物区系及地理区划一致。

5.3.3　珍稀、特有爬行动物

保护区现记录爬行动物 22 种，除外来入侵种巴西红耳龟外，其余均列入《国家保护的有益的或者有重要经济、科学研究价值的陆生野生动物目录》即"三有动物"；有 6 种列入《中国濒危动物红皮书》，其中，王锦蛇、黑眉锦蛇、紫灰锦蛇、白头蝰、乌龟列为濒危等级，黑线乌梢蛇列为易危等级，山烙铁头、菜花原矛头蝮和原矛头蝮列为近危等级；乌龟列为二级国家重点保护野生动物及《CITES 公约》附录Ⅲ。

5.3.4 保护措施及建议

保护区的爬行动物共有 22 种，其中，花尾斜鳞蛇、原矛头蝮和巴西红耳龟为保护区新记录。乌龟在草海已很难发现，建议列为草海重点保护的爬行动物。巴西红耳龟在草海应为人为放生而来，应引起重视，加强监控，坚决消灭，以减少外来物种对本地物种的影响。

5.4 两栖类

草海两栖类的调查工作以往做的不多，报导也颇零星，曾有 Pope & Boring（1940）、Boring（1945）、张孟闻（1955）等综合记载了贵州两栖类为 8 种。标本多采自毕节与兴义一带。刘承钊等（1962）调查了水城、威宁和毕节的两栖动物，记载了 22 种两栖动物，并认为毕节与威宁两栖类区系成分有很大差别，推测这种差别的原因是两栖类区系形成过程中，发生了地形变迁，而这种变迁的交接点正是在毕节与威宁之间。胡淑琴和刘承钊（1973）在毕节做了部分补充调查，发表了《贵州省两栖爬行动物调查及区系分析》；首次针对草海及其附近两栖动物的专题调查始于 1986 年（李德俊）；之后，冉景丞和陈会明（2007）再次调查了草海及其附近两栖动物。两次考察结果共获 14 种两栖动物，但两次科考均没有在草海的具体采集地和分布点的描述。而且，很多物种采集地已经超出了保护区的范围，以上研究侧重分类和区系的研究，针对本区两栖动物个体生态的研究主要集中在重点物种方面（1995，1998，1999，2006，2007）；据此，笔者于 2016—2017 年对保护区两栖动物进行了调查，并对物种的采集点和分布区进行了定位，以期弥补前两次科考存在的不足。调查区域主要限于保护区的核心区与缓冲区（图 5-8），采集方法主要采用直接捕捉法。保护区两栖动物的物种鉴定根据文献《中国珍稀及经济两栖动物》进行。区系确定则以胡淑琴和刘承钊的《贵州省两栖爬行动物调查及区系分析》为参考标准。

5.4.1 种类组成

保护区共记录两栖动物 15 种，隶属于 2 目 7 科 12 属，包括无尾目 14 种，有尾目 1 种（表 5-9）。本次调查采获两栖动物共 12 种，与之前的两次调查相比，多了牛蛙一种，少了贵州疣螈 *Tylototriton kweichowensis*、红点齿蟾 *Oreolalax rhodostigmatus* 和威宁趾沟蛙 *Pseudorana weiningensis*，考虑到本次调查选点密集，调查时间较长，认为本次调查未发现的 3 个物种是由于保护区原本没有分布，而之前调查提供的采集点在龙街和黑石镇，已不属于保护区的范围。笔者实地调查，在龙街河、新街河和李子沟采到威宁蛙，在靠近赫章、水城的龙街镇等地采到贵州疣螈，在与云南接壤的黑石镇采到红点齿蟾证实了这一点（附录 8）。

表 5-9 保护区两栖动物组成

目	科	种（种）
有尾目 Caudata	蝾螈科 Salamandridae	1
无尾目 Anura	蟾蜍科 Bufonidae	1
	雨蛙科 Hylidae	1
	蛙 科 Ranidae	8
	树蛙科 Rhacophoridaae	1
	角蟾科 Megophryidae	1
	姬蛙科 Microhylidds	2

5.4.2　区系分析

（1）区系成分

均为东洋界种，其中，西南区种 10 种，即云南小狭口蛙 *Calluella yunnanensis*、多疣狭口蛙 *Kaloula verrucosa*、中华蟾蜍华西亚种 *Bufo gargarizans andrewsi*、华西雨蛙景东亚种 *Hyla annectans jingdongensis*）、贵州疣螈 *Tylototriton kweichowensis*、昭觉林蛙 *Rana chaochiaoensis*、双团棘胸蛙 *Paa yunnanensis*、无指盘臭蛙 *Odorrana grahami* 、威宁趾沟蛙 *Pseudorana weiningensis*、滇侧褶蛙 *Pelophylax pleuraden*，占总数的 71.43%；华中西南区种 1 种，即黑点树蛙 *Rhacophorus nigropunctatus*，占总数的 7.143%；华中区种 3 种，即棘腹蛙 *Paa boulengeri*、绿臭蛙 *Odorrana margaretae*、红点齿蟾 *Oredalax rhodostigmatus*，占总数的 21.43%；缺少华中华南区种及华南区种。

（2）区系特征

草海两栖动物区系以西南区成分为主，占 71.43%；华中区成分第二，占 21.43%；第三是华中西南区成分，占 7.143%。其区划属于黔西高原中山省。

（3）区系特点

草海两栖动物物种组成中，无尾目的种类最多，共有 6 科 11 属 13 种，占该地区两栖动物总数的 93.33%；有尾目仅有 1 科 1 属 1 种，即蝾螈科疣螈属的贵州疣螈，占 6.67%。无尾目 6 个科中，又以蛙科的种类最为丰富，共有 7 种，占该区两栖动物种类的 46.67%；其次是姬蛙科 2 种，占 13.33%；蟾蜍科、雨蛙科、树蛙科和齿蟾科各 1 种或亚种，各占 6.67%；蛙科臭蛙属、棘蛙属种类最多各有 2 种，其次是林蛙属、侧褶蛙属和趾沟蛙属各 1 种，单科单属和单种较多，两栖动物多样性较差，是草海两栖动物组成的特点。牛蛙是外来物种，其在中国两栖类中的分类地位不明确，区系特征讨论中也未考虑它。

5.4.3　两栖动物生态类型

草海两栖动物的生态分布包括 5 种类型：静水型（Q）、静水陆栖型（TQ）、流水型（R）、流水陆栖型（TR）、树栖型（A）。静水型有滇侧褶蛙；静水陆栖型包括云南小狭口蛙、多疣狭口蛙、中华蟾蜍华西亚种、贵州疣螈、昭觉林蛙；流水型包括棘腹蛙和双团棘胸蛙；流水陆栖型包括红点齿蟾、无指盘臭蛙、绿臭蛙、威宁趾沟蛙；树栖型包括华西雨蛙景东亚种和黑点树蛙（表 5-10）。可见，区内两栖动物生态类型以静水陆栖型和流水陆栖型最多，其余类型较少，这与保护区湿地生境改变及植被的破坏有关。

表 5-10　草海两栖动物生态类型

生态类型	代表动物	生境
静水型（Q）	滇侧褶蛙、牛蛙	水沟、水塘、水库、草海沼泽
静水陆栖型（TQ）	云南小狭口蛙、多疣狭口蛙、中华蟾蜍华西亚种、昭觉林蛙、贵州疣螈	水沟、水塘、水池、林下草丛、草海沼泽
流水型（R）	棘腹蛙、双团棘胸蛙	中河、大桥
流水陆栖型（TR）	无指盘臭蛙、绿臭蛙、红点齿蟾、威宁趾沟蛙	中河、大桥、水塘、水库、李子沟
树栖型（A）	华西雨蛙景东亚种、黑点树蛙	水沟、水塘、林下灌木、水边草丛

5.4.4　珍稀、特有两栖动物

草海两栖动物自然分布的有 15 种，其中，外来入侵的有 1 种，国家二级保护野生动物 1 种；《中国濒危动物红皮书》收录 4 种；"三有"动物 13 种。此外，在消灭害虫、保护生态、观赏、药用和食用等方面还有重要作用（表 5-11）。

表 5-11　草海两栖动物濒危等级及经济利用

序号	动物名称	濒危保护等级	经济利用
1	华西蟾蜍 *Bufo andrewsi*	D、E	消灭害虫；药用
2	华西雨蛙景东亚种 *Hyla gongshanensis jingdongensis*	D、E	消灭害虫；观赏动物
3	昭觉林蛙 *Rana chaochiaoensis*	E	消灭害虫；食用；药用
4	滇侧褶蛙 *Pelophylaxpleuraden*	中国特有种 E	消灭害虫；食用
5	无指盘臭蛙 *Odorranagrahami*	D、E	消灭害虫；食用
6	绿臭蛙 *Odorranamargaretae*	D、E	消灭害虫；食用
7	双团棘胸蛙 *Paa yunnanensis r*	C、D、E	消灭害虫；食用；药用
8	棘腹蛙 *Paa boulengeri*	C、D、E	消灭害虫；食用；药用
9	多疣狭口蛙 *Kaloula verrucosa*	E	消灭害虫
10	云南小狭口蛙 *Calluella yunnanensis*	D、E	消灭害虫
11	黑点树蛙 *Rhacophorus nigropunctatus*	E	消灭害虫；观赏动物
12	牛蛙 *Lithobates catesbeiana*	外来入侵种	食用；实验动物
13	贵州疣螈 *Tylototriton kweichowensis*	A、B、C、D 二级保护动物	消灭害虫；观赏动物；药用；科研
14	威宁蛙 *Pseudorana weiningensis*	C、D、E	消灭害虫；科研
15	红点齿蟾 *Oreolalax rhodostigmatus*	D、E	消灭害虫；观赏动物

注：A 为濒危野生动植物种；B 为国家重点保护野生动物名录；C 为中国濒危动物红皮书；D 为中国动物红色名录；E 为国家"三有"动物。

5.4.5　保护措施及建议

草海两栖类记述 2 目 7 科 12 属 14 种，本次调查采获 12 种，较之前少了 3 种，多了 1 种，共有 15 种。保护区两栖动物多样性较差。在大桥、锁黄仓、倮罗山两栖动物的多样性及数量高于簸箕湾、朱家湾、白家嘴、朱家沟区域，主要是人为耕作干扰、生境改变、湿地生境类型及数量减少、水质变差引起的。

此次采到的 12 种两栖动物除绿臭蛙和棘腹蛙种群数量较少外，其余 10 种种群数量较大，分布较广。双团棘胸蛙属于流水型，对水质的要求较高，在水井和大桥易于采到，在中河偶见，可作为草海水质变化的指示生物。牛蛙在草海水质较差的区域大量繁殖，建议专项评估草海牛蛙大量繁殖对草海水生生物及水生态系统的影响。建议从保护草海蛙类生存的多样化的湿地生境着手，更好地保护草海蛙类。

5.5 鱼类

历史上，曾两次对草海进行过渔业资源调查，1983—1984 年，贵州科学院生物研究所对草海鱼类资源进行了本底调查，记录草海鱼类 9 种，隶属于 3 目 4 科 8 属，反映了草海当时的鱼类资源状况。2005 年8 月、11 月贵州省生物研究所对草海的渔业资源进行了再次调查，发现鱼类 14 种，隶属于 4 目 6 科 12属，其中，土著种 11 种，外来种 3 种。本次科考，于 2016 年 7 月至 2017 年 6 月对草海的渔业资源状况进行了两次大规模的定点调查和随机调查。

定点渔获物分析采样地点集中在倮罗山、白家嘴、簸箕湾、邓家院子、阳关山、杨湾桥水库（图 5-9），其他地点为补充采样地点。采集渔具主要是刺网、搬罾、钓钩和地笼，为了避免不同渔具和地点的混淆，采用同渔船进湖打鱼的方法。鱼类多样性调查采用从当地渔民手中购买、询问和自己用地笼和抄网捕捞的方法，调查方法按《内陆水域渔业自然资源调查手册》进行。对渔获物进行分类、计数、称重、测量体长、体重，精确到毫米或克。

图 5-9　鱼类采样点

5.5.1 区系组成

保护区内鱼类多样性较低，综合历史数据和 2016—2017 年的调查结果，在保护区内共发现鱼类 18种，隶属于 6 目 9 科 17 属，其中，黄黝鱼 *Micropercops swinhonis*、彩石鳑 *pseudoperilampus lighti*、鲢 *Hypophthalmichthys molitrix*、草鱼 *Ctenopharyngodon idellus*、埃及胡子鲶 *Clarias leather*、杂交鲟、黄颡鱼 *Pelteobagrus fulvidraco* 等为外来物种。鲤形目种类最多，有 2 科 9 属 10 种，占鱼类种数的 55.56%；其次是鲈形目鱼类 2 科 3 属 3 种；其余依次为鲇形目 2 目 2 科 2 属 2 种；颌针鱼目 1 目 1 科 1 属 1 种；合鳃鱼目 1科 1 属 1 种；鳉形目 1 科 1 属 1 种（表 5-12、附录 8）。保护区鱼类区系组成以中国江河平原区系为主，土著物种较少，外来物种较多，优势物种以鲫鱼 *Carassius auratus*、黄黝鱼、彩石鳉为主；麦穗鱼 *Pseudo-rasbora parva* 为重要种；鲤鱼 *Cyprinus carpio*、泥鳅 *Misgurnus anguillicaudatus*、普栉鰕虎鱼 *Ctenogobius giurinus*、黄鳝 *Monopterus albus* 为常见种；贝氏鳘 *Hemiculter bleekeri*、鲢、青鳉 *Oryzias latipes*、黄颡鱼、埃及胡子鲶、草海云南鳅 *Yunnanilus caohaiensis* 为偶见种。

表 5–12　保护区鱼类科属组成

目	科	种（种）
鲤形目 Cypriniformes	鲤科 Cyprinidae	6
	鳅科 Cobitidae	3
鲈形目 Perciformes	塘鳢科 Hypseleotris	1
	鰕虎鱼科 Gobiidae	2
鲇形目 Siluriformes	胡子鲇科 Clarias	1
	鮠科 Bagridae	1
颌针鱼目 Beloniformes	怪颌鳉科 Adrianichthyidae	1
合鳃鱼目 Synbranchiformes	合鳃鱼科 Synbranchidae	1
鲟形目 Acipenseriformes	鲟科 Acipenserdae	1

5.5.2　渔获物资源状况分析

5.5.2.1　渔获物总的相对重要性指数（IRI）分析

保护区内的环境异质性决定了鱼类群落结构的时空差异。总体而言，保护区水域内的优势种在不同区域的不同时间段的群落结构存在一定差异，比如彩石鳉在水质较好的阳关山和保罗山分布较多，在水质较差的簸箕湾、邓家院子分布较少，在不同区域鱼类种群的优势种发生了更替。采用相对重要性指数（*IRI*）对保护区鱼类的优势种进行了分析（Pinkas，1971），计算公式如下：

$$IRI = (N+W) * F$$

式中，N 为某种类的个体数占总渔获个体数的百分比；W 为某种类的重量占总渔获重量的百分比；F 为某种类在调查中被捕的船次占调查总船次的比例。设定 *IRI* 值大于 1000 的为优势种；*IRI* 值为 100~1000 的为重要种；*IRI* 值为 10~100 的为常见种；*IRI* 值小于 10 的为偶见种。

就保护区内鱼类群落结构的时空差异性描述：草海的主要优势种为鲫鱼、黄黝鱼、彩石鳉、麦穗鱼共 4 种。无论重量比或尾数比，鲫鱼在各个采样地点的占比最高，尤其是重量比都在 50% 以上，其次为黄黝鱼和麦穗鱼，麦穗鱼作为优势物种，尾数比和重量比在各个采样点的占比也较大。2016 年在邓家院子没有发现彩石鳉，在簸箕湾有较少的比例，在其他地点的渔获物中，尾数比却通常在 20% 以上，渔获物中相对重要性指数分析结果见表 5–13。

表 5–13　渔获物总的 IRI 分析

鱼名	IRI		群落地位	
	2016	2017	2016	2017
鲫鱼	49005	50106	优势种	优势种
麦穗鱼	8220	4444	优势种	优势种
黄黝鱼	5775	19902	优势种	优势种
彩石鳉	3175	11773	优势种	优势种
鲤鱼	34.5	0	常见种	—
泥鳅	766	977	重要种	重要种

（续）

鱼名	IRI		群落地位	
	2016	2017	2016	2017
黄鳝	904	—	重要种	—
埃及胡子鲶	9.25	—	偶见种	—
普栉鰕虎鱼	—	436	—	重要种

5.5.2.2 总的渔获物组成

从 2016—2017 年草海总的渔获物捕捞情况可以看出（表 5-14、图 5-10），鲫鱼的重量比为 84.24%，尾数比为 44.67%，无论尾数比和重量比都是最高的；黄黝鱼的重量比 6.50%，尾数比 31.31%，为草海第二大优势物种；其次为麦穗鱼和彩石鳑，占比也比较高。

表 5-14 草海总的渔获物构成

鱼名	重量 （g）	重量比 （%）	尾数 （ind）	尾数比 （%）	体长范围 （mm）	体重范围 （g）	均重 （g）
鲫鱼	15491.17	84.24	2407	44.67	20~180	0.18~159.08	6.44
麦穗鱼	689.79	3.75	404	7.50	17~75	0.11~9.09	1.71
黄黝鱼	1195.97	6.50	1687	31.31	18~52	0.03~3.45	0.71
彩石鳑	266.45	1.45	789	14.65	18~45	0.08~2.27	0.34
泥鳅	206.31	1.12	25	0.46	70~140	2.11~17.68	8.25
普栉鰕虎鱼	67.45	0.37	62	1.15	18~57	0.07~2.87	1.09
黄鳝	327.59	1.78	12	0.22	149~444	8.46~71.28	27.30
鲤鱼	74.54	0.41	1	0.02	134	74.54	74.54
埃及胡子鲶	70.18	0.38	1	0.02	186	70.18	70.18

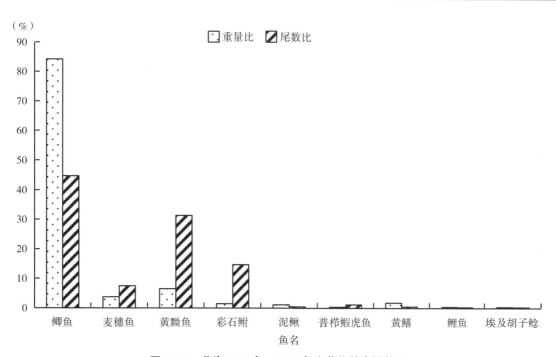

图 5-10 草海 2016 年、2017 年渔获物的资源状况

5.5.2.3 各个固定采样点的渔获物组成分析

可以看出，普栉鰕虎鱼在2016年的调查中没有发现，而2017年仅在邓家院子的渔获物中占了一定比重，表明普栉鰕虎鱼在草海中还有极少量的分布。因为彩石鳑和鰕虎鱼对水质的要求相对较高，2017年调查中在邓家院子这两种鱼类都被发现，从侧面表明邓家院子附近的水质有逐渐好转迹象。市场调查发现，草海特产鱼包虾并不是来自草海的鰕虎鱼，而是来源于杨湾桥水库的草海云南鳅。通过杨湾桥的渔获物分析可以看出，杨湾桥水库渔获物中草海云南鳅的重量比和尾数比分别达到了85.3%和83.46%，无论尾数比和重量比都占有绝对优势。根据解剖发现，草海云南鳅腹中含虾的占比较高，通过市场调查与渔民谈话和渔获物分析可以推断，目前威宁鱼包虾主要来源是杨湾桥水库的草海云南鳅。目前草海中的草海云南鳅主要分布在阳关山区域，分布区域水质较好，水草茂密、具有暗沟或水流暗涌的下层水。一般渔民很难捕获到，需要特殊的下网方式才能捕获，并且数量稀少。通过大量访问专业渔民，已经很多年没有发现该物种，和实际的渔获物调查结果相吻合。

各采样点渔获物组成情况见表5-15至表5-23。

表5-15 2016年夏季调查邓家院子渔获物结构（地笼）

鱼名	重量 (g)	重量比 (%)	尾数 (ind)	尾数比 (%)	体长范围 (mm)	体重范围 (g)	均重 (g)
鲫鱼	271.85	32.62	303	57.83	22~54	0.27~2.52	1.34
麦穗鱼	119.02	14.28	100	19.08	28~65	0.32~5.37	1.19
黄黝鱼	32.84	3.94	100	19.08	19~45	0.1~1	0.33
泥鳅	82.09	9.85	9	1.72	71~120	2.6~12.57	9.12
黄鳝	327.59	39.31	12	2.29	149~444	8.46~71.28	32.76

表5-16 2016年夏季调查邓家院子渔获物结构（刺网）

鱼名	重量 (g)	重量比 (%)	尾数 (ind)	尾数比 (%)	体长范围 (mm)	体重范围 (g)	均重 (g)
鲫鱼	9059.89	98.42	161	98.78	620~180	8.12~159.08	56.27
鲤鱼	74.54	0.77	1	0.61	134	74.54	74.54
埃及胡子鲶	70.18	0.76	1	0.61	186	70.18	70.18

表5-17 2016年夏季调查簸箕湾渔获物结构（地笼）

鱼名	重量 (g)	重量比 (%)	尾数 (ind)	尾数比 (%)	体长范围 (mm)	体重范围 (g)	均重 (g)
鲫鱼	456.08	63.93	299	54.07	23~99	0.26~25.46	7.13
麦穗鱼	178.14	24.97	108	19.53	23~75	0.39~9.09	1.65
黄黝鱼	56.32	7.89	141	25.50	22~45	0.15~1.09	0.4
泥鳅	21.59	3.03	4	0.72	79~96	3.17~6.63	5.4
彩石鳑	1.25	0.18	1	0.18	4	1.25	

表 5-18　2016 年夏季调查阳关山渔获物结构（地笼）

鱼名	重量 （g）	重量比 （%）	尾数 （ind）	尾数比 （%）	体长范围 （mm）	体重范围 （g）	均重 （g）
鲫鱼	135.73	49.34	114	35.08	22~54	0.3~5.08	1.19
麦穗鱼	53.46	19.43	40	12.31	25~46	0.29~4.56	1.34
彩石鲋	68.76	24.99	124	38.15	18~40	0.06~1.53	0.55
黄黝鱼	17.16	6.24	47	14.46	19~38	0.08~1.02	0.37

表 5-19　2017 年夏季调查邓家院子渔获物结构（地笼）

鱼名	重量 （g）	重量比 （%）	尾数 （ind）	尾数比 （%）	体长范围 （mm）	体重范围 （g）	均重 （g）
鲫鱼	606.96	62.30	200	33.90	18~99	0.18~30.53	3.03
麦穗鱼	91.86	9.42	54	9.15	17~70	0.11~6.66	1.70
黄黝鱼	135.49	13.91	191	32.37	18~60	0.03~3.45	0.71
彩石鲋	72.55	7.45	83	14.07	22~44	0.31~1.79	0.87
普栉鰕虎鱼	67.45	6.92	62	10.51	18~57	0.07~2.87	1.09

表 5-20　2017 年夏季调查簸箕湾渔获物结构（地笼）

鱼名	重量 （g）	重量比 （%）	尾数 （ind）	尾数比 （%）	体长范围 （mm）	体重范围 （g）	均重 （g）
鲫鱼	2503.87	80.52	648	66.74	20~64	0.27~17.79	3.86
麦穗鱼	106.53	3.42	32	3.30	25~75	0.23~8.34	3.33
黄黝鱼	434.02	13.96	266	27.39	18~52	0.11~2.24	1.63
彩石鲋	28.84	0.93	22	2.26	30~45	0.716~2.27	1.31
泥鳅	36.28	1.17	3	0.31	70~120	2.11~17.68	12.09

表 5-21　2017 年夏季调查倮罗山渔获物结构（地笼）

鱼名	重量 （g）	重量比 （%）	尾数 （ind）	尾数比 （%）	体长范围 （mm）	体重范围 （g）	均重 （g）
鲫鱼	2399.46	86.25	673	55.85	17~116	0.12~45.92	3.57
麦穗鱼	56.63	2.03	22	1.83	40~63	1.12~4.67	2.57
黄黝鱼	221.27	7.95	375	31.12	30~41	0.11~1.34	0.59
彩石鲋	95.05	3.42	132	10.95	19~45	0.22~2.20	0.72
泥鳅	9.66	0.35	3	0.25	70~90	2.12~4.92	3.22

表 5-22　2017 年夏季调查阳关山渔获物结构（地笼）

鱼名	重量 （g）	重量比 （%）	尾数 （ind）	尾数比 （%）	体长范围 （mm）	体重范围 （g）	均重 （g）
鲫鱼	57.33	7.12	9	0.85	47~85	2.61~15.51	6.37
麦穗鱼	84.15	10.46	48	4.54	32~66	0.44~5.2	1.75
黄黝鱼	298.87	37.14	567	53.64	24~42	0.20~1.61	0.53
彩石鲋	307.74	38.24	427	40.40	9~49	0.25~2.19	0.72
泥鳅	56.69	7.12	6	0.57	97~140	6.17~15.67	9.45

表 5-23　2017 年夏季调查杨湾桥水库渔获物结构（地笼）

鱼名	重量 （g）	重量比 （%）	尾数 （ind）	尾数比 （%）	体长范围 （mm）	体重范围 （g）	均重 （g）
鲫鱼	9.47	0.95	4	0.44	22~63	1.20~4.68	2.37
麦穗鱼	113.86	11.38	100	10.95	23~63	0.15~4.45	1.14
彩石鲋	23.73	2.37	47	5.15	22~63	0.15~0.93	0.57
云南鳅	853.09	85.30	762	83.46	60~72	0.2~11	1.00

5.5.3　保护措施及建议

（1）完善生态环境监测

草海 1986 年的科考仅有 9 种鱼类，2007 年的调查增加了黄黝鱼、彩石鲋和草鱼 3 种外来物种，本次调查又增加了埃及胡子鲶、黄颡鱼、鲢和杂交鲟 4 种外来物种，并且从渔获物的组成可以看出，因彩石鲋、黄黝鱼可以在草海自行繁殖，已成为草海的主要优势物种。因黄黝鱼喜食其他鱼类的鱼卵，其种群数量变动需要重点关注。另外黄颡鱼可以在静水湖泊中自行繁殖，该鱼是肉食性鱼类，喜食其他鱼类，其种群变动也需要重点监测。这些外来物种主要是投放鱼苗时带入、人为放生或逃逸产生。如何防止这些外类物种进入草海，影响本地种群的种群动态，需要加大监管力度。此次科考发现了彩石鲋的时空分布特性，为草海今后污染识别的敏感物种的确定提供了可能。开展草海保护渔业资源的常规监测工作，定期进行渔获物结构分析，了解保护区鱼类资源的动态变化，为保护区制订保护计划提供数据支撑。

由于保护区渔业资源变动及环境质量状况是衡量保护区整体生态系统的重要标准，所以，要加强保护区渔业资源及生态环境的动态监测工作，以渔政部门为基础，建立并完善渔业资源与生态环境监测站点，构成渔业资源与生态环境监测网，强化监测能力，提高监测预警能力，建立生态环境监测数据库，实时掌握保护区内渔业资源的动态变化，为管理机构提供规范、真实、科学的数据，成为其实施生态保护等决策的理论依据。

（2）加大科研支持

本次调查发现了第二次调查没有发现的草海云南鳅，找到了其具体分布地点及生存的生境特点，为今后该鱼的保护提供重要的参考。应开展保护区特有鱼类草海云南鳅的繁殖生态学研究，特别是天然种群的遗传结构和种群动态分析研究，从而为保护区的建设和发展提供科学依据和保障。科研是制订保护区管理目标、发展规划和管理计划的依据。保护区的建设和发展需要稳定的训练有素的科研人才作支撑。要加强保护区自身科研人才储备和科研器材的配备，建立比较完善的试验、监测和研究的基础设施，满足开展正常科研活动的需要，积极开展常规的科研监测和生产性科研实验，有针对性地开展一些重点专题科研活动，选择重点保护对象进行恢复和发展，甚至突破其饲养繁殖技术难关。

（3）增加保护投入

保护区建设的目的和意义就是保护好草海内的珍稀、特有物种，使之种群数量得以恢复或增长，宝贵的物种遗传资源得以延续，生物多样性得到有效保护，最终达到保护好这些生物赖以生存的生态系统的目的。因此，各级政府应十分重视保护区建设和发展，增加财政经费投入，争取通过立法，制定国家或地方财政对自然保护区资金投入的机制，保障自然保护区建设管理经费的落实，逐步建立以政府投入为主，自然保护区自筹和国内外捐助相结合的资金来源渠道，以保证保护区的健康、快速、稳定和可持续发展。

5.6 昆虫

保护区昆虫资源调查工作基础十分薄弱。贵州省林业厅 2005 年曾组织相关单位的专家、教授和科技工作者，组成了科学考察团，对该保护区包括昆虫资源在内的多个学科进行了考察和研究，并由张华海等（2007）主编出版了《草海研究》考察文集。在该文集中，廖启荣、宋琼章和李子忠以"草海国家级自然保护区及其附近昆虫资源调查初报"为题报道了 189 种昆虫；姚松林、邓一德和李峰以"草海国家级自然保护区底栖动物资源研究"为题，报道草海底栖动物资源，其中含水生昆虫 64 种。此后的 10 余年来，有关保护区昆虫的调查再未见报道。2016 年 10 月至 2017 年 9 月，由子课题的负责单位贵州大学昆虫研究所牵头，组织了贵州大学、贵州医科大学等相关单位的师生 70 余人次，对保护区昆虫物种多样性进行了较深入的调查，调查内容包括动物地理区系、种类组成、分布位置、种群数量、种群结构、生境状况、生态位、重要物种的生态习性等。

5.6.1 昆虫物种、多样性及其分布

5.6.1.1 物种组成

通过野外调查，共获昆虫标本 4 万余号，经初步鉴定，共有 14 目 98 科 473 种。以"目"为类群统计各类群的物种数及其占比见表 5-24。从表中可看出，草海昆虫以半翅目、鳞翅目、双翅目、鞘翅目、膜翅目、蜻蜓目和直翅目为主要组成成分，7 个目共 455 种，占 96.19%，其中排名前三位的分别是半翅目（122 种，占 25.79%）、鳞翅目（115 种，占 24.31%）和双翅目（96 种，占 20.30%），而蛇蛉目、脉翅目、蜉蝣目则最少，分别为 1 种，仅各占 0.21%）。

表 5-24　草海昆虫各目所含物种数及其占比

目	半翅目	鳞翅目	双翅目	鞘翅目	膜翅目	蜻蜓目	直翅目	革翅目	长翅目	螳螂目	广翅目	蛇蛉目	脉翅目	蜉蝣目	合计
种数（种）	122	115	96	65	27	17	13	5	5	3	2	1	1	1	473
占比（%）	25.79	24.31	20.30	13.74	5.71	3.59	2.75	1.05	1.05	0.63	0.42	0.21	0.21	0.21	100.00

5.6.1.2 多样性比较

对保护区近湖、远湖、近湖与远湖不同生境、不同月份昆虫群落多样性进行统计分析，结果见表 5-25 至表 5-27。

从表 5-25 可看出，就草海近湖生境而言，北岸的物种丰富度、多样性及均匀度 3 个指数均高于南岸，原因可能是南岸区域受到农业活动影响，物种数量明显下降，且其分布情况也不均匀。

从表 5-25、表 5-26 可看出，无论近湖还是远湖生境，7 月昆虫丰富度、多样性及均匀度 3 个指数和物种数量均高于 5 月和 9 月，表明昆虫丰富度、多样性及均匀度 3 个指数的高低不仅受人类活动的影响，而且也受到季节气候的限制。

表 5-25　近湖不同生境不同月份昆虫群落多样性指数比较

多样性指数	5 月		7 月		9 月	
	南岸	北岸	南岸	北岸	南岸	北岸
Simpson 指数（D）	0.75	0.80	0.79	0.85	0.72	0.79
Shannon-Wiener 指数（H）	1.95	2.02	1.90	2.24	1.72	1.90
Pielou 均匀度（E）	0.72	0.78	0.85	0.87	0.79	0.86

表 5-26　远湖不同生境不同月份昆虫群落多样性指数比较

多样性指数	5月		7月		9月	
	南岸	北岸	南岸	北岸	南岸	北岸
Simpson 指数（D）	0.80	0.82	0.88	0.84	0.74	0.92
Shannon-Wiener 指数（H）	2.18	2.13	2.44	2.25	1.79	2.81
Pielou 均匀度（E）	0.79	0.90	0.91	0.90	0.78	0.93

表 5-27　近湖与远湖生境昆虫群落多样性指数比较

多样性指数	5月		7月		9月	
	近湖	远湖	近湖	远湖	近湖	远湖
Simpson 指数（D）	0.78	0.80	0.82	0.86	0.75	0.83
Shannon-Wiener 指数（H）	1.90	2.15	2.07	2.34	1.81	2.30
Pielou 均匀度（E）	0.75	0.84	0.86	0.90	0.82	0.85

从表 5-27 可看出，远湖生境的物种丰富度、多样性及均匀度 3 个指数均大于近湖生境，原因可能是近湖境内的植被较单一（均为草本），而远湖生境的植被较好。但从季节变化来看，北岸远湖生境的物种丰富度、多样性及均匀度 3 个指数与北岸近湖生境不同，即在 9 月最高，导致这一结果的可能有以下两方面的原因：一是威宁地区适宜昆虫生存的气候条件主要集中在 6~9 月，进入 10 月气温明显下降；二是从昆虫自身繁殖策略来看，为了保证次年的种群数量得以延续，其必须在降温之前选择或迁移到更稳定的生境（如草海地区植被较好的境外区域）越冬。因此保护区北岸远湖生境的昆虫时间分布不同于北岸近湖生境。

综合以上研究结果，保护区昆虫多样性的保护，不仅要加强对保护区人类活动的科学管理，同时应加强对保护区近湖生境和远湖生境的保护。

5.6.1.3　分布情况

本次调查共采集昆虫标本 4 万余号。经初步的标本整理、鉴定，保护区昆虫共有 14 目 98 科 473 种，其中贵州新记录种 39 个（标注 "＊" 者）。发现 2 新种：草海芳飞虱 *Fangdelphax caohaiensis* Zhou & Chen 和威宁丘额叶蝉 *Agrica weiningensis* Luo & Chen。

本次调查结果（473 种）与 10 年前张华海、李明晶、姚松林等（2007）的调查结果（266 种）相比较，物种数增加了 207 种，增幅为 77.82%。一方面是由于本次调查无论是在采集时间上（5 月、7 月和 9 月集中 3 次采集）、采集力度上（共组织 70 多人次参与），还是在采集方法上（如采用随机调查法与样方调查法相结合，以及增加了陷阱法、黄盘诱集法等），都有较大幅度提升。另一方面，也进一步证实保护区的昆虫物种是较为丰富的。但同时我们也发现，本次采集到的蜻蜓目昆虫仅有 17 种，明显少于姚松林等（2007）所报道的蜻蜓物种数（61 种）。可能的原因是，本次调查采集的地点主要集中在草海沿岸陆地及远湖区域，湿地及水面区域采集时间较少。另外，也可能与草海生态环境的变化、鸟类捕食量增加或人类过度捕捞（调查过程发现不少湖边商铺出售蜻蜓稚虫）有关。

5.6.2　区系分析

应用区系型单式及区系型复计分析改进方法，对保护区现知 473 种昆虫在世界和中国各动物地理区的区属特征进行分析。

5.6.2.1 在世界动物地理区划中的区系型及比重

保护区现知 473 种昆虫在世界动物地理区划中共计 17 式区系型（表 5-28），以跨"东洋—古北界"区系型成分占主导优势，计 250 种，比重为 52.86%；东洋界区系型次之，计 141 种，比重为 29.81%；其他跨区系型较少；这表明东洋界与古北界联系很强，区系融汇度高。

从表 5-28 可见，两区同式跨区区系型中无跨"东洋—新热带界"区系型，"东洋—非洲界"和"东洋—澳洲界"2 种，比重 0.42%；"东洋—新北界"仅 1 种，比重为 0.21%。这显示草海昆虫区系与非洲界、澳洲界区系联系较弱；与新北界和新热带界联系最弱。

表 5-28　草海昆虫在世界动物地理区划中的区系型和比重

序号	区系型	种数（种）	比重（%）
1	东洋界	141	29.81
2	东洋—古北界	250	52.86
3	东洋—非洲界	2	0.42
4	东洋—新北界	1	0.21
5	东洋—澳洲界	2	0.42
6	东洋—古北—非洲界	14	2.96
7	东洋—古北—澳洲界	20	4.23
8	东洋—古北—新北界	11	2.32
9	东洋—古北—新热带界	1	0.21
10	东洋—古北—非洲—澳洲界	3	0.64
11	东洋—古北—澳洲—新北界	3	0.64
12	东洋—古北—非洲—新北界	7	1.48
13	东洋—非洲—新北—新热带界	1	0.21
14	东洋—古北—非洲—澳洲—新热带界	1	0.21
15	东洋—古北—澳洲—新北—新热带界	1	0.21
16	东洋—古北—非洲—澳洲—新北界	6	1.27
17	东洋—古北—非洲—澳洲—新北—新热带界	9	1.90
总计		473	100.00

5.6.2.2 世界动物地理区系关系

草海昆虫在世界动物地理区划中含特定地理区的跨区区系型的复计比较统计见表 5-29。从表 5-29 可知，含特定地理区的跨区区系型的复计种数和比重依次为含东洋界的跨区区系最多，计 16 式区系型，比重为 94.11%，计 332 种，比重为 70.19%；含古北界的跨区区系次之，计 12 式区系型，比重为 70.59%，计 326 种，比重为 68.92%；含澳洲界的跨区区系型计 7 式，比重为 41.18%，计 45 种，比重为 9.51%；含非洲界的跨区区系型计 8 式区系型，比重为 47.06%，计 43 种，比重为 9.09%；含新北界的跨区区系型计 8 式，比重为 47.06%，计 27 种；比重为 5.70%；含新热带界的跨区区系型计 5 式，比重为 29.41%，计 13 种，比重为 2.75%。综上所述，现生草海昆虫区系与东洋界联系最强，古北界次之，与澳洲界联系较强，与非洲界和新北界联系相近且较弱，与新热带界联系最弱。

表 5-29　草海昆虫在世界动物地理区划中跨区区系型的复计比较

含特定区的跨区区系型	复计跨区区系型		复计种	
	式数（式）	复计型比重（%）	种数（种）	复计型比重（%）
东洋界区系型			141	29.81
含东洋界的跨区区系型	16	94.11	332	70.19
含古北界的跨区区系型	12	70.59	326	68.92
含非洲界的跨区区系型	8	47.06	43	9.09
含新北界的跨区区系型	8	47.06	27	5.70
含澳洲界的跨区区系型	7	41.18	45	9.51
含新热带界的跨区区系型	5	29.41	13	2.75

5.6.2.3　在中国动物地理区划中的区系型及比重

草海昆虫在中国动物地理区划中共计 38 式区系型（表 5-30）。"西南—华中区"区系型最多，计 95 种，占总数的 20.08%；"西南—华南—华中—华北—东北—蒙新—青藏区"区系型次之，计 71 种，占 15.02%；"西南—华南—华中区"区系型计 63 种，占 13.32%；"西南—华南—华中—华北区"区系型计 50 种，占 10.58%；"西南—华南—华中—华北—东北区"计 38 种，占 8.04%，其余区系型较少。此外，草海昆虫非跨区型计 13 种，跨区型 460 种；其中，跨二区型计 107 种，跨三区型计 86 种，跨四区型 96 种，跨五区型计 65 种，跨六区型 35 种，跨七区系型 71 种，且跨区型中，以跨"西南—华南—X（代表其他区系）"区系型占主导位置，跨"西南—华中—X"区系型次之。由此可知，草海昆虫区系以西南区区系型呈明显优势，与西南区和华中区有较强联系，且跨区型较多，区系结构较为复杂。

表 5-30　草海昆虫在中国动物地理区划中的区系型和比重

序号	区系型	种数（种）	比重（%）
1	西南区	13	2.75
2	西南—华中区	95	20.08
3	西南—蒙新区	1	0.21
4	西南—华南区	9	1.90
5	西南—华北区	1	0.21
6	西南—青藏区	1	0.21
7	西南—华南—华中区	63	13.32
8	西南—华中—华北区	13	2.75
9	西南—华中—蒙新区	2	0.42
10	西南—华中—青藏区	4	0.84
11	西南—华中—东北区	1	0.21
12	西南—华北—东北区	2	0.42
13	西南—华北—蒙新区	1	0.21
14	西南—华中—华北—东北区	9	1.90
15	西南—华南—华中—华北区	50	10.58
16	西南—华南—华中—东北区	22	4.66
17	西南—华中—华北—蒙新区	2	0.42
18	西南—华中—华北—青藏区	2	0.42
19	西南—华中—华北—青藏区	3	0.64
20	西南—华中—东北—青藏区	2	0.42
21	西南—华南—华中—蒙新区	4	0.84

（续）

序号	区系型	种数（种）	比重（%）
22	西南—华南—华中—青藏区	1	0.21
23	西南—华南—华北—东北区	1	0.21
24	西南—华南—华中—东北—青藏区	2	0.42
25	西南—华南—华中—华北—蒙新区	5	1.06
26	西南—华中—华北—东北—蒙新区	1	0.21
27	西南—华中—华北—蒙新—青藏区	1	0.21
28	西南—华中—华北—东北—青藏区	1	0.21
29	西南—华北—东北—蒙新—青藏区	1	0.21
30	西南—华南—华中—华北—青藏区	16	3.39
31	西南—华南—华中—华北—东北区	38	8.04
32	西南—华南—华北—东北—蒙新—青藏区	1	0.21
33	西南—华南—华中—东北—蒙新—青藏区	1	0.21
34	西南—华南—华中—华北—蒙新—青藏区	5	1.06
35	西南—华南—华中—华北—东北—蒙新区	2	0.42
36	西南—华南—华中—华北—东北—青藏区	7	1.48
37	西南—华南—华中—华北—东北—蒙新区	19	4.02
38	西南—华南—华中—华北—东北—蒙新—青藏区	71	15.02
总计		473	100.00

5.6.2.4　中国动物地理区系关系

　　草海昆虫在中国动物地理区划中含特定地理区的跨区区系型的复计统计见表5-31。从表5-31可知，含西南区的跨区区系型复计种数和比重最大，计37式区系型，比重为97.37%，计460种，比重为97.25%；含华中区的跨区区系型次之，计27式区系型，比重为71.05%，计439种，比重为92.81%；含华南区的跨区区系型计19式区系型，比重为50.00%。计320种，比重为67.65%；含华北区的跨区区系型计25式区系型，比重为65.79%；计253种，比重为53.48%；含东北区的跨区区系型计17式区系型，比重为44.74%，计181种，比重为38.26%；含青藏区的跨区区系型计16式区系型，比重为42.10%，计119种，比重为25.15%；含蒙新区的跨区区系型计15式区系型，比重为39.47%，计117种，比重为24.73%。结果表明：草海昆虫区系与华中区联系最强，其次是华南区，华北区，东北区，与青藏区和蒙新区联系程度大致相等。

表5-31　草海昆虫在中国动物地理区划中含特定地理区的跨区区系型的复计比较

含特定区的跨区区系型	复计跨区区系型		复计种	
	式数（式）	复计型比重（%）	种数（种）	复计型比重（%）
西南区区系型			13	2.75
含西南区的跨区区系型	37	97.37	460	97.25
含华中区的跨区区系型	27	71.05	439	92.81
含华南区的跨区区系型	19	50.00	320	67.65
含华北区的跨区区系型	25	65.79	253	53.48
含东北区的跨区区系型	17	44.74	181	38.26
含青藏区的跨区区系型	16	42.10	119	25.15
含蒙新区的跨区区系型	15	39.47	117	24.73

综上所述，草海昆虫区系在中国动物地理区划的特点可概括为西南区区系型占主导优势，与西南区和华中区区系交融最深，与华南区和华北区交融广泛，构成了含华中区、华南区和华北区的强势区系；主导区系与其他区系关联强度依次为华中区、华南区、华北区、东北区、青藏区和蒙新区。与此同时，西南区、华中区、华南区和华北区形成草海昆虫区系的辐射联系态势。

5.6.3 物种生态位分析

5.6.3.1 昆虫类群时间和空间分布

通过在草海保护区4个不同生境20个样方采集标本统计，共获2361号昆虫标本，经鉴定计9目273种。根据研究需要将所有标本按目划分为9个类群。不同生境各昆虫类群个体数量在时间和空间上的分布见表5-32和表5-33。

从表5-32可看出，近湖生境各昆虫类群个体数量在5月以双翅目为最多，其余是半翅目、鞘翅目、脉翅目和直翅目，以上5个类群占群落总个体数的55%；在7月，各昆虫类群个体数量占优势的为半翅目、鞘翅目、直翅目和蜻蜓目，4个类群占当时群落总个体数的比例高。半翅目、直翅目和蜻蜓目个体数量在9月仍然最多。鳞翅目在5月时受环境和自身因素的影响，多数处于卵期或是幼虫阶段，成虫个体数量较少，加之幼虫的活动能力弱，所以采集的个体数量很少。蜻蜓目随着自身发育的逐渐成熟和其他昆虫的增多，其个体数量随着时间逐渐增加。

从空间上的分布看，近湖生境中蜻蜓目、半翅目、鞘翅目和双翅目在个体数量上具明显优势，4个类群共占本生境群落总个体数绝大数，双翅目和半翅目在南、北两岸的差异不大；远湖生境中半翅目、鞘翅目、直翅目和膜翅目个体数量占优势，4个类群为本生境群落总个体数与近湖生境存在差异，尤其是双翅目在远湖生境明显少于近湖生境，原因可能与其幼虫生存环境有关，即双翅目昆虫幼虫多半生存在水生环境中。因此，近湖生境（湿地生态系统）中的双翅目个体数量自然高于远湖生境（陆地生态系统）。

表 5-32　近湖生境各昆虫类群个体数量在时间和空间上的分布

目	5月		7月		9月	
	南岸	北岸	南岸	北岸	南岸	北岸
鞘翅目	24 (0.052)	12 (0.362)	20 (0.130)	20 (0.090)	7 (0.026)	8 (0.038)
鳞翅目	0	1 (0.003)	2 (0.013)	6 (0.025)	1 (0.004)	0
膜翅目	0	0	10 (0.065)	6 (0.025)	7 (0.027)	36 (0.170)
半翅目	151 (0.326)	107 (0.323)	79 (0.516)	135 (0.605)	116 (0.443)	91 (0.429)
蜻蜓目	0	3 (0.009)	0	0	0	2 (0.009)
直翅目	6 (0.0130)	13 (0.039)	8 (0.052)	3 (0.103)	22 (0.084)	5 (0.024)
双翅目	233 (0.480)	195 (0.589)	30 (0.196)	48 (0.215)	109 (0.416)	69 (0.325)
脉翅目	40 (0.086)	0	0	1 (0.004)	0	0
革翅目	9 (0.019)	0	4 (0.022)	4 (0.018)	0	1 (0.004)

表 5-33　远湖生境各昆虫类群个体数量在时间和空间上的分布

目	5月		7月		9月	
	南山	北山	南山	北山	南山	北山
鞘翅目	31 (0.115)	20 (0.153)	21 (0.143)	12 (0.099)	7 (0.026)	8 (0.039)
鳞翅目	0	1 (0.007)	1 (0.006)	2 (0.013)	1 (0.004)	0
膜翅目	11 (0.040)	9 (0.069)	8 (0.054)	45 (0.298)	7 (0.027)	17 (0.084)

（续）

目	5月		7月		9月	
	南山	北山	南山	北山	南山	北山
半翅目	161 (0.596)	44 (0.338)	55 (0.374)	50 (0.331)	116 (0.443)	93 (0.459)
蜻蜓目	6 (0.022)	6 (0.046)	0	3 (0.199)	0	0
直翅目	13 (0.048)	7 (0.053)	0	10.006)	22 (0.084)	5
双翅目	46 (0.170)	42 (0.323)	62 (0.421)	34 (0.225)	109 (0.416)	79 (0.390)
脉翅目	1 (0.004)	0	0		0	0
革翅目	1 (0.004)	1 (0.007)	0	4 (0.026)	0	1 (0.005)

5.6.3.2　各昆虫类群的生态位宽度

草海昆虫类群生态位宽度计算结果见表 5-34。在时间生态位宽度上以半翅目最高（16.65），其次为双翅目（9.14）、鞘翅目（5.27）和膜翅目（2.26）及蜻蜓目（0.67）。时间生态位宽度最小的是革翅目（0.00）。半翅目昆虫在草海湿地环境中数量多，且活动时间长，因此时间生态位宽度最高，这表明半翅目昆虫在时间资源轴上利用能力强；革翅目昆虫因对湿地环境质量要求严苛（其生存环境主要为枯枝败叶或腐殖质土壤中），个体数量少，导致其时间生态位宽度最小。其他各类群时间生态位宽度差异明显。

各昆虫类群空间生态位（表 5-34）以半翅目（2.38）、双翅目（1.58）和鞘翅目（0.92）较高，说明 3 个类群对空间资源利用较充分；革翅目（0.25）、膜翅目（0.16）和蜻蜓目（0.11）的空间生态位宽度偏小，也表明 3 个类群对空间资源利用率低，这是因为 3 个类群在生境中个体数量少且分布不均。

表 5-34　昆虫类群时空生态位的宽度

生态位宽度指数	鞘翅目		鳞翅目		膜翅目		半翅目		蜻蜓目		直翅目		双翅目		革翅目	
	近湖	远湖	近湖	远湖	近湖	远湖	近湖	远湖	近湖	远湖	近湖	远湖	近湖	远湖	近湖	远湖
空间生态位	0.92	0.54	0	0	0.16	0.43	2.38	0	0.11	2.90	0.58	0.38	1.58	0.91	0.25	0.02
时间生态位	5.27	0.49	1.45	0	2.26	1.74	16.65	12.05	0.68	1.37	1.64	1.61	9.14	13.18	0.00	0.69

5.6.3.3　各昆虫类群的生态位重叠

空间是物种种群生长、发展和繁衍必须的条件和资源，所以空间生态位反映的是种群对空间资源的利用情况，时间生态位反映的则是种群在时间资源轴上的利用情况。将种群的时间生态位和空间生态位综合起来才能比较准确地反映种群在所处生态环境中对资源的利用情况。生态位重叠表明了不同种群在空间资源和时间资源利用上趋于同步，而这种同步在一定的生境条件下可能会导致物种间产生竞争。

从表 5-35 可以看出昆虫群落中各主要类群之间的时空二维生态位重叠值具有明显差异。半翅目和膜翅目在时空二维生态位上重叠值最大（0.877），双翅目和半翅目二维重叠值次之（0.710），表明它们之间在时间资源的利用上具有同步性，在空间资源的利用上具同域性，类群之间可能存在捕食关系或是竞争关系。直翅目与脉翅目的时空二维生态位重叠值最小，说明二者在时空资源的利用方面是分开的。

可见，无论从物种多样性指数比较分析还是生态位时空上来看，保护区昆虫中的双翅目和半翅目均处于优势地位。

表 5-35　保护区内各昆虫类群时空生态位重叠

	半翅目	革翅目	鳞翅目	脉翅目	膜翅目	鞘翅目	蜻蜓目	双翅目	直翅目
半翅目	—								
革翅目	0.347	—							
鳞翅目	0.580	0.071	—						
脉翅目	0.114	0.143	0.000	—					
膜翅目	0.877	0.002	0.000	0.170	—				
鞘翅目	0.517	0.299	0.101	0.090	0.472	—			
蜻蜓目	0.628	0.048	0.067	0.200	0.056	0.533	—		
双翅目	0.710	0.058	0.017	0.007	0.251	0.310	0.110	—	
直翅目	0.637	0.019	0.027	0.000	0.363	0.105	0.192	0.248	—

5.6.4　保护措施及建议

经初步的标本整理、鉴定，保护区昆虫共有 14 目 98 科 473 种（附录 9），较 10 年前的初步调查在物种上有较大幅度增加。新增贵州新记录种 39 个。经初步鉴定，发现 2 个半翅目新种：草海芳飞虱和威宁丘额叶蝉。

应用区系型单式及区系型复计分析改进方法，对保护区现知 473 种昆虫在世界和中国各动物地理区的区属特征进行了分析，明确了该保护区昆虫的区系特点。结合普查和定点调查，选择草海近湖和远湖的不同生境，对草海不同生境昆虫的多样性指数进行了比较分析，掌握了草海不同生境昆虫的物种多样性状况。结合普查和定点调查，首次探讨了草海昆虫群落的时间和空间分布、生态位宽度、生态位重叠等特点。与省内其他类型的国家级自然保护区相比，草海国家级自然保护区主要以湿地为主，地理位置（海拔）、气候、植被类型等都有其独特性，在此栖息繁殖的昆虫类群，不仅物种多样性丰富，而且具有自身的区系独特性和较高的特有性。经过本次调查，取得了一些初步的成果，对草海昆虫的物种多样性有了一些初步的认识和了解，但仍有大量的工作需要补充和深化，如野外调查的广度和深度、大量标本的获取和准确鉴定、调查数据重复次数、数据的综合分析、昆虫资源的保护与利用等。

5.7　蜘蛛

2017 年，对保护区周边地区的蜘蛛目动物进行调查研究。结合历史研究资料，该保护区目前共有蜘蛛目动物 108 种，隶属于 25 科 75 属；2005 年的调查共有 15 科 37 属 57 种，增加了 10 科 38 属 51 种。优势科主要是园蛛科 Araneidae、球蛛科 Theridiidae 和肖蛸科 Tetragnathidae；发现 2 个新种，1 个雄性新发现，23 个贵州新记录；地方特有种 3 个，贵州特有种 5 个，中国特有种 30 个。草海蜘蛛的区系主要成分是古北界种类，中国特有种次之，跨区分布种类较多，东洋界种类大量侵入，有少量贵州特有种和地方特有种，具少数扩散能力强的世界广泛分布种。

5.7.1　种类组成

5.7.1.1　各科属种比较

25 科中，优势科为园蛛科 Araneidae（9 属 18 种）、球蛛科 Theridiidae（13 属 17 种）；其余的依次为肖蛸科 Tetragnathidae（5 属 11 种），狼蛛科 Lycosidae（6 属 9 种），跳蛛科 Saltiidae（8 属 8 种），漏斗蛛

科 Agelenidae（4 属 7 种），平腹蛛科 Gnaphosidae（5 属 5 种），蟹蛛科 Thomisidae（3 属 4 种）；其他科为较小科，种数均在 3 种以下（表 5-36）。

表 5-36 草海保护区蜘蛛各科属数、种数比较表

科名	属数（个）	种数（种）	占总种数百分比（%）
一、漏斗蛛科 Agelenidae	4	7	6.48
二、拟壁钱科 Oecobiidae	1	1	0.92
三、暗蛛科 Amaurobiidae	1	1	0.92
四、管巢蛛科 Clubionidae	1	3	2.78
五、平腹蛛科 Gnaphosidae	5	5	4.64
六、栅蛛科 Hahniidae	1	1	0.92
七、狼蛛科 Lycosidae	6	9	8.34
八、猫蛛科 Oxyopidae	1	3	2.78
九、逍遥蛛科 Philodromidae	1	1	0.92
十、刺足蛛科 Phrurolithidae	1	2	1.85
十一、盗蛛科 Pisauridae	2	3	2.78
十二、楼网蛛科 Psechridae	1	1	0.92
十三、跳蛛科 Saltiidae	8	8	7.42
十四、肖蛸科 Tetragnathidae	5	11	10.20
十五、球蛛科 Theridiidae	13	17	15.75
十六、蟹蛛科 Thomisidae	3	4	3.70
十七、妩蛛科 Uloboridae	3	3	2.78
十八、派模蛛科 Pimoidae	1	1	0.92
十九、园蛛科 Araneidae	9	18	16.67
二十、皿蛛科 Linyphiidae	2	3	2.78
二十一、巨蟹蛛科 Sparassidae	1	1	0.92
二十二、卷叶蛛科 Dictynidae	1	1	0.92
二十三、管蛛科 Trachelidae	1	1	0.92
二十四、幽灵蛛科 Pholcidae	1	1	0.92
二十五、卵形蛛科 Oonopidae	2	2	1.85
合计	75	108	100.00

5.7.1.2 新发现

发现 2 个新种：威宁栅蛛 *Hahnia weiningensis* Huang, Chen & Zhang, 2018, 已发表（黄贵强等, 2018）；威宁后蛛 *Meta weiningensis* Chen et al., 2019, 另文发表。1 个雄性新发现——宽唇胎拉蛛 *Taira latilabiata* Zhang, Zhu & Song, 2008, 另文发表。23 个贵州省新记录（附录 10）。

5.7.1.3 特有种

生物特有种是因历史、生态或生理因素等原因，造成其分布仅局限于某一特定的地理区域或大陆，而未在其他地方中出现的物种。特有种的特有性是评价一个地区生物多样性的重要指标，特有种负载着适应特殊环境的基因，这些基因对物种的进化、新种的产生和物种的绝灭都具有重要意义，因为特有种

的丧失意味着该种在整个地球上的丧失，应该列为保护对象。

（1）地方特有种

地方特有种，指一些狭域分布种，在这主要指仅分布于草海保护区及周边的种类，即草海特有种。草海特有种有 3 种，宽唇胎拉蛛、威宁栅蛛、威宁后蛛。在此将发现的新种暂时作为地方特有种。

（2）贵州特有种

贵州特有种，只分布在贵州省范围内的种类，不包含地方特有种，共 5 种：近骨华隙蛛 *Sinocoelotes sussacratus* Jiang & Zhang，2018、绵羊龙隙蛛 *Draconarius ovillus* Xu & Li，2007、近江崎肖蛸 *Tetragnatha subesakii* Zhu，Song & Zhang，2003、赵丫肖蛸 *Tetragnatha zhaoya* Zhu，Song & Zhang，2003、近黄圆腹蛛 *Dipoena submustelina* Zhu，1998。

（3）中国特有种

中国特有种指仅分布于中国的种类，不包含地方特有种和贵州特有种。有 30 种，详见附录 10。

5.7.2 区系分析

对草海蜘蛛区系的分析研究，一方面揭示草海蜘蛛区系的组成和历史渊源，另一方面有助于人们利用蜘蛛进行生物防治农林害虫和进行蜘蛛开发利用提供理论基础，同时也为我国和世界物种多样性编目和蜘蛛动物地理研究提供科学的理论依据。

（1）东洋区

东洋区是东南亚的动物地理分区，它包括印度、马来西亚、秦岭以南的亚洲、印尼西部、新几内亚附近的岛屿。草海蜘蛛属于东洋区的种类有 13 种，占总种数的 12.0%。主要是卡氏盖蛛 *Neriene cavaleriei* （Schenkel，1963）、茶色新园蛛 *Neoscona theisi* （Walckenaer，1841）、鼻状喜妩蛛 *Philoponella nasuta* （Thorell，1895）等种类。

（2）古北区

古北区是一个以欧亚大陆为主的动物地理分区，它涵盖整个欧洲、北回归线以北的非洲和阿拉伯、喜马拉雅山脉和秦岭以北的亚洲，是世界 6 个地理区中最大的一个动物地理区。古北区面积广阔，生态条件多样，大部分地区过去属于劳亚古陆，与旧热带界接壤的部分则原属冈瓦那古陆，现在为古北区和旧热带区的过渡区域。草海蜘蛛属于古北区的种类有 34 种，占总种数的 31.5%。主要种类有赫氏苏蛛 *Sudesna hedini* （Schenkel，1936）、叶斑八氏蛛 *Yaginumia sia* （Strand，1906）、黄斑园蛛 *Araneus ejusmodi* Boesenberg et Strand，1906 等种类。

（3）跨区分布种

草海蜘蛛跨区分布种有 20 种，占总种数的 18.5%。主要种类有具盾弱斑蛛 *Ischnothyreus peltifer* （Simon，1891）、花腹盖蛛 *Neriene radiata* （Walckenaer，1841）、棒络新妇 *Nephila clavata* L. Koch，1878 等种类（附录 10）。草海跨区分布种大部份是东洋区和古北区都有分布的种，有少数种类跨多个地理区，如具盾弱斑蛛原为热带亚洲种类，之后作为外来物种传入亚洲北部、中部、南美、加蓬、塞舌尔、马达加斯加、夏威夷。

（4）广泛分布种

广泛分布种指在世界上大部分地区都有分布的种类。草海广泛分布种有 3 种，占总种数的 2.8%，主要为传播能力较强的外来物种。

家隅蛛 *Tegenaria domestica* （Clerck，1757），与人类的关系密切，原主要分布于欧洲到中国，后来作为外来物种传入澳大利亚、新西兰、美国等地。

阿氏蛤沙蛛 *Hasarius adansoni*（Audouin, 1826），原产于非洲，后来作为外来物种传入美国、欧洲、印度、老挝、越南、中国、日本等地。

结实腰妩蛛 *Zosis geniculata*（Olivier, 1789），原来主要分布于美国南部到巴西、加勒比海，后来传入马卡罗尼西亚、西非、塞舌尔、印度、印度尼西亚、菲律宾、韩国、日本、澳大利亚、夏威夷、中国等地。

综上所述，草海蜘蛛的区系成分主要是古北界种类，中国特有种次之，跨区分布种类较多，东洋界种类大量侵入，有少量贵州特有种和地方特有种，具少数扩散能力强的世界广泛分布种。

5.7.3 保护措施及建议

由于人类社会的经济发展，环境污染加重，加上威宁县城市化进程加快，人为引进外来物种大行其道，造成了地区生态环境改变，使原有物种失去原来的优势，并逐渐消失或濒临绝迹。例如，2005 年调查时，角类肥蛛 *Larinioides cornutus*（Clerck, 1757）是草海的优势种，其种群数量很大，但在 2017 年调查时在草海难以发现有其分布，而仅在贵州科学院草海生态站内还发现有少量种群。

应加强环境管理，防止对森林植被破坏的行为发生（如毁林开荒、乱砍滥伐、纵火烧山、无序开山挖矿、盲目引进外来物种、无节制开发等），杜绝使用高污染农药和杀虫剂，减少化肥的使用量。

5.8 大型底栖无脊椎动物

5.8.1 甲壳动物

草海历史上记录的水生大型甲壳动物有 5 种：锯齿新米虾 *Neocaridina dentioulata*、葛氏华米虾 *Sinodinagre goriana*、秀丽白虾 *Palaemon modestus*、小隐蚌虫 *Caenestheriella* sp.、木场渔乡蚌虫 *Eulimnadia kobai*。但目前这 5 种甲壳动物在草海中均未发现，只有葛氏华米虾 *Sinodina gregoriana* 在草海外围还有一定种群数量。同时，有 2 种外来物种大量在草海生存，即中华长臂虾 *Palaemon sinensis*、克氏原螯虾 *Procambarus clarkii*。

5.8.1.1 草海甲壳动物的种类组成

历史上记录的草海水生大型甲壳动物有 5 种：锯齿虾、葛氏华米虾、秀丽白虾、小隐蚌虫、木场渔乡蚌虫。但目前这 5 种甲壳动物在草海中均未发现还有生存，只有葛氏华米虾在草海外围还有一定种群数量。另外，有 2 种外来物种大量在草海生存，中华长臂虾、克氏原螯虾。葛氏华米虾历史上曾经分布于云南大理洱海、云南（四川）泸沽湖、贵州威宁草海，是西南地区的特有虾类。由于人类社会的经济发展，环境污染加重，加上水产养殖业不断地引进外地高产鱼虾品种进行大量繁殖，造成地区生态环境改变，使当地特有品种失去原有优势，并逐渐消失或濒临绝迹。目前，大理洱海和威宁草海基本已无葛氏华米虾的踪迹，洱海原有虾类已被外来物种细螯沼虾取代，草海被中华长臂虾取代，造成了严重的生物入侵问题。

5.8.1.2 保护措施及建议

（1）外来物种入侵问题

保护区甲壳动物已有 2 种外来物种进入并大量繁殖，造成了生物入侵，即中华长臂虾和克氏原螯虾。草海原有的 5 种甲壳动物已经消失殆尽，生物多样性丧失严重。在漫长的生物进化发展史上，所有生物都有向分布地以外区域扩散的倾向，但受环境因素、生物因素及历史因素的制约，多数生物只能在特定的生境里栖息繁衍。生物物种通过人类有意或无意的"协助"，或自然传入等方式，突破了原有的地理和生态障碍而迅速扩散，形成外来物种。如外来物种在新分布区建立自然种群，对新分布区的生态系统结构和功能造成明显的损害和影响，就形成了生物入侵。生物入侵给土著生物群落及生态系统带来了巨大的冲击，在入侵种的影响下，大量土著物种衰退或灭绝，生态系统中的生物多样性迅速丧失，随之生态结构与功能发生深刻的改变。

（2）土著种的恢复及保护

葛氏华米虾是保护区的土著种，也是我国西南地区特有的虾类，历史上曾经在草海生长繁衍，资源量大，是草海的主要经济虾类。但目前已被外来物种中华长臂虾取代。保护土著物种资源最有效的方法就是开展土著虾类的人工饲养繁育技术研究，积极开展人工驯化养殖，人工繁殖虾苗，实现增殖放流，恢复土著虾类资源。同时，要加大外来物种的捕捞工作，逐步减少中华长臂虾的种群数量，使其在草海逐渐衰退直至不占主导地位，甚至绝迹。土著虾类资源的恢复要与其他土著鱼类资源恢复同时进行，相互促进。其他土著鱼类资源包括草海云南鳅、黑斑云南鳅、威宁裂腹鱼（仅见于文献，保护区建立以来从未采集到）等。

（3）有效预防和控制外来物种入侵

外来物种的入侵可以导致土著虾类种群衰退甚至灭绝，使入侵地的自然生态系统遭到破坏，降低生态系统生物多样性，要采取相应措施，有效控制外来虾类的入侵。加强养殖业引进外来鱼类和虾类等的管理，并建立外来入侵物种的名录制度、风险评估制度；对养殖业的外来鱼类、虾类等进行严格监控，严防其中的外来种类向野外逃逸、扩散；加强外来物种鉴别和危害的宣传教育，提高公众对外来物种的识别及其危害的认知，使公众能够有选择地进行鱼类、虾类放生。

克氏原螯虾于2013年在草海首次发现，其种群数量逐年增加，已造成生物入侵。对克氏原螯虾的管理策略包括对种群的捕杀和清除；设置障碍，防止其扩散；禁止运送活体；提高公众对环境风险的认识；鼓励本土物种的养殖以及加强本土虾类产业化发展的研究。这些可以进一步减少入侵压力。包括通过机械、物理、化学或生物方法消除或减少种群数量：一是禁止对克氏原螯虾进行活体运输和野外释放，并制定相关的法规。二是通过物理方法可以减少克氏原螯虾野外种群数量，但是，要做到彻底绝迹是不可能的，主要方法包括使用陷阱、长袋网、大围网和电鱼机等进行捕捉；还可以考虑投放一些食肉性水生动物，但要做好生态评估，以防造成新的生物入侵。三是利用克氏原螯虾特有的信息素进行诱捕。

（4）建立珍稀、特有物种保护地

珍稀和特有物种是经过若干万年适应当地的自然环境后保存下来的种群，如不加以保护，损失将是无法估量的。随着经济建设的发展，生态环境变化，捕捞强度增大，网具不断更新，鱼类、虾类资源破坏严重，特别是影响了珍稀和特有物种的生存和发展，甚至濒临绝灭的危险，因此对它们的保护已刻不容缓。

杨湾桥水库位于威宁县城的西部，与草海相邻，是威宁县的饮用水源地。杨湾桥水库目前不仅保存了一定种群数量的葛氏华米虾，还保存了相当种群数量的草海云南鳅等这些珍稀和特有的鱼类，是草海土著物种最后的家园。因此，在杨湾桥水库建立珍稀、特有物种保护地是恢复、保护和挽救草海物种多样性及其生态环境最有效的措施之一，应大力推动保护地的建立及加强保护地管理。

5.8.2 软体动物

对草海淡水软体动物 1986 年、2007 年和本次调查研究进行统计，3 次调查结果共计 10 科 25 种，其中，1986 年为 9 种，2007 年为 15 种，本次调查是 13 种。

5.8.2.1 种类组成

本次调查共发现 13 种，其中，腹足纲 10 种，双壳纲 3 种，根据 Mollusca Base（2018）分类系统，整理如表 5-37 所示。

表 5-37 软体动物的组成

纲	亚纲	目（总目）	科	属	种
腹足纲	新进腹足亚纲	古纽舌目	田螺科	圆田螺属 *Cipangopaludina* Hannibal, 1912	胀肚圆田螺 *C. ventricosa*（Heude, 1890）
				石田螺属 *Sinotaia* Haas, 1939	铜锈石田螺 *S. aeruginosa*（Reeve, 1863）
		新进腹足目	沼蜷科	沼蜷属 *Paludomus* Swainson, 1840	沼蜷 *Paludomus* sp.
			蜷螺科	旋螺属 *Gyraulus* Charpentier, 1837	扁旋螺 *G. compressus*（Hutton, 1849）
		玉黍螺目	盖螺科	钉螺属 *Oncomelania* Gredler, 1881	钉螺滇川亚种 *O. hupensis robertsoni*（G. M. Davis, 1999）
			豆螺科	沼螺属 *Parafossarulus* Annandale, 1924	纹沼螺 *P. manchouricus*（Bourguignat, 1860）
				喀螺属 *Gabbia*（Gredler, 1884）	檞豆螺 *G. misella*（Gredler, 1884）
	异鳃亚纲	水養总目	膀胱螺科	膀胱螺属 *Physella* Haldeman, 1843	尖膀胱螺 *P. acuta*（Draparnaud, 1805）
			椎实螺科	萝卜螺属 *Radix* Montfort, 1810	折叠萝卜螺 *R. plicatula*（Benson, 1842）
					椭圆萝卜螺 *R. swinhoei*（Adams, 1866）
双壳纲	古异齿亚纲	蚌目	蚌科	华蚌属 *Sinanodonta* Modell, 1945	伍氏华蚌 *S. woodiana*（I. Lea, 1834）
	异齿亚纲	不等齿总目	球蚬科	木蚬属 *Musculium* Link, 1807	湖球蚬 *M. lacustre*（O. F. Müller, 1774）
				欧蚬属 *Odhneripisidium* Kuiper, 1962	斯氏球蚬 *O. stewarti*（Preston, 1909）

5.8.2.2 保护措施及建议

（1）新增种

本次调查新增种类有 10 种，为前两次调查未曾发现的种类。可分为 3 类情况：外来物种进入、调查遗漏、分类学引起。

①外来物种。由于环境变化，导致一些外来物种进入。主要种类如下。

纹沼螺，原为低海拔生存的物种，可能由于水产养殖引进外来品种鱼类而携带进入草海。在草海大量繁殖，已成为优势种群。

尖膀胱螺，原产中欧，栖息环境非常广泛，尤喜富营养化的环境，由于污染环境，多由鸟类迁徙带入并适应环境繁衍拓殖。

钉螺滇川亚种，原分布于四川、云南高海拔的地方，草海有适应其生存的相似环境，很容易进入繁衍。

②遗漏种。沼蜷、檞豆螺、湖球蚬、斯氏球蚬、扁旋螺，这类小型螺由于个体微小，种群数量少，

如果调查研究方法不当，很容易遗漏。

伍氏华蚌，经调查访问，该种在草海历史上有分布，但前两次调查都未曾记录，原因不可知。

③分类学原因。萝卜螺属的种类相似性较大，很容易搞混淆。新增的折叠萝卜螺 *Radix plicatula* 可能是分类学上的遗漏。

（2）消失种

本次调查的种类与前两次调查的种类相比较，前两次调查存在的种类而这次调查没有发现，种类高达 12 种（附录 11）。究其原因，可能是环境变化所造成的。

由于人类社会的经济发展带来的环境污染，城市化进程加快，各种开发建设使得生境破碎化加剧，人为引进外来物种逃逸泛滥等，造成原生生境改变，引起原生物种种群改变或消失，如伍氏华蚌种群数量逐年削减便是一个实例。

保护区的淡水软体动物资源种类丰富，生物量大，是草海湿地生态系统的重要组成部分，在维持草海生态系统稳定发展过程中发挥积极的作用。因此，加强草海水生软体动物的保护管理是一项长期的任务。

首先，要加强对土著种和珍稀物种的保护和管理，群策群力，努力恢复土著种的种群数量，恢复原生生境；其次，要有效预防和控制外来物种；最后，要加强宣传教育，让更多的人参与到草海的自然保护活动和工作中。

5.8.3 环节动物

2016 年 8 月至 2018 年 2 月，对保护区的淡水环节动物进行调查研究，经本次调查和历史资料记录，该区域有淡水环节动物 18 种。本次调查新增 3 种，历史上存在的有 12 种没有被发现。记录现有的 6 种环节动物。

5.8.3.1 种类组成

本次调查共记录到 6 种环节动物，按 WoRMS（2018）分类系统，隶属 2 亚纲 2 目 3 科 6 属，均为单属单种，见表 5-38。

表 5-38 环节动物的组成

纲	亚纲	目	科	属	种
环带纲	寡毛亚纲	单向蚓目	仙女虫科	尾鳃蚓属 *Branchiura* Beddard, 1892	苏氏尾鳃蚓 *B. sowerbyi* Beddard, 1892
				吻盲虫属 *Pristina* Ehrenberg, 1828	吻盲虫 *Pristina* sp.
				河蚓属 *Rhyacodrilus* Bretscher, 1901	中华河蚓 *R. sinicus* (Chen, 1940)
				水丝蚓属 *Limnodrilus* Claparède, 1862	霍甫水丝蚓 *L. hoffmeisteri* Claparède, 1862
	蛭亚纲	无吻蛭目	黄蛭科	金线蛭属 *Whitmania* Blanchard, 1888	光润金线蛭 *W. Laevis* (Baird, 1869)
			石蛭科	石蛭属 *Erpobdella* Lamarck, 1818	八目石蛭 *Erpobdella* Lamarck, 1818

5.8.3.2 保护措施及建议

草海淡水环节动物中，中华河蚓占环节动物个体数量的 60% 以上，其次是霍甫水丝蚓占 30% 以上，是明显的优势种群。而 1986 年的调查结论是，环节动物的优势种为中华河蚓、苏氏尾鳃蚓、淡水单孔蚓 *Monopylephorus limosus*、尖头杆吻虫 *Stylaria fassularis*。目前，中华河蚓还保持优势地位，其他种类基本消失或种群数量极少，如苏氏尾鳃蚓只采到 1 条，而霍甫水丝蚓由一般种变为优势种。总体来说，草海环节动物的生物多样性与 1986 年相比较已经严重衰退，衰退的原因可能为以下几个方面。

①生境破坏。草海近 20 年来，人为活动加剧，造成大面积湿地被破坏。这些，使得草海外海沿岸天然湿地系统被毁，丧失了沿岸带所特有的生境多样性。

②水质恶化。随着工农业发展和城镇化建设的扩大，草海周边大量工业废水和城市生活污水以及农药、化肥注入草海。城市污水的排入大幅促进了水域的富营养化，大型底栖动物多样性迅速下降。相似的情况如武汉东湖近 20~30 年由于生活污水流入和发展养渔业的影响，底栖动物从 113 种减到 26 种，霍甫水丝蚓的密度呈现快速增长的趋势（龚志军，2002）。

③水生植物群落的退化。作为水生生态系统中的初级生产者——水生植物群落，能够调节水生生态系统的物质循环速度，增加水体生物多样性，增强水体稳定性，从而有效提高水质。草海目前的水生植物群落与 1986 年相比，群落结构迅速简化和退化，原来的优势物种大部分发生退化，而一些耐污性强的群落发展迅速，如喜旱莲子草等，使影响底栖动物栖息地、食物来源、生境多样化、空间异质性等有利的发展因子逐渐丧失，最后只能走向种群衰退。

5.9 土壤动物

保护区土壤动物的相关工作只有一些零星的报道。在 1986 年和 2007 年出版的科考研究报告中，记录和描述了部分表土层土壤动物的种类，如大型昆虫和蜘蛛。然而，保护区尚缺乏该地区土壤动物区系组成、种类、数量、分布等系统性研究工作。土壤动物多样性作为草海生态系统研究的一个组成部分，有必要进行调查研究。为了弄清保护区土壤动物种类组成及其在生态系统中的地位和意义，调查组在不同季节对保护区土壤动物进行了调查研究，探讨保护区土壤动物的种类组成。

根据草海国家级自然保护区的自然环境特征，重点选择保护区内具代表性和典型性的沼泽化草甸，同时兼顾保护区内的森林、草地以及农田等生态系统。参照《自然保护区综合科学考察规程（试行）》和《湿地生态系统观测方法》等资料，选择了 11 个采样区域，在每个区域根据植被类型、土地利用类型的差异选择样点 2~3 个（各采样点基本情况见表 5-39 和图 5-11），分别于 2016 年夏、秋以及 2017 年春进行采样调查，共采集土壤动物样品 100 余份。

表 5-39 保护区土壤动物样点基本情况

地名	编号	坐标	海拔（m）	主要植物
刘家巷	1	26°50.488′N；104°17.135′E	2174.924	水葱、酸模叶蓼、白车轴草、芦苇、齿果酸模、马鞭草、棒头草、匍匐委陵菜
	2*	26°50.459′N；104°17.206′E	2173.681	云南松、枸子、板栗、樱桃、火棘、苔草
	3	26°50.495′N；104°17.230′E	2168.046	耕地（白菜）
白家嘴	4*	26°50.226′N；104°16.404′E	2165.579	芦苇、双穗雀稗、水葱、小苜蓿、棒头草、苦苣菜、毛茛、鼠曲草
	5			胡枝子、榛、艾蒿、桑、火棘、旋花、白刺花、杠柳
朱家湾	6	26°50.018′N；104°15.636′E	2165.330	酸模叶蓼、双穗雀稗
	7*			耕地（玉米、马铃薯）
顾家底下	8	26°49.572′N；104°14.433′E	2212.019	云南松、板栗、枸子、蔷薇、华山松、车前、杨树、白苞蒿
	9*			云南松、杨树、车前、天名精、河朔、荛花
保落山	10	26°50.840′N；104°12.727′E	2167.187	双穗雀稗、莲子草
	11*			杨树、素馨、东方草莓、枸子、异叶南洋杉

（续）

地名	编号	坐标	海拔（m）	主要植物
胡叶林	12*	26°51.159′N；104°12.222′E	2173.921	萤蔺、稗、灯心草、棒头草、苤草、野古草
	13	26°50.857′N；104°11.645′E	2173.881	野豌豆、繁缕、稗
	14	26°50.747′N；104°11.714′E	2178.592	云南松、异叶南阳杉、樱桃、板栗、胡桃、楤木、圆柏、枸子、蔷薇、披碱草
阳关山	15	26°51.834′N；104°13.048′E	2172.680	水葱、双穗雀稗、蘸草、白车轴草、钻叶紫菀
	16*	26°52.066′N；104°13.581′E	2165.498	耕地（玉米、马铃薯）、旱生两栖蓼、野艾蒿、风轮菜、蒲公英、野艾蒿、小苜蓿、小蓬草
	17	26°51.093′N；104°13.123′E	2182.033	小蓬草、千里光、繁缕、车前、鼠曲草、看麦娘
江家湾码头	18	26°51.836′N；104°14.527′E	2173.575	莲子草、水葱、双穗雀稗、萤蔺
	19*			小飞蓬、野艾蒿、鬼针草、苦苣菜、野艾蒿、蛇莓、阿拉伯婆婆纳
邓家院子	20*	26°51.747′N；104°15.492′E	2173.720	芦苇、棒头草、萤蔺、水芹、毛茛、苤草、水葱、白车轴草
	21			耕地（玉米、马铃薯）、半生两栖蓼
西海码头	22	26°51.329′N；104°16.354′E	2170.675	棒头草、双穗雀稗、柳叶马鞭草、小蓬草、苦苣菜、野艾蒿、白车轴草、野燕麦、旱生两栖蓼
	23*			耕地（万寿菊）、杨树、小蓬草、苦苣菜、棒头草、垂穗披碱草、白车轴草、野燕麦、水芹、齿果酸模、柳叶菜
薛家海子	24	26°48.848′N；104°12.390′E	2206.878	云南松、枸子、蔷薇、华山松、车前

注："＊"表示在该样点进行土壤样品采集，分离土壤中型土壤动物和小型土壤动物。

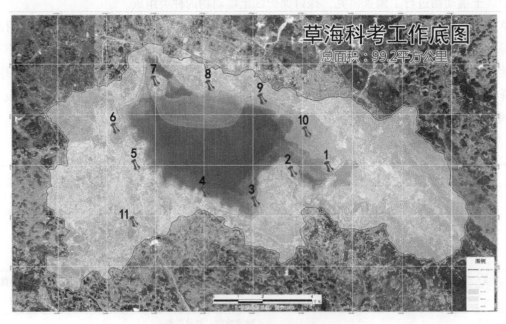

图 5-11　保护区土壤动物样点分布图

土壤动物标本在体视显微镜下参照《中国土壤动物检索图鉴》《土壤动物学》《昆虫分类学》（修订版）《De Nematoden Van Nederland》等资料进行分类鉴定，记录土壤动物数量和种类。

5.9.1 土壤动物群落组成

由于保护区内生境类型多样，土壤动物不论种类和数量都比较丰富，3 种调查方法采集的标本共涉及线形动物门、环节动物门、软体动物门、节肢动物门等 4 个动物门，12 个纲，20 余类。其中，大型土壤动物 18 类，优势类群为鞘翅目、蜘蛛目以及革翅目；中型土壤动物 20 类，密度为 72～1140 头/m²，平均为 293 头/m²，螨类和跳虫占绝对优势；小型土壤动物 31 属，基本都是土壤线虫，密度为 10400～130000 条/m²，平均为 51560 条/m²。土壤螨类、跳虫和线虫是该区域的三大优势类群。由于采样方法各异，采集的土壤动物标本体形大小不一，因此根据采集方法分别对土壤动物群落进行阐述。

5.9.1.1 大型土壤动物

三次调查共采集大型土壤动物标本 4484 号，共计 18 个纲（目），分别是蜚蠊目、革翅目、直翅目、半翅目、同翅目、鞘翅目、鳞翅目、双翅目、膜翅目、伪蝎目、蜘蛛目、盲蛛目、倍足纲、唇足纲、寡毛纲、腹足纲、软甲纲、蛭纲（表5-40）。

表 5-40 保护区不同季节各采样点大型土壤动物群落比较　　　　　　　　单位：头

名称	季节	1	2	3	4	5	6	7	8	9	10	11	12	13	14	15	16	17	18	19	20	21	22	23	24	小计	总计
蜚蠊目	春												1													1	
	夏																										1
	秋																										
革翅目	春	20	3	9	1	4	30	15	9	4	1	32	5	15	2	11	1		5			1	3	24		195	
	夏	25	10	4	8			33		2	5			5	2		27	1	8		35	11	2			178	476
	秋	2		1				2	5	7	66	1						3	3	3			8	2		103	
直翅目	春			3		2				1			5		1	4										16	
	夏	1		1				3	11		2			8	1	1				15	1	14	10	6		74	136
	秋		2	6	1	13	7	2				1		6					7					1		46	
半翅目	春	3		1	6	1	12	13	6	2	5		1	5		2	1		5	3	8		8	1		83	
	夏	1			2	1		1	7					1			4	6	1	2	3	59		1		89	191
	秋			1																	2	16				19	
同翅目	春																		1							1	
	夏	3	5	3				3	1		1	29	3	2		5		15	2			1				73	123
	秋		16			5			1		25													2		49	
鞘翅目	春	19	10	120	84	37	32	20	17	36	80	29	24	53	12	27	1	7	11	2	22	11	4	13	5	676	
	夏	22	18		8	16		9	1		5	2	4	14		29	28	53	50	13	11	46	12	10	5	381	1364
	秋	13	2	31	9	8	8	5		50		2		3	51	3	2	2	10	6		6	50	4	4	307	

（续）

名称	季节	1	2	3	4	5	6	7	8	9	10	11	12	13	14	15	16	17	18	19	20	21	22	23	24	小计	总计
鳞翅目	春				1		1	1				1								1	1					6	
	夏	2	5	4	1			1									2			1	1					17	51
	秋					24		2						2												28	
双翅目	春	1	10	1			1							1	1								2	3		20	
	夏			1		1							2	2			3	1	1							11	38
	秋							6				1														7	
膜翅目	春	2	3	37	2	64	1	16	2	2	1		13	1	13	25	6		3				13	3		243	
	夏								15		1		34		5		2		3			6				66	427
	秋		2		3	7	4	5	28	1		1	34	1	1	4	5		6	4	7		5			118	
伪蝎目	春									1													1			2	
	夏																										
	秋											1														1	3
蜘蛛目	春	7	2	8	19	6	33	11	9	13	27	19	6	11	33	16	1	1	11	3	20	2	2	5		265	
	夏	7	12	13	42	4	6	15	30	10	10	11	9	3	10	9	42	3	13	60	9	100	11	7		436	1051
	秋	10	39	11	6	6	21	33	8	4	49	10	3	5	45	15		52	4	4	3	5	1	16		350	
盲蛛目	春		2					1					1		7											11	
	夏																										11
	秋																										
倍足纲	春					1				2				5				5				2				15	
	夏	3													2		1		3							9	24
	秋																										
唇足纲	春	2	1	1			1	1	4	3			3	2	2	8	5					1	1	2		37	
	夏	1			1		1		8		8			3	9			9					11			51	88
	秋																										
寡毛纲	春		13		14	1	1	1	1									1				1		2		35	
	夏	4		8	1	15	3	14	1		11			18		11		5	1	2		1	8			103	379
	秋	1	17	27	22	10	15	10	16	3		5	31	1	1	20	1		6	12	8		26	9		241	
腹足纲	春	1			2		1					1														5	
	夏		5	4																		2	3	5	1	20	30
	秋		2		1																		2			5	

（续）

名称	季节	1	2	3	4	5	6	7	8	9	10	11	12	13	14	15	16	17	18	19	20	21	22	23	24	小计	总计
软甲纲	春						2	2	1	1																	6	
	夏	1						45											6					8			60	88
	秋		1				2	2															17				22	
蛭纲	春											1															1	
	夏										2																2	3
	秋																											
小计	春	55	44	180	147	115	115	82	49	81	115	82	61	87	71	99	15	8	37	14	51	15	33	52	10	1618	
	夏	70	55	46	71	30	11	118	77	28	31	27	73	71	77	67	132	46	44	144	68	144	116	24	—	1570	
	秋	28	79	77	42	73	57	67	107	26	118	46	119	13	49	47	16	61	25	80	24	44	47	51	—	1296	
总计		153	178	303	260	218	183	267	233	135	264	155	253	171	197	213	163	115	106	238	143	203	196	127	10		

由于调查大型土壤动物时采用了陷阱法，其主要采集的类群为表土生土壤动物，因此鞘翅目和蜘蛛目数量较多。鞘翅目有 1364 号，占总数的 30.42%，主要的类群有步甲科、隐翅虫科、叶甲科、蚁形甲科等。其次是蜘蛛，占总数的 23.44%，主要是狼蛛科和园蛛科。与其他区域所不同的是，保护区土壤动物中革翅目所占比例较高，为 10.62%，主要是蠼螋科，体现了该区域的特殊性。这 3 个优势类群共占 64.48%。常见类群主要有膜翅目（9.52%），其中绝大多数为蚂蚁。再次是寡毛纲（8.45%），主要是线蚓科。此外，半翅目、直翅目、同翅目等类群也较为常见，共占 31.92%。除此之外，唇足纲和软甲纲都占有一定比例，主要是蚰蜒、石蜈蚣、地蜈蚣以及鼠妇等。

5.9.1.2 中型土壤动物

中型土壤动物是数量较多并且种类非常丰富的一类，每个季节选择了典型的样点采集土壤样品 10 个，共采集标本 2201 号，共计 20 类（表 5-41）。结果显示，保护区内中型土壤动物密度为 72～1140 头/m²，平均为 293 头/m²。

表 5-41　保护区各区域中型土壤动物群落组成　　　　　　单位：头

类群	季节	刘家巷	白家嘴	朱家湾	顾家底下	保罗山	胡叶林	阳关山	邓家院子	江家湾码头	西海码头	小计	总计
蜱螨目	春	37	17	2	4	3	4	35	9	5	8	124	
	夏	79	21	15	31	25	42	49	39	13	16	330	509
	秋	14		2	12	5	5	9	5	2	1	55	
弹尾目	春	45	36	53	73	43	30	31	32	31	15	389	
	夏	70	48	7	26	252	46	11	71	52	5	588	1213
	秋	52	27	56	6	9	8	1	11	14	52	236	
原尾目	春			1								1	
	夏												1
	秋												

（续）

类群	季节	刘家巷	白家嘴	朱家湾	顾家底下	保罗山	胡叶林	阳关山	邓家院子	江家湾码头	西海码头	小计	总计
革翅目	春	3	1	5	3	4	2	2	1		3	24	
	夏	4		4		1	1	3	2	4		19	56
	秋	1			2	6		1	1		2	13	
直翅目	春		3				1	1				5	
	夏			1	2			2				5	14
	秋	2						1	1			4	
半翅目	春							3				3	
	夏	1	1	1			1					4	7
	秋												
同翅目	春								1			1	
	夏	5			3	1	16	3	7	2	1	38	64
	秋	8	2		1	12					2	25	
缨翅目	春					1					1	2	
	夏												20
	秋	5		4		3		3	2	0	1	18	
鞘翅目	春	9	2	3			6	2	1	2	1	26	
	夏		1	0	4	1			4	1		11	47
	秋	3	1	1	0	0	4	1				10	
鳞翅目	春				1					1		2	
	夏								1			1	5
	秋		2									2	
双翅目	春	3		1			1	1			2	8	
	夏	1	1						1			3	22
	秋			6		1	4					11	
膜翅目	春	8	12	3	4	1	5	31			16	80	
	夏				3	1		2		6		12	138
	秋	2	7	9	6	1	7	9			5	46	
伪蝎目	春				1							1	
	夏												3
	秋				1							1	
蜘蛛目	春	2	1		2				1		1	7	
	夏		0	2		2	2				2	8	18
	秋		1			1				1		3	
倍足纲	春				1		2				2	5	
	夏	3						3				6	11
	秋												

（续）

类群	季节	刘家巷	白家嘴	朱家湾	顾家底下	保罗山	胡叶林	阳关山	邓家院子	江家湾码头	西海码头	小计	总计
唇足纲	春			2			1					3	
	夏	1		1	8							10	13
	秋												
寡毛纲	春	1										1	
	夏	1	2	2	1		3	1			1	11	36
	秋	5	1	3	2	1	3	2	2	1	4	24	
线虫纲	春	4										4	
	夏		1	1		2					1	5	12
	秋			2			1					3	
软甲纲	春			4							2	6	
	夏	1						1				2	11
	秋	1		2								3	
蛭纲	春					1						1	
	夏												1
	秋												
合计	春	112	72	75	87	54	52	106	45	39	52	694	
	夏	166	75	34	78	285	113	73	125	78	26	1053	2201
	秋	93	41	81	34	39	32	27	22	18	67	454	

中型土壤动物的优势类群主要为弹尾目、蜱螨目以及膜翅目，弹尾目跳虫占 55.11%，蜱螨目占 23.13%，膜翅目占 6.27%，三者占总数的 84% 左右。常见的类群是除了这些类群之外，还有昆虫纲的 8 个目以及多足类、寡毛类等，但是这些土壤动物的数量与螨和跳虫的数量相差较大，所占比例都小于 5%。

土壤中小型动物数量庞大，类群复杂，但是绝大部分都是土壤跳虫和螨类，因此针对这两个类群进行了更深入分析。保护区共采集到跳虫 8 科 19 属，甲螨 19 科 26 属，共计 45 属（表5-42）。其中，中国广布的有 10 属，占 22.22%，分别是奇刺姚属、棘姚属、长姚属、环节圆姚属、鳞跳属、菌甲螨属、大翼甲螨属、全大翼甲螨属、毛大翼甲螨属、小奥甲螨属。西南区分布的有 31 属，占 68.89%。

表5-42 保护区土壤跳虫和螨类区系分布

类群	东北	华北	蒙新	青藏	华中	华南	西南
球角姚科							
球角姚属 Hypogastrura					√		
疣姚科							
奇刺姚属 Friesea	√	√	√	√	√	√	√
棘姚科							
棘姚属 Onychiurus	√	√	√	√	√	√	√
土姚属 Tullbergia					√	√	

（续）

类群	东北	华北	蒙新	青藏	华中	华南	西南
等节姚科							
德姚属 Desoria					✓		✓
符姚属 Folsomia					✓	✓	
裔符姚属 Folsomides					✓		✓
小等姚属 Isotomiella					✓	✓	
圆姚科							
针圆姚属 Sphyrotheca					✓	✓	
异圆姚属 Heterosminthurus	✓	✓					
钩圆姚属 Bourletiella	✓				✓		
小圆姚属 Sminthurinus					✓	✓	
环节圆姚属 Ptenothrix	✓	✓	✓	✓	✓	✓	✓
齿棘圆姚属 Arrhopalites					✓		
长角姚科							
长姚属 Entomobrya	✓	✓	✓	✓	✓	✓	✓
鳞长姚属 Lepidocyrtus		✓			✓	✓	
刺齿姚属 Homidia						✓	✓
长角长姚科							
长角长姚属 Orchesellides						✓	
鳞跳科							
鳞跳属 Tomocerus	✓	✓	✓	✓	✓	✓	✓
直卷甲螨科							
直卷甲螨属 Archoplophora					✓		✓
阿斯甲螨科							
阿斯甲螨属 Astegistes	✓						✓
珠甲螨科							
珠足甲螨属 Belba	✓	✓			✓		✓
表珠甲螨属 Epidamaeus	✓	✓			✓		✓
尖棱甲螨科							
尖棱甲螨属 Ceratozetes	✓		✓		✓		✓
显前翼甲螨科							
真前翼甲螨属 Eupelops	✓						✓
大翼甲螨科							
顶翼甲螨属 Acrogalumna						✓	✓
大翼甲螨属 Galumna	✓	✓	✓	✓	✓	✓	✓
全大翼甲螨属 Pergalumna	✓	✓	✓	✓	✓	✓	✓
毛大翼甲螨属 Trichogalumna	✓	✓	✓	✓	✓	✓	✓
缝甲螨科							
缝甲螨属 Hypochthonius	✓	✓			✓		✓
盲甲螨科							

（续）

类群	东北	华北	蒙新	青藏	华中	华南	西南
盲甲螨属 Malaconothrus	√				√		√
三盲甲螨属 Trimalaconothrus	√				√		√
矮汉甲螨科							
矮汉甲螨属 Nanhermannia	√	√					√
懒甲螨科							
懒甲螨属 Nothrus	√	√			√		√
奥甲螨科							
小奥甲螨属 Oppiella	√	√	√	√	√	√	√
菌板鳃甲螨科							
点肋甲螨属 Punctoribates					√		√
菌甲螨科							
菌甲螨属 Scheloribates	√	√	√	√	√	√	
盖头甲螨科							
盖头甲螨属 Tectocepheus		√	√		√		√
木单翼甲螨科							
木单翼甲螨属 Xylobates	√				√		√
若甲螨科							
合若甲螨属 Zygoribatula	√					√	
真卷甲螨科							
微三甲螨属 Microtritia					√		
三皱甲螨属 Rhysotritia	√				√		√
卷甲螨科							
卷甲螨属 Phthiracarus	√				√		
闭甲螨属 Stegacarus					√	√	√
泥甲螨科							
角甲螨属 Ceratoppia	√	√			√	√	

5.9.1.3 小型土壤动物

湿漏斗分离法收集的标本主要是线虫，夏季采集土壤样品 10 个，共分离到线虫标本 1289 号，涉及 8 目 21 科 31 属（表 5-43）。根据调查结果，保护区土壤线虫的数量较大，土壤线虫密度为 10400~130000 条/m²，平均为 51560 条/m²。

草海土壤线虫主要有拟滑刃属（24.75%）、具脊垫刃属（19.32%）、丽突属（8.38%）、异皮属（7.06%）、鞘属（6.83%）、针属（6.83%）、默林属（4.65%）、拟丽突属（3.10%）、单宫属（2.79%）、棱咽属（1.94%）、沟线虫属（1.86%）、大节片线虫属（1.86%）、威尔斯属（1.71%）、丝尾垫刃属（1.63%）、锐咽属（1.09%）、膜皮属（1.09%）等。其中，优势属为拟滑刃属和具脊垫刃属，共占线虫总数的 44.07%；常见属主要有丽突属、异皮属、针属、鞘属等 14 属，占总数的 50.81%；稀有属包括巴氏属、短体属、连胃属等 15 属，仅占 5.12%。

表 5-43　保护区各区域土壤线虫群落组成　　　　　　　　　　　单位：条

类群	刘家巷	白家嘴	朱家湾	顾家底下	倮罗山	胡叶林	阳关山	邓家院子	江家湾码头	西海码头	合计
垫刃目 Tylenchida											
垫刃科 Tylenchidae											
具脊垫刃属 *Coslenchus*	38	82	12	7	18	67	11	6	4	4	249
丝尾垫刃属 *Filenchus*	5	6	3	2	2	3					21
锥科 Dolichodoridae											
默林属 *Merlinius*	12	7		1	12	6	2	3	1	16	60
短体科 Pratylenchidae											
短体属 *Pratylenchus*	3	2					2	2			9
纽带科 Hoplolaimidae											
盘旋属 *Rotylenchus*	1	2				1					4
螺旋属 *Helicotylenchus*		1		1							2
异皮科 Heteroderidae											
异皮属 *Heterodera*	1	84	2		1		1		2		91
根结属 *Meloidogyne*	2					1					3
环科 Criconematidae											
沟线虫属 *Ogma*	8	2	4	1	6	1	2				24
大节片线虫属 *Macroposthonia*					1	5	6	11	1		24
鞘属 *Hemicycliophora*	3				7	8	4	24	1	41	88
针科 Paratylenchidae											
针属 *Paratylenchus*	3	8	33	13	2	4	1	5	2	17	88
滑刃目 Aphelenchida											
拟滑刃科 Aphelenchidae											
拟滑刃属 *Paraphelenchus*	30	91	45	66	27	11	11	7	4	27	319
滑刃科 Aphelenchoididae											
滑刃属 *Aphelenchoides*						2					2
小杆目 Rhabditida											
畸头科 Teratocephalidae											
畸头属 *Teratocephalus*		1			4	2					7
头叶科 Cephalobidae											
丽突属 *Acrobeles*	5		1	1	26		48	15		12	108
拟丽突属 *Acrobeloides*	10	14	2	1	5	8					40
真头叶属 *Eucephalobus*							1		1		2
小杆科 Rhabditidae											
原杆属 *Protorhabditis*							3				3
矛线目 Dorylaimida											
细齿科 Leptonchidae											
垫咽属 *Tylencholaimus*						1	2				3

（续）

类群	刘家巷	白家嘴	朱家湾	顾家底下	倮罗山	胡叶林	阳关山	邓家院子	江家湾码头	西海码头	合计
长针科 Longidoridae											
剑属 *Xiphinema*		2	1								3
锐咽科 Discolaimidae											
锐咽属 *Carcharolaimus*	1	1					1	7		4	14
膜皮科 Diphtherophoridae											
膜皮属 *Diphtherophora*		3		1	1		8	1			14
单齿目 Monochida											
单齿科 Monochidae											
倒齿属 *Anatonchus*					1	2	1				4
单宫目 Monhysterida											
单宫科 Monhysteridae											
单宫属 *Monhystera*	1	9			4	16	6				36
棱咽属 *Prismatolaimus*	1	6	1	1	1	13	2				25
嘴刺目 Enoplida											
三孔科 Tripylidae											
三孔属 *Tripyla*		1			1						2
窄咽目 Araeolaimida											
绕线科 Plectidae											
绕线属 *Plectus*						3	1	1			5
连胃属 *Chronogaster*			8								8
威尔斯属 *Wilsonema*	2	3	9				7	1			22
巴氏科 Bastianiidae											
巴氏属 *Bastiania*		5					4				9

5.9.2 土壤动物的分布

从数量上比较，刘家巷区域大型土壤动物数量最高，达 800 头/m²，主要是鞘翅目（38.33%）、蜘蛛目（17.19%）、寡毛纲（11.01%）以及革翅目（11.67%）等类群。第二是胡叶林，优势类群与刘家巷大体相同，但是膜翅目的数量明显高于其他样点，占群落总数的 16.43%。这两个区域均为鸟类重要的栖息地，沼泽化草甸发育较好。其余依次是阳关山、白家嘴、朱家湾、倮罗山、顾家底下等区域，大型土壤动物数量都超过 500 头/m²。江家湾码头等区域较低，约在 400 头/m²。然而，中型土壤动物与小型土壤动物的分布情况不同于大型土壤动物。跳虫和螨类等中型土壤动物在倮罗山区域最高，而土壤线虫等小型土壤动物在白家嘴最高。靠近威宁县城一侧的区域，受到人为干扰的程度比较大，无论是大型土壤动物还是中型土壤动物，亦或是小型土壤动物，其数量都比较低。以土壤线虫为例，从分布上看，白家嘴、胡叶林等沼泽化草甸中的土壤线虫密度超过 40000 条/m²，而江家湾码头等受人为干扰较大的区域土壤线虫数量仅有 9000 条/m²。

从种类组成上分析（表 5-44），刘家巷区域大型土壤动物种类较高，有 15 类；其次是朱家湾、倮罗山、阳关山、西海码头等区域，有 14 类；再次是白家嘴、邓家院子等区域，有 12 类；最后则是顾家底下、江家湾码头等区域，仅有 11 类。中型土壤动物种类分布与大型土壤动物相似，然而小型土壤动物的种类分布有一定变化。最高的区域是阳关山，共有 21 个属，而其他区域如白家嘴、胡叶林等都在 10 个属以上，而江家湾码头和西海码头仅有 8 个属。

表 5-44　保护区各样点土壤动物群落比较

样点	大型土壤动物		中型土壤动物		小型土壤动物	
	丰度（类）	多度（头）	丰度（类）	多度（头）	丰度（类）	多度（头）
刘家巷	15	634	16	371	17	126
白家嘴	12	478	13	188	19	325
朱家湾	14	450	16	190	12	118
顾家底下	11	368	13	199	12	103
倮罗山	14	419	14	378	16	118
胡叶林	14	621	14	197	18	150
阳关山	14	491	13	206	21	123
邓家院子	12	344	11	192	12	78
江家湾码头	11	346	9	135	8	26
西海码头	14	323	14	145	8	122
薛家海子	3	10	—	—	—	—

5.9.3　土壤动物的季节动态

保护区土壤动物数量和种类随季节变化而变化。从数量上看，春季和夏季大型土壤动物密度较高，约为 270 头/m²；秋季最低，只有 200 头/m²。然而，中型土壤动物表现出明显的差异。夏季中型土壤动物的数量明显高于春季和秋季。从种类上看，大型土壤动物和中型土壤动物都表现出相似的规律，均为春季>夏季>秋季，大部分样点的变化符合这一规律（表 5-45）。

表 5-45　保护区不同季节中土壤动物群落比较

	大型土壤动物			中型土壤动物			小型土壤动物		
	春季	夏季	秋季	春季	夏季	秋季	春季	夏季	秋季
数量（头）	1618	1570	1296	694	1053	454	—	1289	—
类群（个）	18	15	13	20	16	15	—	31	—

保护区土壤动物群落组成也随季节变化而变化。大型土壤动物中，鞘翅目、蜘蛛目等类群随季节的变化发生明显的波动。鞘翅目在春季是最占优势的类群，占 41.78%，夏季和秋季数量下跌至次优势类群，仅占 24.27% 和 23.69%。蜘蛛目在春季只占 16.38%，在夏季和秋季数量增加，上升为最优势的类群，占比超过 27%。革翅目在春季和夏季为优势类群，都超过 10%，而秋季仅占 7.95%。膜翅目在春季中相对最大，占 15.02%，而夏季和秋季数量减少，成为常见类群。寡毛纲在秋季数量最高，达到 18.60%，上升为优势类群。其他类群如半翅目、直翅目、同翅目等在夏季有一定数量，在类群中占有的比例比较高。唇足纲只在春季和夏季出现。

草海及其周边中型土壤动物也表现出相似的规律（表 5-46）。春季采集的小型动物类群中主要是弹尾目（56.05%）、蜱螨目（17.87%）、膜翅目（11.52%）、鞘翅目（3.75%）、革翅目（3.46%）、双翅目（1.15%）、蜘蛛目（1.01%），其他 13 个类群仅占 5.19%；夏季则是弹尾目（55.84%）、蜱螨目（31.33%）、同翅目（3.61%）、革翅目（1.80%）、膜翅目（1.14%）、鞘翅目（1.04%）、寡毛纲（1.04%），其他 9 个类群仅占 4.18%；秋季是弹尾目（51.98%）、蜱螨目（12.11%）、膜翅目（10.13%），其他 12 个类群仅占 25.78%。由此可以看出，蜱螨目和弹尾目始终都是优势类群。弹尾目在三个季节中均为最占优势的类群，比例均超过 50%，波动不明显。蜱螨目季节变化比较明显，夏季最高，秋季最低。膜翅目在三个季节中都有一定的数量，仅在春季和秋季为优势类群，夏季数量较低。其他常见类群有鞘翅目、革翅目、双翅目、蜘蛛目、同翅目、寡毛纲。鞘翅目、革翅目在春季和秋季为常见类群；双翅目幼虫和蜘蛛只在春季为常见类群。寡毛纲和同翅目仅在夏季为常见类群。

表 5-46　保护区不同季节中大型土壤动物群落比较　　　　单位：%

类群	春季	夏季	秋季
鞘翅目	41.78	24.27	23.69
蜘蛛目	16.38	27.77	27.01
革翅目	12.05	11.34	7.95
膜翅目	15.02	4.20	9.09
寡毛纲	2.16	6.56	18.60
半翅目	5.13	5.67	1.47
直翅目	0.99	4.71	3.55
同翅目	0.06	4.65	3.78
唇足纲	2.29	3.25	—
软甲纲	0.37	3.82	1.70
其他	3.77	3.76	3.16

5.9.4　保护措施及建议

通过查阅已有文献资料，我国西南地区土壤动物共计 5 门 15 纲 31 类。大型土壤动物优势类群为膜翅目（39%）和鞘翅目（14%），常见类群如直翅目、蜘蛛目等共计 14 类，占总体的 42.5%。螨类（42%）和跳虫（20%）为中型土壤动物的优势类群，常见类群有膜翅目等 9 类，占总体的 32.8%，其中土壤线虫仅占总体的 2.3%。本次调查中，草海大型土壤动物共有 4 个动物门，12 个纲，20 余类，略少于该地区已经记载的类群。同时，草海大型土壤动物的优势类群为鞘翅目、蜘蛛目和革翅目，分别占 30.42%、23.44% 和 10.62%，体现了该区域的特殊性；中型土壤动物主要以甲螨和跳虫为主，这与大多数研究结果相似。然而，调查中发现，土壤线虫所占比例超过 10%，是土壤动物的主要类群之一。

尽管保护区土壤动物类群数量高，但是中型土壤动物的密度较低 72~1140 头/m²，仅高于我国沙丘等地区，远远低于东北部、东部和四川等地的森林、草地等生态系统的密度。然而，该区域土壤线虫的密度较大，达 10400~130000 条/m²，是土壤动物中密度较高的类群。草海国家级自然保护区是湿地类型的自然保护区，保护区内地形起伏多变，形成丰富的生态系统类型，包括森林、草地、农田、灌丛、湿地、湖泊以及溶洞等，进而产生了复杂多样的微小生境。已有研究表明，生态系统越复杂，生物的多样性越高。因此，草海国家级自然保护区虽然处于我国典型的喀斯特地区，但因其环境类型多样，生境多样性高，因而土壤动物无论是种类和数量上都是比较丰富的。

土壤动物多样性作为草海生态系统研究的一个组成部分，对生态系统功能和稳定性具有重要意义。根据保护区的自然环境特征，运用手拣法、陷阱法、干/湿漏斗分离等多种方法在不同季节对草海及其周边区域的土壤动物进行了调查，分别从群落组成及分布等方面阐述了草海土壤动物的多样性特征，可以充分利用土壤动物多样性本底调查数据和资料，为保护区湿地生态系统保护、修复提供依据。

土壤动物特别是中小型土壤动物具有密度大、种类多、分布广、活动范围小、迁移能力弱、对环境变化敏感的特点；群落结构呈规律性季节变化；调查方法简单有效；参与多种生物过程等性质和功能。而且在食物链上土壤动物较土壤微生物处于更高的营养级，能够综合体现其生长环境特征；土壤动物的世代时间较土壤微生物长，使稳定性更强。土壤动物的相关研究可为评价生态系统质量和恢复被破坏的生态系统以及生态系统的维护和管理提供参考。

5.10 浮游动物

5.10.1 浮游动物群落组成及分布

本次考察共调查出浮游动物 64 属 136 种，浮游动物种类名录见附录 6。其中，原生动物 9 属 26 种，占总数的 19.26%；轮虫 24 属 65 种，占总数的 47.41%；枝角类 15 属 27 种，占总数的 20.00%；桡足类 16 属 18 种，占总数的 13.33%。夏季浮游动物的常见种（断面出现频度大于 50% 的种类），有桡足类无节幼体、囊形单趾轮虫 Monostyla bulla、点滴尖额溞 Alona guttata、月形单趾轮虫 Monostyla lunaris 和普通表壳虫 Arcella vulgaris，出现频度分别为 91.67%，75.00%，66.67%，50.00% 和 50.00%。秋季常见的浮游动物有桡足类无节幼体、螺形龟甲轮虫 Keratella cochlearis、囊形单趾轮虫、月形腔轮虫 Lecane luna、广布多肢轮虫 Polyarthra unlgaris、普通表壳虫、点滴尖额溞和长三肢轮虫 Filinia lonyiset，出现频度分别为 100.00%，91.67%，75.00%，75.00%，66.67%，60.00%，50.00% 和 50.00%。夏季草海浮游动物中的优势种（优势度大于 0.02），分别为桡足类无节幼体、囊形单趾轮虫、点滴尖额溞、月形单趾轮虫、普通表壳虫、矩形龟甲轮虫 Keratella quadrata 和广布多肢轮虫，优势度分别为 0.19，0.08，0.07，0.04，0.03，0.02 和 0.02。秋季草海浮游动物中的优势种，分别为螺形龟甲轮虫、广布多肢轮虫、桡足类无节幼体、普通表壳虫和囊形单趾轮虫，优势度分别为 0.38，0.09，0.08，0.03 和 0.02。

5.10.2 浮游动物个体数量和生物量

夏季草海浮游动物个体平均数量为 385.78ind/L，其中，原生动物个体数量最多，平均为 304.93ind/L，轮虫次之，平均数量为 44.56ind/L，桡足类平均数量为 26.38ind/L（图 5-12）。12 个断面中，S3 断面浮游动物密度最高为 891.74ind/L；其次为 S10 断面，细胞密度为 764.42ind/L；最低为 S1 断面，细胞密度为 85.37ind/L（图 5-12）。夏季草海浮游动物生物量平均为 0.57mg/L，其中，桡足类生物量最多，平均为 0.34mg/L；枝角类次之，平均生物量为 0.20mg/L；轮虫平均生物量为 0.017mg/L。12 个断面中，S3 断面浮游动物生物量最高为 1.32mg/L；其次为 S9 断面，生物量为 1.17mg/L；最低为 S11 断面，生物量为 0.03mg/L。

秋季草海浮游动物个体平均数量为 634.26ind/L，其中，原生动物个体数量最多，平均为 421.69ind/L；轮虫次之，平均数量为 175.63ind/L；桡足类平均数量为 30.23ind/L（图 5-13）；12 个断面中，S1 断面浮游动物密度最高为 1018.16ind/L；其次为 S8 和 S3 断面，细胞密度分别为 981.32ind/L 和 969.29ind/L；最低为 S9 断面，细胞密度为 307.80ind/L。秋季草海浮游动物生物量平均为 0.61mg/L，其中，桡足类生物量最多，平均为 0.40mg/L；枝角类次之，平均生物量为 0.14mg/L；轮虫平均生物量为 0.068mg/L。12 个断面中，S5 断面浮游动物生物量最高为 1.60mg/L；其次为 S10 断面，生物量为 1.24mg/L；最低为 S9 断面，生物量为 0.10mg/L（图 5-13）。

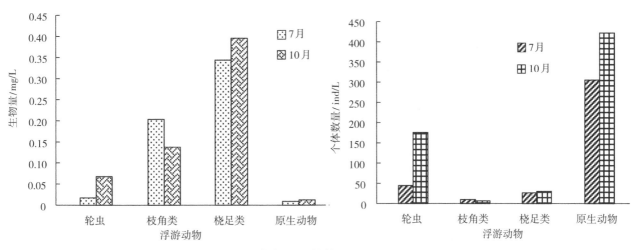

图 5-12　草海夏秋季浮游动物密度及生物量

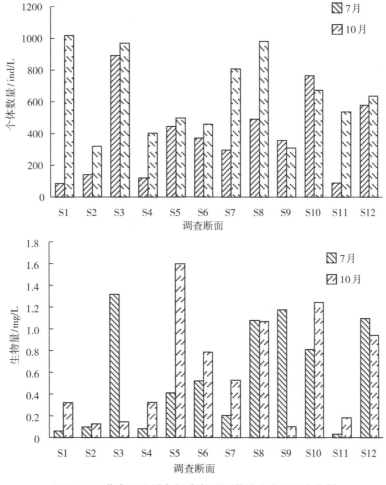

图 5-13　草海夏秋季各调查断面浮游动物密度及生物量

5.10.3　浮游动物多样性指数

从浮游动物多样性分析结果可知（图 5-14），夏季草海浮游动物香农（Shannon-Wiener）多样性指数介于 0.67~1.62，平均值为 0.95，其中 S11 断面最高，S7 断面最低；Margalef 丰富度指数介于 0.67~

1.73，平均值为1.11，其中S6断面最高，S9断面最低；Pielou均匀度指数介于0.28~0.78，平均值为0.45，其中S11断面最高，S3断面最低。秋季草海浮游动物Shannon-Wiener多样性指数介于0.14~1.65，平均值为1.11，其中S11断面最高，S1断面最低；Margalef丰富度指数介于0.22~1.74，平均值为1.18，其中S3断面最高，S1断面最低；Pielou均匀度指数介于0.10~0.72，平均值为0.47，其中S11断面最高，S1断面最低。

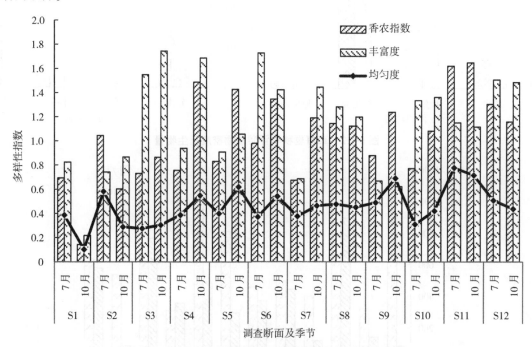

图5-14 草海夏秋季各调查断面浮游动物多样性指数

5.10.4 浮游动物种类组成及现存量

本次考察共调查出浮游动物64属136种，其中，原生动物9属26种，轮虫24属65种，枝角类15属27种，桡足类16属18种。

夏季草海浮游动物个体平均数量为385.78ind/L，秋季草海浮游动物个体平均数量为634.26ind/L，两个季节中均是原生动物个体数量最多，轮虫次之。夏季草海浮游动物生物量平均为0.57mg/L，秋季草海浮游动物生物量平均为0.61mg/L，两个季节中桡足类生物量最多，枝角类次之。

12个断面中，夏季浮游动物密度和生物量最高的均为S3断面，生物量最低的2个断面为S1和S11。秋季浮游动物密度最高的为S1断面，生物量最高的为S5断面，最低的均为S9断面。秋季S1断面浮游动物密度较高，同样与该时段入河污染负荷增大，水体中原生动物密度较高有关。与2005年相比总体少了5属，物种减少了4种。总体而言，浮游动物种类组成变化不大。

（5.1、5.3、5.4：王延斌、葛传龙、胡思玉；5.2：匡中帆；5.5：赵海涛、陈永祥、胡思玉；5.6：陈祥盛、龙见坤、常志敏、杨琳、王英鉴、赵正学、刘家宇、宋琼章、杨良静、智妍、周正湘、徐世燕、罗强、张余杰、丁永顺、姚亚林、李洪星、隋永金、龚念、段文心、杨耀明、周治成、吕莎莎、汪洁、邓敏、麻关福、曾祥光、李子忠、魏濂艨、杨茂发、戴仁怀、邢济春、李凤娥；5.7、5.8：陈会明、张志升、蒋玄空、王露雨、郭轩、李亚龙、夏远平、余志刚、黄贵强、林业杰、胡辰阳；5.9：王可洪、张冠雄；5.10：张跃伟、孙阔、袁兴中）

第6章
社会经济状况

6.1 行政区划

保护区范围涉及乡镇（街道）5个，行政村（社区）20个。其中，海边街道涉及3个社区，分别是海边社区、西海社区和银龙社区；六桥街道涉及7个社区，分别是富民社区、前进社区、响塘社区、鸭子塘社区、塔山社区、大马城社区和草海社区；陕桥街道涉及3个社区，分别是陕桥社区、孔山社区和天龙社区；草海镇涉及6个行政村，分别是白马村、东山村、吕家河村、石龙村、郑家营村和民族村；双龙镇涉及红光村（表6-1）。

表6-1 保护区周边行政区划 单位：hm²

乡镇	社区村	总面积	乡镇	社区村	总面积
海边街道	海边社区	250	六桥街道	富民社区	250
	银龙社区	500		前进社区	120
	西海社区	250		响塘社区	350
草海镇	白马村	1470		鸭子塘社区	1835
	东山村	510		塔山社区	350
	吕家河村	1300		草海社区	1132
	石龙村	1270		大马城社区	680
	郑家营村	880	陕桥街道	陕桥社区	1089
	民族村	890		孔山社区	420
双龙镇	红光村	1250		天龙社区	1271

6.2 人口

2018年，保护区所辖村（社区）总人口88490人，与2006年的43036人相比，增加了45454人，人口增长迅速（表6-2）。海边社区人口增加最多，共增加11397人，其次依次为银龙社区、白马村、天龙社区、东山村、郑家营村、草海社区、民族村、红光村、鸭子塘社区、吕家河村、塔山社区、前进社区、陕桥社区、响塘社区、富民社区、西海社区、大马城社区、石龙村和孔山社区，分别增加8493、2966、2753、2437、2288、2176、1913、1292、1210、1175、1164、1113、968、964、785、726、605、523和506人。人口的增加除了自然增长之外，主要是威宁县城城镇化带来城市人口的增加。

表 6-2　保护区周边人口数量　　　　　　　　　　　　　　　　　　单位：人

乡镇	社区村	人口		乡镇	社区村	人口	
		2006 年	2018 年			2006 年	2018 年
海边街道	海边社区	1254	12651	六桥街道	富民社区	2820	3605
	银龙社区	1192	9685		前进社区	1530	2643
	西海社区	1146	1872		响塘社区	1533	2497
草海镇	白马村	3211	6177		鸭子塘社区	3129	4339
	东山村	3520	5957		塔山社区	976	2140
	吕家河村	2338	3513		草海社区	4456	6632
	石龙村	1579	2102		大马城社区	2006	2611
	郑家营村	2127	4415	陕桥街道	陕桥社区	2334	3302
	民族村	1412	3325		孔山社区	1098	1604
双龙镇	红光村	2657	3949		天龙社区	2718	5471

6.3　产业发展

保护区规划范围内的主要产业为农业，2018 年，海边街道农业总产值为 20866 万元，其中，种植业 7328 万元，林业 22 万元，畜牧业 11521 万元，渔业 243 万元；六桥街道农业总产值为 10482 万元，其中，种植业 7984 万元，林业 10 万元，畜牧业 1272 万元；陕桥街道农业总产值为 22037 万元，其中，种植业 18078 万元，林业 34 万元，畜牧业 3367 万元；草海镇农业总产值 30473 万元，其中，种植业 22435 万元，林业 22 万元，畜牧业 7005 万元；双龙镇农业总产值 37715 万元，其中，种植业 23593 万元，林业 104 万元，畜牧业 12640 万元。

保护区规划范围内乡镇种植作物主要有马铃薯、小麦、大豆等粮食，烤烟、药材等经济作物，大白菜、白萝卜等蔬菜。其中，海边街道全年农作物播种面积为 528.5hm²，粮食播种面积 442.7hm²，粮食总产量 2122t，蔬菜种植面积 54.82hm²，蔬菜总产量 645.4t；六桥街道全年农作物播种面积为 493.3hm²，粮食播种面积 432.7hm²，粮食总产量 1999t，蔬菜种植面积 41.65hm²，蔬菜总产量 838.8t；陕桥街道全年农作物播种面积为 3716hm²，粮食播种面积 2873hm²，粮食总产量 11668t，烟叶种植面积 26.8hm²，烟叶总产量 54.55t，蔬菜种植面积 628.2hm²，蔬菜总产量 7679t；草海镇全年农作物播种面积为 4859.5hm²，粮食播种面积 3169.5hm²，粮食总产量 13797t，烟叶种植面积 236.7hm²，烟叶总产量 416t，蔬菜种植面积 832.5hm²，蔬菜总产量 11452.3t；双龙镇全年农作物播种面积为 5929.6hm²，粮食播种面积 4359.6hm²，粮食总产量 19110t，烟叶种植面积 321hm²，烟叶总产量 484t，蔬菜种植面积 431hm²，蔬菜总产量 5105.6t。

6.4　交通运输

保护区规划范围内，交通运输用地主要有铁路、公路和农村道路，其中，铁路总里程 7.31km，公路总里程 92.05km，农村道路总里程为 225.78km。

6.5　收入状况

2018 年，威宁县农村居民人均可支配收入 9324.27 元，比上年增加 901.67 元，增长 10.70%。其中，经营净收入、工资性收入、转移净收入和财产净收入分别是 4565.63 元、3481.97 元、1209.68 元和 66.98 元，分别占 48.97%、37.34%、12.97% 和 0.72%。农村居民人均生活消费支出 8842 元，比上年增长 10.7%。

6.6　土地资源与利用

6.6.1　土地资源概况

根据威宁县自然资源局提供的第三次国土调查成果数据统计可知，保护区土地类型丰富，具有耕地、水域及水利设施用地、林地、住宅用地、湿地、交通运输用地、种植园用地、公共管理与公共服务用地、商业服务用地、工矿用地和草地等 13 种一级地类。其中，主要以耕地为主，面积为 6040.63hm²，占保护区总面积的 50.34%；其次为水域及水利设施用地，面积为 2269.62hm²，占比为 18.91%，其中湖泊水面面积为 2206.63hm²；林地为 2091.27hm²，占总面积的 17.43%，包括乔木林地 1261.64hm²、灌木林地 700.62hm²、其他林地 129.01hm²；住宅用地、湿地和交通运输用地，分别占保护区总面积的 5.05%、3.09% 和 2.07%；种植园用地、公共管理与公共服务用地、商业服务用地、工矿用地和草地等地类面积较小，占总面积的比例均低于 1%（表 6-3）。

表 6-3　保护区土地资源概况

地类名称	面积（hm²）	占比（%）
耕地	6040.63	50.34
水域及水利设施用地	2269.62	18.91
林地	2091.27	17.43
住宅用地	605.48	5.05
湿地	370.67	3.09
交通运输用地	248.31	2.07
种植园用地	105.46	0.88
公共管理与公共服务用地	82.53	0.69
商业服务用地	56.56	0.47
工矿用地	42.78	0.36
草地	40.95	0.34
特殊用地	35.08	0.29
其他土地	10.66	0.09

6.6.2　土地利用景观格局特征

景观是具有高度空间异质性的区域，它是由许多大小、形状不一的斑块按照一定的规律组成的。斑块在空间上的排列形式称为景观格局，它决定着自然地理环境的形成、分布和组分，制约着各种生态过程，并与干扰能力、恢复能力、系统稳定性和生物多样性有着密切的关系。景观格局指数是指能够高度浓缩景观格局信息，反映其结构组成和空间配置特征的简单定量指标。根据不同的层次，景观格局指数可以分为斑块水平指数、斑块类型水平指数以及景观水平指数，由于斑块水平指数侧重单个斑块形状、密度和周长的分析，对整体景观格局的反映贡献不大，所以将斑块类型和景观水平层面选择指标进行保护区景观格局分析。

（1）斑块类型水平的指数分析

斑块类型水平景观格局指数可以反映景观区域中各类斑块类型之间的空间结构、空间分布和空间格局。在第三次国土调查数据的基础上，利用Fragstats 4.2软件，计算保护区规划范围内各景观类型的斑块类型水平指数（表6-4）。

表6-4 保护区斑块类型水平上的指标值

景观类型	景观指标			
	斑块个数 （个）	斑块密度 （个/hm²）	平均斑块面积 （hm²）	归一化景观形状指数
耕地	1112	9.27	5.43	0.01
水域及水利设施用地	110	0.92	20.63	0.00
林地	1489	12.41	1.40	0.02
住宅用地	2964	24.70	0.20	0.03
湿地	21	0.18	17.65	0.00
交通运输用地	195	1.63	1.27	0.08
种植园用地	116	0.97	0.91	0.01
公共管理与公共服务用地	81	0.68	1.02	0.01
商业服务用地	205	1.71	0.28	0.02
工矿用地	59	0.49	0.73	0.01
草地	73	0.61	0.56	0.02
特殊用地	44	0.37	0.80	0.01
其他土地	48	0.40	0.22	0.03

保护区住宅用地的斑块个数在所有景观类型中最多，为2964个，这主要是由于保护区与威宁县城毗邻，受人类活动干扰较大，城市、乡镇、农村居民点较多且分布分散；结合平均斑块面积和斑块密度来看，住宅用地斑块密度最大，为24.70个/hm²，平均斑块面积最小，为0.20hm²，这主要是由于保护区内居民点的"大聚居，小分散"而导致。水域及水利设施用地、湿地斑块的平均斑块面积较大，破碎化程度较低，而草地、工矿用地、特殊用地和其他土地斑块的分布在空间上破碎程度较高。从归一化景观形状指数可以看出，归一化景观指数最大的是交通运输用地，表明交通运输用地的斑块形状最不规则，差异最大；其次，依次为住宅用地、其他土地、林地、商业服务用地、草地、耕地、种植园用地、公共管理与公共服务用地、工矿用地、特殊用地、水域及水利设施用地和湿地，水域及水利设施用地和湿地的归一化景观形状指数最小，反映出该区景观整体的形状并不十分复杂，整体较为规则。

（2）景观水平上的指数分析

景观水平的指数反映各种景观类型的结构组成，为科学衡量景观结构提供了合理的定量依据。这里主要在景观水平上计算景观聚散性指标值，以分析其多样性与异质性。

景观香农多样性指数反映的是景观类型的多个种类和异质性信息，香农均匀度指数描述的是景观各组成成分的均匀程度，值越大说明景观各要素分配越均匀。从表6-5可以看出，整体景观水平下香农多样性指标值为1.47，而多样性指标的最大值为lnm（研究中m=13），即2.56，多样性指标趋于中间水平，说明草海土地利用景观丰富度一般。整体景观香农均匀度为0.57，最大斑块占景观面积比例为18.12%，说明地类景观中没有明显的优势类型且各类型斑块在景观中分布不均匀。

表 6-5　保护区景观水平上的指标值

香农多样性	香农均匀度	最大斑块占景观面积比例	散布与并列指标	蔓延度
1.47	0.57	18.12%	50.30%	70.07%

从景观的聚散性上看，散布与并列指标值为 50.30%，表明各类斑块间彼此有较多的邻近情况，斑块间比邻的边长不均匀；蔓延度为 70.07%，这是由于保护区内耕地、水域及水利设施用地和林地这三类景观面积较大，在空间上具有较好的连接性，而其他土地利用类型景观破碎度较高。

6.7　旅游资源开发

草海国家级自然保护区的前身为 1985 年由贵州省人民政府设立的草海省级自然保护区，1992 年成为国家级自然保护区，2015 年被批为国家 AAAA 级旅游景区。保护区位于西南奇异瑰丽的山水和少数民族风情旅游区的腹地，又是典型的亚热带高原淡水湿地生态系统，有宽阔的湖面，充足的日照光能，丰富的水生植物以及各种珍稀鸟类。保护区具有丰富的自然和人文旅游资源，所蕴藏的旅游价值赋予了保护区"高原明珠"的美誉，与周边的织金洞、黄果树瀑布等国家著名国家风景名胜区级国家森林公园具有强烈的旅游资源互补性。

6.7.1　旅游资源类型

根据《旅游资源分类、调查与评价》（GB/T 18972—2003）的资源分类系统分析，保护区旅游资源包括 8 个主类、13 个亚类和 16 个基本类型（表 6-6）。

表 6-6　保护区旅游资源现状

主类	亚类	基本类型	典型景观资源
地文景观	综合自然旅游景观	山地型旅游景观	大黑山
	岛礁	岛区	阳关山
水域风光	天然湖泊与池沼	观光游憩湖区	保护区湖区
		沼泽与湿地	保护区湿地
生物景观	树木	林地	刺柏林、云南松林、华山松林
		丛树	保护区周边村寨杨林
	花卉景观	林间花卉	杜鹃花科、山茶花科、蔷薇科
	野生动物栖息地	鸟类栖息地	六洞、东山、白马、阳关山
	农地	湿地周边农耕地	兰花子（8月）、马铃薯（5~7月）、荞麦（7~8月）、油菜花（3~4月）、万寿菊花、薰衣草花海
天象与气候景观	天气与气候现象	云雾	保护区雾海、日出、落日余晖
		避暑气候地	保护区管理会、阳关山、六洞、东山
遗址景观	史前人类活动场所	人类活动遗址	保护区旧石器时代遗址
建设与设施	综合人文旅游地	景物观赏点	保护区观鸟亭、管理会宣教中心、救护中心

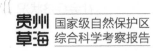
（续）

主类	亚类	基本类型	典型景观资源
旅游商品	地方旅游商品	民族特色食品	威宁火腿、荞酥、坨坨肉、盖碗肉、保护区细鱼、红虾、牛干巴
人文活动	民间习俗	民间节庆	彝族的火把节、大年和端午节，回族的古尔邦节、开斋节、圣经节和姑太节，苗族的花山节等
	现代节庆	旅游节	草海观鸟节、洋芋花节、威宁旅游文化节、浪漫草海旅游季郁金香花节、中国·威宁草海国际观鸟节、普罗旺斯熏衣草花节

6.7.2 旅游资源特征

（1）不可替代性

保护区是我国为数不多的比较完整、典型的亚热带高原湿地生态系统，湖面开阔，水生植物及各种珍稀鸟类丰富。每年10月至次年的3月，黑颈鹤、白肩雕、白尾海雕、灰鹤等10万余只候鸟云集保护区，场面蔚为壮观。黑颈鹤的数量从20世纪70年代中期的35只到1983/1984年的305只，1985/1986年307只，2011—2012年1300只，2013年1450只，2014年1700只，2015年2000余只，2016年2200只。保护区内黑颈鹤具有数量多、密度大、形态优美、鸣声高亢等特点，深受游客喜欢。草海以"草"（湿地）为名，却因鸟成名，经过多年鸟类保护的工作，人鸟和谐，可使人在不加隐蔽的情况下，与黑颈鹤接近的距离至10m，是理想的观鸟区，被誉为"世界十大观鸟区之一"，具有显著的不可替代性。

（2）脆弱性

威宁自治县县城位于保护区北岸，据调查，过去保护区周边居民每天产生约3000t的生活污水直接排入保护区，形成一些富营养化污染区域；随草海旅游发展，游客带来的旅游垃圾生活也日益增多。保护区的旅游资源很大程度依赖于草海湿地生态系统的完整性，保护区湿地生态系统的脆弱性导致保护区旅游资源具有相当的脆弱性。

（3）互补性

保护区位于西南奇异瑰丽的山水和少数民族风情旅游区的腹地，又是典型的亚热带高原淡水湿地生态系统，其宽阔的湖面，充足的日照光能，丰富的水生植物以及各种珍稀鸟类所蕴藏的旅游价值，赋予了保护区"高原明珠"的美誉，与周边的织金洞、黄果树瀑布等国家著名国家风景名胜区级国家森林公园具有强烈的旅游资源互补性。

6.7.3 旅游资源评价

在2015年评定保护区为"AAAA"级旅游景区时，根据《旅游资源分类、调查与评价》（GB/T 18972—2003），保护区的旅游资源要素价值分为81分（其中，观赏游憩使用价值28分，历史文化科学艺术价值24分，珍稀奇特程度15分，规模丰度与几率9分，完整性5分）；资源影响力14分（其中，知名度和影响力9分，适游期或使用范围5分）；附加值2分（环境保护与安全得分2分），总分为93分。根据该标准，保护区的旅游资源等级达五级旅游资源，属特品级旅游资源，是贵州最具有旅游发展潜力的地区之一，因此，只需要在AAAA级景区经营3年之后维持现有景观资源可以向国家旅游局申报AAAAA级景区。此外，在美国和法国畅销的《中国旅游指南》一书，列举的35个不该错过的我国最具有吸引力的景点中，草海的排名仅次于万里长城。

6.7.4 旅游环境承载容量分析

经过实地考察，游客游玩保护区主要是沿湖观赏和泛舟湖面观赏，综合考虑保护区游览观光区、观鸟区及景点布局、游客、地形地貌，对于观鸟区和观景点采用面积法，对于湖区乘船旅游线路采用改进的线路法。

（1）保护区的游客日承载容量

游客日承载容量分为沿湖观赏和泛舟湖面观赏日承载容量两部分。

保护区规划为三大功能区，分别是核心区、缓冲区和实验区，三个区的保护级别不同，环境承载力不同。核心区最能体现湿地的特色，集中了主要的湿地种质资源，生态异常敏感，容易遭到破坏，环境承载力最低；历史已经证明，草海水位的状况决定着草海水文和湿地面积，在影响草海黑颈鹤等越冬种群数量上起着十分重要的作用，因此核心区不适合作为开展生态旅游的区域。草海缓冲区面积以核心区外围 100~500m 的陆地和水域来界定，该区域的环境承载力较高，也是可以开展生态旅游的重要区域，考察后我们认为应将该区域作为泛舟出海游玩观赏及泛舟等待区域，故该区域适用改进的线路法计算承载容量，不再纳入面积法计算。保护区的实验区是指缓冲区以外的其余区域，面积为 6898.44hm^2，折合为 68984400m^2，即

$$S_{total} = 68944400(\mathrm{m}^2)$$

其次，草海保护区演示区有别于一般的城镇公园，景观应该是开阔疏朗，有利于湿地的保护。因此该部分区域的用地指标参考森林公园的用地指标，取值为 800m^2/人，即 $S_{per\_tour} = 800(\mathrm{m}^2/人)$。日周转次数选取 1 次，即每天旅游的循环次数 $I_{cycle} = 1$。

$$V = \frac{I_{cycle}S_{total}}{S_{per\_tour}} = \frac{1 \times 68984400}{800} \approx 86230(人·次/天)$$

泛舟湖面观赏部分，根据现场调查和相关数据，我们可折算得到草海总的船只数目大约为 320 只（6 人座），即 $Boats = 320$，此时 $Visitor_{per\_boat} = 6$，保护区泛舟湖面旅游项目的每天开放时间可达 10 个小时，即 $T_{open} = 10h$，每条船出海游览一次的来回总时间大约为 2 个小时，即 $T_{tour} = 2h$，从而可得泛舟湖面的日最大游客容量：

$$C = Visitor_{per\_boat} \times Boats \times T_{open}/T_{tour} = 6 \times 320 \times 10/2 = 9600(人·次/天)$$

为计算整个保护区的游客日承载容量，我们将上面两部分数据加总，再减去保护区当地居民数量即可。截至 2014 年，保护区内有 18 个村 99 个村庄共计 7 万余人，加上保护区内众多小商小贩，将该部分人统计为保护区居民，将该部分人数适当放大，计 8 万人，这样就可得到保护区的趋于保守的游客日承载容量：

$$Capacity = 86230+9600-80000 = 15830（人·次/天）$$

（2）保护区的游客年承载容量

根据保护区的旅游状况将一年时间区分为旺季、平季和淡季，全年可游览天数按照 300 天计，具体计算公式如下：

$$Cap_{year} = Cap_{day} \times \sum_{season}(Days_{season} \times P_{season})$$

式中，Cap_{day} 和 Cap_{year} 分别表示游客日承载容量和年承载容量；Day_{season} 表示某个旅游季节类型的天数；P_{season} 表示某旅游季节类型的游览率；旅游季节（season）取值为旺季、平季和淡季三种。游客日承载容量采

用保守计算值 Cap_{day} = 15830，根据上述公式，测算得保护区年游客承载容量为2849400人·次（表6-7）。

表6-7　保护区游客年承载容量

旅游季节	天数（天）	游览率（%）	日承载容量（人·次/天）	年承载容量（人·次/年）
旺季	180	75	15830	2137050
平季	60	50	15830	474900
淡季	60	25	15830	237450
合计				2849400

（陈群利、戈冬梅、左太安、刘贤）

第7章
草海湿地生态系统
结构与功能

湿地生态系统被誉为"地球之肾"和"物种的基因库",与森林、海洋一起并列为全球三大生态系统(杨永兴,2002)。湿地位于陆地生态系统和水生生态系统的过渡地带,具有重要的生态服务功能,包括涵养水源、调节气候、调蓄洪水、净化环境、保护生物多样性等(武海涛和吕宪国,2005;王玲玲等,2005)。

草海湿地位于贵州省威宁县城南侧(26°47′32″~26°52′52″ N,104°10′16″~104°20′40″ E),湖底平均海拔2170m,集水面积为12006hm²,水域平均水深2m。处于长江水系和珠江水系分水岭地带的古老夷平面上,为金沙江二级支流洛泽河源头,地处金沙江、乌江与北盘江间的分水地带。草海湿地是晚上新世以来在威宁弧形背斜轴部发育而来的构造岩溶型的湿地,轴向为北西—东南,轴部由下石炭纪浅灰色块灰岩、白云质灰岩、泥灰岩及页岩、硅质岩等组成。草海与洱海、滇池同为中国三大高原淡水湖泊,物种资源丰富,生态系统结构和功能完整,是我国亚热带高原湿地生态系统的典型代表,是黑颈鹤等珍稀鸟类的重要栖息地,被誉为"世界十大最佳湖泊观鸟区之一",同时,被"中国生物多样性保护行动计划"列为国家一级保护湿地(张华海等,2007),是云贵高原上一颗璀璨的明珠。

7.1 草海湿地生态系统基本结构

湿地生态系统的组成要素包括非生物因子和生物群落。在非生物因子中,水和潜育化土壤是非常重要的因子。从功能群的角度划分,生物群落包括湿地生态系统中的生产者、消费者和分解者;生产者不仅仅包括浮游植物、湿地边岸带的湿生植物,还包括分布于水下和浅水区域的沉水植物、浮水植物、挺水植物。湿地植物、动物及微生物等生物因子以及与非生物因子之间,长期协同进化,形成结构稳定、功能高效的湿地生态系统,并通过营养物质流、物种流、能量流维持系统的稳定性(佘国强和陈扬乐,1997)。在草海湿地内,依水深程度不同,从浅水区域到陆地,可把植物可分为沉水植物、漂浮植物、浮叶植物、挺水植物、浮游植物等,它们都是草海湿地生态系统的生产者。消费者主要包括浮游动物、底栖无脊椎动物、鱼类、两栖类、爬行类、鸟类和兽类;分解者包括以细菌和真菌为主的微生物以及部分小型和微型无脊椎动物。

7.1.1 非生物因子分析

7.1.1.1 地质地貌

在地质构造上,保护区处于黔西山字型构造西翼反射弧顶,也是威水背斜转折段所在。保护区断层构造多为压性或压扭性断层，各断层构造环绕草海湖盆分布，构造发育控制草海湖盆演化和影响周围地形地貌发育。草海区域地形最高点的孔山梁子猫儿岩，海拔高度2503m；地形最低点的北部大桥出水口，海拔高度2171.3m。由于构造发育、岩性地层差异以及区域侵蚀-溶蚀作用的影响，形成四周高俊、中部低平，发育多级剥夷面；呈现出由峰丛山地、峰丛缓丘坝地、分散孤丘坝地等组合地貌。残存剥蚀缓丘间广泛发育溶蚀洼地、漏斗，坝地内部或边缘有落水洞群、竖井和小型溶洞群发育，部分峰丛山体中上部有较大洞穴分层发育，山体裸露基岩表面有溶沟、溶坑发育以及现代钙华堆积等。

7.1.1.2 气候

保护区属于亚热带高原季风气候区，具有日照丰富、冬暖夏凉、冬干夏湿的气候特征。年平均气温10.9℃，最热月（7月）平均气温17.3℃，最冷月（1月）平均气温2.1℃；极端最高气温介于27.5～30.1℃，极端最低气温介于−10.3～−5.9℃，≥10℃积温2583.9℃。无霜期平均190.5d。年降水量介于626.5mm～1124.1mm，年均降水量903.6mm；降雨主要集中在5～8月，占全年降雨总量的70.4%。月均最大蒸发量在45.8～117.6mm，年均蒸发量达948.7mm。保护区日照充足，光能资源丰富，年日照时数介于1374～1633.7h，年平均日照时数1455.5h。保护区内多大风，年平均大风日数为31d，春季最多，平均24d，占全年大风日数的79%。由于春季多大风，加剧保护区水分蒸发，导致蒸发的旺盛季节提前于降雨季节，即蒸发超前于降雨，易成春旱；这也是造成年均蒸发量大于年均降水量的重要条件，促使保护区气候水量平衡处于弱亏损状态。

7.1.1.3 水文水质

湿地独特的水文过程创造了不同于排水良好的陆地生态系统及水生生态系统环境条件，进而影响湿地的生物多样性特征（陆健健等，2006）。湖泊水量的丰欠程度，对环境和生态系统具有决定性作用，是湖泊生命的关键所在。草海的水源补给主要来自大气降水，其次是地下水，草海湖水域面积因季节降雨量影响而发生变化。草海正常蓄水面积为1980hm^2，正常水位2171.7m，最大水深5m；丰水期水位可达2172.0m，相应水域面积是2605hm^2；枯水期水位降至2171.2m，相应水域面积为1500hm^2。草海年汇水量800万～900万m^3，水资源极为丰富，是贵州高原上最大的天然淡水湖泊（许正亮等，2008）。汇入草海的河流有卯家海子河、东山河、白马河和大中河等小河流，它们大多数是发源于泉水的短小河溪。从水量平衡关系看，保护区年均收入水量略少于支出水量，处于弱减水状态，其主要原因是保护区蒸发强于降水，同时存在确定的渗漏过程；这种减水过程是草海湖泊退化的重要特质。

草海水质良好，透光性强，水底淤泥层厚，水下水草丰美。水质类型属于重碳酸盐类钙组第Ⅱ类水，硬度小于3.0m/mol，属于软水；湖水pH值平均8.89，平均透明度91.9cm；溶解氧平均6.37mg/L，有机耗氧量为8.048mg/L；水体中重金属未超标；现阶段水体中有机氯类、有机磷类、有机氮类、氨基甲酸酯类、拟除虫菊酯类等农药大类在水中残留浓度未超标，水体中无相关农药污染。1982—2016年，水体的透明度由1982年的64.2cm增至91.9cm；pH值由8.1增至8.89，但是2005年的pH最高，为9.5。1982—2016年，水体中有机耗氧量增加，2016年水体有机耗氧量平均为8.048mg/L，是1982年的1.79倍，是2005年的1.18倍。2016年水体的总碱度为91.005mg/L，比1982年增加28.912mg/L。总硬度降低至136.859mg/L，是1982年水体硬度的82%。溶解氧呈下降趋势，至2016年只有6.37mg/L（图3-4）。

水是草海湿地生态系统中最重要的非生物因素，其水位的高低及其季节变化、水量的增减、水质的变化对整个生态系统的影响是基础性和决定性的。

7.1.1.4 土壤

湖盆周边山地大多为高原黄棕壤，是亚热带高原暖温带落叶阔叶林混生常绿阔叶林的生物气候条件下发育而成。因地势高，温度低，相对湿度大，土壤淋溶作用较强，pH值为5.0~6.0，为酸性土，土层中粘粒下移作用明显，具粘化现象，土壤质地粘重，通透性较差，有机质含量较高，有一定肥力。草海湖盆周围地势平坦区域，则多发育形成湖泊沼泽土。在湖盆边缘经常潮湿或间歇性淹水的地段，则发育为泥炭化沼泽土，是草海湿地的重要组成部分，为多种候鸟活动、觅食的重要生境。在高出正常水位的湖滨地带，一般是经人工垦殖已形成肥沃的旱作土壤。

7.1.2 生物群落组成要素分析

7.1.2.1 生产者

（1）浮游植物

浮游植物是水生生态系统的重要组成成分和初级生产者，是整个水生态系统中物质循环和能量流动的基础，在水生生态系统中起着重要作用。浮游植物的种类组成和生物量，是评价湿地营养类型和估算自然生产力的重要依据之一。

本次考察共检出浮游植物247种，隶属于8门11纲25目41科86属，其中，浮游植物种类数依次为绿藻，占总种数52.23%；蓝藻占18.62%；硅藻占18.22%；其他浮游植物占10.93%（表4-5）。草海浮游植物以绿藻、蓝藻、硅藻种类居多。

与1983年（8门91属）和2005年（8门96属207种）两次综合考察相比，总体上属的数量有所减少，但物种数量却增加了。属数与1983年基本上相近，但是与2005年相比减少了10属，其中，硅藻门属数的变化最大，减少了41.67%（图7-1）；物种数量与2005年相比，增加了40种，即增加了19.32%，尤其是绿藻门、蓝藻门（图7-2）。蓝藻门和绿藻门物种数明显上升，分别增加了70.37%和30.30%；硅藻门所占比例减少了25%，且其他门种类均有所增加（裸藻门除外）。这说明草海湿地富营养化程度比2005年明显增加，水质变差。

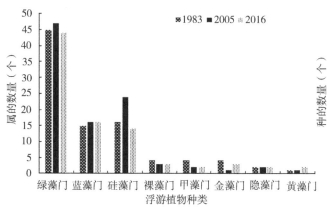

图7-1　浮游植物属数量比较

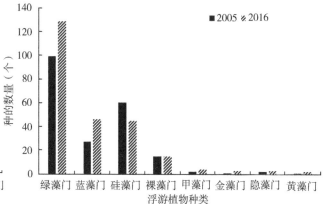

图7-2　浮游植物种数量比较

草海浮游植物生物量年平均为3.46mg/L，变化范围在2.78~4.14mg/L，与2005年（4.695mg/L）相比，浮游植物的年平均生物量降低了26.30%。夏季，草海浮游植物生物量甲藻门最多，绿藻门次之，硅藻门第三；秋季，草海浮游植物生物量绿藻门最多，硅藻门次之，甲藻门第三，说明草海浮游植物生物量存在时间上的变化。

从草海浮游植物的种类组成上看，草海的浮游植物种类繁多，其中以绿藻种类最多，其次为蓝藻、硅藻，认为草海属于绿—蓝—硅藻型湖泊。从生物量上看，除绿藻和硅藻外，虽然甲藻生物量较多，但其数量并不高，草海应为绿—硅藻型湖泊。综合来看，草海现属于绿-硅藻型湖泊。这与晏妮（2010）的研究结果存在一定的差异，具体原因还有待进一步深入探讨。

（2）水生维管植物

草海是一个相对封闭的内陆湿地生态系统，水生维管植物是该湿地生态系统的初级生产者，为浮游生物、底栖动物、虾、鱼、两栖类、鸟类等提供了良好的生长、繁殖、栖息环境，又可提供大量的食料、饵料，是动物赖以生存的物质基础。

本次调查共记录到水生维管植物68种，隶属于28科40属（表4-12），其中，蕨类植物5种，占总数的7.35%；双子叶植物23种，占总数的33.82%；单子叶植物40种，占总数的58.83%。挺水植物占总种数的61.77%，沉水植物占总种数的27.94%，漂浮植物占5.88%，浮叶植物占4.41%。

通过与1983年和2005年两次综合考察比较发现：①水生维管植物种类在增加，但增加的多为两栖、湿中生或中生的植物种类。②群落类型变化较大，1983年时以沉水植物群落为水生植被主体，主要有金鱼藻群落、光叶眼子菜群落、穿叶眼子菜群落、菹草群落、狐尾藻群落、茨藻群落、海菜花群落。2005年沉水植物群落以狐尾藻群落为主要优势群落，其余原有的沉水植物群落已不占明显优势，浮叶植物群落以紫萍浮萍群落为主；挺水植物群落中李氏禾群落尚未显示其优势；沉水植物群落中海菜花种群数量减少。本次调查挺水植物群落以芦苇和李氏禾群落为优势群落，水葱、薰草和水莎草种群均有不同程度的萎缩。这表明草海植物群落正朝沉水植物群落—浮叶植物群落—挺水植物群落—沼泽植被方向演替发展。

7.1.2.2 消费者

（1）浮游动物

浮游动物是一类在水体中营浮游生活的小型水生动物，是水体中食物链前端的初级消费者，是初级生产者与次级消费者之间的能量转换者。浮游动物直接摄食浮游植物及其他细菌和碎屑，而其本身又是很多鱼类和其他水生动物的食物，浮游动物群落结构的变化能影响其他营养级的结构。

本次调查共检测出浮游动物64属136种，其中，轮虫数量最多，占总数的47.41%；枝角类次之，占20.00%；数量组成上，原生动物个体数量最多，轮虫次之。

1983—2016年，草海浮游动物种类数量变化范围较小，种类数在136~155种间波动，但浮游动物数量表现出逐渐降低的趋势，1983年浮游动物丰度是2005年的3倍多，是本次调查的31倍多（图7-3）。

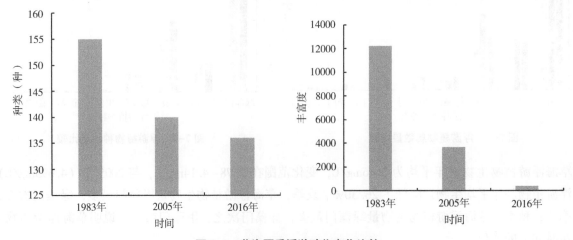

图7-3 草海夏季浮游动物变化比较

浮游动物优势种组成不明显，且随着季节发生变化，优势度大于0.02的种夏季仅有7种，秋季有

5 种，共有种有广布多肢轮虫、桡足类无节幼体、普通表壳虫和囊形单趾轮虫 4 种。与 1983 年和 2005 年相比，草海浮游动物优势种群也发生了较大的演变，首先是优势种群变少，其次是一些原有的优势种被新的优势种群所替代。

（2）大型底栖无脊椎动物

底栖无脊椎动物是水生生态系统中重要的组成部分，在水体生态系统中起着重要的作用，是物质循环、能量流动中积极的消费者和转移者。底栖动物除部分自身具有很高的经济价值外，也是鸟类和鱼类等其他动物的食物来源。

本次调查采得甲壳动物 3 种、软体动物 13 种、环节动物 6 种。而 2005 年草海综合考察采得底栖动物 83 属 121 种，其中，软体动物 15 种，占总种数的 12.40%；寡毛类 13 种，占 10.74%；甲壳动物 5 种，占 4.13%；蛭类 2 种，占 1.65%；水生昆虫 86 种，占 71.07%。底栖动物平均密度为 344 ind/m²。1983 年草海综合考察采得底栖动物 52 种，隶属于 25 科 45 属，其中，腹足类 9 种，占总种数的 17.31%；甲壳类 2 种，占 3.85%；寡毛类 12 种，占 23.08%；蛭类 2 种，占 3.85%；水生昆虫 27 种，占 51.92%。底栖动物平均密度为 184 ind/m²。35 年来，大型底栖无脊椎动物的种类和数量特征都发生了很大变化，生物多样性总体上呈衰退状态：种数减少（虾类从 5 种减少为 3 种）、原来的一般种变成优势种（霍甫水丝蚓从一般种成为优势种）、大量物种不复存在（如蜻蜓目种类）、原来的地方特有种被外来物种取代（葛氏华米虾被中华长臂虾取代）。

（3）鱼类

鱼类是草海湿地生态系统结构中高级消费者、食物链的高端、水生生境子系统的顶端。

保护区内鱼类多样性较低，目前，共记录有 18 种鱼，隶属于 9 科 17 属，其中，鲤形目种类最多，占鱼类种数的 55.56%；鲈形目鱼类次之，占 16.67%；优势种为鲫鱼、黄黝鱼、彩石鲋和麦穗鱼。1986 年草海仅有 9 种鱼类，2007 年的调查增加了黄黝鱼、彩石鲋和草鱼 3 种外来物种，本次调查又增加了埃及胡子鲶、黄颡鱼、鲢和杂交鲟 4 种外来物种，并且从渔获物的组成可以看出，因彩石鲋、黄黝鱼可以在草海自行繁殖，已成为草海的主要优势物种。黄黝鱼喜食其他鱼类的鱼卵，其种群数量变动需要重点关注。另外黄颡鱼可以在静水湖泊中自行繁殖，该鱼是肉食性鱼类，喜食其他鱼类，其种群变动也需要重点监测。此外，草海特有鱼类草海云南鳅自 2007 年以来再度缺席草海鱼类名单，仅在其附近的杨湾桥水库被发现。

和大型底栖无脊椎动物一样，草海鱼类的多样性也呈现衰退趋势，其种类组成发生了巨大变化。这些变化除了水质污染、滥捕滥捞外，无序进入的外来物种成为重要原因。尽管保护区管理机构实施了最严格的禁捕令，但由于草海鱼类组成已发生巨大变化，已经不可能恢复到 1985 年的状态，甚至也不可能恢复到 2007 年的状态了。

（4）鸟类

鸟类是湿地生态系统中最为活跃的组成部分，属于湿地生态系统中的高级消费者，其种类组成和多样性动态直接反映湿地生态系统的变化。

草海湿地水生植物丰富，越冬候鸟众多。本次考察共记录到鸟类 246 种，隶属于 17 目 53 科，其中，非雀形目鸟类 140 种，占总种数的 56.91%；雀形目鸟类有 106 种，占 43.09%。所有种类鸟中，留鸟最多（94 种），占总种数的 38.21%；冬候鸟次之（86 种），占 34.96%；旅鸟最少（13 种），占 5.28%。国家重点保护鸟类 37 种，其中国家一级重点保护野生鸟类有 6 种，国家二级重点保护野生鸟类有 31 种（根据 2021 版的《国家重点保护野生动物名录》，一级保护鸟类 12 种，二级 39 种）。

1983—2016 年，草海湿地鸟类种类数量逐渐增加，2016 年鸟类种类数量是 1983 年的 2.24 倍，是

2005 年的 1.21 倍（图 7-4）；国家一级、二级重点保护野生鸟类的数量也呈逐渐增加的趋势，2016 年重点保护鸟类是 1983 年的 2.47 倍，是 2005 年的 1.32 倍（图 7-5）。这说明，一方面保护区多年来对鸟类的保护措施得力、成效明显，另一方面目前的生境整体上有利于鸟类的栖息。

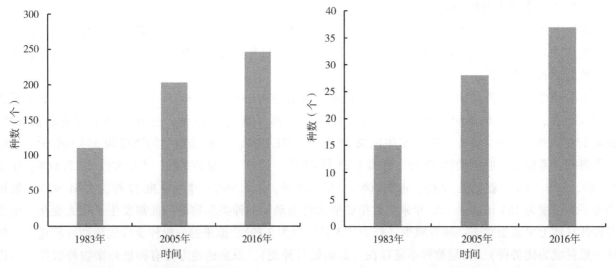

图 7-4　草海湿地鸟类种数比较　　　　图 7-5　草海湿地国家重点保护鸟类种数比较

7.1.2.3　草海湿地生态系统的分解者

微生物是湿地生态系统的主要分解者，它对湿地生态系统物质转化、能量流动起着重要作用，制约着湿地的类型和演替。另外，微生物对湿地有机污染物及有毒物质具有降解净化作用。湿地微生物主要指水体和沉积物中的细菌、真菌等。

7.2　草海湿地生态系统的功能

草海湿地生态系统的独特性不仅表现在结构上，其物种组成丰富而独特，而且表现还呈现出功能上的独特性和多样性。

7.2.1　物质生产

湿地的物质生产功能指其中可以直接利用的资源，包括植物资源、动物资源、水资源、矿产资源或者资源直接利用带来的效益。由于特殊的水、光、热和营养物质等条件，草海湿地生态系统源源不断地为当地人们提供生产和生活资源。草海是当地地表径流汇水区，能够储存大量宝贵水源，是当地居民生活、工业及农业用水的可靠水源。草海水生植物资源丰富，金鱼藻、光叶眼子菜等植物是鸟类和鱼类的饲料。湿地提供的食物产品主要是鱼类、虾类、贝类等，草海湿地淡水鱼类共有 18 种，鲫鱼是草海的主要经济鱼类。

7.2.2　地下水补给、洪水调蓄

湿地是集水区水文系统的重要组成部分，它作为洪水的贮集地，把上游的洪水滞蓄在湿地内，一部分以地表水的形式储存起来，一部分下渗到地下增加地下水储量，既可以消减洪水排泄量，减轻下游防洪压力，又能在枯水季节缓解水资源紧缺的状况，达到水资源时空调节的目的。草海流域内岩溶地貌较发育，草海湿地既是地下岩溶水的排泄区，也是地下岩溶水的补给水源，草海湿地的存在能够稳定地下

水位，维持岩溶水循环平衡，从而起到保持岩溶地貌、防止石漠化的作用。丰水期，草海湿地能蓄滞大量洪水，消减下游洪峰。草海湖盆周边广布的落水洞群存在五年一遇的"雨时漫水、旱时消水"现象说明其调控能力强。

7.2.3 水质净化

湿地能通过物理、化学及生物过程分解、净化水体中碳、氮、磷等污染物，起到"排毒"和"解毒"的作用。湿生植物和有机残体的吸收和吸附作用、微生物的分解作用以及水的溶解作用等，能消除或减轻各类病原体、悬浮物和有毒物质等对环境的污染及水体的富营养化。其中，生物作用是湿地环境净化功能的主要方式。由于草海湿地的污染源主要是居民生活污水、周围村民禽畜养殖等农业污染，湿地生态系统的净化功能在草海主要表现为湿地生物净化功能和湿地水资源对污染物的降解两方面。

7.2.4 气候调节

草海湖面开阔、光能丰富、蒸发量大，是云贵高原上的水汽储藏库，对调节当地气温和空气湿度、减少极端气候现象具有一定作用。据有关资料研究（徐婷等，2015），草海水面的年蒸发量为 $1386×10^4 m^3$，水生植物的年蒸腾量为 $252×10^4 m^3$，年蒸散发量可达 $1638×10^4 m^3$，可以有效地调节当地的大气湿度和降水。草海地处中高海拔地区，年均气温仅 10.9℃，有机残体分解缓慢且分解度低，分解耗氧量小；而湿地植物繁茂，放氧量大，因此，湿地可以起到固碳、释氧的作用。

7.2.5 为水禽提供栖息地

湿地是水禽的主要活动场所，许多水生动物将借助湿地完成产卵并度过幼年期；草海是云贵高原的重要越冬地，水鸟在迁徙过程中在此停歇、休憩、觅食和越冬，其中很多是国家重点保护鸟类，特别是国家一级重点保护野生鸟类黑颈鹤、东方白鹳等。

7.2.6 科研和教育价值

草海湖水浅、湖盆开阔、物种资源丰富，为鸟类等动物提供了丰富的食物及栖息地，是实施生物多样性保护活动计划的重要区域，也是重要的生物遗传基因库，"中国生物多样性保护行动计划"将其列为国家一级重要保护湿地；由于其鸟类资源丰富，被国内外专家誉为"世界十大最佳湖泊观鸟区之一"，具有较大的旅游价值。草海湿地自 20 世纪 80 年代初期始建自然保护区以来，其独特的生境和生物多样性所蕴含的巨大的景观美学价值、文化科研价值和历史价值等，引起了国内外许多相关组织和学者的关注，每年吸引众多游客和科研工作者来此度假旅游或进行科研调查。

7.3 草海湿地生态系统评价及保护建议

7.3.1 草海湿地的时空变化

7.3.1.1 草海湿地景观类型及其变化

从 1995—2015 年草海湿地景观类型面积来看，林地、草地景观类型面积整体呈下降趋势，其中林地下降0.59%，草地下降17.81%；水域、建设用地面积均有大幅增加，其中，水域面积增加40.13%，建设用地面积增加223.57%，建设用地有向草海核心保护区方向发展的趋势；耕地面积增加 6.10%，但在2005—2015 年间有所减少，减少了 2.56%。从空间变化来看，县城建设用地向保护区方向发展，"城进湖退"问题依然存在（任金铜等，2018）。

7.3.1.2 草海水质的季节变化

在草海水质随季节而变化。水体的透明度大小顺序：第三季度>第四季度>第一季度>第二季度。草海水体的透明度的季节性变化除了与该监测点的水质污染情况有关，还受水中植物的生长阶段和人为扰动影响。

草海水体的pH以第三季度最高，达到9.33（表3-15），第一季度最小，为8.29。溶解氧第一季度最高为6.59，第三季度最小为5.99。有机耗氧量以第一季度最高位10.059mg/L，第四季度最低为5.473mg/L。总碱度和总硬度以第四季度最高，分别为95.998mg/L和149.617mg/L；第三季度最低，分别为79.628mg/L和121.900mg/L。

草海水体中NO_2^--N和NH_3-N浓度的最高季度平均值出现在第一季度（表3-15），NO_3^--N、TN、TP、SiO_2、Fe浓度的最高季度平均值出现在第二季度，造成这种情况的原因主要是因为6月初还未完全进入丰水期，湖水接受的外界补充较少。NO_2^--N、TN、Fe浓度的最低季度平均值出现在第三季度，NO_3^--N、NH_3-N、TP和Fe的最低季度平均值出现在第四季度。营养盐物质的季度性变化原因主要有：①受降水影响；②监测点分布的影响，降水将城镇污水带入离城镇较近的监测点，导致营养盐浓度迅速上升；③水中植物的生长与枯落交替；④人类活动。

污染的季节变化总体表现为枯水期春季污染最为严重、丰水期夏季相对较轻的规律；空间上，各季节水质指标均呈现由东至西逐渐降低的趋势，高浓度区集中在草海东北角入湖口及西海游客码头附近（周晨等，2016）。

7.3.1.3 草海湿地生境质量及其变化

从1992—2013年湿地生境质量空间分布来看，保护区生境质量一直维持核心区生境质量最高，缓冲区生境质量次之，试验区西部、西南部以及东部地区较差的格局。从1992—2013年间草海湿地西部由于威宁县城的城市用地扩张，受人为活动干扰较强，内部结构日益遭到破坏，服务功能日益减弱；东部结构最不合理，受到人为活动影响最严重。从时间上来看，湿地生境质量整体上趋于改善，在1992—2000年，草海湿地生态系统内部结构遭到人类活动破坏的程度要比2000—2013年要大（胡宝方和安裕伦，2015）。

7.3.2 草海湿地生态系统评价

草海是贵州最大的天然高原淡水湖泊，同时也是我国亚热带高原湿地生态系统的典型代表，成为中国西南地区迁徙水禽的重要越冬地和停歇地。但草海湿地生态系统由于人类活动加剧，导致其功能作用削弱、生物多样性降低、水体富营养化等生态环境问题，表现出明显的生态脆弱性。彭益书等（2014）从湿地的生态特征、功能和社会经济环境3个方面的30个影响因子对草海湿地生态环境质量进行了评价，发现草海湿地的生态系统处于"较健康"状态，这与秦趣等（2015）得出的结论类似。

首先，近年来由于草海湿地周围年平均气温呈上升趋势，年降水量总体呈下降态势，导致水资源量较少，制约了湿地植物的生长，影响了动物的生存与发展。其次，草海湿地周围人口过多，人口自然增长率高，导致草海湿地周围地区人口数量增加幅度大，在有限的资源环境中，对周边环境进行掠夺式开发，增加了资源环境的压力，引起一系列生态环境问题（如湿地面积退化、湿地边缘植被、栖息地环境被破坏等）以及相应生态系统调节功能（如水质净化功能、侵蚀控制功能等）降低。最后，湿地周围的生产、生活及农业生产活动等未注意污染防治问题（如城乡生产生活污水、生活垃圾、农药施用等）导致水质状况变差。因此，湿地面积退化、湿地淤积程度、湿地边缘植被、植物个体尺度、植被覆盖率、水质净化功能、侵蚀控制功能、提供生物栖息地功能等方面成为影响草海湿地生态系统健康的主要因素。

从本次科考的结果看，水体污染情况依然存在、水生植物群落沼泽化倾向突出、水生动物多样性严重衰退、保护区内居民的生存发展和对自然环境的保护矛盾尖锐、保护区管理水平和能力还不能适应新的要求等问题也客观存在。

针对上述问题，地方党委政府及保护区管理机构痛下决心，加大了治理力度，主要采取了拆除违规建筑、修建分散式污水处理厂、取消游船进湖旅游、退耕还湖、严禁任何形式的捕捞、恢复植被等强有力的措施，已经取得了明显的成效。

7.3.3 草海湿地生态系统保护对策

7.3.3.1 树立系统管理观念，提高对草海生态系统管理的认识

草海因草得名，因鸟出名。1985 年保护区成立以后，主要工作都围绕着保护以黑颈鹤为代表的候鸟来开展，取得了很好的成效，也得到了国际鹤类基金会等国际组织的赞扬和肯定。但 30 多年的实践证明，仅仅重视以黑颈鹤为代表的保护鸟类是不够的，也是管不好的。只有深化对草海生态系统的认识，着眼于草海湿地生态系统的保护与修复，正确处理好"水—草—鸟—人"的关系，才能系统全面的认识和分析问题。因此，要保护好草海，必须牢固树立生态系统管理的观念，切实增强管理的系统性和前瞻性，转变管理理念，以湿地生态系统保护来统领保护区的管理，开拓管理思路，提升管理水平。

7.3.3.2 合理调控水位，维持湿地生态系统健康

草海是典型的湿地生态系统，水是最重要的因素。除了水质的影响以外，水位的升降对水面和周边湿地面积影响最为显著，因此，合理调控水位、保持草海水体的水文节律对草海湿地生态系统健康至关重要。历史上，草海有过 4500hm² 的大湖面景观，也有过草海放干后仅存不足 1000hm² 的小湖面；现在草海正常蓄水面积为 1980hm²，正常水位 2171.7m，最大水深 5m；丰水期和枯水期水位分别为 2172.0m 和 2171.2m，相应水域面积分别是 2605hm² 和 1500hm²。考虑草海湖盆的形态特征、丰水期水位和枯水期水位、对水生植物的影响及对黑颈鹤等生活在沼泽地的保护鸟类的影响，以及保护区范围内近 10 万民众的生计，笔者认为，目前的水位是合适的。如果水位过高，会导致污染的加剧（淹没的大多是耕种了几十年以上的耕地）、水生维管植物群落的变化、黑颈鹤等候鸟的栖息地改变、人鸟矛盾加剧等一系列经济、社会和生态问题，反而不利于保护区的管理。

7.3.3.3 严控污染，改善水质

针对草海湿地污染的状况，建议强化以下几方面的工作：①加快污水处理厂配套设施建设，提高污水处理率。当前，草海周边已建立了 19 座分散式小型污水处理厂，以处理来自城镇的工业废水及生活污水，确保威宁县城的生活污水、工业废水全部经过处理达标后再排进草海。经调查，笔者认为效果明显，但还存在污水收集管网不完善、管理水平不高等问题。②减少化肥中 N、P 等营养元素的流失以及农药施用对草海水体的污染。督促周边农民一方面采用科学的施肥方式，优化施肥，使化肥结构合理化，控制化肥的施用量；另一方面采用绿色防控技术，减少农药的使用量，减轻其危害。③有效控制禽畜粪便的污染，严格审批制度，在草海集水区原则上不得兴建和运营畜禽养殖场。

7.3.3.4 恢复和优化植被结构，保护生物多样性

积极恢复草海流域内的植被，特别是坡地植被的恢复，这样可以使土壤保水能力提高，减少蒸散，使水量补给的压力得到缓解；能够使水土流失得到控制，减缓草海湖的淤浅。同时，严禁在草海湖滨区

域垦殖和开垦湿地，严格控制捕捞和打捞水生动植物资源；加强水禽繁殖区保护管理，为鸟类的繁衍生息、栖息场所提供有利条件；建立健全快速救护保护反应体系，对误捕、受伤、搁浅的水生动物及时进行救治、暂养和放生。

7.3.3.5 保护特有物种，加强对外来入侵有害生物的防控

采取异地繁育等方式，在杨湾桥水库保护草海云南鳅等土著鱼类，重建葛氏华米虾等特有种的种群，强化对特有物种的保护。积极开展对有害生物侵入的调查研究，特别是对水生生物的有害生物入侵现象，采取人工捕杀、化学诱杀等环境友好的手段控制有害生物的数量，减轻外来物种迅速繁殖对水生生物造成威胁。

7.3.3.6 加强协同创新，开展湿地生态环境的长期监测

对草海国家级自然保护区的保护，应建立在充分的科研基础上。多年来，对保护区的研究呈现出小、散的特点，保护区管理机构的主导作用发挥不够，建议保护区与省内外科研机构加强协作，共同谋划和实施科技项目，强化对生态系统关键因素和重要保护对象的日常监测，对存在的科学问题联合攻关，切实提升科技水平。当前，要尽快开展对湿地生态系统结构、功能和演变趋势、植物群落多样性与演替规律、野生动植物种群动态变化的监测与科学研究，以探索和揭示其自然规律，为有效保护、科学管理提供依据。

(何斌、陈永祥)

第8章
自然保护区管理

8.1 基础设施

自然保护区基础设施是自然保护区规范化建设的主要内容，是衡量自然保护区管理水平的重要标志。保护区建立以来，得到各级各部门的高度重视，主要基础设施见表8-1。

表8-1 保护区基础设施一览表

序号	项目名称	建设经费（万元）	经费来源	建设时间	备注
1	综合办公大楼	29.18	财政拨款	1986.1	
2	科研楼	233.00	财政拨款	2010.12	
3	为大数据管理中心	4.77	财政拨款	1986.3	
4	阳关山管理站	4.90	财政拨款	1989.1	
5	鸭子塘管理站	15.00	财政拨款	1996.12	
6	白马管理站	25.90	财政拨款	2003.8	
7	白马炮台	33.25	财政拨款	1991.3	
8	胡叶林管理站	102.54	财政拨款	2010.12	
9	动物笼舍	41.93	财政拨款	2010.12	
10	森林公安派出所办公楼	19.90	财政拨款	2013.11	
11	污水生物处理示范池	87.00	财政拨款	2011.12	已停用
12	动物救护站	68.16	财政拨款	2010.12	已停用

8.2 机构设置

保护区管理委员会（中共贵州草海国家级自然保护区工作委员会）核定事业编制50名，其中，管理人员编制为47人，工勤人员编制3人，没有专业技术人员编制。内设机构4个，有党政办公室（政治部）、综合执法处（综合执法局）、项目管理处、环境监测处；下设机构9个，有政工科、秘书科、行政科、政策法规科、执法科、规划建设科、计划发展科、科研科、监测科。各机构职责如下（中共威宁自治县委—威宁自治县人民政府，2015）。

8.2.1 党政办公室（政治部）

党政办公室（政治部）承担综合协调、政策研究工作；承担处理机关日常事务；承担文秘、会务、档案、督查、机要、保密等工作；承担宣传文化、行政监察等工作；承担机关机构编制、组织人事、财务、后勤服务等工作；承担对外联络和涉外事务工作；承担党风廉政建设工作。党政办公室下设政工科、秘书科、行政科。

8.2.2 综合执法处（综合执法局）

依据授权依法组织实施对保护区管理范围内国土、规划、市政、环保、水利、安监、水产、林业、海事等部门的有关行政执法职能；协调保护区范围内的公安及与其相关的综合执法工作。综合执法处下设政策法规科、执法科。

8.2.3 项目管理处

项目管理处承担配合国家、省、市、县相关部门抓好草海综合治理工程的规划编制、项目争取、设计审查、组织实施及投资统计等工作。项目管理处下设规划建设科、计划发展科。

8.2.4 环境监测处

环境监测处承担草海的科学研究和环境监测工作，承担栖息地、繁殖区、监测站点等区域基础设施和监测设备的建设维护与管护员队伍管理。环境监测处下设科研科、监测科。

8.3 保护管理

8.3.1 保护区管理措施

（1）加强宣传教育

保护区把环境保护宣传列为常规工作之一，到村寨、集镇、学校开展草海保护宣传工作，利用电影、电视、录像、幻灯、标语、展厅等多种形式，向公众宣传《中华人民共和国环境保护法》《中华人民共和国野生动物保护法》《中华人民共和国自然保护区条例》等有关法律知识和环保科普知识，提高公众环境意识，让他们自觉地加入到保护草海、保护环境、保护野生动植物的行列。近年来，把保护区内的10余所中小学作为开展环境教育的主要阵地，通过在教学中安排专门环保课和组织学生开展环保课外活动的方式，提高学生的环境意识。

（2）建立健全法律、法规

保护区在相关的法律中应有明确的条文规定对其保护，在立法前提下开展保护区的相关工作，使保护区候鸟保护、旅游、水产、文化景观等都有法可依，依法办事。2001年1月，贵州省第九届人民代表大会常务委员会第二十次会议批准《威宁彝族回族苗族自治县草海保护条例》；2013年修订了草案。该草案对草海的范围界定、草海的行政管理单位、政府的职责及国家级自然保护区的管理局的职能等进行了补充和说明，并规定在草海区域内，任何单位和个人必须遵守本条例。

（3）建设农民管护员队伍

草海是最先使用农民管护员的自然保护区，1986年就组建了农民义务管护员队伍，搭起群众与保护区管理局联系的桥梁。从2005年，义务管护员变成了专职管护员。管理局把保护区划为若干个片区，在每个片区内选择有一定威望、具有一定文化素质、工作认真负责的当地农民为管护员。管护员在接受草海保护区管理局的培训后，负责在片区内宣传国家有关自然保护的法律、法规和科普知识，开展公众环境教育，保护湿地及候鸟的安全，对主要鸟类的计数及迁飞规律进行记录调查等，并定期到管理局汇报工作。20多年来，管护员们以草海为家，晨昏巡逻，为草海的自然保护作出了突出贡献。

（4）强化综合执法

集中开展控建拆违工作，对保护区违法建筑依法组织拆除，确保实现新增"两违"建筑物查处率、拆除率不断提高目标。持续开展辖区内"六个严禁"执法专项行动，严厉打击辖区内各类破坏生态环境的违法违规行为，依法没收违法捕捞船只、非法电力捕鱼工具、非法渔网、捕鸟工具，对涉嫌违法人员调查并依法移送司法机关。对草海周边洗车场、汽车修理厂进行了全面摸底排查，调整优化规划布局，引导企业在保护区外布局修建停车场、洗车场。对破坏和污染草海的违法行为进行了公开曝光和整治。

（5）实施生态保护与综合治理工程

草海生态保护与综合治理在中央、省、市的坚强领导下，在省领导小组及其办公室的精心指导和各级各部门的倾力支持下，威宁自治县和草海管委会立足自身实际，坚守发展和生态两条底线，按照国家发改委批复的《贵州草海高原喀斯特湖泊生态保护与综合治理规划》，采取退城还湖、退村还湖、退耕还湖、治污净湖、造林涵湖等综合措施，全力推进草海综合治理工作。

一是退城还湖。废止与保护区重叠区域县城总体规划，实施《威宁自治县县城总体规划（2018—2035）》修编，完成保护区范围确界立标，腾退原城市规划用地22652亩，收回保护区内原出让开发建设用地2182.5亩。拆除位于保护区内的房地产、驾校、砖厂、修理厂、养殖场等经营设施。

二是退村还湖。通过产权置换、宅基地安置、货币补偿等方式，分年度、分批次对草海周边18个村（社区）的15936户实施棚户区改造和移民搬迁，目前已拆除房屋5940户，拆除面积约68万 m^2，涉及人口约2.24万人。

三是退耕还湖。完成 $4000hm^2$ 农户承包地的征用，进行了土地确权和插牌定界，恢复黑颈鹤栖息地近 $70hm^2$，种植鸟类喜食植物 $200hm^2$。

四是造林涵湖。通过退耕还林、石漠化治理、天保林建设等方式，完成草海流域造林绿化 $2870hm^2$。综合治理区森林覆盖率从14.68%提高到27.28%，水土流失治理面积占总治理面积的83.29%，年泥沙减少64.29%~72.22%。

五是治污净湖。通过截污控源、外堵内治等方式，分区域、分类别建设污水收集处理设施，开展内源治理示范和调水补水，启动主要入湖河口湿地恢复，全面推行"河长制"管理。直排生活污水得到收集和处理，污染负荷得到大幅削减（2017年化学需氧量、氨氮、总磷、总氮削减量分别为442.93 t/a、72.04 t/a、6.29 t/a、174.49 t/a），上游重度污染区黑臭现象消除，水质恶化趋势得到遏制。

8.3.2　保护区建设管理存在的问题

一是自然保护区实施项目前期工作推进缓慢，手续办理周期长。二是草海平台公司因信用等级低，融资困难，部分在建项目资金缺口大，项目推进缓慢。三是执法力量薄弱，执法主体不具备授权条件。四是科研基础设施落后，缺乏长期监测资料积累。五是专业技术人员少，保护区的科学管理缺乏人才支撑。

8.4　科学研究

保护区自成立以来，在经费严重不足的情况下，积极开展相应的科研工作，与各大专院校、科研机构合作，协作创建科研基地、科研工作站等，近年来，主要开展了以下几方面的工作。

注：1亩=1/15 hm^2，下同。

8.4.1 科研工作站的建立

利用国内专业科研机构、大专院校科研优势，探索建立高原湿地研究中心+若干专业机构战略合作的"1+N"科学研究新机制，按月采集水样进行检测分析并发布监测报告，积极筹建草海云大数据监测管理体系。2014年在中央环保第三批排污经费项目支持下，草海管委会建成了3个水质自动监测站，并由湖南力合科技有限公司运营管理，空气自动监测站正进行设备安装和调试。组建了50人的巡护员队伍，建成水文、气象等监测监控设施，对草海水、鸟、鱼、草等资源实行全天候巡查监测，及时掌握草海生态环境的现状及变化情况。开展黑颈鹤等珍稀鸟类栖息觅食地生态恢复，补充鸟类食物源，打造了黑颈鹤栖息觅食地修复科研示范区3000亩，实施了鸟类栖息地生物围栏建设9000亩。

8.4.2 本底资源的调查

草海是一个典型的人为破坏后重新恢复的高原湿地生态系统，开展资源调查对了解草海的过去、现在以及未来的保护等均具有很大的科学价值和实际意义。

（1）1980—1986年的科学考察

1980年贵州省人民政府决定恢复草海水域后，贵州科学院建立了"草海高原湖泊淡水生态系统半定位研究工作站"，先后组织200多人次开展了动物、植物、浮游生物、底栖动物、土壤及环境的系统考察，研究成果汇编成《草海科学考察报告》一书正式出版。

（2）1994年调查植被等调查

1994年在国家鹤类基金会（ICF）的资助下，由贵州教育学院、贵州农学院和贵州水文地质勘查设计院等单位对草海的植被、土壤、水文和地形进行了一次全面的调查，并绘制了相应的图。

（3）1996年水禽调查

1996年，草海保护区管理局和国际鹤类基金会共同组织了对草海水禽调查，观察统计草海各类越冬水禽75000多只。这些本地资源的调查结果为保护区的管理工作奠定了良好的基础。

（4）2005—2006年科学考察

2005—2006年贵州科学院生物所、贵州大学、贵州省林业学校、国家林业局昆明勘察设计院、茂兰国家级自然保护区管理局、国际鹤类基金会等单位开展了综合科学考察，对草海的自然资源、生物资源、社会环境等做了深入调查研究，成果汇编成《草海研究》，为草海的进一步保护和发展提供了基础资料。

（5）2016—2017年科学考察

2016—2017年贵州工程应用技术学院牵头、贵州科学院生物所、贵州大学、重庆大学等单位联合对草海开展了科学考察。这次科考，严格按照原国家环保部2010年颁布的《自然保护区综合科学考察规程（试行）》进行，对保护区的水生植物、真菌、种子植物、蕨类植物、苔藓、地衣、浮游生物、陆生植被及生态系统、兽类、两栖类、爬行类、鱼类、鸟类、昆虫、无脊椎动物、土壤动物、遗传资源、自然地理环境、水体理化性质、土壤、社会经济状况、旅游资源、生态系统等进行调查，完成了水生植物腊叶标本、大型真菌标本、种子植物腊叶标本、蕨类植物腊叶标本、苔藓标本、地衣标本、兽类、两栖类、爬行类标本、鱼类标本、昆虫标本、水生底栖动物、软体动物、环节动物、甲壳动物及蛛形动物标本、土壤动物标本等3000余份、相应照片3500多张及名录1套；提供了部分动植物的精细解剖和三维影像制作；完成了草海国家级自然保护区综合科学考察成果图，包括自然保护区位置图、自然保护区地形图、自然保护区植被图、自然保护区重点保护对象（动物、植物）分布图、自然保护区功能区划图等。

8.4.3 专著及规划的编制

1986年，初步制定了《草海保护区建设规划》，该规划由毕节地区建设局徐本贵牵头，毕节师专钟以平、陈永祥等参加了野外考察及规划编制工作。

1992年，编制了《草海国家级自然保护区总体规划》，该规划由省环保局自然处负责人牵头，省内有关单位的人员参加编写。

1999年，洪守礼主编了《自然保护与社区发展—草海的战略和发展》一书。

2003年，编制了《草海湿地保护与治理综合规划》。

2005—2006年，省林业厅主持编制了《贵州草海国家级自然保护区总体规划》《贵州草海国家级自然保护区第一期基础设施建设可行性研究报告》。

2007年，贵州省林业厅组织有关单位专家对草海进行考察，编写了《草海研究》一书。

2011年，上海同济城市规划设计院编写了《草海国家级自然保护区生态旅游总体规划（2011—2030）》一书。

8.4.4 管理人员参与发表的论文

保护区管理人员积极参加研究工作并撰写学术论文，据统计，1990年至2018年，保护区管理人员共发表论文27篇。其中，中文核心期刊17篇，其他刊物9篇，会议论文1篇。篇目如下。

刘慧，刘强，刘文，等，2018.宁夏中卫黄河沿岸迁徙灰鹤停歇模式[J].动物学杂志，53(2)：161-171.

张建利，蔡国俊，吴迪，等，2018.贵州草海湿地空心莲子草入侵迹地植物群落结构数量特征[J].生态环境学报，27(5)：827-833.

李振吉，刘文，王汝斌，等，2017.贵州草海保护区黑水鸡繁殖生态学观察[J].贵州科学，35(4)：5-8.

李章省，2017.坚持"治建管改"推进草海生态环保与综合治理[J].理论与当代 (4)：11-13.

雷宇，韦国顺，刘强，等，2017.贵州草海保护区钳嘴鹳种群动态[J].动物学杂志，52(2)：203-209.

罗祖奎，刘文，李振吉，等，2017.贵州草海国家级自然保护区小䴙䴘巢址生境选择[J].四川动物，36(2)：174-180.

卫小松，夏品华，袁果，等，2016.湿地植物对富营养化水体中氮磷的吸收及去除贡献[J].西南农业学报（02）：1001-4829.

杨海全，陈敬安，刘文，等，2016.草海沉积物营养元素分布特征与控制因素[J].地球与环境，44(3)：297-303.

夏品华，喻理飞，曹海鹏，等，2015.贵州草海人工湿地系统硝化-反硝化作用研究[J].生态环境学报，24(12)：2045-2049.

张海波，粟海军，刘文，等，2014.草海国家级自然保护区冬季主要水鸟群落结构与生境的关系[J].生态与农村环境学报，30(5)：601-607.

杨延峰，张国钢，陆军，等，2013.贵州草海斑头雁越冬觅食地选择[J].林业科学，49(08)：176-180.

罗祖奎，任峻，刘文，等，2013.贵州草海发现钳嘴鹳[J].动物学杂志，48(2)：240，322.

杨延峰，张国钢，陆军，等，2012.贵州草海越冬斑头雁日间行为模式及环境因素对行为的影响[J].生态学报，32(23)：7280-7288.

欧阳力剑，刘文，胡思玉，2012.初步构建草海EWE(Ecopath with Ecosim)营养模型的原理、研究案例及参数介绍[C].中国海洋湖沼学会，中国科学院海洋研究所.中国海洋湖沼学会第十次全国会员代表大会暨学术研讨会论文集. 中国海洋湖沼学会, 中国科学院海洋研究所：11.

薛飞, 刘文, 夏品华, 等, 2012. 贵州草海湿地农田沟渠沉积物氮磷的吸附动力学及影响因素[J]. 农业环境科学学报, 31(10)：1999-2005.

罗祖奎, 刘文, 李振吉, 等, 2012. 贵州草海冬季鸟类群落特征[J]. 华东师范大学学报 (自然科学版), (4)：102-111.

罗祖奎, 李性苑, 张文华, 等, 2011. 草海自然保护区春季鸟类群落结构及现存生物量[J]. 湖北大学学报 (自然科学版), 33(4)：408-412, 417.

许正亮, 杨帮华, 刘文, 2008. 草海国家级自然保护区植被恢复与重建初探[J]. 内蒙古林业调查设计 (1)：5-9, 58.

李宁云, 田昆, 肖德荣, 等, 2007. 草海保护区功能分区与生态环境变化的关系研究[J]. 水土保持研究 (3)：67-69.

李凤山, 邓仪, 宋海江, 2001. 改善当地社区基础教育提高环境保护意识：草海国家级自然保护区环境教育项目介绍[J]. 环境教育 (1)：26-28.

陈祯德, 1999. 威宁草海：重建生态[J]. 当代贵州 (10)：23-24.

张伟木, 周永连, 艾玉萍, 等, 1996. 草海鹤类主要疫病调查[J]. 中国兽医杂志 (2)：23-25.

杨炯蠡, 黄鹤先, 管毓和, 1992. 草海黑颈鹤和灰鹤越冬期生态行为学的比较研究[J]. 环保科技 (Z1)：44-49.

唐国俊, 1992. 草海湿地的社会经济价值及其管理保护[J]. 环保科技 (Z1)：69, 95-98.

王有辉, 李若贤, 唐国俊, 等, 1991. 贵州草海的越冬鹤类[J]. 四川动物 (2)：39-40.

周永连, 张伟木, 冯元璋, 等, 1990. 威宁草海黑颈鹤灰鹤暴发嗜内脏型新城疫 (ND) 的研究[J]. 贵州畜牧兽医 (1)：1-4.

（张以忠、陈永祥、刘文、李振吉、李杰、王汝斌）

第9章
自然保护区评价

9.1 保护管理历史沿革

草海湖面的近期形成已有 100 多年的历史，1860 年（清咸丰十年）形成了当今草海状况（秦启万，1986）。1958 年以前草海正常水位高程为 2175m，水域面积 4500hm²。1958 年首次人工排水，使草海水面减少至 3100hm² 左右。1972 年再次进行大规模人工排水，湖水几乎全部排干，仅存水面 500hm² 和部分沼泽地，大部分湖底被开垦作耕地，使局部地区生态环境发生变化，恶性效应明显，引起了专家、学者、公众的关注，呼吁恢复草海水面，退耕还水，重建草海生态环境（张华海等，2007）。1980 年，贵州省人民政府决定恢复草海水面，1982 年首期蓄水工程竣工，蓄水高程为 2171.7m，蓄水 2700 万 m³，水面恢复为 2500hm²（贵州省威宁彝族回族苗族自治县志编纂委员会，1994）。

1985 年建立省级自然保护区，主要保护对象为完整的、典型的高原湿地生态环境和以黑颈鹤为代表的珍稀鸟类。1986 年确立保护区管理处为县级事业单位，隶属于毕节地区行署与省环保局共同领导，行政领导以毕节行署为主，业务领导以省环保局为主。1989 年毕节行署在机构改革中将保护区管理处降格为副县级，1992 年经国务院批准升为国家级自然保护区，同时成为我国第一批生物圈保护区网络成员。1994 年，贵州省人民政府在认真总结保护区管理体制经验、确立保护区重要地位的基础上，以省编委（1994）33 号文，重新明确"保护区管理处为正县级事业单位，直属省环保局，由省环保局和威宁县人民政府共同领导"。1995 年，中国政府保护生物多样性行动计划又将草海列为国家一级保护湿地，2002 年加入东北亚鹤类网络。2004 年 12 月，贵州省人民政府确定将保护区划归省林业厅领导，2005 年正式移交，为林业厅直属县级事业单位，经费由省财政支持，同时更名为"贵州草海国家级自然保护区管理局"，2011 年明确由林业厅和毕节地区共同管理即"厅地共管"。2015 年省政府决定成立草海国家级自然保护区管理委员会，主要负责人为副厅长级，由省政府和毕节市共同管理。其相应机构名称、隶属关系、领导等变化情况见表 9-1。

表 9-1　1985 年以来草海机构名称、隶属关系、领导等变化情况

年份	机构名称	隶属关系	主要领导	副职领导
1985—1990	贵州草海综合自然保护区管理处	省环保局、毕节地区行署	熊正国	蔡登峰
1990—1994	贵州草海综合自然保护区管理处（1992 年升为国家级自然保护区）	省环保局、毕节地区行署	陈祯德	陆学玉
1995—1999	贵州草海国家级自然保护区管理处	省环保局、威宁县	李三旗	余永清、陆学玉
1999—2005	贵州草海国家级自然保护区管理局	省环保局、威宁县	李克明	余永清、陆学玉
2005—2006	贵州草海国家级自然保护区管理局	省林业厅	李克明	陆学玉
2006—2010	贵州草海国家级自然保护区管理局	省林业厅、毕节地区行署	周容宪	陆学玉、刘文

（续）

年份	机构名称	隶属关系	主要领导	副职领导
2010—2014	贵州草海国家级自然保护区管理局	省林业厅、毕节地区行署	于毅书记（2010—2012）、冯兴忠书记（2012—2015）、周容宪局长	丁开斌、刘文、马仲华、陈超
2014—2015	贵州草海国家级自然保护区管理局	省林业厅、毕节地区行署	冯兴忠书记（2012—2015）、朱钧局长	丁开斌、刘文、崔炳鸿
2015—现在	草海国家级自然保护区管委会	毕节市、威宁县	党工委书记肖发君，管委会主任陈波	常务副主任冯兴忠，副主任赵毅、李茂

9.2 保护区范围及功能区划

9.2.1 保护区范围

保护区总面积12006hm²，其范围主要以草海湖的集雨区域划定，但不包括草海东北部人口稠密的威宁县城区部分。具体范围如下。

西北部大桥（104°12′40.674″E，26°52′52.439″N）起，向东北至大坝路（104°12′50.228″E，26°52′56.527″N），沿大坝路至吴家院子（104°13′8.968″E，26°52′44.053″N），沿山脊线向东南经职业院校（104°13′41.099″E，26°52′37.210″N）、养生基地（104°14′18.859″E，26°52′24.632″N）、金岭蓝湾（104°15′10.606″E，26°52′14.473″N）、自来水厂（104°15′40.412″E，26°52′7.374″N）、火龙山（104°16′25.616″E，26°51′53.084″N）至草海路（104°16′39.677″E，26°51′46.751″N），沿草海路向南至渔市路（104°16′29.498″E，26°51′36.314″N），沿渔市路至渔市路和G326交界处（104°16′59.710″E，26°51′31.780″N），沿G326向南至G326与斗阁路交界处（104°17′14.445″E，26°51′16.963″N），沿斗阁路至威宣路（104°17′34.916″E，26°51′26.935″N），沿便道向东北方向经第二中学（104°17′38.877″E，26°51′34.166″N），四眼井（104°17′38.360″E，26°51′37.420″N）至拐点（104°17′35.647″E，26°51′46.977″N），沿山脊线向东南经拐点（104°17′49.156″E，26°51′45.476″N）、拐点（104°17′58.216″E，26°51′41.252″N）至新院子（104°18′28.677″E，26°51′17.428″N），向东经恨虎山（104°18′41.913″E，26°51′22.832″N）至罗家小岩（104°19′14.972″E，26°51′37.691″N），沿山脊线向南经白坟梁子（104°19′25.454″E，26°51′8.505″N）、马脚山（104°19′46.700″E，26°50′42.350″N）、孟家山（104°20′9.160″E，26°49′56.997″N）、孔家院子（104°20′32.156″E，26°49′28.313″N）、花果山（104°20′32.333″E，26°48′54.596″N）至烈火桩（104°19′41.397″E，26°48′20.833″N），沿山脊线向西偏北经拐点（104°18′56.665″E，26°48′29.723″N）、拐点（104°18′37.517″E，26°48′57.691″N）至二层岩（104°18′4.015″E，26°48′57.829″N），沿山脊线向南经望城坡（104°17′41.379″E，26°48′28.727″N）至房后头（104°17′45.32 2″E，26°47′53.762″N），沿山脊线向西经拐点（104°17′11.425″E，26°47′59.460″N）、拐点（104°16′57.110″E，26°47′40.079″N）熊头大山（104°16′21.879″E，26°47′42.396″N）、拐点（104°15′30.894″E，26°47′48.564″N）、拐点（104°15′24.816″E，26°48′2.874″N）、拐点（104°15′9.321″E，26°47′51.511″N）、何家院子（104°13′47.327″E，26°47′54.346″N）、九龙山（104°13′26.043″E，26°48′26.955″N）、蔡家坡（104°12′58.387″E，26°48′42.254″N）、拐点（104°11′58.507″E，26°47′43.313″N）、白磨大山（104°11′36.005″E，26°47′53.266″N）、拐点（104°11′3.465″E，26°47′37.277″N）、黑龙山（104°10′31.891″E，26°47′40.905″N）至拐点（104°10′21.443″E，26°47′41.340″N），沿山脊线向北经月亮口子（104°10′30.046″E，26°47′57.002″N）、拐点（104°10′17.636″E，26°48′22.815″N）、大

肚子山（104°9′28.566″E，26°49′26.391″N）、拐点（104°9′44.157″E，26°49′57.911″N）、王家大山（104°10′49.172″E，26°50′18.121″N）、拐点（104°10′16.987″E，26°51′26.630″N）、张家坡（104°12′13.463″E，26°52′21.059″N）至起点。

9.2.2 功能区划

保护区总面积 12006hm²，其中，核心区面积 2105hm²，占保护区总面积的 17.53%；缓冲区面积 575hm²，占保护区总面积的 4.79%；实验区面积 9326hm²，占保护区面积的 77.68%。

（1）核心区

核心区是保护区的最重要的区域，是被保护物种和环境的核心区域，是绝对保护的部分。保护区的核心区应是湿地生态系统保存完好，珍稀物种栖息地、繁殖地集中分布的区域，主要包括簸箕湾、胡叶林、朱家湾、西海、吴家岩头和阳关山等地，集中分布有浅水沼泽、莎草湿地、草甸、草地等珍稀濒危水禽栖息地、觅食区（徐应华等，2007）。面积共 2105hm²，占保护区总面积的 17.53%，这一面积分别为草海正常水位（2171.7m）时蓄水面积（1980hm²）的 106.31%；丰水期（水位 2172.0m）蓄水面积（2605hm²）的 80.81%；枯水期（水位 2171.2m）水域面积（1500hm²）的 140.33%。

（2）缓冲区

缓冲区主要起隔离核心区与实验区的作用，以缓冲核心区的外来干扰或影响。保护区缓冲区范围以核心区正常水位线外延 100m，面积为 575hm²，占保护区面积的 4.79%。目前，其陆地部分多为农耕地，建立该区的目的是强化对核心区的保护。对缓冲区的农耕地，鼓励发展有机和绿色农业，限制农药、化肥的使用，除农业生产者外，限制外来人员进入（徐应华等，2007）。

（3）实验区

实验区是协调区域社会经济发展与保护区的重要区域，面积为 9326hm²，占保护区面积的 77.68%。由农田生态系统、森林生态系统、集镇村落环境和部分水域组成。实验区应在保护草海的前提下，因地制宜积极发展生产、生态农业和生态旅游等，提高群众生活水平，使农业生产活动与核心区的生态环境保护相协调。

9.3 主要保护对象动态变化评价

草海国家级自然保护区主要保护对象为完整的、典型的高原湿地生态环境和以黑颈鹤为代表的珍稀鸟类。其核心区为水域环境，水域构成了优美的景观基底，并在湿地保护区中的功能价值最为突出，草海湿地通过河流、溪流、物种流等和其他生态系统进行物质交换和能量流动（徐应华等，2017；内蒙古达利诺尔国家级自然保护区管理处，2016）。

从草海保护区的建立到现在已有 35 年，30 多年以来，对保护区内的主要保护对象进行了不间断的调查、监测、总结，并在本底资源调查、水文气象监测、环境污染处理、生物入侵控制、资源保护利用、社区经济发展和鸟类栖息地觅食地恢复及食物源补充等方面做了大量的工作，但由于在这 30 多年间，我国经济建设正处在快速发展的时期，工业化、城镇化的高速发展及经济腾飞等带来的诸多影响，尽管在草海管委会的不断努力下，其取得的成果还是有限。如草海水质污染加大、水土流失加剧、违法建筑突出等问题。草海环海区域湿地面积缩小，部分演替为陆地杂草。个别地方海面下降，海底露出，成为盐沼，但由于海面积较大，仍然能够对水禽提供足够的生存空间。同时，管委会制定了相关的规章制度、加强了巡护和宣传工作，减少了人为干扰，使得保护区内的生物多样性保持了平衡，甚至增加较大。

1980—1984 年第一次草海综合科学考察，记录草海鸟类 110 种（李若贤，1986）。2005 年第二次草海综合科学考察，记录草海鸟类 203 种（李筑眉等，2007）。2016 年第三次草海综合科学考察，对其鸟类多样性进行一步调查研究，记录草海鸟类为 246 种，与 2005 年第二次草海综合科学考察 203 种结果相对比，增加鸟类记录 43 种（21.18%），其中，18 种为贵州省鸟类新记录，25 种为草海保护区鸟类新记录。在 2017 年 11 月大多数鸟类迁徙季节开始统计迁徙鸟类数量发现，在当年 11 月初开始到次年的 1 月初，草海的水鸟会存在一个大规模的迁入，水鸟迁入量约 6 万只；而在 2 月中上旬，草海的水鸟开始迁离草海返回繁殖地，这一迁离的过程会持续到 5 月上旬，这当中迁离数量最大的是 2 月初至 3 月初，估计接近 5 万只鸟在这一阶段离开。同时，草海可能还是部分鸟类迁徙的中间停歇点。而对于黑颈鹤等鹤类在 11 月初到次年的 2 月初是一个大规模的迁徙入草海，随后就是从草海迁出，这一过程一直持续到到 4 月中旬。草海越冬雁鸭类最多的为赤颈鸭与赤膀鸭，其次为斑头雁与赤麻鸭，这 4 种雁鸭中赤膀鸭的迁入与迁出与另 3 种差异较大，特别明显的为第一阶段的迁离，赤颈鸭仅有 30% 迁出，而另外 3 种有接近 80% 迁出。草海夏季繁殖鸟的核心群体为骨顶鸡、黑水鸡和小䴙䴘，而紫水鸡种群在草海存在着明显的越冬鸟特征。鹭科鸟中，大白鹭呈明显越冬鸟特点，而夜鹭则有明显繁殖鸟特点，值得关注的为牛背鹭，其种群在 3~5 月，快速增加又快速减少，这需进一步研究。

近年来由于草海管委会进一步加强了对草海的保护和管理，开展了大量的退耕还湖工作及给黑颈鹤等重要保护鸟类的投食活动，使得鸟类的种类及数量增加。因此，草海国家级自然保护区作为贵州最大的天然淡水胡泊和典型的湿地生态系统，在维持生物多样性、保护主要保护对象的稳定性、水资源供给、第一性生产、水土保持、气候调节、空气净化、洪水调蓄等方面均具有重大的价值。30 多年以来，主要保护对象的种群数量基本保持稳定，有一些重点保护对象如黑颈鹤等的数量有所增加。

9.4 管理有效性评价

随着社会的发展，人们经济收入的不断增加、生活水平的不断提高，人们的活动日益频繁，对自然生态系统的干扰不断加大，建立自然保护区对生态环境及生物多样性的保护已成为世界各国普遍采用的有效措施（内蒙古达利诺尔国家级自然保护区管理处，2016）。保护区自建立以来，采取了诸多有力的保护措施，并取得了明显的成效。保护区管理机构健全，保护区管理委员会经贵州省机构编制委员会批准为副厅级事业单位（黔编办发〔2015〕117 号），下设党政办公室（政治部）、综合执法处（综合执法局）、项目管理处、环境监测处 4 个副处级机构，并设有 4 个管理站、6 个管护点、3 个水质和 1 个空气自动监测站，人员配备基本能满足工作需要。建立健全了各种规章制度，保护管理趋于制度化、科学化、规范化，管理水平不断提高。水质监测工作在湖南力合科技有限公司的运营管理下，监测体系完善、成果不断积累，科研监测已成为保护区保护管理的重要支撑。宣传教育工作常态化，保护区把环境保护宣传列为日常工作之一，经常深入村寨、集镇、学校进行草海保护的宣传工作，利用电视、录像、幻灯、标语、展厅等多种形式，向公众宣传《中华人民共和国环境保护法》《中华人民共和国野生动物保护法》《中华人民共和国自然保护区条例》等有关法律知识和环保科普知识，使公众环境意识得到提高，自觉地加入到保护草海、保护环境、保护野生动物的行列，取得了很好的效果（陆玉学和刘文，2007）。根据保护区的实际情况及重要保护对象，采取退城还湖、退村还湖、退耕还湖、造林涵湖、截污净湖做到治理中进退有序，三退给予湿地休养生息和自我修复空间，减少人类活动对湿地生态的影响，两进有力帮助湿地进行恢复。同时，建立水质和空气自动监测站、割除黑颈鹤栖息地芦苇和香蒲等高杆植物、控制和拆除违法建筑、依法没收违法捕捞船只、捕鱼工具和非法渔网、人工投食等一系列草海水质监测、黑颈鹤为主的珍稀候鸟栖息觅食地修复和保护措施，这些措施确保了对草海水质和黑颈鹤的保护。

9.5 社会效益评价

自然保护区的建立是一项公益性社会事业，在自然生态系统和动植物等生物物种资源的保护以及在涵养水源、调节气候、改善环境、防风固沙等等方面均起着重要的作用（朱军等，2017；尤万学等，2016）。

草海国家级自然保护区，位于贵州省威宁县境内，为金沙江二级支流洛泽河源头，地处金沙江、乌江与北盘江间的分水地带（莫世江和任金铜，2013）。草海动植物资源丰富、生态系统结构和功能完整，属于典型的亚热带喀斯特高原湿地生态系统，是黑颈鹤及其他珍稀鸟类的重要越冬地，它的存在对保护生物多样性具有重要的作用（徐婷等，2015）。保护区自建立以来，以其优越的地理位置和自然条件、丰富的动植物资源、独特的自然景观，取得了一定的社会效益。保护区丰富的动植物资源为人类提供丰富的原材料，淡水资源等生态产品。同时，草海湿地为水生动物、水生植物和水禽等野生生物提供栖息、迁徙、越冬和繁殖的生境，是水产品捕捞和湿地经济植物生长的优良场所，是高校学生生物学最好的课堂和实习实践及国内外专家学者进行科学研究的理想场所。

保护区珍贵多样的动植物资源、独特的气候类型、优美的水域风光、浓厚的民族风情、丰富独特的旅游资源，是人们理想的避暑度假、休闲游憩、观光探看鸟的生态旅游胜地，对开展生态旅游具有很大的潜力。同时，保护区与本县临近的旅游资源如乌蒙山地区最大天然草场"百草坪"、云起云涌景象万千的"马摆大山"等可组成既有秀丽的自然景观又有丰富的人文景观的生态旅游路线。草海湿地在维持自身平衡的同时，也维持着区域生态系统平衡，为区域生态及经济可持续发展提供物质基础和重要保障，是人类居住的理想环境。

9.6 经济效益评价

保护区是一项公益性社会事业，其任务就是保护和管理自然生态系统和赖以生存的生物多样性。保护区各种生态系统及其生物多样性是大自然赋予人类的财富，人类可以通过一定的方式合理开发利用（尤万学等，2016）。多年来，在草海管委会的不断努力下，保护区环境得到了很大的改善，各种生态系统功能得到了很好的发挥，独特的气候资源、优美的水域风光、丰富的动植物资源、珍贵多样的珍稀鸟类，具有重要的经济价值，为食品业、医药业及旅游业提供有形或无形的财富，为人类可持续发展提供良好的生存空间和物质需求。

保护区野生动植物资源种类繁多，资源十分丰富，保护区有种子植物 745 种，蕨类植物 111 种，苔藓植物 174 种，大型真菌 230 种。在这些丰富的植物中，很多种存在食用和药用价值。尤其是大型真菌，有 106 种食用菌（戴玉成，2009），65 种药用菌（戴玉成和杨祝良，2008），药用植物及药用菌为活性物质的筛选提供了资源，在中药材行业越来越引起重视。保护区具有药用、食用和皮用的经济哺乳动物包括穿山甲、无斑小鼯鼠、水獭、豹猫、西南兔和小麂，具有药用和食用的经济爬行动物包括乌龟、黑眉锦蛇、王锦蛇、黑线乌梢蛇、菜花烙铁头和烙铁头。鸟类 246 种，有很多种类具有食用、药用、羽用、观赏价值，同时具有重要的生态价值。

9.7 生态效益评价

在地质构造上，草海国家级自然保护区处于黔西山字型构造西翼反射弧顶，也是威水背斜转折段所在（刘家庄等，1986）。威水背斜由保护区东南角向北西方向插入，形成草海南部的北西向构造；受草海湖盆北部北东向构造的控制以及西部的西凉山背斜的影响，经由草海后折向南西方向延伸，由此形成草海湖盆南侧的东西向隆起构造；至臧家坡—白岩庆一带转向南西方向延伸，经由后期次一级构造影响，断块上升，形成云贵高原中部乌蒙山脉的切割山岭。其断层构造多为压性或压扭性断层，各断层构造环绕草海湖盆分布，构造发育控制草海湖盆演化和影响周围地形地貌发育，经过几次剧烈抬起、隆升，使得贵州高原轮廓基本形成，地表剥蚀不断加剧，由于构造发育、岩性地层差异以及区域侵蚀-溶蚀作用的影响，形成四周高俊、中部低平，发育多级剥夷面；呈现出由峰丛山地、峰丛缓丘坝地、分散孤丘坝地等组合地貌（秦启万，1986；威宁彝族回族苗族自治县综合农业区划编写组，1989）。同时，由于草海盆地地质年代比较古老，发育的沟谷地貌而形成的特殊坡面结构和岩溶地貌，其特殊的地理位置、多样的地貌、优越的气候、丰富的水量、肥沃的土壤，形成了多种类型的植被。草海湖区形成以挺水植物群落、浮叶植物群落和沉水植物群落组成的多种类型的水生植被，以及草海周围的旱地农田植被，构成了草海湿地生态系统、森林生态系统、农田生态系统。为各类动植物的生存、繁衍提供了丰富多样的生态环境，使得保护区内无论是野生动植物，还是珍稀濒危物种都具有丰富的生物多样性。同时，在水资源供给、原材料生产、污染物消除、水土保持、气候调节、空气净化、洪水调蓄等方面均具有重要的作用，对维持保护区内及周边区域的生态平衡有着重要的意义（张洪岩等，2005）。

9.8 保护区综合价值评价

草海国家级自然保护区位于贵州省威宁县城西南方，有着其独特地理位置和气候资源，它的建立为生物学、地理学、环境学、经济学、旅游学等提供丰富的资源，对研究草海的形成、物种起源与进化、物种种间系统关系、食物链、旅游、经济等方面都具有重要的意义。保护区的建立和发展，能很好地促进保护区生态环境的改善，为保护区重点保护对象创造良好的栖息环境和生存条件，同时，有力地促进保护区内动植物资源的保护工作。在保护好以黑颈鹤为主的鸟类及其他动植物资源和它们栖息环境的同时，带动草海周边社区的发展，提高社区村民的经济收入，是社区村民生活水平得到提高和改善，这样又反过来促进对保护区的保护工作。

综合评价草海生态质量、经济价值、社会效益和管理水平等发现，草海国家级自然保护区综合评价的得分为43.98分，表明保护区整体处于一般状态，其中管理水平处于较高的水平，生态环境质量、经济价值和社会效益得分较低，处于较低的水平，而生态质量中自然性的得分较低，其原因为保护区受人为影响较强烈。

总之，草海国家级自然保护区的保护与发展，在国家、省、市及威宁县的正确领导和大力支持以及在保护区管委会的不断努力下，已取得了较大的成绩。同时，由于保护区的客观实际，保护区的保护和区域内经济的协调发展仍然面临着很多的问题，但在政府的正确领导和草海管委会的进一步努力下，相信草海的未来一定会更好。

（9.1、9.2：张以忠、陈永祥、张鹏飞、刘文、李振吉；9.3~9.8：袁兴中、张跃伟、陈鸿飞）

参考文献

阿不都拉·阿巴斯，吴继农，1998. 新疆地衣［M］. 乌鲁木齐：新疆科技卫生出版社.

敖世恩，杨立春，2014. 草海自然保护区生态旅游环境影响与控制对策［J］. 环保科技，20(3)：29-32.

白学良，1996. 内蒙古苔藓植物［M］. 呼和浩特：内蒙古大学出版社.

毕志树，李泰辉，章卫民，等，1997. 海南伞菌初志［M］. 广州：广东高等教育出版社.

毕志树，郑国扬，李泰辉，1994. 广东大型真菌志［M］. 广州：广东科技出版社.

蔡邦华，2017. 昆虫分类学［M］. 修订版. 北京：化学工业出版社.

蔡国俊，周晨，林艳红，等，2016. 贵州草海高原湿地浮游动物群落结构与水质评价［J］. 生态环境学报，25(2)：279-285.

曹芳平，邹峥嵘，2009. 基于 GIS 技术的河流水质评价系统的设计与实现［J］. 测绘科学，34(1)：192-193.

曹恭，梁鸣早，2003. 硫平衡栽培体系中植物必需的中量元素［J］. 土壤肥料(1)：2-3.

陈彬，胡利民，邓声贵，等，2011. 渤海湾表层沉积物中有机碳的分布与物源贡献估算［J］. 海洋地质与第四季地质，31(5)：37-42.

陈方银，梁正其，何天容，等，2015. 贵州草海湿地大型底栖动物群落结构及水质生物学评价［J］. 湖北农业科学，54(18)：4446-4450.

陈浒，樊云龙，赵志成，等，2011. 贵州典型喀斯特地区土壤动物生态地理研究［J］. 中国农学通报，27(20)：208-215.

陈会明，2007. 草海国家级自然保护区蜘蛛调查研究［M］//张华海，李明晶，姚松林. 草海研究. 贵阳：贵州科技出版社，116-124.

陈建斌，钱之广，2015. 中国地衣志：第四卷［M］. 北京：科学出版社.

陈灵芝，2015. 中国植物区系与植被地理［M］. 北京：科学出版社.

陈佩英，1987. 草海 CK15 钻孔第四纪孢粉组合及古环境［J］. 贵州地质(3)：381-388.

陈鹏，1983. 土壤动物的采集和调查方法［J］. 生态学杂志(3)：46-51.

陈群利，左太安，孟天友，等，2010. 基于 SPA 的毕节水土流失区生态脆弱性评价［J］. 中国水土保持(12)：53-56，61.

陈仁杰，钱海雷，袁东，等，2010. 改良综合指数法及其在上海市水源水质评价中的应用［J］. 环境科学学报，30(2)：431-437.

陈晓宏，江涛，陈俊合，2007. 水环境评价与规划［M］. 北京：中国水利水电出版社：394-396.

陈耀东，马欣堂，杜玉芬，等，2012. 中国水生植物［M］. 郑州：河南科学技术出版社.

陈毅凤，张军，万国江，2001. 贵州草海湖泊系统碳循环简单模式［J］. 湖泊科学(1)：15-20.

成晓，2005. 云南植物志：第二十一卷［M］. 北京：科学出版社：1-721.

崔凤军，1995. 论旅游环境承载力：持续发展旅游的判据之一［J］. 经济地理(1)：105-109.

崔燕，张龙军，罗先香，等，2013. 小清河口水质污染现状及富营养化评价［J］. 中国海洋大学学报，43(2)：60-66.

戴芳澜，1979. 中国真菌总汇［M］. 北京：科学出版社.

戴轩，2006. 贵州东部地区茶园土壤甲螨种类调查研究：甲螨亚目［J］. 贵州茶叶(4)：16-18，26.

戴玉成，2009. 中国储木及建筑木材腐朽菌图志［M］. 北京：科学出版社.

戴玉成，杨祝良，2008. 中国药用真菌名录及部分名称的修订［J］. 菌物学报，27(6)：801-824.

戴玉成，周丽伟，杨祝良，等，2010. 中国食用菌名录［J］. 菌物学报，29(1)：1-21.

邓伦秀，冉景丞，2013. 贵州纳雍珙桐自然保护区科学考察研究［M］. 北京：中国林业出版社.

邓叔群，1963. 中国的真菌［M］. 北京：科学出版社.

邓希海，2008. 养殖水体中 pH 值的作用及调节［J］. 河北渔业(2)：4-6.

邓一德，王有辉，刘国柱，等，1985. 草海自然保护区的资源概况［J］. 野生动物，12(6)：28，29-32.

刁正俗, 1990. 中国水生杂草[M]. 重庆: 重庆出版社.

丁瑞华, 1992. 贵州省云南鳅属鱼类一新纪录种描述: 鲤形目 鳅科[J]. 动物分类学报, 17(4): 489-491.

丁喜桂, 叶思源, 高宗军, 2005. 近海沉积物重金属污染评价方法[J]. 海洋地质动态, 21(8): 31-36.

堵南山, 1993. 甲壳动物学: 下册[M]. 北京: 科学出版社: 1-1004.

樊云龙, 熊康宁, 陈浒, 2013. 贵州喀斯特山区大型土壤动物多样性研究[J]. 水土保持研究, 20(6): 92-96.

樊云龙, 熊康宁, 苏孝良, 等, 2010. 喀斯特高原不同植被演替阶段土壤动物群落特征[J]. 山地学报, 28(2): 226-233.

方红卫, 孙世群, 朱雨龙, 等, 2009. 主成分分析法在水质评价中的应用及分析[J]. 环境科学与管理, 34(12): 152-154.

费梁, 叶昌媛, 黄永照, 等, 2005. 中国两栖动物及图解[M]. 成都: 四川科学技术出版社.

高海勇, 2007. 模糊评价法在东湖水环境质量评价中的应用[J]. 科技情报开发与经济, 17(23): 159-160.

高惠璇, 2002. 两个多重相关变量组的统计分析 3: 偏最小二乘回归与 PLS 过程[J]. 数理统计与管理(3): 58-64.

高谦, 1994. 中国苔藓志: 第一卷[M]. 北京: 科学出版社.

高谦, 1996. 中国苔藓志: 第二卷[M]. 北京: 科学出版社.

高谦, 2003. 中国苔藓志: 第九卷[M]. 北京: 科学出版社.

高谦, 2008. 中国苔藓志: 第十卷[M]. 北京: 科学出版社.

高谦, 吴玉环, 2011. 中国苔纲和角苔纲植物属志[M]. 北京: 科学出版社.

郜红建, 蒋新, 王芳, 等, 2009. 蔬菜不同部位对 DDTs 的富集与分配作用[J]. 农业环境科学学报, 28(6): 1240-1245.

葛方龙, 李伟峰, 陈求稳, 2008. 景观格局演变及其生态效应研究进展[J]. 生态环境, 17(6): 2511-2519.

耿侃, 1990. 浅析贵州草海湖区的生态灾害[J]. 灾害学(3): 61-65.

耿侃, 宋春青, 1990. 贵州草海自然环境保护与自然资源开发[J]. 北京师范大学学报(自然科学版)(1): 84-90.

龚香宜, 王焰新, 2003. 污染水中营养物质去除的新技术探讨[J]. 安全与环境工程(4): 46-48, 52.

龚志军, 2002. 长江中游浅水湖泊大型底栖动物的生态学研究[D]. 武汉: 中国科学院水生生物研究所.

苟光前, 2007. 草海国家级自然保护区蕨类植物调查研究[M]. 贵阳: 贵州科技出版社: 164-169.

管佳佳, 洪天求, 贾志海, 等, 2008. 巢湖炯炀河水质评价及主成分分析[J]. 安徽建筑工业学院学报(自然科学版)(3): 89-93.

贵州省威宁彝族回族苗族自治县志编纂委员会, 1994. 威宁彝族回族苗族自治县志[M]. 贵阳: 贵州人民出版社.

贵州植物志编辑委员会, 1990. 贵州植物志: 第3卷[M]. 贵阳: 贵州人民出版社.

郭成久, 洪梅, 闫滨, 2016. 基于综合营养状态指数法的石佛寺水库水质富营养化评价[J]. 沈阳农业大学学报, 47(1): 119-123.

郭天印, 李海良, 2002. 主成分分析在湖泊富营养化污染程度综合评价中的应用[J]. 陕西工学院学报(3): 63-66.

国家林业和草原局, 农业农村部, 2021. 国家重点保护野生动物名录[EB/OL]. https://www.sohu.com/a/451173689_100007763.

国家林业局, 2000. 国家保护的有益的或者有重要经济、科学研究价值的陆生野生动物目录[J]. 野生动物, 21(5): 49-82.

韩茂森, 束蕴芳, 1995. 中国淡水生物图谱[M]. 北京: 海洋出版社.

郝孟曦, 杨磊, 孔祥虹, 等, 2015. 湖北长湖水生植物多样性及群落演替[J]. 湖泊科学, 27(1): 94-102.

贺璐璐, 宋建中, 于赤灵, 等, 2008. 珠江三角洲4种代表性土壤/沉积物中自由态与结合态有机氯农药的含量与分布特征[J]. 环境科学, 29(12): 3462-3468.

洪守礼, 1999. 自然保护区与社区发展: 草海的战略和实践[M]. 贵阳: 贵州民族出版社.

侯学煜, 1960. 中国的植被[M]. 北京: 人民教育出版社.

胡宝方, 安裕伦, 2015. 贵州草海湿地生态脆弱性动态评价[J]. 贵州师范大学学报(自然科学版), 33(2): 1-6.

胡人亮, 王幼芳, 2005. 中国苔藓志: 第七卷[M]. 北京: 科学出版社.

胡淑琴, 刘承钊, 1973. 贵州省两栖爬行动物调查及区系分析[J]. 动物学报, 19(2): 149-178.

黄东亮, 2001. 我国饮用水源水质评价的新方法[J]. 水文, 21(增刊): 62-64.

黄贵萍, 曹贵强, 张正林, 1990. 贵州草海及其附近食虫类和啮齿类的调查研究[J]. 贵阳医学院学报, 15(2): 113-116.

黄贵强，陈会明，张志升，2018. 中国贵州栅蛛属一新种记述：蜘蛛目 栅蛛科[J]. 四川动物，37(4)：456-460.

黄国勤，王兴祥，钱海燕，等，2004. 施用化肥对农业生态环境的负面影响及对策[J]. 生态环境(4)：656-660.

黄年来，1993. 中国食用菌百科[M]. 北京：中国农业出版社.

黄年来，1998. 中国大型真菌原色图鉴[M]. 北京：中国农业出版社：1-336.

黄威廉，屠玉麟，1983. 贵州植被区划[J]. 贵州师范大学学报(自然科学版)(1)：26-46.

黄威廉，屠玉麟，杨龙，等，1988. 贵州植被[M]. 贵阳：贵州人民出版社.

黄锡荃，李慧明，金伯欣，1982. 水文学[M]. 北京：高等教育出版社：20-22.

黄永东，黄永川，于官平，等，2011. 蔬菜对重金属元素的吸收和积累研究进展[J]. 长江蔬菜(10)：1.

贾渝，何思，2013. 中国生物物种名录：第一卷 苔藓植物[M]. 北京：科学出版社.

解岳，陈霄，黄廷林，等，2005. 北方城市供水水源藻类高发特征及其影响因素探讨[J]. 西安建筑科技大学学报(自然科学版)(2)：184-188.

金菊良，魏一鸣，丁晶，2001. 水质综合评价的投影寻踪模型[J]. 环境科学学报，21(4)：431-434.

金相灿，1995. 中国湖泊环境：第一册[M]. 北京：海洋出版社：167.

金玉善，2010. 人参及种植土壤中有机氯农药的残留[C]//中国化学会，中国环境科学学会. 持久性有机污染物论坛2010暨第五届持久性有机污染物全国学术研讨会. 南京：[出版者不详]：52-53.

孔凡翠，杨瑞东，林树基，2010. 从威宁草海的演化分析0.73Ma贵州威宁地区喀斯特环境的演变[J]. 地球与环境，38(2)：138-145.

孔宪需，1984. 四川蕨类植物地理特点兼论"耳蕨—鳞毛蕨类植物区系"[J]. 云南植物研究，6(1)：27-38.

孔宪需，2001. 中国植物志：第五卷 第二分册[M]. 北京：科学出版社.

库克，1990. 世界水生植物[M]. 王微勤，译. 武汉：武汉大学出版社.

黎兴江，2000. 中国苔藓志：第三卷[M]. 北京：科学出版社.

黎兴江，2006. 中国苔藓志：第四卷[M]. 北京：科学出版社.

李凡修，陈武，梅平，2004. 浅层地下水环境质量评价的综合指数模型[J]. 地下水，26(1)：36-37.

李凤山，2007. 自然保护与社区发展：草海的战略和实践续集[M]. 贵阳：贵州民族出版社：17.

李凤山，刘文，2007. 草海参与式自然保护与社区发展活动的探索与实践[M]//张华海，李明晶，姚松林，等. 草海研究. 贵阳：贵州科技出版社：268-280.

李恒，2009. 云南湿地植物名录[M]. 北京：科学出版社.

李娟，1999. 自然保护区生态经济社会协调发展的SD模型研究：以贵州草海自然保护区为例[J]. 贵州师范大学学报(自然科学版)(4)：46-51.

李茂，陈景艳，罗扬，等，2009. 贵州蕨类植物的整理研究[J]. 贵州林业科技，37(1)：28-36.

李宁云，田昆，肖德荣，等，2007. 草海保护区功能分区与生态环境变化的关系研究[J]. 水土保持研究(3)：67-69.

李青，李鹤翔，2010. 贵州鸟类亚种一新记录[J]. 贵州科学，28(4)：66.

李任伟，1998. 沉积物污染和环境沉积学[J]. 地球科学进展，13(4)：398-402.

李若贤，1986. 草海鸟类调查报告[M]//向应海，黄威廉，吴至康，等. 草海科学考察报. 贵阳：贵州人民出版社：236-244.

李枢强，林玉成，2015. 中国蜘蛛目物种编目研究进展[J]. 生物多样性，2(2)：267-270.

李新正，刘瑞玉，梁象秋，2007. 中国动物志：无脊椎动物 甲壳动物亚门 十足目 长臂虾总科[M]. 北京：科学出版社：1-381.

李亚松，张兆吉，费宇红，等，2009. 内梅罗指数评价法的修正及其应用[J]. 水资源保护，25(6)：48-50.

李永康，1982-1989. 贵州植物志：1-9卷[M]. 贵阳：贵州人民出版社.

李筑眉，韩联宪，余志刚，等，2007. 草海国家级自然保护区鸟类资源调查研究[M]//张华海，李明晶，姚松林. 草海研究. 贵阳：贵州科技出版社：75-87.

李筑眉，余志刚，蒋鸿，等，2008. 白头鹀鹀重现我国[J]. 动物学研究，44(4)：22.

李祚泳, 1997. 环境质量综合指数的余分指数合成法[J]. 中国环境科学, 17(6)：554-556.

梁象秋, 2004. 中国动物志：无脊椎动物 甲壳动物亚门 十足目 匙指虾科[M]. 北京：科学出版社：1-375.

梁友嘉, 刘丽珺, 2018. 生态系统服务与景观格局集成研究综述[J]. 生态学报, 38(20)：7159-7167.

梁正其, 陈方银, 李秀红, 等, 2015. 贵州草海湿地浮游植物的群落结构及多样性分析[J]. 安徽农业科学 (18)：280-282, 288.

林尤兴, 2000. 中国植物志：第六卷第二分册[M]. 北京：科学出版社.

刘承钊, 胡淑琴, 杨抚华, 1962. 贵州西部两栖类初步调查报告[J]. 动物学报(03)：381-392.

刘凤英, 2005. 草海湿地生态系统影响因素分析[J]. 贵州环保科技, 11(4)：34-37.

刘国柱, 谢峰, 涂成龙, 2007. 草海水体理化性质及其污染状况检测与研究[M]//张华海, 李明晶, 姚松林. 草海研究, 5(1)：21-32.

刘家庄, 吴志康, 李腾方, 1986. 草海科学考察综合考察报告[M]//向应海, 黄威廉, 吴至康, 等. 草海科学考察报告. 贵阳：贵州人民出版社：1-16.

刘沛, 2014. 贵州威宁草海地区岩溶水文地质条件及岩溶水资源评价研究[D]. 成都：成都理工大学.

刘颂, 郭菲菲, 李倩, 2010. 我国景观格局研究进展及发展趋势[J]. 东北农业大学学报, 41(6)：144-152.

刘小楠, 崔巍, 2009. 主成分分析法在汾河水质评价中的应用[J]. 中国给水排水, 25(18)：105-108.

刘昕, 刘开第, 李春杰, 等, 2009. 水质评价中的指标权重与隶属度转换算法[J]. 兰州理工大学学报, 35(1)：63-66.

刘燕, 吴文玲, 胡安焱, 2005. 基于熵权的属性识别水质评价模型[J]. 人民黄河, 27(7)：18-19, 27.

刘洋, 蒙吉军, 朱利凯, 2010. 区域生态安全格局研究进展[J]. 生态学报, 30(24)：6980-6989.

刘征, 刘洋, 2005. 水污染指数评价方法与应用分析[J]. 南水北调与水利科技, 3(4)：35-37.

陆健健, 何文珊, 童春富, 等, 2006. 湿地生态学[M]. 北京：高等教育出版社.

陆玉学, 刘文, 2007. 草海国家级自然保护区建立20多年来的工作概况[M]//张华海, 李明晶, 姚松林, 等. 草海研究. 贵阳：贵州科技出版社：288-293.

路安民, 1999. 种子植物科属地理[M]. 北京：科学出版社.

罗蓉, 1993. 贵州兽类志[M]. 贵阳：贵州科技出版社.

罗紫蛟, 2016. 狐尾藻对氯离子、重金属及其复合胁迫的抗性生理及富集潜力研究[D]. 江西：江西财经大学：5-6.

罗祖奎, 任峻, 刘文, 等, 2013. 贵州草海发现钳嘴鹳[J]. 动物学研究, 48(2)：240.

骆强, 2010. 贵州蕨类植物新资料[J]. 种子, 30(7)：63-67.

骆强, 李青青, 2016. 贵州现代石松类及蕨类植物科属新系统[J]. 贵州工程应用技术学院学报, 34(5)：141-150.

骆强, 叶国莲, 2011. 赫章国家森林公园蕨类植物区系研究[J]. 种子, 30(6)：67-71.

吕宪国, 2004. 湿地生态系统观测方法[M]. 北京：中国环境科学出版社.

吕晓霞, 翟世奎, 牛丽凤, 2005. 长江口柱状沉积物中有机质C/N比的研究[J]. 环境化学, 24(3)：255-259.

马玉杰, 郑西来, 李永霞, 等, 2009. 地下水质量模糊综合评判法的改进与应用[J]. 中国矿业大学学报, 38(5)：745-750.

毛建华, 2005. 正确认识化肥的重要作用[J]. 天津农业科学(2)：1-3.

卯晓岚, 1998. 中国经济真菌[M]. 北京：科学出版社：1-762.

卯晓岚, 2006. 中国毒菌物种多样性及其毒素[J]. 菌物学报, 25(3)：345-363.

门宝辉, 梁川, 2005. 基于变异系数权重的水质评价属性识别模型[J]. 哈尔滨工业大学学报, 37(10)：1373-1375.

莫世江, 任金铜, 2013. 威宁草海区域生态服务功能价值评价[J]. 安徽农业科学, 41(1)：8263-8264, 8267.

南淑清, 周培疆, 戎征, 等, 2009. 典型农业生产功能区土壤中六六六、滴滴涕类农药残留及其异构体分布[J]. 中国环境监测, 25(6)：81-84.

内蒙古达利诺尔国家级自然保护区管理处, 2016. 内蒙古达利诺尔国家级自然保护区管理处综合科学考察报告[M]. 北京：中国林业出版社.

宁军号, 秦宇博, 胡伦超, 等, 2017. 水温骤降和缓解胁迫对褐篮子鱼血液生理生化指标的影响[J]. 大连海洋大学学报, 32

（3）：294-301.

潘静，陈椽，宁爱丽，等，2012.草海浮游植物的调查及其富营养化评价[J].安徽农业科学(12)：7309-7312.

潘理黎，黄小华，严国奇，等，2004.地表水模糊综合评价中隶属度的图算方法[J].安全与环境学报，6(4)：11-13.

彭德海，吴攀，曹振兴，等，2011.赫章土法炼锌区水：沉积物重金属污染的时空变化特征[J].农业环境科学学报，30(5)：979-985.

彭晚霞，王克林，宋同清，等，2008.喀斯特脆弱生态系统复合退化控制与重建模式[J].生态学报，28(2)：811-820.

彭益书，付培，杨瑞东，2014.草海湿地生态系统健康评价[J].地球与环境，42(1)：68-81.

彭益书，杨瑞东，2014.贵州草海湿地730ka来的环境变迁及草海未来的演化分析[J].地球环境学报，5(3)：194-206.

彭羽，范敏，卿凤婷，等，2016.景观格局对植物多样性影响研究进展[J].生态环境学报，25(6)：1061-1068.

齐建文，李矿明，黎育成，等，2012.贵州草海湿地现状与生态恢复对策[J].中南林业调查规划，31(2)：39-41.

钱崇澍，吴征镒，陈昌笃，1956.中国植被的类型[J].地理科学，22(1)：37-92.

钱君龙，王苏民，薛滨，等，1997.湖泊沉积研究中一种定量估算陆源有机碳的方法[J].科学通报，42(15)：1655-1658.

钱晓莉，2007.贵州草海汞形态分布特征研究[D].重庆：西南大学.

秦启万，1986.草海成因之探讨[M]//向应海，黄威廉，吴至康，等.草海科学考察报告.贵阳：贵州人民出版社：17-29.

秦趣，张美竹，杨洪，2015.基于模糊物元模型的威宁草海湿地生态环境质量评价[J].节水灌溉，2：54-57.

秦仁昌，1959.中国植物志：第二卷[M].北京：科学出版社.

屈遐，2001.贵州草海危机重重[N].中国环境报，2001-8-30.

任惠丽，刘爱华，田强兵，等，2012.红碱淖渔业环境质量评价[J].水生态学杂志，33(4)：96-99.

任金铜，莫世江，陈群利，等，2017.草海湿地区域土地利用/覆被变化与预测研究[J].信阳师范学院学报(自然科学版)，30（3）：385-392.

任金铜，杨可明，陈群利，等，2018.草海湿地区域景观生态脆弱性时空变化特征[J].生态与农村环境学报，34(3)：232-239.

任婷，2010.兰州地区典型持久性有机污染物环境行为初探[D].兰州：兰州大学.

任晓冬，黄明杰，管毓和，2005.自然保护与社区发展：来自草海的经验[M].贵阳：贵州科技出版社：7.

任秀秀，陈永祥，冯图，等，2017.贵州威宁草海湿地的研究现状[J].贵州工程应用技术学院学报(3)：18-34.

上海地区水系水质调查协作组，1978.水质有机污染评价方法探讨[J].环境与可持续发展(22)：7-11.

邵力平，项存悌，1998.中国森林蘑菇[M].哈尔滨：东北林业大学出社：1-652.

邵元虎，傅声雷，2007.试论土壤线虫多样性在生态系统中的作用[J].生物多样性，15(2)：116-123.

邵元虎，张卫信，刘胜杰，等，2015.土壤动物多样性及其生态功能[J].生态学报，35(20)：6614-6625.

佘国强，陈扬乐，1997.湿地生态系统的结构和功能[J].湘潭师范学院学报，18(3)：77-81.

宋春然，何锦林，谭红，等，2005.贵州农业土壤重金属污染的初步评价[J].贵州农业科学，33(2)：13-16.

宋书巧，吴欢，黄胜勇，1999.重金属在土壤：农作物系统中的迁移转化规律研究[J].广西师院学报(自然科学版)(4)：87-92.

宋稳成，单炜力，叶纪明，等，2009.国内外农药最大残留限量标准现状与发展趋势[J].农药学学报，11(4)：414-420.

宋永昌，2001.植被生态学[M].上海：华东师范大学出版社.

苏睿丽，李伟，2005.沉水植物光合作用的特点与研究进展[J].植物学通报，22(增刊)：128-138.

孙宝权，董少杰，邵作玖，等，2009.探讨模糊评价法在水质评价中的应用[J].水利与建筑工程学报，7(3)：127-128,141.

孙可，刘希涛，高博，等，2009.北京通州灌区土壤和河流底泥中有机氯农药残留的研究[J].环境科学学报，29(5)：1087-1093.

孙丽娜，于俊峰，王震洪，等，2012.草海自然保护区生态旅游广场景观设计案例分析[J].黑龙江农业科学，(7)：94-97.

孙世群，方红卫，朱雨龙，等，2010.模糊综合评判在淮河安徽段干流水质评价中的应用[J].环境科学与管理，35(1)：159-161.

田景环,邱林,柴福鑫,2005. 模糊识别在水质综合评价中的应用[J]. 环境科学学报,25(7):950-953.

田应洲,孙爱群,李松,1997. 贵州疣螈繁殖习性的观察[J]. 动物学杂志(1):21-24.

汪劲武,1985. 种子植物分类学[M]. 北京:高等教育出版社.

王博,韩合,2005. 内梅罗指数法在水质评价中的应用及缺陷[J]. 中国城乡企业卫生(6):16-17.

王崇臣,李曙光,黄忠臣,2009. 公路两侧土壤中铅和镉污染以及存在形态分布的分析[J]. 环境污染与防治,31(5):80-82.

王春燕,2009. 生态旅游资源评价与开发研究:以艾比湖湿地国家级自然保护区为例[J]. 资源开发与市场,25(5):457-459.

王国栋,2008. 科学发展观审视下的贵州草海自然保护区与其周边社区的发展探究[D]. 贵阳:贵州师范大学.

王菏生,1992. 植物区系地理[M]. 北京:科学出版社.

王金娜,李星浩,安苗,等,2013. 草海鲫鱼染色体核型分析[J]. 贵州农业科学,41(2):134-137.

王金娜,邰定敏,周其椿,等,2015. 草海鲫鱼卵巢发育的组织学观察[J]. 贵州农业科学,43(8):196-200.

王金娜,周其椿,安苗,等,2013. 草海鲫鱼繁殖生物学特性的研究[J]. 水产科学,32(12):701-705.

王金娜,周其椿,安苗,等,2014. 草海鲫鱼的年龄和生长[J]. 水产科学(9):578-582.

王君,2018. 生态旅游视域下威宁草海自然保护区可持续发展研究[D]. 贵阳:贵州大学.

王堃,梁萍萍,郝新朝,等,2018. 1990—2015年贵州草海湿地国家级自然保护区景观格局演变分析[J]. 贵州科学,36(6):80-87.

王利佳,单中超,赵大顺,等,2003. 浑河(抚顺市区主断面)水质有机污染变化分析[J]. 环境保护科学,29(2):13-15.

王玲玲,曾光明,黄国和,2005. 湖滨湿地生态系统稳定性评价[J]. 生态学报,25(12):3406-3410.

王培善,王筱英,2001. 贵州蕨类植物志[M]. 贵阳:贵州科技出版社:1-727.

王汝斌,2014. 草海首次发现彩鹬[J]. 四川动物,33(6):937.

王文强,2008. 综合指数法在地下水水质评价中的应用[J]. 水利科技与经济,14(1):54-55.

王仙攀,陈浒,熊康宁,2011. 气候干旱对贵州喀斯特高原山区土壤动物群落的影响:以石桥小流域为例[J]. 热带地理,31(4):357-361,367.

王仙攀,陈浒,熊康宁,等,2012. 喀斯特石漠化地区土壤动物功能类群及培育研究[J]. 干旱区资源与环境,26(12):191-195.

王仙攀,熊康宁,陈浒,等,2012. 贵州喀斯特高原峡谷石漠化地区土壤动物功能类群研究[J]. 中国农学通报,28(5):252-257.

王旭,2009. 哈尔滨市土壤与大气中OCPs和BFRs分布特征及源汇分析[D]. 哈尔滨:哈尔滨工业大学.

王学军,马廷,2000. 应用遥感技术监测和评价太湖水质状况[J]. 环境科学,21(6):65-68.

王延斌,2007. 威宁蛙早期胚胎发育的观察[J]. 四川动物,26(2):379-381.

王延斌,2007. 温度对威宁蛙早期胚胎发育的影响[J]. 六盘水师专学报,19(3):1-3.

王延斌,陈永祥,胡思玉,1995. 贵州疣螈繁殖习性的观察[J]. 四川动物(3):126-128.

王延斌,汤春燕,葛传龙,2006. 威宁趾沟蛙的繁殖生态[J]. 动物学杂志(2):94-97.

王延斌,魏明松,1999. 贵州疣螈在贵州西部、西北部的分布现状及环境影响[J]. 毕节师范高等专科学校学报(3):17-19.

王移,卫伟,杨兴中,等,2010. 我国土壤动物与土壤环境要素相互关系研究进展[J]. 应用生态学报,21(9):2441-2448.

王英辉,祁士华,龚香宜,等,2008. 排湖表层沉积物中有机氯农药分布特征和生态风险[J]. 桂林工学院学报(3):370-374.

危起伟,2012. 长江上游珍稀特有鱼类国家级自然保护区科学考察报告[M]. 北京:科学出版社:69-85.

威宁县统计局,2009. 威宁县统计年鉴[M]. 贵阳:贵州人民出版社:183-185.

威宁彝族回族苗族自治县综合农业区划编写组,1989. 威宁彝族回族苗族自治县综合农业区划[M]. 贵阳:贵州人民出版社.

魏江春,1982. 中国药用地衣[M]. 北京:科学出版社.

魏江春,姜玉梅,1986. 西藏地衣[M]. 北京:科学出版社.

魏中青,刘丛强,梁小兵,等,2007. 贵州红枫湖地区水稻土多氯联苯和有机氯农药的残留[J]. 环境科学,28(2):255-260.

邬畏,何兴东,周启星,2010. 生态系统氮磷比化学计量特征研究进展[J]. 中国沙漠,30(2):296-302.

吴际通,顾卿先,喻理飞,等,2014.贵州草海湿地景观格局变化分析[J].西南大学学报(自然科学版),36(2):28-35.

吴继农,刘华杰,赵遵田,2012.中国地衣志:第十一卷[M].北京:科学出版社.

吴金陵,1987.中国地衣植物图鉴[M].北京:中国展望出版社.

吴蕾,刘桂建,周春财,等,2018.巢湖水体可溶态重金属时空分布及污染评价[J].环境科学,39(2):738-747.

吴鹏程,2002.中国苔藓志:第六卷[M].北京:科学出版社.

吴鹏程,贾渝,2004.中国苔藓志:第八卷[M].北京:科学出版社.

吴鹏程,贾渝,2011.中国苔藓志:第五卷[M].北京:科学出版社.

吴世福,张伟红,周伟,等,1993.中国蕨类植物属的分布区类型及区系特征[J].考察与研究,4(1):63-78.

吴兴亮,2000.中国贵州大型真菌资源及其利用[J].贵州科学,18(1-2):71-76.

吴兴亮,戴玉成,2005.中国灵芝图鉴[M].北京:科学出版社:1-236.

吴兴亮,戴玉成,李泰辉,等,2011.中国热带真菌[M].北京:科学出版社:1-548.

吴兴亮,卯晓岚,图力古尔,等,2013.中国药用真菌[M].北京:科学出版社:1-923.

吴兴亮,王季槐,钟金霞,1993.贵州茂兰喀斯特森林区真菌的种类组成及其生态分析[J].生态学报,13(4):306-312.

吴兴亮,臧穆,夏同珩,1997.灵芝及其他真菌彩色图志[M].贵阳:贵州科技出版社.

吴兆红,1999.中国植物志:第六卷第一分册[M].北京:科学出版社.

吴兆红,1999.中国植物志:第四卷第二分册[M].北京:科学出版社.

吴兆洪,秦仁昌,1991.中国蕨类植物科属志[M].北京:科学出版社.

吴征镒,1980.中国植被[M].北京:科学出版社.

吴征镒,1991.中国种子植物属的分布区类型[J].云南植物研究(增刊IV):1-139.

吴征镒,孙航,周浙昆,等,2010.中国种子植物区系地理[M].北京:科学出版社.

吴征镒,王荷生,1983.中国自然地理:植物地理 上册[M].北京:科学出版社.

吴志康,林齐维,杨炯蠡,等,1986.贵州鸟类志[M].贵阳:贵州人民出版社:1-474.

伍律,1989.贵州鱼类志[M].贵阳:贵州人民出版社.

伍律,董谦,须润华,1986.贵州爬行类志[M].贵阳:贵州人民出版社.

伍律,董谦,须润华,1987.贵州两栖类志[M].贵阳:贵州人民出版社.

武海涛,吕宪国,2005.中国湿地评价研究进展与展望[J].世界林业研究,18(4):49-53.

武海涛,吕宪国,杨青,等,2006.土壤动物主要生态特征与生态功能研究进展[J].土壤学报(02):314-323.

武士蓉,徐梦佳,陈禹桥,等,2015.基于水质与浮游生物调查的汉石桥湿地富营养化评价[J].环境科学学报,35(2):411-417.

武素功,2000.中国植物志:第五卷第一分册[M].北京:科学出版社.

夏品华,孔祥量,喻理飞,2016.草海湿地小流域土地利用与景观格局对氮、磷输出的影响[J].环境科学学报,36(08):2983-2989.

向应海,黄威廉,吴至康,1986.草海科学考察报告[M].贵阳:贵州人民出版社:134-148.

肖军,秦志伟,赵景波,2005.农田土壤化肥污染及对策[J].环境保护科学(5):36-38.

邢新丽,祁士华,张凯,等,2009.地形和季节变化对有机氯农药分布特征的影响:以四川成都经济区为例[J].长江流域资源与环境,18(10):986-991.

熊源新,1989.草海自然保护区苔藓植物的初步研究[J].贵州林业科技(1):30-38.

熊源新,2014.贵州苔藓植物志:第一至二卷[M].贵阳:贵州科技出版社.

徐本贵,陈历铨,1986.草海自然保护区区划和管理[M]//向应海,黄威廉,吴至康,等.草海科学考察报告.贵阳:贵州人民出版社:276-282.

徐成汉,2004.等标污染负荷法在污染源评价中的应用[J].长江工程职业技术学院学报,21(3):23,50.

徐宁,江亚猛,贺显龙,等,2011.贵州省两栖动物生存状况评价及其保护需求初探[J].四川动物,30(3):488-491.

徐松,高英,2009. 草海湖泊湿地水环境污染现状及可持续利用研究[J]. 环境科学导刊, 28(5): 33-36.

徐婷,徐跃,江波,等,2015. 贵州草海湿地生态系统服务价值评估[J]. 生态学报, 35(13): 4295-4303.

徐应华,龙启德,许正亮,2007. 草海国家级自然保护区区划与管理[M]//张华海,李明晶,姚松林,等. 草海研究. 贵阳: 贵州科技出版社: 245-254.

徐跃,张翼然,周德民,2014. 草海湿地生态系统非使用价值评估[J]. 环境科学与技术, 37(S1): 419-424.

徐祖信,2005. 我国河流综合水质标识指数评价方法研究[J]. 同济大学学报, 33(4): 482-488.

许正亮,杨帮华,刘文,2008. 草海国家级自然保护区植被恢复与重建初探[J]. 内蒙古林业调查设计, 31(1): 5-9, 58.

薛源,杨永亮,万奎元,等,2011. 沈阳市细河周边农田土壤和大气中有机氯农药和多氯联苯初步研究[J]. 岩矿测试, 30(1): 27-32.

薛治国,陈浒,樊云龙,等,2011. 贵州高原地貌异质性对灌草丛中土壤动物分布的影响[J]. 中国农学通报, 27(6): 276-280.

闫欣容,2010. 修正的内梅罗指数法及其在城市地下饮用水源地水质评价中的应用[J]. 地下水, 32(1): 6-7.

严岳鸿,张宪春,马克平,2013. 中国蕨类植物多样性与地理分布[M]. 北京: 科学出版社: 1-308.

阎传海,2001. 植物地理学[M]. 北京: 科学出版社.

晏妮,潘鸿,王洋,等,2010. 威宁草海浮游植物时空分布及其数量特征[J]. 环境科学与技术, 33(12): 55-58.

阳贤智,李景锟,廖延梅,1990. 环境管理学[M]. 北京: 高等教育出版社: 317-319.

杨波,储昭升,金相灿,等,2007. CO_2/pH对三种藻生长及光合作用的影响[J]. 中国环境科学, 27(1): 54-57.

杨大杰,2008. 官厅水库水体氮污染特征分析[J]. 水环境治理(9): 51-53.

杨大星,杨茂发,徐进,2013. 生态恢复方式对喀斯特土壤节肢动物群落特征的影响[J]. 贵州农业科学, 41(2): 91-94.

杨昆,孙世群,2007. 淮南市大气环境质量的模糊综合评价[J]. 合肥学院学报(自然科学版), 17(2): 90-93.

杨文,刘威德,陈大舟,等,2010. 四川西部山区土壤和大气有机氯污染物的区域分布[J]. 环境科学研究, 23(9): 1108-1114.

杨延峰,张国钢,陆军,等,2012. 贵州草海越冬冬斑头雁日间行为模式及环境因素对行为的影响[J]. 生态学报, 32(23): 7280-7288.

杨永兴,2002. 国际湿地科学研究的主要特点、进展与展望[J]. 地理科学进展, 21(2): 111-120.

叶昌嫒,费梁,1993. 中国珍稀及经济两栖动物[M]. 成都: 四川科学技术出版社: 192-195.

叶飞,卞新民,2005. 江苏省水环境农业非点源污染"等标污染指数"的评价分析[J]. 农业环境科学学报(S1): 137-140.

叶岳,周运超,2009. 喀斯特石漠化小生境对大型土壤动物群落结构的影响[J]. 中国岩溶, 28(4): 413-418.

殷秀琴,宋博,董炜华,等,2010. 我国土壤动物生态地理研究进展[J]. 地理学报, 65(1): 91-102.

尹文英,1992. 中国亚热带土壤动物[M]. 北京: 科学出版社.

尹文英,1998. 中国土壤动物检索图鉴[M]. 北京: 科学出版社.

应建浙,卯晓岚,马启明,等,1987. 中国药用真菌图鉴[M]. 北京: 科学出版社: 1-579.

尤万学,何兴东,张维军,等,2016. 宁夏哈巴湖国家级自然保护区综合科学考察报告[M]. 天津: 南开大学出版社.

于德永,郝蕊芳,2020. 生态系统服务研究进展与展望[J]. 地球科学进展, 35(8): 804-815.

余国强,陈扬乐,1997. 湿地生态系统的结构与功能[J]. 湘潭师范学院学报, 18(3): 77-81.

余国营,刘永定,丘昌强,等,2000. 滇池水生植被演替及其与水环境变化关系[J]. 湖泊科学, 12(1): 73-79.

余未人,2002. 亲历沧海桑田: 草海生态及历史文化变迁[M]. 北京: 中国文联出版社: 11.

袁海滨,吴际通,2014. 贵州草海国家级自然保护区景观格局动态特征研究[J]. 贵州林业科技, 42(1): 18-22.

袁旭,赵为武,王萍,2013. 贵州草海农业土壤重金属污染的生态危害评价[J]. 贵州农业科学, 41(11): 190-193.

袁旭音,许乃政,陶于祥,等,2003. 太湖底泥的空间分布和富营养化特征[J]. 资源环境与调查, 24(1): 21-28.

臧得奎,1998. 中国蕨类植物区系的初步研究[J]. 西北植物学报, 18(3): 459-465.

张川,侯保兵,黄炼峰,等,2017. 嘉兴市秀洲区地表水污染特征分析与对策[J]. 水科学与工程技术, 16(1): 43-46.

张福金，2009. 典型科研农田土壤中有机氯农药残留及其生物有效性研究[D]. 呼和浩特：内蒙古大学.
张海秀，蒋新，王芳，等，2007. 南京市城郊蔬菜生产基地有机氯农药残留特征[J]. 生态与农村环境学报，23(2)：76-80.
张洪岩，龙恩，程维明，2005. 向海湿地动态变化及其影响因素分析[J]. 自然资源学报，20(4)：613-620.
张华海，2003. 桴焉自然保护区科学考察集[M]. 贵阳：贵阳科技出版社.
张华海，2003. 老蛇冲自然保护区科学考察集[M]. 贵阳：贵阳科技出版社.
张华海，2003. 南宫自然保护区科学考察集[M]. 贵阳：贵阳科技出版社.
张华海，李明晶，姚松林，2007. 草海研究[M]. 贵阳：贵州科技出版社.
张华海，李明晶，姚松林，等，2007. 草海研究综述[M]//张华海，李明晶，姚松林，等. 草海研究. 贵阳：贵州科技出版社：1-11.
张觉民，何志辉，1991. 内陆水域渔业自然资源调查手册[M]. 北京：农业出版社：461.
张良，欧阳汝欣，樊迎光，2015. 衡水湖自然保护区环境承载力分析[J]. 现代农村科技(1)：70-71.
张明明，张黎俊，粟海军，等，2019. 草海国家级自然保护区景观格局变化与景观发展强度研究[J]. 生态与农村环境学报，35(3)：300-306.
张强，2012. 岩溶地质碳汇的稳定性：以贵州草海地质碳汇为例[J]. 地球学报，33(6)：947-952.
张荣，骆强，冶富思，2015. 韭菜坪及其邻近地区蕨类植物区系研究[J]. 种子，34 (1)：54-57.
张树庭，1995. 香港蕈菌[M]. 香港：香港中文大学出版社：1-470.
张宪春，2012. 中国石松类和蕨类植物[M]. 北京：北京大学出版社：1-711.
张欣莉，丁晶，李祚泳，等，2000. 投影寻踪新算法在水质评价模型中的应用[J]. 中国环境科学，20(2)：187-189.
张彦辉，安彦杰，朱迟，等，2009. 水体无机碳条件对常见沉水植物生长和生理的影响[J]. 水生生物学报，33(6)：1020-1030.
张运林，杨龙元，秦伯强，等，2008. 太湖北部湖区 COD 浓度空间分布及与其他要素的相关性研究[J]. 环境科学，29(6)：1457-1462.
赵尔宓，1998. 中国濒危红皮书：两栖类和爬行类[M]. 北京：科学出版社：1-330.
赵继鼎，1982. 中国地衣初编[M]. 北京：科学出版社.
赵志成，熊康宁，陈浒，等，2011. 干旱对贵州喀斯特石漠化生态治理区土壤动物的影响[J]. 西南农业学报，24(3)：1167-1171.
郑光美，2005. 中国鸟类分类与分布名录[M]. 北京：科学出版社：1-456.
郑杰，王志杰，喻理飞，等，2019. 基于景观格局的草海流域生态风险评价[J]. 环境化学，38(4)：784-792.
中国环境监测总站，1990. 中国土壤元素背景值[M]. 北京：中国环境科学出版社：330-381.
中国科学院昆明植物研究所，2000. 云南植物志：第十七卷[M]. 北京：科学出版社.
中国科学院青藏高原综合考察队，1985. 西藏苔藓植物志[M]. 北京：科学出版社.
中国科学院生物多样性委员会，2017. 中国生物物种名录[M]. 北京：科学出版社.
中国科学院武汉植物研究所，1983. 中国水生维管植物[M]. 武汉：湖北人民出版社.
中国科学院中国植被图编辑委员会，2001. 中国植被图集 1：1000000 [M]. 北京：科学出版社.
中国科学院中国植被图编辑委员会，2008. 中华人民共和国植被图 1：1000000 [M]. 北京：地质出版社.
中国科学院中国植物志编辑委员会，1961. 中国植物志：第 8 卷[M]. 北京：科学出版社.
中国科学院中国植物志编辑委员会，1980. 中国植物志：第 28 卷[M]. 北京：科学出版社.
中国科学院中国植物志编辑委员会，1987. 中国植物志：第 9 卷 2 分册[M]. 北京：科学出版社.
中国科学院中国植物志编辑委员会，1992. 中国植物志：第 11 卷[M]. 北京：科学出版社.
中国科学院中国植物志编辑委员会，2002. 中国植物志：第 25 卷 1 分册[M]. 北京：科学出版社.
中国生物多样性保护行动计划总报组，1994. 中国生物多样性保护行动计划[M]. 北京：中国环境科学出版社.
中国植被编辑委员会，1980. 中国植被[M]. 北京：科学出版社.

周晨, 2016. 草海湿地水质富营养化与生物多样性风险预警研究[D]. 贵阳: 贵州大学.

周晨, 喻理飞, 蔡国俊, 等, 2016. 草海高原湿地湖泊水质时空变化及水质分区研究[J]. 水生态学杂志, 37(1): 24-30.

周广胜, 何奇瑾, 殷晓洁, 2015. 中国植被/陆地生态系统对气候变化的适应性与脆弱性[M]. 北京: 气象出版社.

周静, 官加杰, 2011. 贵州草海国家级自然保护区生态旅游开发初步研究[J]. 林业调查规划, 36(5): 49-52.

周世嘉, 马溪平, 徐成斌, 等, 2009. 浑河抚顺段水质有机污染调查及评价[J]. 环境保护与循环经济, 29(9): 59-60.

朱惊毅, 方嗣昭, 李兴中, 等, 1998. 贵州湿地[M]. 北京: 中国林业出版社.

朱军, 江亚猛, 张安兵, 等, 2017. 贵州印江洋溪自然保护区综合科学考察报告[M]. 北京: 中国林业出版社.

朱青, 周生路, 孙兆金, 等, 2004. 两种模糊数学模型在土壤重金属综合评价中的应用与比较[J]. 环境保护科学, 123(30): 53-57.

朱维明, 2006. 云南植物志: 第二十卷[M]. 北京: 科学出版社: 1-433.

朱晓华, 杨永亮, 路国慧, 等, 2010a. 广州市海珠区有机氯农药污染状况及其土-气交换[J]. 岩矿测试, 29(2): 91-96.

朱晓华, 杨永亮, 路国慧, 等, 2010b. 崇明岛东北部表层土壤及近地表大气中 HCHs DDTs 污染及土-气交换[J]. 农业环境科学学报, 29(3): 444-450.

邹天才, 2001. 贵州特有及稀有种子植物[M]. 贵阳: 贵州科技出版社.

BARDGETT R D, WARDLE D A, 2010. Aboveground-Belowground Linkages: Biotic Interactions, Ecosystem Processes, and Global Change[M]. Oxford: Oxford University Press.

BONGERS T, De NEMATODEN Van NEDERLAND, 1988. Stichting uitgeverij Koninklijke nederlandse natuurhistorische vereniging [M]. Dutch: Utrecht.

BRAUN-BLANQUET J, 1928. Plant Sociology The Study of Plant Communities[M]. New York: McGrawhill.

CHRISTOPOULOU O G, TSACHALIDIS E, 2004. Conservation Policies for Protected Amas (Wetland) in Greece: A Survey of Local Resident's, Water, Air and Soil Pollution[J]. Focus(4): 445-457.

CLEMENTS F E, 1905. Research Methods in Ecology[M]. Lincoln: Univ. Pub. Com.

DOKULIL M, CHEN W, CAI Q, 2000. Anthropogenic impacts to large lakes in China: the Tai Hu example[J]. Aquatic Ecosystem Health and Management(3): 81-94.

FROUZ J, ROUBÍČKOVÁ A, HEDĚNEC P, TAJOVSKÝK, 2015. Do soil fauna really hasten litter decomposition? A meta-analysis of enclosure studies[J]. European Journal of Soil Biology, 68: 18-24.

GARCÍA-PALACIOS P, MAESTRE F T, KATTGE J, et al., 2013. Climate and litter quality differently modulate the effects of soil fauna on litter decomposition across biomes[J]. Ecology Letters, 16(8): 1045-1053.

GILBERTSON R L, RYVARDEN L, 1986. North American Polypores: Vol. 1-2[M]. Fungiflora. Oslo.: 287-306.

GILLER P S, 1996. The diversity of soil communities, the "poor man´s tropical rainforest" [J]. Biodiversity and Conservation, 5(2): 135-168.

HEEMSBERGEN D A, BERG M P, LOREAU M, et al., 2004. Biodiversity effects on soil processes explained by interspecific functional dissimilarity[J]. Science, 306(5698): 1019-1020.

Invasive Species Specialist Group, 2018. Global Invasive Species Database[EB/OL]. http://www.iucngisd.org/gisd/.

JIN C, YIN X C, ZHANG F, 2017. Description of *Paraceto* gen. n. and a relimitation of the genus *Cetonana* (Araneae: Trachelidae) [J]. Zootaxa, 4320 (2): 225-244.

JING P, FENG J H, 2009. Analysis for GIS and Model Integration in the Groundwater Quality Assessment on Watershed[J]. Resources and Environment in the Yangtze Basin, 18(3): 248-253.

KIRK P M, CANNON P F, DAVID J C, et al., 2008. Ainsworth & Bisby's Dictionary of the Fungi[M]. 10th ed. Wallingford: CAB International: 1-655.

LAMPITT R S, WISHNER K F, TURLEY C M, et al., 1993. Marine snow studies in the Northeast Atlantic Ocean: Distribution, composition and roles as a food source for migrating plankton[J]. Marine Biology, 116(4): 680-702.

LARS H, 1980. An ecological risk index for aquatic pollution control – A sedimentological approach[J]. Water Research, 14: 975-1001.

LI X Q, YIN X Q, WANG Z H, et al. , 2015. Litter mass loss and nutrient release influenced by soil fauna of Betula ermanii forest floor of the Changbai Mountains, China[J]. Applied Soil Ecology, 95: 15-22.

LIAO S, YANG W Q, TAN Y, et al. , 2015. Soil fauna affects dissolved carbon and nitrogen in foliar litter in alpine forest and alpine meadow[J]. PLOS One, 10(9): e0139099.

MARGALEF D R, 1958. Information theory in ecology[J]. General Systems, 3: 36-71.

MARTIN J W, DAVIS G E, 2001. An updated classification of the recent Crustacea[J]. Natural History Museum of Los Angeles County contributions in science, 39: 1-124.

MEMET V, BULENT S, 2009. Assessment of surface water quality using multivariate statistical techniques: a case study of Behrimaz Stream, Turkey[J]. Environ Monit Assess, 159: 543-553.

MOÇO M K S, GAMA-RODRIGUES E F, GAMA-RODRIGUES A C, et al. , 2010. Relationships between invertebrate communities, litter quality and soil attributes under different cacao agroforestry systems in the south of bahia, brazil[J]. Applied Soil Ecology, 46 (3): 347-354.

MORÓNRÍOS A, RODRÍGUEZ MÁ, PÉREZCAMACHO L, et al. , 2010. Effects of seasonal grazing and precipitation regime on the soil macroinvertebrates of a mediterranean old-field[J]. European Journal of Soil Biology, 46(2): 91-96.

PEGLER D N, 1983. Agaric Flora of the Lesser Antilles[M]. London: Her Majesty's Stationary Office: 1-668.

PIELOU E C, 1969. An introduction to mathematical ecology[M]. New York: Wiley-Interscience.

PINKAS L, OLIPHAMT M S, IVERSON I L K, 1971. Food habits of albacore, bluefin tuna, and bonito in California waters[J]. Calif Dep Fish Game Fish Bull, 152: 1-105.

ROSSI J P, BLANCHART E, 2005. Seasonal and land-use induced variations of soil macrofauna composition in the Western Ghats, southern India[J]. Soil Biology and Biochemistry, 37(6): 1093-1104.

SHANNON C E, 1948. A mathematical theory of communication[J]. Bell System Technical Journal, 27: 379-423, 623-656.

SINGER R, 1969. Mycoflora Australis[M]. Germany: J. Cramer: 1-405.

SINGER R, 1986. The Agaricales in Modern taxonomy[M]. 4th ed. Königstein: Koeltz Scientific Books: 1-981.

SMITH A H, 1972. The North American species of Psathyrella[M]. New York: Memoirs of the New York Botanical Garden Vol. 24: 1-633.

TAN B, WU F Z, YANG W Q, et al. , 2015. Soil fauna significantly contributes to litter decomposition at low temperatures in the alpine/subalpine forests[J]. Polish Journal of Ecology, 63(3): 377-386.

World Spider Catalog, 2018. World Spider Catalog. Version 19. 0. Natural History Museum Bern[EB/OL]. http://wsc. nmbe. ch, accessed on {date of access}. DOI: 10. 24436/2.

WoRMS Editorial Board. 2018. World Register of Marine Species[EB/OL]. Available from http://www. marinespecies. org at VLIZ. Accessed 2018-06-26. DOI: 10. 14284/170.

YANG X D, CHEN J, 2009. Plant litter quality influences the contribution of soil fauna to litter decomposition in humid tropical forests, southwestern China[J]. Soil Biology and Biochemistry, 41(5): 910-918.

ZHANG Y, GUO F, MENG W, et al. , 2009. Water quality assessment and source identification of Daliao River basin using multivariate statistical methods[J]. Environ Monit Assess, 152: 105-121.

ZHANG Z S, ZHU M S, SONG D X, 2008. Revision of the spider genus Taira (Araneae, Amaurobiidae, Amaurobiinae)[J]. Journal of Arachnology, 36: 502-512.

ZHU X Y, GAO B J, YUAN S L, et al. , 2010. Community structure and seasonal variation of soil arthropods in the forest-steppe ecotone of the mountainous region in northern Hebei, China[J]. Journal of Mountain Science, 7(2): 187-196.

附录 1 保护区陆生种子植物名录

序号	科名	属名	中文名	学名	分布地点	数据来源
1	松科 Pinaceae	油杉属 *Keteleeria* Mast.	云南油杉	*K. evelyniana* Mast.	幺站	标本
2		松属 *Pinus* L.	华山松	*P. armandi* Franch.	区内广布	标本
3			云南松	*P. yunnanensis* Franch.	区内广布	标本
4		黄杉属 *Pseudotsuga* Carr.	黄杉	*P. sinensis* Dode	吕家河、幺站	标本
5	杉科 Taxodiaceae	杉属 *Cunninghamia* R.Br.	杉木	*C. lanceolata*（Lamb.）Hook.	吕家河、南屯	标本
6	柏科 Cupressaceae	刺柏属 *Juniperus* L.	刺柏	*J. formosana* Hayata	江家湾、南屯、石龙、阳关山	标本
7	三尖杉科 Cephalo-taxaceae	三尖杉属 *Cephalotaxus* Sieb. et Zucc.ex Endl.	三尖杉	*C. fortune* Hook. f.	石龙	标本
8			粗榧	*C. sinensis*（Rehd. et Wils.）Li	石龙	标本
9	红豆杉科 Taxaceae	红豆杉属 *Taxus* Linn.	红豆杉	*T. chinensis*（Pilger）Rehd.	石龙、南屯	标本
10	木兰科 Magnoliaceae	木兰属 *Magnolia* L.	武当木兰	*M. sprengeri* Pamp.	石龙	标本
11	八角科 Illiciaceae	八角属 *Illicium* L.	披针叶八角	*I. lanceolatum* A. C. Smith	石龙	《草海研究》
12			野八角	*I. lsimonsii* Maxim.	石龙	标本
13	五味子科 Schisandraceae	五味子属 *Schisandra* Michx.	云南五味子	*S. henryi* Clarke var. *yunnanensis*	南屯、石龙	标本
14	樟科 Lauraceae	樟属 *Cinnamomum* Trew	香樟	*C. camphora*（L.）Presl.	石龙	标本
15			云南樟	*C. glanduliferum*（Wall.）Ne	石龙、南屯	标本
16		山胡椒属 *Lindera* Thunb.	香叶树	*L. communis* Hemsl.	马脚岩	标本
17			山鸡椒	*L. cubeba*（Lour.）Persl.	石龙、南屯	标本
18		木姜子属 *Litsea* Lam.	红叶木姜子	*L. rubescens* Lec.	簸箕湾、朱家湾、南屯	照片
19	毛茛科 Ranunculaceae	乌头属 *Aconitum* L.	深裂黄草乌	*A. vilmorinianum* Kom. var. *altifidum* W. T. Wang	孔家山、南屯	标本
20		银莲花属 *Anemone* L.	打破碗花花	*A. hupehensis* Lem.	南屯、刘家巷、鸭子塘	标本
21			草玉梅	*A. rivularis* Buch.-Ham.	马脚岩、孔家山	标本
22		水毛茛属 *Batrachium* S. F. Gray	水毛茛	*B. bungei*（Steud.）L. Liou	草海	照片
23		升麻属 *Cimicfuga* L.	升麻	*C. foetida* L.	鸭子塘	照片
24		铁线莲属 *Clematis* L.	粗齿铁线莲	*C. argentilucida*（Lévl. et Vant.）W. T. Wang	南屯	照片
25			金毛铁线莲	*C. chrysocoma* Franch.	石龙	照片
26			绣球藤	*C. montana* Buch.-Ham.	南屯、江家湾	标本、照片
27			裂叶铁线莲	*C. parviloba* Gardn.	南屯	《草海研究》
28			钝萼铁线莲	*C. peterae* Hand.-Mazz.	南屯	《草海研究》
29			杯柄铁线莲	*C. trullifera*（Franch.）Finet et Gagn.	南屯、石龙	标本

（续）

序号	科名	属名	中文名	学名	分布地点	数据来源
30	毛茛科 Ranuculaceae	毛茛属 Ranunculus L.	毛茛	R. japonicas Thunb.	石龙、南屯	照片
31			石龙芮	R. sceleratus L.	区内沟边、湿地	照片
32			扬子毛茛	R. sieboldii Miq.	南屯	照片
33		唐松草属 Thalictrum L.	东亚唐松草	T. minus L. var. hypoleucum (Sieb. et Zucc) Miq.	石龙、南屯、孔家山	标本
34			小果唐松草	T. microgynum Lecoy. ex Oliv.	孔家山	标本
35	金鱼藻科 Cerato-phyllaceae	金鱼藻属 Ceratophyllum L.	金鱼藻	C. dermersum L.	草海	照片
36	小檗科 Berberidaceae	小檗属 Berberis L.	堆花小檗	B. aggregate Schneid.	区内广布	照片
37			贵州小檗	B. cavaleriei Lévl.	南屯	照片
38			毕节小檗	B. guizhouensis Ying	孔家山	照片
39			蠔猪刺	B. julianae Schneid.	南屯、石龙孔家山	标本
40			威宁小檗	B. weiningensis	南屯、刘家巷、高原草地站	标本
41			古宗金花小檗	B. wilsonae Hemsl. var. guhtzunica (Abrendt) Abrendt	南屯、石龙、孔家山	标本
42		十大功劳属 Mahonia L.	阿里山十大功劳	M. oiwadensis Hayata	南屯	标本
43		淫羊藿属 Epimedium Linn.	三枝九叶草	E. sagittatum (Sieb. et Zucc.) Maxim	石龙	照片
44		南天竹属 Nandina	南天竹	N. domesticaThunb.	石龙	标本
45	木通科 Lardizabal-aceae	木通属 Akebia Decne	三叶木通	A. trifoliate (Thunb.) Koidz.	南屯、簸箕湾、石龙	标本
46	马兜铃科 Aristolo-chiaceae	马兜铃属 Aristolochia L.	马兜铃	A. debilis Sieb. et Zucc	高家岩	标本
47	三白草科 Saururaceae	蕺菜属 Houttuynia Thunb.	鱼腥草	H. cordata Thunb.	南屯、刘家巷	照片、标本
48	紫堇科 Fumariaceae	紫堇属 Corydalis	蛇果黄堇	C. ophiocarpa Hook. f. et Thoms.	石龙	照片、标本
49	十字花科 Cruciferae	南芥属 Arabis L.	硬毛南芥	A. hirsuta (L.) Scop.	孔家山	《草海研究》
50			圆锥南芥	A. paniculata Franch.	孔家山	《草海研究》
51		荠属 Capsella Medic.	荠	C. bursapastoris (L.) Medic.	区内广布	照片
52		碎米荠属 Cardamine L.	弯曲碎米荠	C. flexuosa With.	区内荒野、沟边、路旁杂草	标本
53			碎米荠	C. hirsuta L.	区内荒野、沟边、路旁杂草	标本
54		独行菜属 Lepidium L.	独行菜	L. apetalum Willd.	区内广布	标本
55			北美独行菜	L. virginicum L.	南屯	标本

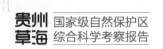

序号	科名	属名	中文名	学名	分布地点	数据来源
56	十字花科 Cruciferae	蔊菜属 Rorippa Scop.	蔊菜	R. dubia（Pers.）Hara	南屯、石龙山坡、路边、荒地习见	标本
57			风花菜	R. islandica（Oeder）Borbas	区内沟边湿地、路旁分布	标本
58	堇菜科 Violaceae	堇菜属 Viola L.	戟叶堇菜	V. betonicifolia W. W. Sm.	南屯、高原草地站吕家河	标本
59			灰叶堇菜	V. delavayi Franch.	高原草地站	标本
60			紫花堇菜	V. grypoceras A. Gray	石龙	标本
61			长萼堇菜	V. inconspica Bl.	石龙	标本
62			白果堇菜	V. phalacrocarpa Maxim.	南屯、观鸟台	标本
63			柔毛堇菜	V. principis H.de Boiss	观鸟台	标本
64			紫花地丁	V. philippica Caw.	观鸟台	标本
65			萱	V. vaginata Maxim.	区内广布	标本
66	远志科 Polygalaceae	远志属 Polygala L.	瓜子金	P. japonica Houtt.	刘家巷	标本
67			卵叶远志	P. sibirica L.	孔家山、马脚岩	标本
68	景天科 Crassulaceae	红景天属 Rhodiola L.	云南红景天	Rh. yunnanensis（Franch.）S. H. Fu	孔家山	标本
69		景天属 Sedum L.	费菜	S. aizoon L.	石龙、观鸟台	标本
70			安龙景天	S. tsiangii Fröd	高原草地站	标本
71			垂盆草	S. sarmentosum Bunge	石龙	标本
72		石莲属 Sinocrassula Berger	石莲	S. indica A. Berger	孔家山	标本
73	虎耳草科 Saxifragaceae	虎耳草属 Saxifraga Tourn. ex L.	虎耳草	S. stolonifera Curt.	石龙	标本
74	梅花草科 Parnassiaceae	梅花草属 Parnassia Linn.	鸡眼梅花草	P. wightiana	南屯	标本
75	石竹科 Caryophyllaceae	蚤缀属 Arenaria L.	蚤缀	A. serpyllifoila L.	孔家山	标本
76		卷耳属 Cerastium L.	簇生卷耳	C. caespitosum Gilib.	高原草地站	标本
77		狗筋蔓属 Cucubalus L.	狗筋蔓	C. baccifer L.	孔家山	标本
78		漆姑草属 Sagina L.	漆姑草	S. japonica（Sw.）Ohwi	区内常见	标本
79		女娄菜属 Melandrium Roehl.	女娄菜	M. apricum（Turcz.）Rohrb.	孔家山	标本
80		蝇子草属 Silene L.	麦瓶草	S. conoidea L.	高原草地站	标本
81			细蝇子草	S. tenuis Willd.	孔家山	标本
82		繁缕属 Stellaria L.	雀舌草	S. alsine Grimm.	孔家山	标本
83			繁缕	S. media（L.）Cyr.	区内广布	标本
84			抱茎石生繁缕	S. saxatilis Buch.–Ham. var. amplexicaulis Hand.–Mazz.		《草海研究》
85			密柔毛云南繁缕	S. yunnanensis Fr. f. villosa C. Y. Wu	孔家山	标本

（续）

序号	科名	属名	中文名	学名	分布地点	数据来源
86			两栖蓼	P. amphibium L.	水沟、湖边湿地、草海	标本、照片
87			萹蓄	P. aviculare L.	大坝、西海码头	标本、照片
88			酸模叶蓼	P. capathifolium L.	区内广布	照片
89			毛血藤	P. cynanchoides Hemsl.	刘家巷	照片
90			虎杖	P. cuspidatum Sieb. et Zucc.	西海码头、江家湾	照片
91			云支花	P. forrestii Diels	南屯	标本
92			水蓼	P. hydropiper L.	区内广布	标本
93			尼泊尔蓼	P. nepalense Meism.	区内广布	标本
94		蓼属 Polygonum L.	节蓼	P. nodosum Pers.	簸箕湾	标本
95			荭草	P. orientale L.		《草海研究》
96			草血竭	P. paleaeum Wall.	南屯、马脚岩	标本
97			雀翘	P. sieboldii Meisn.	南屯	标本
98	蓼科 Polygonaceae		香蓼	P. viscosum Buch.–Ham. ex D. Don	刘家巷	照片、标本
99			珠芽蓼	P. viviparum L.	高家岩、石龙、南屯	照片
100			赤胫散	P. runcinatum Buch.–Ham. var. sinense Hemsl	高家岩	照片
101		荞麦属 Fagopyrum Mill.	苦荞麦	F. tataricum L.	区内栽培或逸为野生	照片
102			细梗荞麦	F. gracilipes Hemsl.	南屯	标本
103			羊蹄	R. crispas L.	南屯	照片
104			皱叶酸模	R. crispus L.	南屯、西海码头	照片
105		酸模属 Rumex L.	齿果酸膜	R. dentatus L.	区内广布	标本
106			尼泊尔酸模	R. nepalensis Spreng.	区内广布	照片
107			戟叶酸模	R. hastatus D. Don	种羊场	标本 照片
108	商陆科 Phytolaccaceae	商陆属 Phytolacca L.	商陆	Ph. acinosa Roxb	观鸟台	照片
109			藜	C. alba L.	区内广布	照片
110	藜科 Chenopodiaceae	藜属 Chenopodium L.	小藜	C. serotinum L.	区内广布	照片
111			土荆芥	C. ambrosioides L.	西海码头	照片
112		牛膝属 Achyranthes L.	土牛膝	A. asper L.	刘家巷、鸭子塘	照片
113			牛膝	A. bidentata Bl.	刘家巷、鸭子塘	照片
114	苋科 Amaranthaceae	莲子草属 Alternanthera Forsk.	空心莲子草	A. pliloxerides（Mart.）Griseb	草海边缘水沟旁、湿地	照片 标本
115		苋属 Amaranthus L.	野苋	A. ascendens Loisel.	区内荒地、路边有分布	照片

（续）

序号	科名	属名	中文名	学名	分布地点	数据来源
116	牻牛儿苗科 Gerani-aceae	老鹳草属 *Geranium* L.	东亚老鹳草	*G. nepalense* Sweet var. *thunbergii* (Sieb. et Zucc.) Kudo	南屯、石龙	标本
117			鼠掌老鹳草	*G. sibiricum* L.	南屯	标本
118	酢浆草科 Oxalidaceae	酢浆草属 *Oxalis* L.	酢浆草	*O. corniculata* L.	区内广布	照片
119	凤仙花科 Balsami-naceae	凤仙花属 *Impatiens* L.	睫萼凤仙花	*I. biepharosephara* E. Pritz. ex Diels	偶见于区内沟边	标本
120			蓝花凤仙花	*I. cyanantha* Hook.f.	夏家屯	标本
121			黄金凤	*I. siculifer* Hook. f.	东山	标本
122	千屈菜科 Lythraceae	千屈菜属 *Lythrum* L.	千屈菜	*L. salicaria* L.	南屯	标本
123	柳叶菜科 Ona-graceae	露珠草属 *Circaea* L.	南方露珠草	*C. mollis* Sieb. et Zucc.	南屯	标本
124		柳叶菜属 *Epilobium* L.	柳叶菜	*E. hirsutum* L.	区内沟边、湿地	标本
125	菱科 Trapaceae	菱属 *Trapa* L.	耳菱	*T. potaninii* V. Vassil	草海	照片
126			野果细菱	*T. maximowiczii* Korsh.	草海	照片
127	小二仙草科 Halor-agidaceae	小二仙草属 *Haloragis* J. R. et Forster.	小二仙草	*H. micrangtha* (Thunb.) R. Br. ex Sieb.et Zucc.	南屯	照片
128		狐尾藻属 *Myriophyllum* L.	狐尾藻	*M. verticillatum* L.	草海	照片
129			穗状狐尾藻	*M. spicatum* L.	草海	照片
130	瑞香科 Thymelae-aceae	狼毒属 *Stellera* L.	狼毒	*S. chamaejasme* L.	南屯、东山、孔家山	标本
131	马桑科 Coriariaceae	马桑属 *Coriaria* L.	马桑	*C. nepalensis* Maxim.	区内广布	照片
132	葫芦科 Cucurbita-ceae	赤爪包属 *Thladiantha* Bunge	光赤爪包	*T. glabra* Cogn. ex Oliv.	南屯	标本
133			球果赤爪包	*T. globicarpa* A. M. Lu et Z. Y. Zhang	南屯	标本
134			五叶赤爪包	*T. hookeri* C. B. Clarke var. *pentadactyla* Cogn. A. M. Lu et Z. Y. Zhang	南屯、石龙	标本
135			鄂赤爪包	*T. oliveri* Cogn. ex Mottet	簸箕湾	标本
136	山茶科 Theaceae	茶属 *Camellia* L.	怒江红山茶	*C. saluenensis* Stapf ex Bean.	南屯	标本
137			茶树	*C. sinensis* (L.) O. Ktze.	孔家山	照片
138			山茶	*C.* sp.	南屯	《草海研究》
139		柃木属 *Eurya* Thunb.	细齿叶柃木	*E. nitida* Korthals	南屯	标本
140			半齿柃	*E. semiserrata* Chang	南屯	标本
141	野牡丹科 Melasto-mataceae	金锦香属 *Osbeckia* L.	朝天罐	*O. crinita* Benth.	南屯	标本
142	金丝桃科 Hyperi-caceae	金丝桃属 *Hypericum* L.	小连翘	*H. erectum* Thunb. ex Murray	南屯	标本
143			地耳草	*H. japonicum* Thunb.ex Murray	区内广布	标本
144			贵州金丝桃	*H. kouytcheouense* Lévl.	区内广布	标本
145			金丝梅	*H. patulum* Thunb. ex Murray	刘家巷	标本
146			遍地金	*H. wightianum* Wall. ex Wight. et Arn.	刘家巷	标本

（续）

序号	科名	属名	中文名	学名	分布地点	数据来源
147	椴树科 Tiliaceae	椴树属 *Tilia* L.	椴树	*T. tuan* Szyszyl.	吕家河、石龙	标本
148	锦葵科 Malvaceae	木槿属 *Hibiscus* L.	野西瓜苗	*H. trionum* L.	孔家山	标本
149		锦葵属 *Malva* L.	野葵	*M. verticillata* L.	区内广布	标本
150	大戟科 Euphorbiaceae	大戟属 *Euphorbia* L.	地锦	*E. humifusa* Willd.	南屯、荒野、路边	标本
151			通奶草	*E. indica* Lam.	南屯	照片
152			大戟	*E. pekinensis* Rupr.	南屯、石龙	标本
153		雀舌木属 *Leptopus* Decne.	线叶雀舌木	*L. lolonus* (Hand.–Mazz.) Pojark.	高原草地站	标本
154		野桐属 *Mallotus* Lour.	粗糠柴	*M. philippensis*	草地站	标本
155	山梅花科 Philadelphaceae	山梅花属 *Philadelphus* L.	山梅花	*P. pilosa* Ledeb.	石龙	标本
156	蔷薇科 Rosaceae	龙芽草属 *Agrimonia* L.	龙芽草	*A. pilosa* Ledeb.	区内广布	标本
157		桃属 *Amygdalus* L.	山桃	*A. davidiana* (Carr.) Franch.	孔家山	照片
158		木瓜属 *Chaenomeles* Lindl.	毛叶木瓜	*C. cathayensis* (Hemsl.) Schneid.	刘家巷、薛家海子、簸箕湾	标本
159		栒子属 *Cotoneaster* B. Ehrhart	匍匐栒子	*C. adpressus* Bois	南屯	标本
160			黄杨叶栒子	*C. buxifolius* Lindl.	南屯、石龙、孔家山	标本
161			矮生栒子	*C.* Schneid.	区内广布	标本
162			粉叶栒子	*C. glaucophyllus* Franch.	南屯	标本
163			小叶粉叶栒子	*C. glaucophyllus* var. *meiophyllus* W. W. Smith	南屯、鸭子塘、孔家山	标本
164			平枝栒子（铺地蜈蚣）	*C. horizontalis* Dcne	南屯、孔家山、夏家屯	标本
165			小叶平枝栒子	*C. horizontalis* var. *perpusillus* Schneid.	南屯、孔家山	标本
166			西南栒子	*C. franchetii* Bois	孔家山	标本
167		山楂属 *Crataegus* L.	野山楂	*C. cuneata* Sieb. & Zucc.	南屯、鸭子塘	标本
168			华中山楂	*C. wilsonii* Sarg	南屯、刘家巷	标本
169			云南山楂	*C. scabrifolia* (Franch.) Rehd.	高原草地站	标本
170		蛇莓属 *Duchesnea* J. E. Smith	蛇莓	*D. indica* (Andr.) Focke	区内广布	标本
171		枇杷属 *Eriobotrya* Lindl.	枇杷	*E. japonica*	种羊场	标本
172		草莓属 *Fragaria* L.	黄毛草莓	*F. nilgerrensis* Schlecht. ex Gay	区内广布	标本
173		水杨梅属 *Geum* L.	水杨梅	*G. aleppicum* Jacq.	孔家山	标本
174		绣线梅属 *Neillia* D. Don	毛叶绣线梅	*N. ribesioides* Rehd.		《草海研究》
175			中华绣线梅	*N. sinensis* Oliv.	孔家山	标本
176		稠李属 *Padus* Mill.	细齿稠李	*P. vaniotii* Lévl.	南屯、刘家巷、石龙	标本

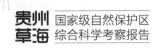

（续）

序号	科名	属名	中文名	学名	分布地点	数据来源
177		委陵菜属 Potentilla L.	蛇莓委陵菜	P. centigrana Maxim.	刘家巷	标本
178			西南委陵菜	P. fulgens Wall. ex Hook.	刘家巷、高原草地站	标本
179			蛇含委陵菜	P. kleiniana Wight et Arn.	区内广布	标本
180		扁核木属 Prinsepia Royle	总状扁核木	P. utilis Royle	区内广布	标本
181		火棘属 Pyracantha Rocm.	窄叶火棘	P. angustifolia（Franch.）Schneid.	高家岩	标本
182			细圆齿火棘	P. crenulata（D.Don）Roem.	南屯	标本
183			火棘	P. fortuneana（Maxim.）Li	区内广布	标本
184			全缘火棘	P. atalantioides（Hance）Stapf	吕家河	标本
185		梨属 Pyrus L.	杜梨	P. betulaefolia Bge.	南屯	标本
186			豆梨	P. calleryana Dcne.	夏家屯	标本
187			川梨（棠梨刺）	P. pashia Buch-Ham. ex D. Don	南屯	标本
188			梨	P. sp.	南屯	标本
189		蔷薇属 Rosa L.	绣球蔷薇	R. glomerata Rehd.et Wils.	南屯	标本
190			蔷薇（七姊妹）	R. multiflora Thunb. var. carnea Thory	南屯	标本
191	蔷薇科 Rosaceae		扁刺峨眉蔷薇	R. omeiensis Rolfe f. pteracantha Rehd.et Wils.	区内广布	标本
192			悬钩子蔷薇	R rubusLévl.et Vant	南屯	标本
193			宽刺绢毛蔷薇	R. sericea Lindl. f. pteracantha Franch.	南屯、孔家山	标本
194			川西蔷薇	R. sikangensis Yu et Ku	南屯	标本
195		悬钩子属 Rubus L.	粉枝莓	R. biflorus Buch.-Ham. ex Smith	南屯、区内广布	标本
196			寒莓	R. buergeri Miq.		《草海研究》
197			山莓	R. corchorifolius L.	南屯	标本
198			白叶莓	R. innominatus S. Moore	石龙、鸭子塘等	标本
199			红泡刺藤	R. niveus Thunb.	南屯	标本
200			茅莓	R. parvifolius L.	南屯、东山、江家湾	标本
201			羽萼悬钩子	R. pinnatisepalus Hemsl.	南屯	照片
202		地榆属 Sanguisorba L.	地榆	S. officinalis L.	区内广布	标本
203		花楸属 Sorbus L.	石灰花楸	S. folgneri（Schneid.）Rehd.	南屯、刘家巷	标本
204		绣线菊属 Spiraea L.	粉花绣线菊	S. japonica L. f.	南屯、鸭子塘	标本
205		珍珠梅属 Sorbaria（Ser.）A. Br. ex Aschers	高丛珍珠梅	S. arborea Schneid.	石龙	标本
206	苏木科 Caesalpiniaceae	羊蹄甲属 Bauhinia L.	滇羊蹄甲	B. yunnanensis Franch.		《草海研究》
207			鞍叶羊蹄甲	B. brachycarpa Wall.	高家岩	标本

序号	科名	属名	中文名	学名	分布地点	数据来源
208		两型豆属 *Amphicarpaea* Elliot	锈毛两型豆	*A. rufescens*（Franch.）Y. T. Wei et S. Lee		《草海研究》
209		黄芪属 *Astragalus* L.	地八角	*A. bhotanensis* Baker.	区内广布	标本
210			毛杭子梢	*C. hirtella*（Franch.）Schindl.		《草海研究》
211		杭子梢属 *Campylotropis* Bunge	杭子梢	*C. macrocarpa*（Bunge）Rehd.	孔家山	标本
212			多花杭子梢	*C. polyantha*（Franch.）Schindl.	南屯	标本
213		猪屎豆属 *Crotalaria* L.	中国猪屎豆	*C. chinensis* L.	东山云南松林下	标本
214		山蚂蝗属 *Desmodium* Desv.	圆锥山蚂蝗	*D. elegans* DC.	南屯、高家岩	标本
215			假地豆	*D. heterocarpom*（L.）DC.		《草海研究》
216			西南木蓝	*I. monbeigii* Craib.	南屯	
217		木蓝属 *Indigofera* L.	马棘	*I. pseudotinctoria* Matsum		《草海研究》
218			木蓝	*I. einctoria* L.	南屯	
219		鸡眼草属 *Kummerowia* Schindl.	鸡眼草	*K. striata*（Thunb.）Schindl.	区内广布	照片
220		香豌豆属 *Lathyrus* L.	牧地香豌豆	*L. pratensis* L.	南屯	标本
221		胡枝子属 *Lespedeza* Michx	截叶胡枝子	*L. cuneata*（Dum. Cours.）G. Don	南屯、区内广布	标本
222	蝶形花科 Papilion-aceae		铁马鞭	*L. pilosa*（Thunb.）Sieb. et Zucc.	刘家巷	标本
223		百脉根属 *Lotus* L.	百脉根	*L. corniculatus* L.	区内广布	标本
224		马鞍树属 *Maackia* Rupr.	马鞍树	*M. hupehensis* Takeda	吕家河、石龙	标本
225		苜蓿属 *Medicago* L.	天蓝苜蓿	*M. lupulina* L.	区内广布	照片
226		草木樨属 *Melilotus* Mill.	草木樨	*M. suaveolens* Ledeb.	区内广布	标本
227		岩豆藤属 *Millettia* Wight et Arn.	香花崖豆藤	*M. dielsiana* Harms	石龙、幺站等地岩山灌丛	标本 照片
228		长柄山蚂蝗属 *Podocarpium*（Benth.）Yang et Huang	长柄山蚂蝗	*P. podocarpum*（DC.）Yang et Huang	南屯	标本
229		密子豆属 *Pycnospora* R. Br.	密子豆	*P. lutescens*（Poir.）Schindl.	东山	标本
230		刺槐属 *Robinia* L.	刺槐	*R. pseudoacacia* L.	南屯	照片
231		槐属 *Sophora* L.	白刺花	*S. davidii*（Franch.）Kom. ex Pavol.	区内广布	标本
232		车轴草属 *Trifolium* L.	红车轴草	*T. pretense* L.	南屯、高原草地站、观鸟台	标本
233			白车轴草	*T. repen* L.	区内广布	照片
234		野碗豆属 *Vicia* L.	假香野豌豆	*V. pseudorobus* Fisch. et Meyer.	南屯、石龙	标本
235			救荒野豌豆	*V. sativa* L.	区内广布	标本
236	旌节花科 Stachyu-raceae	旌节花属 *Stachyurus* Sieb. ex Zucc.	中国旌节花	*S. chinensis* Franch.	南屯	标本
237	金缕梅科 Hamamel-idaceae	蜡瓣花属 *Corylopsis* Sieb. et Zucc.	小果蜡瓣花	*C. microcarpa* Chang	南屯	标本

（续）

序号	科名	属名	中文名	学名	分布地点	数据来源
238	黄杨科 Buxaceae	板凳果属 Pachysandra Michx	板凳果	*P. axillaris* Franch.	石龙、南屯	标本
239		野扇花属 Sarcococca Lindl.	野扇花	*S. ruscifolia* Stapf	长山、石龙	标本
240	杨柳科 Salicaceae	杨属 Populus L.	响叶杨	*P. adenopoda* Maxim.	区内广布	照片
241			山杨	*P. davidiana* Dode	区内广布	标本
242			大叶杨	*P. lasiocarpa* Oliv.	南屯	标本
243			云南白杨（滇杨）	*P. yunnanensis* Dode	区内广布	照片
244		柳属 Salix L.	中华柳	*S. cathayana* Diels	区内广布	标本
245	杨梅科 Myricaceae	杨梅属 Myrica L.	矮杨梅	*M. nana* Cheval.	区内广布	标本
246	桦木科 Betulaceae	桤木属 Alnus Mill.	云南桤木	*A. ferdinandi-coburgii* Schneid.	区内广布	标本
247		桦木属 Betula L.	亮叶桦（光皮桦）	*B. luminifera* Winkler	刘家巷、东山、石龙	标本
248	榛科 Corylaceae	鹅耳枥属 Carpinus L.	云贵鹅耳枥	*C. pubescens* Burkill	区内广布	标本
249		榛属 Corylus L.	绒毛华榛	*C. chinensis* Franch. var. *fargesii* (Franch.) Hu	刘家巷	标本
250			滇榛	*C. yunnanensis* A. Camus	区内广布	标本
251	壳斗科 Fagaceae	栗属 Castanea Mill.	茅栗	*C. sequinii* Dode	南屯	照片
252		栎属 Quercus L.	槲栎	*Q. aliena* Bl.	区内广布	标本
253			锐齿槲栎	*Q. aliena* var. *acuteserrata* Maxim.	南屯	标本
254			西南高山栎	*Q. aquifolioides* Rehd. et Wils.	马脚岩	标本
255			白栎	*Q. fabri* Hance	南屯、马脚岩，区内广布	标本
256			短柄枹树	*Q. glandulifera* Bl. var. *brevipetiolata* Nakai	石龙	标本
257			黄背栎（污毛山栎）	*Q. pannosa* Hand.-Mazz.	西凉山、石龙、马脚岩	标本
258			光叶高山栎	*Q. rehderiana* Hand.-Mazz.	孔家山；石龙、六洞	标本
259			灰背高山栎	*Q. senescens* Hand.-Mazz.	幺站、石龙等地	标本
260			刺叶栎	*Q. spinosa* David apud Franch.	石龙、马脚岩，	标本
261			栓皮栎	*Q. variabilis* Bl.	石龙	标本
262	榆科 Ulmaceae	榆属 Ulmus L.	昆明榆	*U. changii* Cheng var. *kunmingensis* Cheng et L. K. Fu	簸箕湾	标本
263			榆树	*U. pumila* L.	西码头	标本
264	桑科 Moraceae	柘树属 Machura Nutt	柘树	*M. tricuspidata* (Carr.) Bur.	孔家山、小坪屯子、西海码头	标本
265		桑属 Morus L.	鸡桑	*M. australis* Poir.	南屯、石龙	标本

（续）

序号	科名	属名	中文名	学名	分布地点	数据来源
266	荨麻科 Urticaceae	楼梯草属 Elatostema Forst.	骤尖楼梯草	E. cuspidatum Wight.	南屯	标本
267			异叶楼梯草	E. monandrum （D.Don） Hara	石龙	标本
268		糯米团属 Gonostegia Turcz	糯米团	G. hirta （Bl.） Miq.	簸箕湾、江家湾	标本
269		冷水花属 Pilea Lindl.	粗齿冷水花	P. sinofasiata C. T. Chen	吕家河	标本
270		荨麻属 Urtica L.	无刺茎荨麻	U. dentata Hand.−Mazz. var. atrichocaulis Hand.−Mazz.	南屯沟	标本
271			裂叶荨麻	U. fissa Pritz	南屯	照片
272	大麻科 Cannabaceae	大麻属 Cannabis L.	火麻	C. sativa L. subsp. sativa	西海码头	照片
273	冬青科 Aquifoliaceae	冬青属 Ilex L.	枸骨冬青	I. cornuta Lindl. et Paxt.	石龙	标本
274			红果冬青	I. corallina Franch.	幸福小镇	照片、标本
275	卫矛科 Celastraceae	南蛇藤属 Celastrus L.	苦皮藤	C. angulatus Maxim.	簸箕湾、石龙	标本
276			大芽南蛇藤	C. gemmatus Loes.	区内广布	标本
277		卫矛属 Euonymus L.	刺果卫矛	E. acanthocarpus Franch.	孔家山	标本
278			扶芳藤	E. fortunei （Turcz.） Hand.−Mazz.	东山、石龙	标本
279			西南卫矛	E. hamiltonianus Wall.	簸箕湾、高原草地站	标本
280			角翅卫矛	E. rehderianus Loes.	南屯	标本
281			卫矛	E. alatus （Thunb.） Sieb	南屯	标本
282	桑寄生科 Loranthaceae	钝果寄生属 Taxillus Van. Tiegh.	桑寄生	T. sutchuensis （Lecomte） Danser.	南屯、马脚岩	标本
283	鼠李科 Rhamnaceae	勾儿茶属 Berchemia Neck	云南勾儿茶	B. yunnanensis Franch.	南屯、长山、石龙	标本
284		鼠李属 Rhamnus L.	亮叶鼠李	Rh. hemsleyana Schneid.	石龙	标本
285			小冻绿树	Rh. rosthornii Pritz.	区内广布	标本
286	胡颓子科 Elaeagnaceae	胡颓子属 Elaeagnus L.	长叶胡颓子	E. bockii Diels	东山、孔家山、刘家巷	标本
287			银果胡颓子	E. magna Rehd.	刘家巷、高原草地站	标本
288			牛奶子	E. umbellata Thunb.	南屯、东山、孔家山、刘家巷	标本
289	葡萄科 Vitaceae	葡萄属 Vitis L.	桦叶葡萄	V. betulifolia Diels et Gilg	南屯、观鸟台	标本
290			葛藟	V. flexuosa Thunb.		《草海研究》
291	芸香科 Rutaceae	吴茱萸属 Evodia Forst	楝叶吴茱萸	E. meliifolia Benth.	孔家山	标本
292		花椒属 Zanthoxylum L.	贵州花椒（岩椒）	Z. esquirolii Lévl.	南屯、高原草地站、石龙、吕家河	标本
293			竹叶椒	Z. planispinum Sieb. et Zucc.	区内广布	标本
294	楝科 Meliaceae	地黄连属 Munronia Wight	单叶地黄连	M. unifoliolata Oliv.	石龙	标本
295		香椿属 Toona （Endl.） Roem.	香椿	T. sinensis （A. Juss.） Roem.	南屯、观鸟台	照片

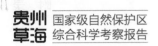
（续）

序号	科名	属名	中文名	学名	分布地点	数据来源
296	槭树科 Aceraceae	槭树属 Acer L.	青榨槭	A. davidii Franch.	簸箕湾、南屯	标本
297			五角枫	A. truncatum Bunge	石龙	标本
298	省沽油科 Staphyl-eaceae	省沽油属 Staphylea Linn.	嵩明省沽油	S. forrestii Balf. f.	石龙	标本
299	漆树科 Anacardiaceae	盐肤木属 Rhus（Tourn.）L.	盐肤木	R. chinensis Mill.	簸箕湾、南屯	标本
300			红肤杨	R. punjabensis Stew. var. sinica（Diels）Rehd. et Wils.	南屯	标本
301		漆树属 Toxicodendron（Tourn.）Mill.	木蜡漆	T. sylvestre（Sieb. et Zucc.）O. Kuntze.	刘家巷、夏家屯	标本
302			漆树	T. vernicifluum（Stokes.）F.A. Barkel.	南屯	标本
303	胡桃科 Juglandaceae	化香树属 Platycarya Sieb. et Zucc.	化香	P. strobilacea Sieb. et Zucc.	石龙	标本
304	山茱萸科 Cornaceae	四照花属 Dendrobenthamia Hutch.	尖叶四照花	D. angustata（Chun）Fang	石龙	标本
305			四照花	D. japonica（A. P. DC.）Fang var. chinensis（Osbrn）Fang	石龙、南屯	标本
306		青荚叶属 Helwingia Willd.	青荚叶	H. japonica（Thunb.）Dietr.	簸箕湾、南屯	标本
307	五加科 Araliaceae	五加属 Acanthopanax Miq.	五加	A. gracilistylus W. W. Smith	石龙	标本
308			白筋	A. trifoliatus（L.）Merr.	阳关山	标本
309		楤木属 Aralia L.	楤木（刺老包）	A. chinensis L.	东山、观鸟台	标本
310		常春藤属 Hedera L	常春藤	H. nepalensis K. Koch var. sinensis（Tobl.）Rehd.	阳关山、石龙	标本
311		刺楸属 Kalopanax Miq.	刺楸	K. septemlobus（Thunb.）Koidz.	观鸟台、阳关山	标本
312		通脱木属 Tetrapanax K.Koch	通脱木	T. papyriferus（Hook.）K. Koch	石龙	标本
313	鞘柄木科 Torricelli-aceae	鞘柄木属 Torricellia DC.	有齿角叶鞘柄木	T. angulata Oliv. var. intermedia（Harms）Hu	东山、南屯、幸福小镇	标本
314	伞形科 Umbelliferae	当归属 Angelica L.	杭白芷	A. dahurica var. formosana（Boiss.）Shan et Yuan	南屯	标本
315		柴胡属 Bupleurum L.	竹叶柴胡	B. marginatum Wall. ex DC.	簸箕湾	标本
316			小柴胡	B. tenue Buch.-Ham. ex Don	南屯	标本
317		积雪草属 Centella L.	积雪草	C. asiatica（L.）Urban	区内广布	标本
318		鸭儿芹属 Cryptotaenia DC.	鸭儿芹	C. japonica Hasskarl	孔家山	标本
319		胡萝卜属 Daucus L.	野胡萝卜	D. carota L.	吕家河、夏家屯、簸箕湾	标本
320		天胡荽属 Hydrocotyle L.	天胡荽	H. sibthorpioides Lam.	区内广布	标本
321		藁本属 Ligusticum L.	羽苞藁本	L. daucoides（Franch.）Franch.	马脚岩、石龙	标本

（续）

序号	科名	属名	中文名	学名	分布地点	数据来源
322		水芹属 Oenanthe L.	高山水芹	O. hooderi C. B. Clarke	石龙	标本
323			水芹	O. javanica（Blume）DC.	刘家巷，区内广布	标本
324			线叶水芹	O. linearis Wall. ex DC.	南屯	标本
325		西风芹属 Seseli L.	竹叶西风芹	S. mairei Wolff	南屯	标本
326		窃衣属 Torilis Adans.	窃衣	T. scabra（Thunb.）DC.	区内广布	标本
327		白珠树属 Gaultheria Kalm. ex L.	滇白珠树	G. leucocarpa Bl. var. crenulata（Kurz）T. Z. Hsu	南屯、马脚岩	标本
328		南烛属 Lyonia Nutt.（Xolisma Raf.）	南烛	L. ovalifolia（Wall.）Drude	南屯、马脚岩	标本
329			小果南烛	L. ovalifolia（Wall.）Drude var. elliptica（Sieb. et Zucc.）Hand.-Mazz.	区内广布	标本
330			狭叶南烛	L. ovalifolia（Wall.）Drude var. lanceolata（Wall.）Hand.-Mazz.	东山、石龙	标本
331	杜鹃花科 Ericaceae	杜鹃属 Rhododendron L.	大白杜鹃	Rh. decorum Franch.	南屯，石龙	标本
332			马樱杜鹃	Rh. delavayi Franch.	马脚岩	标本
333			云锦杜鹃	Rh. fortunei Lindl.	石龙、高原草地站	标本
334			露珠杜鹃	Rh. irroratum Franch.	南屯，石龙	标本
335			腋花杜鹃	Rh. racemosum Franch.	区内广布	标本
336			红毛杜鹃	Rh. rufo-hirtum Hand.-Mazz.	孔家山	标本
337			杜鹃（映山红）	Rh. simsii Planch.	南屯、石龙	标本
338	越橘科 Vacciniaceae	越橘属 Vaccinium L.	乌鸦果	V. fragile Franch.	区内广布	标本
339	鹿蹄草科 Pyrolaceae	梅笠草属 Chimaphila Pursh	梅笠草	C. japonica Miq.	东山、石龙	标本
340		鹿蹄草属 Pyrola Linn.	鹿蹄草	P. calliantha H. Andr.	高原草地站	标本
341	水晶兰科 Monotropaceae	水晶兰属 Monotropa L.	毛松下兰	M. hypopitys Linn. var. hirsuta Roth	马脚岩	标本
342	紫金牛科 Myrsinaceae	铁仔属 Myrsine L.	铁仔	M. africana L.	幺站、石龙、南屯	标本
343	安息香科 Styrcaceae	野茉莉属 Styrax L.	毛萼野茉莉	S. japonicas Sieb. et Zucc. var. calycothrix Gilg	南屯	标本
344	山矾科 Symplocaceae	山矾属 Symplocos Jacq.	白檀	S. paniculata（Thunb.）Miq.	南屯、东山	标本
345			多花山矾	S. ramosissima Wall. ex D.Don	南屯	标本
346			山矾	S. sumuntia Buch.-Ham. ex D. Don	南屯、夏家屯	标本
347	醉鱼草科 Buddle-jaceae	醉鱼草属 Buddleja L.	驳骨丹	B. asiatica Lour.	南屯、石龙	标本
348			大叶醉鱼草	B. davidii Franch. ex Sinarum	下关冲子、南屯	标本

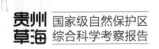
（续）

序号	科名	属名	中文名	学名	分布地点	数据来源
349	木犀科 Oleaceae	素馨属 Jasminum L.	红素馨（红茉莉）	J. beesianum Forrest et Diels	区内广布	标本
350			矮素馨	J. humile L.	高原草地站	《草海研究》
351		女贞属 Ligustrum L.	川滇蜡树	L. delavayanum Hariot	石龙、南屯	标本
352			小叶女贞	L. quihoui Carr.	张家大岩	照片
353	萝藦科 Asclepias-aceae	吊灯花属 Ceropegia L.	金雀马尾参	C. mairei (Lev.) H. Huber	夏家屯	标本
354		鹅绒藤属 Cynanchum L.	牛皮消	C. auriculatum Royle ex Wight	南屯、东山、江家湾	标本
355			青羊参	C. octophyllum Schneid.	区内广布	标本
356			竹灵消	C. inamoenum (Maxim.) Loes.	观鸟台、江家湾	标本
357	茜草科 Rubiaceae	假耳草属 Anotis DC.	西南假耳草	A. wightiana (Wall.) Hook. f.	大院子、南屯、水头上	标本
358		拉拉藤属 Galium L.	猪殃殃	G. aparine L. var. tenerum (Gren. et Godr.) Rcbb.	区内广布	标本
359			六叶葎	G. asperuloides Edgew. var. hoffmeisteri (Klotzsch) Hand.-Mazz.	区内广布	标本
360			四叶葎	G. bungei Steudel	区内广布	标本
361			广西拉拉藤	G. elegans Wall. ex Roxb. var. glabriusculum Req. ex	高原草地站	标本
362			四川拉拉藤	G. elegans Wall. ex Roxb. var. nemorosum Cuf.	吕家河	标本
363		野丁香属 Leptodermis Wall.	薄皮木	L. oblonga Bunge	石龙	标本
364			野丁香	L. potaninii Batal.	南屯、石龙	标本
365			毛野丁香	L. tomentella (Franch.) H. Winkl.	孔家山	标本
366		鸡矢藤属 Paederia L.	鸡矢藤	P. scandens (Lour.) Merr.	南屯	标本
367			云南鸡矢藤	P. yunnanensis (Lévl.) Rehd.	水头上、幺站	标本
368		茜草属 Rubia L.	茜草	R. cordifolia L.	石龙、南屯、张家大岩	标本
369			披针叶茜草	R. lanceolata Hayata	南屯、种羊场	标本
370			大叶茜草	R. leiocaulis Biels	区内广布	标本
371	忍冬科 Caprifoli-aceae	忍冬属 Lonicera L.	须蕊忍冬	L. chrysantha Turcz. subsp. koehneana (Rehd.) Hsu et H. H. Wang	石龙	标本
372			苦糖果	L. fragrantissima Lindl. et Paxt. subsp. standishii (Carr.) Hsu et H. J. Wang	孔家山	标本
373			忍冬	L. japonica Thunb.	南屯	标本

（续）

序号	科名	属名	中文名	学名	分布地点	数据来源
374	忍冬科 Caprifoliaceae	接骨木属 Sambucus L.	血满草	*S. adnata* Wall.	区内广布	标本
375			接骨草	*S. chinensis* L.	鸭子塘	标本
376			接骨木	*S. williamsii* Hance	东山、刘家巷	标本
377		荚蒾属 Viburnum L.	毛枝荚蒾	*V. atrocyaneum* C. B. Clarke subsp. *harryanum*（Rehd.）Hsu	南屯	标本
378			桦叶荚蒾	*V. betulifolium* Batal.	南屯、孔家山	标本
379			水红木	*V. cylindricum* Buch.-Ham. ex D. Don	区内广布	标本
380			珍珠荚蒾	*V. foetidum* Wall. var. *ceanothoides*（C. H. Wright）Hand.-Mazz.	区内广布	标本
381			南方荚蒾	*V. fordiae* Hance	南屯	标本
382			宜昌荚蒾	*V. erosum* Thunb.	南屯	标本
383			汤饭子	*V. setigerum* Hance		《草海研究》
384	败酱科 Valerianaceae	缬草属 Valeriana L.	柔垂缬草	*V. flaccidissima* Maxim.	石龙	标本
385			长序缬草	*V. hardwickii* Wall.	白马、高原草地站	标本
386			缬草	*V. officinalis* L.	南屯、高原草地站	标本
387			蜘蛛香	*V. jatamansi* Jones	高原草地站、南屯	标本
388	川续断科 Dipsaca-cea	川续断属 Dipsacus L.	川续断	*D. asper* Wall.	区内广布	标本
389	菊科 Compositae	蓍属 Achillea L.	云南蓍	*A. wilsoniana* Heimerl ex Hand.-Mazz.	南屯	标本
390		下田菊属 Adenostemma J. R. et G. Forst.	下田菊	*A. lavenia*（L.）O. Kuntze	区内广布	标本
391		兔儿风属 Ainsliaea DC.	心叶兔儿风	*A. bonatii* Beauv.	石龙	标本
392			宽叶兔儿风	*A. latifolia*（D. Don）Sch. Bip.	刘家巷、马脚岩	标本
393			药山兔儿风	*A. mairei* Lévl.	东山	标本
394			云南兔儿风	*A. yunnanensis* Franch.	南屯、孔家山	标本
395		香青属 Anaphalis DC.	粘毛香青	*A. bulleyana*（J. F. Jeffr. ex Diels）Chang	南屯	标本
396			珠光香青	*A. margaritacea*（L.）Benth. et Hook. f.	区内广布	标本
397			珠光香青黄褐变种	*A. margaritacea*（L.）Benth. et Hook. f. var. *cinnamomea*（DC.）Herd. ex Maxim.		《草海研究》
398			清明草（打火草）	*A. nepalensis*（Spreng.）Hand.-Mazz.	刘家巷	标本

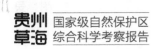
（续）

序号	科名	属名	中文名	学名	分布地点	数据来源
399		牛蒡属 Arctium L.	牛蒡	A. lappa L.	簸箕湾、南屯、阳关山	标本
400			黄花蒿（苦蒿）	A. annua L.	区内广布	标本
401			茵陈蒿	A. capillaris Thunb.	刘家巷	标本
402			牡蒿	A. japonica Thunb.	南屯	标本
403			白苞蒿	A. lactiflora Wall. ex DC.	南屯	标本
404		蒿属 Artemisia L.	粘毛蒿	A. mattfeldii Pamp.	南屯	标本
405			蒙古蒿	A. mongolica Fisch. ex Bess.	南屯、石龙等地广布	标本
406			灰苞蒿	A. roxburghiana Bess.	南屯	标本
407			牛尾蒿	A. subdigitata Mattf.	区内广布	标本
408			毛莲蒿	A. vestita Wall. ex DC.	区内广布	标本
409			三脉紫菀	A. ageratoides Turcs.	区内广布	标本
410			耳叶紫菀	A. auriculatus Franch.	刘家巷	标本
411		紫菀属 Aster L.	细舌短毛紫菀	A. brachytrichus Franch. var. tenuiligulatus Ling	刘家巷	标本
412			钻形紫菀	A. subulatus Michx.	区内广布	标本
413	菊科 Compositae		小舌紫菀	A. albescens (DC.) Hand.-Mazz.	夏家屯、江家湾	标本
414		鬼针草属 Bidens L.	鬼针草	B. pilosa L.	西海码头	标本
415			金盏银盘	B. biternata (Lour.) Merr. et Sherff	孔家山	标本
416		飞廉属 Carduus L.	节毛飞廉	C. acanthoides L.	南屯	标本
417		天名精属 Carpesium L.	天名精	C. abrotanoides L.	区内广布	标本
418			烟管头草	C. cernuum L.	区内广布	标本
419			灰蓟	C. grisem Lévl.	南屯	标本
420		蓟属 Cirsium Mill.	刺儿菜	C. setosum (Willd.) MB.	南屯、孔家山、高家岩	标本
421			牛口刺	C. shansiense Petr.	区内广布	标本
422		白酒草属 Conyza Less.	小蓬草	C. canadensis (L.) Cronq.	西海码头	标本
423		菊属 Dendranthema (DC.) Des Moul.	野菊	D. indicum (L.) Des.Moul.	孔家山	标本
424		鱼眼草属 Dichrocephala Lherit.ex DC.	小鱼眼草	D. benthamii C. B. Clarke	区内广布	标本
425			一年蓬	E. annuus (L.) Pers.	南屯	标本
426		飞蓬属 Erigeron L.	短亭飞蓬	E. breviscapus (Van.) Hand.-Mazz.	刘家巷	标本
427			异叶泽兰	E. heterophyllum DC.	区内广布	标本
428		泽兰属 Eupatoium L.	泽兰	E. japonicum Thunb.	刘家巷	标本

（续）

序号	科名	属名	中文名	学名	分布地点	数据来源
429		牛膝菊属 Galinsoga Ruiz et Pav.	牛膝菊（辣子草）	G. parviflora Cav.	区内广布	标本
430		鼠麴草属 Gnaphalium L.	鼠麴草	G. affine D. Don	区内广布	标本
431		旋覆花属 Inula L.	水朝阳花	I. helianthus-aquatica C. Y. Wu	南屯，夏家屯	标本
432		苦荬菜属 Ixeris Cass.	山苦荬	I. chinensis（Thunb.）Nakai	胡叶林、薛家屯	标本
433			细叶苦荬菜	I. gracilis（DC.）Stebb.	区内广布	标本
434		马兰属 Kalimeris Cass.	马兰	K. indica（L.）Sch.-Bip.	区内广布	标本
435		大丁草属 Leibnitzia Cass.	大丁草	L. anandria（L.）Nakai	南屯	标本
436		火绒草属 Leontopodium R. Brown	华火绒草	L. sinense Hemsl.	南屯、孔家山、东山	标本
437		橐吾属 Ligularia Cass.	齿叶橐吾	L. dentate（A. Gray）Hara		《草海研究》
438			肾叶橐吾	L. fischerii（Ledeb.）Turcz.	南屯、石龙	标本
439		粘冠草属 Myriactis Less.	圆舌粘冠草	M. nepalensis Lees.	南屯、刘家巷	标本
440		毛连菜属 Picris L.	毛连菜	P. hieracioides L.	南屯	标本
441	菊科 Compositae	风毛菊属 Saussurea DC.	三角叶风毛菊	S. deltoidea（DC.）Sch.-Bip.	南屯	标本
442			鸢尾叶风毛菊	S. romuleifolia Franch.	高原草地站	标本
443		千里光属 Senecio L.	糙叶千里光	S. asperifolius Franch.	南屯	标本
444			菊状千里光	S. laetus Edgew.	区内广布	标本
445			蕨叶千里光	S. pteridophyllus Franch.	长山	标本
446			千里光	S. scandeus Buch.-Ham. ex D. Don	区内广布	标本
447			欧千里光	S. vulgaris L.	区内广布	标本
448			岩生千里光	S. wightii（DC. ex Wight）Benth.	孔家山	标本
449		豨莶属 Siegesbeckia L.	（虾柑草）	S. orientalis L.	区内广布	标本
450			腺梗豨莶	S. pubescens（Makino）Makino	南屯、西海码头	标本
451		苦苣菜属 Sonchus L.	苦苣菜	S. oleraceus L.	区内广布	标本
452		鸦葱属 Scorzonera L.	鸦葱	S. ruprechtiana Lipsch. et Krasch.	鸭子塘	标本
453		蒲公英属 Taraxacum Weber.	蒲公英	T. mongolicum Hand.-Mazz.	区内广布	标本
454		苍耳属 Xanthium L.	苍耳	X. sibiricum Patrin ex Widder	高原草地站、高家岩	标本
455	龙胆科 Gentianaceae	龙胆属 Gentiana L.	头花龙胆	G. cephalantha Franch.	南屯、孔家山、石龙	标本
456			粗茎龙胆	G. crassicaulis Duthie ex Burk.	石龙	标本
457			高原龙胆	G. eurycolpa Marq.	高原草地站、孔家山	标本
458			坚龙胆	G. rigescens Franch.	南屯	标本
459			圆齿龙胆	G. suboribisepala Marq.	高原草地站	标本
460			四川龙胆	G. sutchuenensis Franch.	南屯、石龙	标本

（续）

序号	科名	属名	中文名	学名	分布地点	数据来源
461		花锚属 Halenia Borckh.	椭圆叶花锚	H. elliptica D. Don	南屯、孔家山	标本
462	龙胆科 Gentianaceae	獐牙菜属 Swertia L.	獐芽菜	S. bimaculata (Sieb. et Zucc.) Hook. f. et Thoms. ex C. B. Clark	孔家山,南屯	标本
463			西南獐牙菜	S. cincta Burkill	南屯、石龙、观鸟台	标本
464			大籽獐牙菜	S. macrosperma (C. B. Clarke) C. B. Clarke	草地站	标本
465	莕菜科 Menyan-thaceae	莕菜属 Nymphoides Seguier	莕菜	N. peltatum (Gmel.) O. Kuntze	草海浅水中	标本
466	报春花科 Primu-laceae	珍珠菜属 Lysimachia L.	过路黄	L. christinae Hance	长山、石龙	标本
467			珍珠菜	L. clethroides Duby	区内广布	标本
468			叶苞过路黄	L. franchetii R. Kunth	南屯	标本
469			腺药珍珠菜	L. stenosepala Hemsl.	区内广布	标本
470		报春花属 Primula L.	狭齿报春	P. stenodonta Balf. f.	南屯	标本
471	蓝雪科 Plumbagi-naceae	角柱花属 Ceratostigma Bunge	紫金莲	C. willmottianum Stapf	石龙	《草海研究》
472	车前草科 Plantagi-naceae	车前草属 Plantago L.	车前草	P. asiatica L.	区内广布	标本
473			长柱车前	P. cavaleriei Lévl.	刘家巷	标本
474			长叶车前	P. lanceolata L.	幸福小镇	标本
475	桔梗科 Campanu-laceae	沙参属 Adenophora Fisch.	丝裂沙参（泡参）	A. capillaris Hemsl.	南屯山地灌丛	标本
476		风铃草属 Campanula L.	杏叶沙参	A. hunanensis Nannf.	南屯、石龙	标本
477		党参属 Codonopsis Wall.	西南风铃草	C. colorata Wall.	石龙	标本
478		桔梗属 Platycodon A. DC.	党参	C. pilosula (Franch.) Nannf.	种羊场	标本
479			桔梗(泡参)	P. grandiflorus (Jacq.) A. DC.	南屯	标本
480		铜锤玉带属 Pratia Gaudich.	铜锤玉带草	P. nummularia (Lam.) A. Br. et Aschers.	南屯、孔家山	照片
481	半边莲科 Lobeli-aceae	半边莲属 Lobelia L.	半边莲	L. chinensis Lour.	生长区内沟边、湿地、水边	标本
482			西南山梗菜	L. sequinii Lévl. et Van.	石龙	标本
483	紫草科 Boraginaceae	长蕊斑种草属 Antiotrema Hand.-Mazz.	长蕊斑种草	A. dunnianum (Diels) Hand.-Mazz.	石龙、南屯	标本
484		琉璃草属 Cynoglossum L.	倒提壶	C. amabile Stapf et Drumm.	区内广泛分布	标本
485			小花琉璃草	C. lanceolatum Forsk.	南屯、薛家屯	标本
486		附地菜属 Trigonotis Stev.	附地菜	T. peduncularis (Trev.) Benth.ex Baker et Moore	孔家山、观鸟台	标本

（续）

序号	科名	属名	中文名	学名	分布地点	数据来源
487	茄科 Solanaceae	曼陀罗属 *Datura* Linn.	曼陀罗	*D.stramonium* Linn.	西海码头	标本
488		酸浆属 *Physalis* L.	酸浆	*P. angulata* L.	阳关山、簸箕湾	标本
489		茄属 *Solanum* L.	珊瑚豆	*S. pseudocapsicum* var. *diflorum*（Vell）Bitter L.	南屯、鸭子塘	标本
490			龙葵	*S. nigrum* L.	鸭子塘、刘家巷	标本
491	旋花科 Convolvulaceae	打碗花属 *Calystegia* R. Br.	旋花(篱天剑)	*C. sepium*（L.）R. Br.	区内广布	标本
492		菟丝子属 *Cuscuta* Linn.	菟丝子	*C. chinensis* Lam.	鸭子塘	标本
493		黄鱼草属 *Merremia* Dennst.	山土瓜	*M. hungaiensis*（Lingelsh. et Borza）R. C. Fang	区内广布	标本
494	玄参科 Scrophulariaceae	通泉草属 *Mazus* Lour.	纤细通泉草	*M. gracilis* Hemsl. ex Forbes et Hemsl.	区内路边、湿地广布	标本
495			通泉草	*M. japonicus*（Thunb.）O. Kuntze	簸箕湾、阳关山	标本
496		松蒿属 *Phtheirospermum* Bunge	细裂叶松蒿	*P. tenuisectum* Bur. et Franch	马脚岩、高家岩、草地站	标本
497		马先蒿属 *Pedicularis* L.	贵阳马先蒿	*P. rex* C. B. Clarke var. *pseudocyathus*	马脚岩，小屯坪子	标本
498			平坝马先蒿	*P. ganpinensis* Vaniot ex Bonati	高原草地站、高家岩	标本
499			西南马先蒿	*P. laborderi* Vant. ex Bonati	簸箕湾、高原草地站	标本
500			江南马先蒿	*P. henryi* Maxim.	高原草地站	标本
501		婆婆纳属 *Veronica* L.	疏花婆婆纳	*V. laxa* Benth.	孔家山	标本
502			婆婆纳	*V. polita* Fries	区内广布	标本
503			北水苦荬	*V. anagallis-aquatica* L.	草海边缘湿地	标本
504	狸藻科 Ientibulariaceae	狸藻属 *Utricularia* L.	黄花狸藻	*U. aurea* Lour.	生长水沟、湖边浅水中	标本
505	苦苣苔科 Gesneriaceae	珊瑚苣苔属 *Corallodiscus* Batalin	珊瑚苣苔	*C. cordatulus*（Craib）Burtt	孔家山岩石山地	标本
506	紫葳科 Bignoniaceae	角蒿属 *Incarvillea* Juss.	两头毛	*I. arguta*（Royle）Royle	区内广布	标本
507	爵床科 Acanthaceae	爵床属 *Rostellularia* Reichb.	爵床	*R. procumbens*（L.）Nees	分布南屯、幺站等地山坡林下	标本
508		马蓝属 *Strobilanthes* Bl.	腺毛马蓝	*S. forrestii* Diels	石龙、观鸟台	标本
509	马鞭草科 Verbenaceae	大青属 *Clerodendrum* L.	臭牡丹	*C. bungei* Steud.	孔家山，见于路边潮湿地、林缘等	标本
510			海州常山	*C. trichotomum* Thunb.	孔家山、南屯	标本
511		马鞭草属 *Verbena* L.	马鞭草	*V. officinalis* L.	区内广布	标本

（续）

序号	科名	属名	中文名	学名	分布地点	数据来源
512			风轮菜	C. chinense（Benth.）O. Ktze.	南屯、石龙	标本
513		风轮草属 Clinopodium L.	细风轮菜	C. gracile（Benth.）Matsum.	区内广布	标本
514			灯笼草	C. polycephalum（Vaniot）C. Y. Wu et Hsuan ex Hsu	刘家巷	标本
515		香薷属 Elsholtzia Willd.	香薷	E. ciliate（Thunb.）Hyland	刘家巷	标本
516			野拔子	E. rugulosa Hemsl.		《草海研究》
517		动蕊花属 Kinostemon Kudo	动蕊花	K. ornatum（Hemsl.）Kudo	南屯	标本
518		野芝麻属 Lamium L.	野芝麻	L. barbatum Sieb. et Zucc.	石龙、南屯	标本
519		地笋属 Lycopus L.	地瓜儿苗	L. lucidus Turcz.	簸箕湾、观鸟台	标本
520			硬毛地瓜儿苗	L. lucidus Turcz. var. hirtus Regel	簸箕湾	标本
521	唇形花科 Labiatae	牛至属 Origanum L.	牛至	O. vulgare L.	区内广布	标本
522		糙苏属 Phlomis L.	糙苏	P. umbrosa Turcz.	南屯、石龙	标本
523		夏枯草属 Prunella L.	夏枯草	P. vulgaris L.	区内广布	标本
524		香茶菜属 Rabdosia（Bl.）Hassk.	腺花香茶菜	R. adenantha（Diels）Hara	孔家山	标本
525		鼠尾草属 Salvia L.	橙色鼠尾草（蜂糖花）	S. aerea Lévl.	南屯、马脚岩、石龙	标本
526			云南鼠尾草（滇丹参）	S. yunnanensis C. H. Wright	南屯、孔家山	标本
527		筒冠花属 Siphocranion Kudo	筒冠花	S. macranthum（Hook. f.）C. Y. Wu	草地站、南屯	标本
528		水苏属 Stachys L.	西南水苏	S. kouyangensis（Vaniot）Dunn	南屯、水头上	标本
529			甘露子	S. sieboldii Miq.	南屯	标本
530		香科科属 Teucrium L.	铁轴草	T. quadrifarium Buch.-Ham.	张家大岩、南屯	标本
531	水鳖科 Hydrochari-taceae	黑藻属 Hydrilla Rich.	黑藻	H. verticillata（L. f.）Royle	草海	标本
532		海菜花属 Ottelia Pers.	海菜花	O. acuminata（Gagnep.）Dandy	草海浅水中	标本
533	泽泻科 Alismataceae	泽泻属 Alisma L.	泽泻	A. plantago-aquatica L. var. orientale Sam.	南屯	标本
534		慈菇属 Sagittaria L.	慈菇	S. sagittifolia L.	区内浅水中广布	标本
535			菹草	P. cripus L.	草海浅水中	标本
536			眼子菜	P. distinctus A. Benn.	草海浅水中	标本
537			光叶眼子菜	P. lucens L.	草海浅水中	标本
538	眼子菜科 Pota-mogetonaceae	眼子菜属 Potamogeton L.	微齿眼子菜	P. maackianus A. Benn.	草海浅水中	标本
539			竹叶眼子菜	P. malaianus Miq.	草海浅水中	标本
540			龙须眼子菜	P. pectinatus L.	草海浅水中	标本
541			抱茎眼子菜	P. perfoliatus L.	草海浅水中	标本
542			小眼子菜	P. pusillus L.	草海浅水中	标本
543		茨藻属 Najas L.	大茨藻	N. marina L.	草海浅水中	标本
544	茨藻科 Najadaceae		小茨藻	N. minor All.	草海浅水中	标本
545		角果藻属 Zannichellia L.	角果藻	Z. palustris L.	草海浅水中	标本

（续）

序号	科名	属名	中文名	学名	分布地点	数据来源
546	鸭跖草科 Commelinaceae	鸭跖草属 Commelina L.	鸭跖草	C. communis L.	高原草地站	标本
547		蓝耳草属 Cyanotis D. Don	蓝耳草	C. vaga (Lour.) Roem. et Schult.	西凉山、石龙	标本
548		竹叶子属 Streptolirion Edgew.	红毛竹叶子	S. volubile Edgew. subsp. khasianum (C. B. Cl.) Hong	小屯坪子、高原草地站	标本
549	姜科 Zingiberaceae	姜属 Zingiber Boehm.	阳荷	Z. striolatum Diels	薛家屯	标本
550	百合科 Liliaceae	粉条儿菜属 Aletris L.	粉条儿菜	A. spicata (Thunb.) Franch.	区内广布	标本
551		葱属 Allium L.	薤白	A. macrostemon Bunge.	孔家山	《草海研究》
552		天门冬属 Asparagus L.	羊齿天门冬	A. filicinus Ham. ex D. Don	区内广布	标本
553		万寿竹属 Disporum Salisb.	万寿竹	D. cantoniense (Lour.) Merr.	南屯	标本
554		萱草属 Hemerocallis L.	萱草	H. fulva (L.) L.	孔家山、高家岩	标本
555		百合属 Lilium L.	野百合	L. brownii F. E. Brown ex Miellez	石龙	标本
556			川百合	L. davidii Duchartre	刘家巷	标本
557				L. sp.	高原草地站	标本
558		沿阶草属 Ophiopogon Ker-Gawl.	沿阶草	O. bodinieri Lévl.	区内广布	标本
559			麦冬	O. japonicus (Linn. f.) Ker-Gawl.	区内广布	标本
560			间型沿阶草	O. intermedius D. Don	孔家山、杨湾桥水库	标本
561			西南沿阶草	O. mairei Lévl.	长山	标本
562			紫花沿阶草	O. wallichianus Hook. f.	南屯	标本
563		黄精属 Polygonatum Mill.	卷叶黄精	P. cirrhifolium (Wall.) Royle	簸箕湾、高原草地站	标本
564			轮叶黄精	P. verticillatum (L.) All.	南屯	标本
565		吉祥草属 Reineckia Kunth	吉祥草	R. carnea (Andr.) Kunth	东山、高原草地站	标本
566	延龄草科 Triliaceae	重楼属 Paris L.	七叶一枝花	P. polyphylla Smith	南屯、长山、马脚岩、石龙	标本
567	雨久花科 Pontederiaceae	雨久花属 Monochoria Presl	鸭舌草	M. vaginalis (Burm. f.) Presl ex Kunth.	南屯	标本
568	菝葜科 Smilacaceae	菝葜属 Smilax L.	菝葜	S. china L.	南屯、孔家山、石龙	标本
569			托柄菝葜	S. discotis Warb.	高原草地站、石龙	标本
570			鞘柄菝葜	S. stans Maxim.	南屯、石龙	标本
571			三脉菝葜	S. trinervula Miq.	南屯	标本
572	天南星科 Araceae	菖蒲属 Acorus L.	菖蒲	A. calamus L.	草海周边湿地	标本
573		天南星属 Arisaema Mart.	一把伞南星	A. erubescens (Wall.) Schott.	区内广布	标本
574			天南星	A. heterophyllum Blume	南屯、鸭子塘	标本
575			山珠南星	A. yunnanense Buchet	吕家河、东山	标本
576		半夏属 Pinellia Tenore.	半夏	P. ternate (Thunb.) Breit.	孔家山、东山、夏家屯山坡荒地	标本
577	浮萍科 Lemnaceae	紫萍属 Spirodela Scheid.	紫萍	S. polyrrhiza (L.) Schleid.	草海周边水体	标本

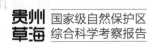
（续）

序号	科名	属名	中文名	学名	分布地点	数据来源
578	鸢尾科 Iridaceae	鸢尾属 Iris L.	蝴蝶花（扁竹根）	I. japonica Thunb.	高家岩、南屯、观鸟台	标本
579	薯蓣科 Dioscoreaceae	薯蓣属 Dioscorea L.	高山薯蓣	D. kamoonensis Kunth var. henryi Prain et Burkill	南屯、石龙	标本
580			黄山药	D. panthaica Prain et Burkill	南屯、高家岩	标本
581	棕榈科 Plamae	棕榈属 Trachycarpus H. Wendl.	棕榈	T. fortunei（Hook. f.）H. Wendl.	马脚岩、南屯	标本
582		白芨属 Bletilla Rchb. f.	白芨	B. stiata（Thunb.）Rchb.f.	南屯、清水沟	标本
583		虾脊兰属 Calanthe R. Br.	剑叶虾脊兰	C. davidii Franch.	南屯	《草海研究》
584		头蕊兰属 Cephalanthera L. C. Rich.	头蕊兰	C. longifolia（L.）Fritsch	长山	标本
585			春兰	C. goeringii（Rchb. f.）Rchb. f.	石龙	标本
586		兰属 Cymbidium Sw.	线叶春兰	C. goeringii（Rchb. f.）Rchb.f. var. serratum（Schltr.）Y. S. Wu et S. C. Chen	南屯山坡林下	标本
587		杓兰属 Cypripedium	绿花杓兰	C. henryi Rolfe	孔家山	标本
588	兰科 Orchidaceae	火烧兰属 Epipactis Zinn.	大叶火烧兰	E. mairei Schltr.	南屯	标本
589		斑叶兰属 Goodyera R. Br.	斑叶兰	G.sp.	孔家山 2280m 山坡林下阴湿处	《草海研究》
590		玉凤花属 Habenaria Willd.	粉叶玉凤花	H. glaucifolia Bur. et Franch.	南屯山地灌草丛下	标本
591		舌喙兰属 Hemipilia Lindl.	扇唇舌喙兰	H. flabellata Bur. et Franch.	石龙、马脚岩岩石山地	标本
592		角盘兰属 Herminium L.	裂瓣角盘兰	H. alaschanicum Maxim.	孔家山山坡灌草丛	《草海研究》
593			叉唇角盘兰	H. lanceum（Thunb.）Vuijk	石龙山坡灌草丛	《草海研究》
594		羊耳蒜属 Liparis Rich.	羊耳蒜	L. japonica（Mig.）Maxim.	南屯、孔家山山地灌丛下阴湿处	标本
595			灯心草	J.effusus L.	区内广泛分布	标本
596	灯心草科 Juncaceae	灯心草属 Juncus L.	野灯心草	J.setchuensis Buchen	南屯、鸭子塘	标本
597			翅茎灯心草	J. alatus Franch. et Sav.	鸭子塘	标本
598			高秆苔草	C. alta Boott	水头上、南屯	标本
599			亮鞘苔草	C. fargesii Franch.	南屯	标本
600		苔草属 Carex L.	十字苔草	C. cruciata Wahlenb.	区内广布	标本
601	莎草科 Cyperaceae		云雾苔草	C. nubigena D. Don	南屯	标本
602			苔草	C. sp.	南屯	《草海研究》
603		莎草属 Cyperus L.	云南莎草	C. duclouxii E.- G. Camus	大院子、南屯、水沟湾	标本

（续）

序号	科名	属名	中文名	学名	分布地点	数据来源
604			荸荠	*E. dulcis*（Burm. f.）Trin. ex Henschel	刘家巷	标本
605		荸荠属 *Eleocharis* R. Br.	龙师草	*E. tetraqueter* Nees		《草海研究》
606			牛毛毡	*E. yokoscensis*（Franch. et Sav.）Tang et Wang	南屯、草海周边	标本
607			刚毛荸荠	*E. valleculosa* Ohwi	区内沟谷、潮湿地、浅水边广泛分布	标本
608		水莎草属 *Juncellus*（Griseb.）C. B. Clarke	水莎草	*J. serotenus*（Rottb.）C. B. Clarke	南屯、草海边浅水处习见	标本
609	莎草科 Cyperaceae	砖子苗属 *Mariscus* Gaertn.	砖子苗	*M. umbellatus* Vahl	南屯山地灌草丛、路旁	《草海研究》
610			百球藨草	*S. rosthornii* Diels	南屯	标本
611			水葱	*S. validus* Vahl.	草海边浅水处、湖缘湿地广泛分布	标本
612		藨草属 *Scirpus* L.	水毛花	*S. triangulatus* Roxb.	草海边浅水处或湿地也有分布	标本
613			藨草	*S. triqueter* L.	草海边浅水中习见	标本
614			荆三棱	*S. yagara* Ohwi	分布草海边浅水沟中	标本
615			小糠草	*A. alba* L.	南屯	标本
616		翦股颖属 *Agrostis* L.	翦股颖	*A. clavata* Trin. subsp. *matsumurae*（Hack. ex Honda）Tateoka	夏家屯	标本
617			多花翦股颖	*A. myriandra* Hook. f.	水土上	标本
618		荩草属 *Arthraxon* Beauv.	荩草	*A. hispidus*（Thunb.）Makino	区内广布	标本
619			矛叶荩草	*A. lanceolatus*（Roxb.）Hochst.	区内广布	标本
620		野古草属 *Arundinella* Raddi	穗序野古草	*A. hookeri* Munro ex Keng	区内广布	标本
621		燕麦属 *Avena* L.	野燕麦	*A. fatua* L.	胡叶林、东山	标本
622	禾本科 Gramineae	菵草属 *Beckmannia* Host	菵草	*B. syzigachne*（Steud.）Fern.	胡叶林	标本
623		雀麦属 *Bromus* L.	假枝雀麦	*B. pseudoramosus* Keng	南屯	标本
624			疏花雀麦	*B. remotiflorus*（Steud.）Ohwi	东山	标本
625		细柄草属 *Capillipedium* Stapf	吊丝草	*C. parviflorum*（R. Br.）Stapf		《草海研究》
626		香茅属 *Cymbopogon* Spreng.	芸香草	*C. distans*（Nees）Wats.		《草海研究》
627		狗牙根属 *Cynodon* Rich.	狗牙根	*C. dactylon*（L.）Pers	南屯、白马、东山	标本
628		野青茅属 *Deyeuxia* Clar.	糙野青茅	*D. scabrescens*（Griseb.）Munro ex Duthie	南屯,区内广布	标本

（续）

序号	科名	属名	中文名	学名	分布地点	数据来源
629			升马唐	*D. adscendens* (HBK.) Henr.	南屯	标本
630		马唐属 *Digitaria* Hall.	毛马唐	*D. chrysoblephara* Fig. et De Not	龙潭湾	标本
631			十字马唐	*D. cruciata* (Nees) A. Camus	东山	标本
632			马唐	*D. sanguinalis* (L.) Scop.	孔家山	标本
633			紫马唐	*D. violascens* Link.	南屯	标本
634		稗属 *Echinochloa* Beauv.	稗	*E. crusgalli* (L.) Beauv.	草甸、西海码头	标本
635			水田稗	*E. oryzoides* (Ard.) Flritsch.	草海周边湿地	标本
636			大画眉草	*E. cilianensis* (All.) Vignolo-Lutati	南屯	标本
637		画眉草属 *Eragrostis* Wolf.	知风草	*E. ferruginea* (Thunb.) Beauv.	区内广布	标本
638			云南知风草	*E. ferruginea* (Thunb.) Beauv. var. *yunnanensis* Keng	刘家巷	标本
639			黑穗画眉草	*E. nigra* Nees	南屯	标本
640		蜈蚣草属 *Eremochloa* Buese.	马陆草	*E. zeylanica* Hack.		《草海研究》
641		金茅属 *Eulalia* Kunth	四脉金茅	*E. quadrinervis* (Hack.) Kuntze	南屯云南松林下	标本
642		羊茅属 *Festuca* L.	羊茅	*F. ovina* L.	区内广布	标本
643		白茅属 *Imperata* Cyrillo.	白茅	*I. cylindrica* (L.) Beauv. var. *major* (Nees) C. E. Hubb.	区内广布	照片
644	禾本科 Gramineae	李氏禾属 *Leersia* Swartz.	李氏禾	*L. hexandra* Swartz		《草海研究》
645		毒麦属 *Lolium* L.	多花黑麦草	*L. multiflorum* Lamk.	南屯	标本
646		臭草属 *Melica* L.	广序臭草	*M. onoei* Franch. et Sav.	区内广布	标本
647		芒属 *Miscanthus* Anderss.	川芒	*M. szechuanensis* Keng	簸箕湾、朱家湾	标本
648		求米草属 *Oplismenus* Beauv.	求米草	*O. undulatifolius* (Ard.) Beauv.	石龙	照片
649			毛花雀稗	*P. dilatatum* Piro.		《草海研究》
650		雀稗属 *Paspalum* L.	双穗雀稗	*P. distichum* L.	朱家湾、刘家巷	标本
651			雀稗	*P. thunbergii* Kunth ex Steud.	区内广布	标本
652		狼尾草属 *Pennisetum* Rich	狼尾草	*S. alopecuroides* (L.) Spreng.	南屯	照片
653		芦苇属 *Phragmites* Trin.	芦苇	*Ph. communis* Trin.	区内水边分布	标本
654		刚竹属 *Phyllostachys* Sieb. et Zucc.	水竹	*Ph. heteroclado* Oliv.	南屯	标本
655			早熟禾	*P. annua* L.	区内广布	标本
656		早熟禾属 *Poa* L.	垂枝早熟禾	*P. declinata* Keng	石龙	标本
657			华东早熟禾	*P. fabri* Rendle	南屯	标本
658		棒头草属 *Polypogon* Desf.	棒头草	*P. fugax* Nees ex Stead.	胡叶林、东山	标本
659			鹅观草	*R. kamoji* Ohwi	南屯,区内广布	标本
660		鹅观草属 *Roegneria* C. Koch	多变鹅观草	*R. varia* Keng	刘家巷	标本
661			钙生鹅观草	*R. calcicola* Keng	刘家巷	标本
662		裂稃草属 *Schizachyrium* Nees	云南裂稃草	*S. delavayi* (Hack.) Bor.	南屯	标本

（续）

序号	科名	属名	中文名	学名	分布地点	数据来源
663	禾本科 Gramineae	狗尾草属 *Setaria* P. Beauv.	金色狗尾草	*S. glauca* (L.) Beauv.	南屯、西海码头	标本
664			狗尾草	*S. viridis* (L.) P. Beauv.	区内广布	标本
665		箭竹属 *Sinarundinaria* Nakai	秦氏箭竹	*S. chingii.*	南屯	标本
666		草沙蚕属 *Tripogon* Roem. et Schult.	线形草沙蚕	*T. filiformis* Nees ex Steud.		《草海研究》
667		菰属 *Zizania* L.	菰	*Z. latifolia* (Griseb.) Stapf	刘家巷	照片

附录2 保护区水生维管植物名录

科（中文名、学名）	属（中文名、学名）	种（中文名、学名）	生活型			
			挺水	浮叶	漂浮	沉水
1 木贼科 Equisetaceae	1）问荆属 Equisetum L.	（1）问荆 Equisetum arvense L.	√			
		（2）披散木贼 Equisetum diffusum D. Don	√			
2 蘋科 Marsileaceae	2）蘋属 Marsilea L.	（3）蘋 Marsilea quadrifolia L.	√	√		
3 满江红科 Azollaceae	3）满江红属 Azolla Lamarck	（4）细叶满江红 Azolla filiculoides Lam.			√	
		（5）满江红 Azolla imbricata（Roxb ex Griff.）Nakai			√	
4 三白草科 Saururaceae	4）蕺菜属 Houttuynia Thunb.	（6）蕺菜 Houttuynia cordata Thunb.	√			
5 蓼科 Polygonaceae	5）蓼属 Polygonum L.	（7）两栖蓼 Polygonum amphibium L.	√	√		
		（8）水蓼 Polygonum hydropiper L.	√			
		（9）绵毛酸模叶蓼 Polygonum lapathifolium L. var. salicifolium Sibth	√			
		（10）红蓼 Polygonum orientale L.	√			
	6）酸模属 Rumex L.	（11）皱叶酸模 Rumex crispus L.	√			
		（12）齿果酸模 Rumex dentatus L.	√			
6 苋科 Amaranthaceae	7）莲子草属 Alternanthera Forsk.	（13）空心莲子草 Alternanthera philoxeroides（Mart.）Griseb.	√			
7 金鱼藻科 Ceratophyllaceae	8）金鱼藻属 Ceratophyllum L.	（14）金鱼藻 Ceratophyllum demersum L.				√
8 毛茛科 Ranunculaceae	9）水毛茛属 Batrachium S. F. Gray	（15）水毛茛 Batrachium bungei（Steud.）L.				√
	10）毛茛属 Ranunculus L.	（16）石龙芮 Ranunculus sceleratus L.	√			
9 千屈菜科 Lythraceae	11）千屈菜属 Lythrum L.	（17）千屈菜 Lythrum salicaria L.	√			
10 菱科 Trapaceae	12）菱属 Trapa L.	（18）野果细菱 Trapa maximowiczii Korsh.		√		
11 柳叶菜科 Onagraceae	13）柳叶菜属 Epilobium L.	（19）柳叶菜 Epilobium hirsutum L.	√			
12 小二仙草科 Haloragidaceae	14）狐尾藻属 Myriophyllum L.	（20）穗状狐尾藻 Myriophyllum spicstum L.				√
		（21）狐尾藻 Myriophyllum verticillatum L.				√
13 伞形科 Umbelliferae	15）水芹属 Oenanthe L.	（22）水芹 Oenanthe javanica（Bl.）DC.	√			
		（23）线叶水芹 Oenanthe linearis Wall. ex DC.	√			
	16）天胡荽属 Hydrocotyle L.	（24）天胡荽 Hydrocotyle sibthorpioides Lam.	√			
14 睡菜科 Menyanthaceae	17）莕菜属 Nymphoides Seguier	（25）莕菜 Nymphoides peltatum（Gmel.）O. Kuntze		√		
15 玄参科 Scrophulariaceae	18）婆婆纳属 Veronica L.	（26）北水苦荬 Veronica anagallis-aquatica L.	√			
16 狸藻科 Ientibulariaceae	19）狸藻属 Utricularia L.	（27）黄花狸藻 Utricularia aurea Lour.				√
		（28）南方狸藻 Utricularia australis Lour.				√
17 香蒲科 Typhaceae	20）香蒲属 Typha L.	（29）长苞香蒲 Typha angustata Bory et Chaub.	√			
		（30）水烛 Typha angustifolia L.	√			
		（31）宽叶香蒲 Typha latifolia L.	√			

（续）

科（中文名、学名）	属（中文名、学名）	种（中文名、学名）	生活型			
			挺水	浮叶	漂浮	沉水
18 黑三棱科 Sparganiaceae	21）黑三棱属 *Sparganium* L.	（32）黑三棱 *Sparganium stoloniferum*（Graebn.）Buch. -Mam. ex Juz.	√			
19 眼子菜科 Potamogeto-maceae	22）眼子菜属 *Potamogeton* L.	（33）菹草 *Potamogeton crispus* L.				√
		（34）眼子菜 *Potamogeton distinctus* A. Benn.				√
		（35）光叶眼子菜 *Potamogeton lucens* L.				√
		（36）微齿眼子菜 *Potamogeton maackianus* A. Benn.				√
		（37）竹叶眼子菜 *Potamogeton malaianus* Miq.				√
		（38）篦齿眼子菜 *Potamogeton pectinatus* L.				√
		（39）抱茎眼子菜 *Potamogeton perfoliatus* L.				√
		（40）小眼子菜 *Potamogeton pusillus* L.				√
20 茨藻科 Najadaceae	23）茨藻属 *Najas* L.	（41）草茨藻 *Najas graminea* Delile				√
		（42）大茨藻 *Najas marina* L.				√
		（43）小茨藻 *Najas minor* All.				√
21 泽泻科 Alismataceae	24）泽泻属 *Alisma* L.	（44）东方泽泻 *Alisma orientale*（Samuel.）Juz.	√			
	25）慈姑属 *Sagittaria* L.	（45）野慈姑 *Sagittaria trifolia* L.	√			
		（46）剪刀草 *Sagittaria trifolia* L. var. *trifolia* f. *longiloba*（Turcz.）Makion	√			
22 水鳖科 Hydrocharitaceae	26）水车前属 *Ottelia* Pers.	（47）海菜花 *Ottelia acuminata*（Gagnep.）Dandy				√
	27）黑藻属 *Hydrilla* Rich.	（48）黑藻 *Hydrilla verticillata*（L. f.）Royle				√
23 禾本科 Gramineae	28）稗属 *Echinochloa* Beauv.	（49）稗 *Echinochloa crusgalli*（L.）Beauv.	√			
		（50）水田稗 *Echinochloa oryzoides*（Ard.）Fritsch	√			
	29）假稻属 *Leersia* Soland. et Swartz.	（51）李氏禾 *Leersia hexandra* Swartz.	√			
		（52）假稻 *Leersia japonica*（Makino）Honda	√			
	30）雀稗属 *Paspalum* L.	（53）双穗雀稗 *Paspalum paspaloides*（Michx.）Scribn.	√			
	31）芦苇属 *Phragmites* Adans.	（54）芦苇 *Phragmites australis*（Cav.）Trin ex Steud.	√			
	32）菰属 *Zizania* L.	（55）菰 *Zizania latifolia*（Griseb.）Stapf	√			
24 莎草科 Cyperaceae	33）荸荠属 *Eleocharis* R. Br.	（56）具刚毛荸荠 *Eleocharis valleculosa* var. f. *setosa*（Ohwi）Kitagawa	√			
		（57）牛毛毡 *Eleocharis yokoscensis*（Franch. et Savat.）Tang et Wang	√			
	34）水莎草属 *Juncellus*（Griseb.）C. B. Clarke	（58）水莎草 *Juncellus serotinus*（Rottb.）C. B. Clarke	√			
	35）藨草属 *Scirpus* L.	（59）水毛花 *Scirpus triangulatus* Roxb.	√			
		（60）藨草 *Scirpus triqueter* L.	√			
		（61）水葱 *Scirpus validus* Vahl	√			
		（62）荆三棱 *Scirpus yagara* Ohwi	√			
25 天南星科 Araceae	36）菖蒲属 *Acorus* L.	（63）菖蒲 *Acorus calamus* L.	√			

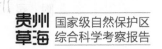

（续）

科（中文名、学名）	属（中文名、学名）	种（中文名、学名）	生活型			
			挺水	浮叶	漂浮	沉水
26 浮萍科 Lemnaceae	37）浮萍属 *Lemna* L.	（64）浮萍 *Lemna minor* L.			√	
	38）紫萍属 *Spirodela* Schleid.	（65）紫萍 *Spirodela polyrrhiza*（L.）Schleid.			√	
27 灯心草科 Juncaceae	39）灯心草属 *Juncus* L.	（66）翅茎灯心草 *Juncus alatus* Franch. et Savat.	√			
		（67）野灯心草 *Juncus setchuensis* Buchen.	√			
28 鸢尾科 Iridaceae	40）鸢尾属 *Iris* L.	（68）蝴蝶花 *Iris japonica* Thunb.	√			

附录3　保护区地衣、苔藓植物名录

序号	科名	属名	中文名	拉丁学名	分布地点	最新发现时间(年)	数据来源
苔藓植物							
1	指叶苔科 Lepidoziaceae	指叶苔属 Lepidozia	指叶苔	L.reptams (L.) Dum.	曹家院子	1986	1
2	合叶苔科	合叶苔属	波瓣合叶苔	S. undulata (L.) Dumort.	蒋家院子	2016	3
3	Scapaniaceae	Scapania	圆叶合叶苔	S. rotundifolia Nicholson	南屯	2017	3
4	藻苔科 Takakiaceae	藻苔属 Takakia	藻苔	T. lepidoioides Hatt.	南屯	2017	3
5	护蒴苔科 Calypogeaceae	护蒴苔属 Calypogeia	钝叶护蒴苔	C. neesiana (Mass. et Carest.) K. Muell. ex Loesk.	白家营	2017	3
6	大萼苔科	大萼苔属	钝瓣大萼苔	C. ambigua Massel.		1986	1
7	Cephaloziaceae	Cephalozia	薄壁大萼苔	C. otaruensis Steph.	花果山	2005	2
8	齿萼苔科 Lophocoleaceae	裂萼苔属 Chiloscyphus	双齿裂萼苔	C. latifolius (Nees) Engel et Schust.	银龙村、白家嘴	2005	2
9		异萼苔属 Hetroscyphus	双齿异萼苔	H. bescherellei (Steph.) Hatt.	曹家院子	1986	1
10	光萼苔科 Porellaceae	光萼苔属 Porella	光萼苔	P. pinjata L.	曹家院子	1986	1
11			钝叶光萼苔	P. obtusata (Tayl.) Trev.	曹家院子、老坟山	2017	3
12			密叶光萼苔原亚种	P. densifoli (Steph.) Hatt. subsp. densifolia	曹家院子	1986	1
13			密叶光萼苔长叶亚种	P. densifolia subsp. appendiculata (Steph.) Hatt.	曹家院子	2017	3
14	叶苔科 Jungermanniaceae	圆叶苔属 Jamensoniella	圆叶苔	J. autumnalis (DC.) Steph.	蒋家院子、钉子山	1986	1
15		叶苔属 Jangermannia	矮细叶苔	J. pumila With.	孔家山、红光村	2016	3
16	羽苔科 Plagichilaceae	羽苔属 Plagiochila	大羽苔	P. asplenioides (L.) Dum.		1986	1
17	耳叶苔科 Frullaniaceae	耳叶苔属 Frullania	达乌里耳叶苔小叶变型	F. davurica f. microphylla (Massal.) Hatt.	曹家院子	2005	2
18			密瓣耳叶苔	F. densiloba Evans.	种羊场	1986	1
19			石生耳叶苔	F. inflata Gott. et al.	红光村	2017	3
20	细鳞苔科 Lejeuneaceae	细鳞苔属 Lejeunea	暗绿细鳞苔	L. obscura Mitt.	薛家海子	2005	2
21	叉苔科 Metzgeriaceae	叉苔属 Metzgeria	叉苔	M. furcata (L.) Dum.	朱家湾	1986	1
22			平叉苔	M. conjugata Lindb.	卯家沟	2005	2

（续）

序号	科名	属名	中文名	拉丁学名	分布地点	最新发现时间(年)	数据来源
23	光苔科 Cythodiaceae	光苔属 Cyathodium	光苔	C. cavernarum Kunze		2005	2
24	溪苔科 Pelliaceae	溪苔属 Pellia	花叶溪苔	P. endiviifolia (Dicks.) Dumort.	王家院子	1986	2
25	蛇苔科 Conocephalaceae	蛇苔属 Concephalum	小蛇苔	C. japonicum (Thunb.) Grolle	曹家院子	2005	2
26	地钱科 Marchantiaceae	地钱属 Marchantia	地钱	M. polymorpha L.	曹家院子	1986	1
27	牛毛藓科 Ditrichaceae	牛毛藓属 Ditrichum	黄牛毛藓	D. pallidum (Hedw.) Hampe	南屯	1986	1
28		昂氏藓属 Aongstroemia	东亚昂氏藓	A. orientalis Mitt.	红光村	2005	2
29			长叶曲柄藓	C. atrovirens De Not.	南屯、种羊场	1986	1
30		曲柄藓属 Campylopus	东亚曲柄藓	C. coreensis Card.	万下、种羊场、老坟山	2005	2
31	曲尾藓科 Dicranaceae		毛叶曲柄藓	C. ericoides (Griff.) Jaeger	南屯	2005	2
32			日本曲柄藓	C. japonicum Broth.	南屯	2005	2
33			梨蒴曲柄藓	C. pyriformis (Schultz) Brid.	种羊场	1986	1
34		小曲尾藓属 Dicranella	偏叶小曲尾藓	D. subulata (Hedw.) Schip.	南屯	2005	2
35			变形小曲尾藓	D. varia (Hedw.) Schimp.	种羊场	2005	2
36		曲尾藓属 Diceanum	硬叶曲尾藓	D. lorifolium Mitt.	种羊场	2017	3
37	白发藓科 Leucobryaceae	白发藓属 Leucobryum	绿叶白发藓	L. chlorophyllosum C. Muell.	种羊场	2017	3
38			桧叶白发藓	L. juniperoides (Brid.) C. Muell.	种羊场	2017	3
39			小凤尾藓	F. bryoides Hedw.	白家营	1986	1
40			卷叶凤尾藓	F. dubius P. Beauv.	顾家底下下	1986	1
41	凤尾藓科 Fissidentaceae	凤尾藓科 Fissidens	黄边凤尾藓	F. geppii Fleisch.	栗材树坪子	2005	2
42			鳞叶凤尾藓	F. taxifolius Hedw.	种羊场	1986	1
43			粗柄凤尾藓	F. crassipes Wils.		1986	1
44			拟小凤尾藓	F. tosaensis Broth.		1986	1
45		舌藓属 Merceya	舌叶藓	M. ligulata (Spruce) Schimp.		2005	2
46		丛本藓属 Anoectangium	卷叶丛本藓	A. thomsonii Mitt.	四中	1986	1
47	丛藓科 Pottiaceae		扭叶丛本藓	A. stracheyanum Mitt.		2005	2
48		大丛藓属 Molendoa	高山大丛藓云南变种	M. sendtneriana (B. S. G.) Limpr. var. yunnanica Gyoerffy.	响塘村	1986	1
49		净口藓属 Gymnostomum	净口藓	G. calcareum Wees. et Hornsch.	响塘村	1986	1

（续）

序号	科名	属名	中文名	拉丁学名	分布地点	最新发现时间（年）	数据来源
50		小石藓属	短叶小石藓	*W. semipallida* C. Muell.	火龙山	1986	1
51		*Weisia*	阔叶小石藓	*W. planifolia* C. Muell.	小江家湾	2005	2
52		反纽藓属 *Timmiella*	反纽藓	*T. anomala*（B. S. G.）Limpr.	火龙山	1986	1
53		纽藓属 *Tortella*	长叶纽藓	*T. tortuosa*（Hedw.）Limpr.	火龙山	2005	2
54			毛口藓	*T. brackydontium* Bruch.	南屯	2005	2
55		毛口藓属 *Trichostomum*	皱叶毛口藓	*T. crispulum* Bruch.	赵家院子	2005	2
56			波边毛口藓	*T. tenuirostre*（Hook. & Tayl.）Lindb.		2005	2
57		湿地藓属	狭叶湿地藓	*H. stenophylla* Card.	顾家院子	2005	2
58		*Hyophila*	芽孢湿地藓	*H. propagulifera* Broth.	白家营	2005	2
59			短叶扭口藓	*B. tectorum* C. Muell.	火龙山	1986	1
60	丛藓科	扭口藓属	狭叶扭口藓	*B. subcontorta* Broth.	白家营	1986	1
61	Pottiaceae	*Barbula*	土生扭口藓	*B. vinealis* Brid.	郭家垭口	1986	1
62			反叶扭口藓	*B. reflexa*（Brid.）Brid.	老坟山	2017	3
63		对齿藓属	长尖对齿藓	*D. ditrichoides* Broth.	李家坟塘	1986	1
64		*Didymodon*	尖叶对齿藓	*D. constricta* Mitt.	响塘村	1986	1
65			大对齿藓	*D. giganteus*（Funck.）Jur.	南屯	2017	3
66		石灰藓属 *Hydrogonium*	沙地石灰藓	*H. arcuatum*（Gritt.）Wijk. et Marg.		1986	1
67		芦荟藓属 *Aloina*	钝叶芦荟藓	*A. stellata* Kindb.		1986	1
68		链齿藓属	芽孢链齿藓	*D. gemmascens* Chen	南屯、大洼子	1986	1
69		*Desmatodon*	链齿藓	*D. latifolius*（Hedw.）Brid.	响塘村,白家嘴	2017	3
70			泛生墙藓	*T. muralis* Hedw.		1986	1
71		墙藓属 *Tortula*	平叶墙藓	*T. planifolia* Li.	响塘村,薛家海子	2005	2
			中华墙藓	*T. sinensis*（C. Muell.）Broth.		1986	1
72	缩叶藓科 Ptychomitriaceac	缩叶藓属 *Ptychomitrium*	东亚缩叶藓	*P. fauriei* Besch.		2005	2
73		紫萼藓属 *Grimmia*	高山紫萼藓	*G. montana* Bruch. et Schimp.	曹家院子	2017	3
74	紫萼藓科 Grimmiaceae	砂藓属	长枝砂藓	*R. ericoides*（Hedw.）Brid.	南屯、种羊场	1986	1
75		*Rhacomitrium*	东亚砂藓	*R. japonicum* Dozy & Molk	老坟山	2005	2
76			硬叶砂藓	*R. barbuloides* Card.	阳关山	2017	3
77	葫芦藓科 Funariaceae	葫芦藓属 *Funaria*	葫芦藓	*F. hygrometrica* Hedw.	火龙山	1986	1

（续）

序号	科名	属名	中文名	拉丁学名	分布地点	最新发现时间(年)	数据来源
78		丝瓜藓属 Pohlia	异芽丝瓜藓	*P. leucostoma*（Bosch. et Lac.）Fleisch.		2005	2
79			卵蒴丝瓜藓	*P. proligera*（Kindb.）Lindb. ex Arn.	阳关山	2005	2
80			大坪丝瓜藓	*P. tapintzense*（Besch.）Redf. et Tan.	簸箕湾龙潭	2005	2
81		平蒴藓属 Plagiobryum	尖叶平蒴藓	*P. demissum*（Hook.）Lindb.		2005	2
82		银藓属 Anomobryum	银藓	*A. filiforme*（Dicks.）Solms	小江家湾	2005	2
83			芽孢银藓	*A. auratum*（Mitt.）Jaeg.	火龙山	2005	2
84		短叶藓属 Brachymenium	纤枝短月藓	*B. exile*（Dozy. & Molk.）Bosch et Lac.	银龙村	2005	2
85			尖叶短月藓	*B. acuminatum* Hurv.	赵家院子	2005	2
86			砂生短月藓	*B. muricola* Broth.	顾家底下	2005	2
87			短月藓	*B. nepalense* Hook.	种羊场、白毛洼子	2005	2
88	真藓科 Bryaceae	真藓属 Bryum	球蒴真藓	*B. turbinatum*（Hedw.）Turn.		1986	1
89			垂蒴真藓	*B. uliginosum*（Brid.）B. S. G.		2005	2
90			高山真藓	*B. alpinum* Huds ex With.	小江家湾	2005	2
91			黄色真藓	*B. pallescens* Schleich. ex Schwaegr.	曹家院子	2005	2
92			丛生真藓	*B. caespiticum* Hedw.	酸花上	2005	2
93			弯叶真藓	*B. recurvulum* Mitt.		2005	2
94			拟三列真藓	*B. pseudotriquetrum*（Hedw.）Gaerth.		2005	2
95			真藓	*B. argenteum* Hedw.	小江家湾	1986	1
96			柔叶真藓	*B. cellulare* Hook.		1986	1
97			卷尖真藓	*B. neodamense* Ltzigs. ex C. Muell.	薛家海子	1986	1
98			沙氏真藓	*B. sauteri* B. S. G.	鸭子塘	1986	1
99			近高山真藓	*B. pseudoalpinum* Ren. & Card.	南屯	1986	1
100			卵蒴真藓	*B. blindii* B. S. G.	种羊场	2005	2
101			拟大叶真藓	*B. salakense* Card.	响塘村	2017	3
102		大叶藓属 Rhodobryum	狭边大叶藓	*R. ontariense*（Kind.）Kindb.	钉子山,朱家湾	2017	3
103		提灯藓属 Mnium	长叶提灯藓	*M. lycopodioides* Schwaegr.		1986	1
104			具缘提灯藓	*M. marginatum*（With.）P. Beauv.	南屯	2017	3
105	提灯藓科 Mniaceae	匍灯藓属 Plagiomnium	匍灯藓	*P. cuspidatum* Hedw.	刘家巷	2005	2
106			侧枝匍灯藓凹叶变种	*P. maximoviczii* Lindb. var. *emarginatum* Chen. ex Li. et Zang.	簸箕湾龙潭	1986	1
107			圆叶匍灯藓	*P. vesicatum*（Besch.）T. Kop	白家嘴,朱家湾	2005	2
108			尖叶匍灯藓	*P. acutum*（Lindb.）T. Kop.	朱家湾、白家营、薛家院子	1986	1
109	曼藓科 Meteorizceae	粗曼藓属 Meteoriopsis	粗蔓藓	*M. squarrosa* Hook.		2005	2
110			反叶粗蔓藓	*M. reclinata*（C. Mull.）Fleisch.		2005	2

（续）

序号	科名	属名	中文名	拉丁学名	分布地点	最新发现时间(年)	数据来源
111	木灵藓科 Orthortichaceae	衰藓属 *Macromitrium*	钝叶衰藓	*M. japonicum* Doz. et Molk.		1986	1
112		变齿藓属 *Zygodon*	南亚变齿藓	*Z. reinwardtii*（Hornsch.）Braun.	南屯	2017	3
113	扭叶藓科 Trachypodaceae	扭叶藓属 *Trachypus*	扭叶藓	*T. bicolor* Reinw. et Hormsch.	钉子山	2017	3
114	油藓科 Hookeriaceae	油藓属 *Hookeria*	尖叶油藓	*H. acutifolia* Hook. et Grev.	张家院子	2017	3
115	碎米藓科 Fabroniaceae	附干藓属 *Schwetschkea*	东亚附干藓	*S. matsumurae* Besch.	白家嘴、红光村	1986	1
116	薄罗藓科 Leskeaceae	细枝藓属 *Lindbergia*	中华细枝藓	*L. sinensis*（C. Muell.）Broth.	白家嘴	1986	1
117	牛舌藓科 Anomodontaceae	羊角藓属 *Herpetineuron*	羊角藓	*H. toccoae*（Sull. et Lesq.）Card.		1986	1
118		牛舌藓属 *Anomodon*	小牛舌藓	*A. minor*（*Hedw.*）Fuernr.	种羊场	2017	3
119		麻羽藓属 *Claopodium*	多疣麻羽藓	*C. pellucinerve*（Mett.）Best.		1986	1
120		小羽藓属 *Haplocladium*	狭叶小羽藓	*H. angustifolium*（Hamp. et C. Muee.）Broth.	白家嘴	1986	1
121	羽藓科 Thuidiaceae	羽藓属 *Thuidium*	大羽藓	*T. cymbifolium* Doz. et Molk.	钉子山	1986	1
122			短肋羽藓	*T. kanedae* Sak.	鸭子塘	2017	3
123			细枝羽藓	*T. delicatulum*（Hedw.）Mitt.	白家嘴,种羊场	2017	3
124			绿羽藓	*T. philibertii* Limpr.		1986	1
125		山羽藓属 *Abietinella*	山羽藓	*A. abietina*（Hedw.）Fleisch.	种羊场,火龙山,响塘村	1986	1
126		牛角藓属 *Cratoneuron*	牛角藓	*C. filicinum*（Hedw.）Spruce.		1986	1
127		沼地藓属 *Palustriella*	沼地藓	*P. commutata*（Hedw.）Ochyra	南屯	2017	3
128	柳叶藓科 Amblystegiaceae	柳叶藓属 *Amblystegium*	柳叶藓	*A. serpens*（Hedw.）B. S. G.	白家嘴	1986	1
129		细柳藓属 *Platydictya*	细柳藓	*P. jungermannioides*（Brid.）Crum	曹家院子	2017	3
130		水灰藓属 *Hygrohypnum*	水灰藓	*H. luridum*（Hedw.）Jenn.	南屯	2017	3

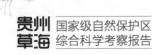
序号	科名	属名	中文名	拉丁学名	分布地点	最新发现时间（年）	数据来源
131		斜蒴藓属 *Camptothecium*	斜蒴藓	*C. lutescens*（Hedw.）B. S. G	银龙村	2005	2
132		褶叶藓属	褶叶藓	*P. sciureum*（Mitt.）Broth.	红光村、老坟山	1986	1
133		*Palamocladium*	深绿褶叶藓	*P. euchloron*（C. Muell）Mijk et marg	张家院子	2005	2
134			田野青藓	*B. campestre*（C. Muell.）B. S. G.	响塘村、种羊场	1986	1
135			多褶青藓	*B. buchananii*（Hook.）Jaeg.	南屯	1986	1
136			褶叶青藓	*B. salebrosum*（Web. et Molk.）B. S. G.	响塘村	1986	1
137			林地青藓	*B. starkei*（Brid.）B. S. G.	蒋家院子、曹家院子、老坟山	1986	1
138	青藓科	青藓属	青藓	*B. pulchellum* Broth. & Par.	朱家湾、钉子山	2005	2
139	Brachytheciaceae	*Brachythecium*	赤根青藓	*B. erythrorrhizon* B. S. G.	钉子山	2005	2
140			卵叶青藓	*B. rutabulum*（Hedw.）B. S. G.		2005	2
141			灰白青藓	*B. albicans*（Hedw.）B. S. G.		2005	2
142			毛尖青藓	*B. piligerum* Card.	银龙村、南屯	2005	2
143			台湾青藓	*B. formosanum* Takaki	蒋家院子	2005	2
144			小青藓	*B. perminusculum* C. Muell.	银龙村、白家嘴	2005	2
145		美喙藓属 *Eurhynchium*	疏网美喙藓	*E. laxirete* Broth.	顾家底下	2017	3
146		长喙藓属 *Rhynchostegium*	淡叶长喙藓	*R. pallidifolium*（Mill.）Jaeg.	朱家湾、南屯	1986	1
147		细喙藓属 *Rhynchostegiella*	光柄细喙藓	*R. laeviseta* Broth.	冲子头	2005	2
148	棉藓科 Plagiotheciaceae	棉藓属 *Plagiothecium*	光泽棉藓	*P. laetum* B. S. G.		2005	2
149	绢藓科	绢藓属	密叶绢藓	*E. compressus*（Hedw.）C. Muell.	郑家营	1986	1
150	Entodontaceae	*Entodon*	陕西绢藓	*E. schensianus* C. Muell.	万下	1986	1
151			绢藓	*E. cladorrhians*（Hedw.）C. Muell.	李家头上	1986	1
152		小锦藓属	赤茎小锦藓	*B. erythrocaulis*（Mitt.）Fleisch.		1986	1
153		*Brotherella*	东亚小锦藓	*B. fauriei*（Card.）Broth.		1986	1
154	锦藓科		全缘小锦藓	*B. integrifolia* Broth.	南屯	1986	1
155	Sematophyllaceae	毛锦藓属 *Pylaisiadelpha*	短叶毛锦藓	*P. yokohamae*（Broth.）W. R. Buck	种羊场	2017	3
156		锦藓属 *Sematophyllum*	橙色锦藓	*S. phoeniceum*（C. Muell.）Fleisch.	江家湾	2017	3
157	灰藓科	长灰藓属 *Herzogiella*	明角长灰藓	*H. striatella*（Brid.）Iwats.	曹家院子	2005	2
158	Hypnaceae	拟鳞叶藓属 *Pseudotaxiphyllum*	密叶拟鳞叶藓	*P. densum*（Card.）Iwats.	白家嘴	2017	3

（续）

序号	科名	属名	中文名	拉丁学名	分布地点	最新发现时间(年)	数据来源
159	灰藓科 Hypnaceae	鳞叶藓属 Taxiphyllum	陕西鳞叶藓	*T. giraldii*（C. Muell.）Fleisch.		1986	1
160			鳞叶藓	*T. taxirameum*（Mitt.）Fleisch.	朱家湾	1986	1
161			互生鳞叶藓	*T. alternans*（Card.）Twats.	白家嘴	2005	2
162		灰藓属 Hypnum	大灰藓	*H. plumaeforme* Wils.		1986	1
163		美灰藓属 Eurohypnum	美灰藓	*E. leptothallum*（C. Mull.）Ando.	钉子山	1986	1
164		粗枝藓属 Gollania	扭尖粗枝藓	*G. clarescens*（Mitt.）Broth.	钉子山	2017	3
165		偏蒴藓属 Ectropothecium	偏蒴藓	*E. buitenzorgii*（Bel.）Mitt.	弯腰地	2005	2
166	金发藓科 Polytrichaceae	仙鹤藓属 Atrichum	小仙鹤藓	*A. crispulum* Schimp. ex Besch.	种羊场	2005	2
167			仙鹤藓	*A. undulatum*（Hedw.）Jaeg.	刘家巷	1986	1
168		小金发藓属 Pogonatum	全缘小金发藓	*P. perichaetiale*（Mont.）Jaeg.		2005	2
169			东亚小金发藓	*P. inflexum*（Lindb.）Lac.	南屯	1986	1
170			刺边小金发藓褐色亚种	*P. cirratum*（Sw.）Brid. subsp. *fuscatum*（Mitt.）Hyvo.		2005	2
171			疣小金发藓	*P. urnigerum*（Hedw.）P. Beauv	银龙村、薛家海子	2005	2
172			小口小金发藓	*P. microstomum*（Schwaegr.）Brid.	种羊场	2017	3
173			硬叶小金发藓	*P. neesii*（C. Muell.）Dozy	薛家海子	2017	3
174			小金发藓	*P. aloides*（Hedw.）P. Beauv.	种羊场	2017	3
				地衣植物			
1	石蕊科 Cladoniaceae	石蕊属 Cladonia	雀石蕊	*C. stellaris*（Opiz）Pouzar & Vězda	阳关山	2017	3
2			喇叭粉石蕊	*C. chlorophaea*（Flk.）Spreng.	老坟山	2017	3
3			拟枪石蕊	*C. subradiata*（Vain）Sandst.	钉子山	2017	3
4			颈石蕊	*C. cervicornis*（Ach.）Flot.	银龙村	2017	3
5			瘦柄红石蕊	*C. macilenta* Hoffm.	阳关山	2017	3
6	梅衣科 Parmeliaceae	皱衣属 Flavopamelia	皱衣	*F. caperata*（L.）Hale	阳关山	2017	3
7		大叶梅属 Pamotrema	珠光大叶梅	*P. periatum*（Huds.）M. Choisy	银龙村	2017	3
8		星叶衣属 Punctelia	粗星点梅衣	*P. rudecta*（Ach.）Krog	南屯	2017	3
9		双岐根属 Hypotrachyna	荧光双岐根	*H. novella*（Vain.）Hale	种羊场	2017	3
10	蜈蚣衣科 Physciaceae	黑蜈蚣衣属 Phaeophyscia	粉缘黑蜈蚣衣	*P. limbata*（Belt.）Kashiw.	火龙山	2017	3
11		哑铃孢属 Heterodermia	裂芽哑铃孢	*H. isidiophora*（Nyl.）Awasthi	种羊场	2017	3

（续）

序号	科名	属名	中文名	拉丁学名	分布地点	最新发现时间(年)	数据来源
12	不完全地衣科 Imperfecti	癞屑衣属 *Lepraria*	裂皮癞屑衣	*L. lobificans* Nyl.	老坟山	2017	3

数据来源：1. 熊新源，1989. 草海自然保护区苔藓植物的初步研究［J］. 贵州林业科技（1）：30-36.

2. 张华海，李明晶，姚松林，2007. 草海研究［M］. 贵阳：贵州科技出版社.

3. 本次科考的标本。

只标注首次发现的依据。

附录4 保护区蕨类植物名录

序号	科名	属名	中文名	学名	分布地点	最新发现时间	数据来源
1	石松科 Lycopodiaceae	石松属 *Lycopodium*	石松	*Lycopodium japonicum* Thunb.	江家湾、清水沟	2016—2017	标本
2			笔直石松	*Lycopodium verticale* Li Bing Zhang	柏家营盘	2016—2017	标本
3		扁枝石松属 *Diphasiastrum*	扁枝石松	*Diphasiastrum complanatum*（L.）Holub	柏家营盘、南屯	2016—2017	标本
4	卷柏科 Selaginellaceae	卷柏属 *Selaginella*	垫状卷柏	*Selaginella pulvinata*（Hook. et grev.）Maxim	凤山、清水沟	2016—2017	标本
5			块茎卷柏	*Selaginella chrysocaulos*（Hook. et grev.）Spring	风电场、百草坪	2016—2017	标本
6			红枝卷柏	*Selaginella sanguinolenta*（L.）Spring	南屯	2016—2017	标本
7	木贼科 Equisetaceae	问荆属 *Equisetum*	犬问荆	*Equisetum palustre* L.	簸箕湾、白岩、环海路（西海）、环海路（西海）	2016—2017	标本
8			问荆	*Equisetum arvense* L.	雪里屯	2016—2017	标本
9		木贼属 *Hippochaete*	节节草	*Hippochaete ramosissima*（Desf.）Boern	环海路（西海）	2016—2017	标本
10	阴地蕨科 Botrychiaceae	阴地蕨属 *Sceptridium*	药用阴地蕨	*Sceptridium officinale* Ching et H. S. Kung	牛家坟山、清水沟	2016—2017	标本
11	紫萁科 Osmundaceae	紫萁属 *Osmunda*	紫萁	*Osmunda japonica* Thunb.	柏家营盘、南屯	2016—2017	标本
12		桂皮紫萁属 *Osmundasfrum*	桂皮紫萁	*Osmundasfrum cinnamomeum*（L.）C. Dresl	百草坪	2016—2017	标本
13	里白科 Gleicheniaceae	里白属 *Diplopterygium*	里白	*Diplopterygium glaucum*（Thunb. ex Houtt.）Nakai	南屯	2016—2017	标本
14	碗蕨科 Dennstaedtiaceae	碗蕨属 *Dennstaedtia*	细毛碗蕨	*Dennstaedtia hirsuta*（Sw.）Mett.	柏家营盘	2016—2017	标本
15	姬蕨科 Hypolepidaceae	姬蕨属 *Hypolepis*	姬蕨	*Hypolepis punctata*（Thunb.）Mett.	白岩	2016—2017	标本
16	蕨科 Pteridiaceae	蕨属 *Pteridium*	蕨	*Pteridium aquilinum*（L.）Kuhn var. *latiusculum*（Desv.）Underw. ex Heller	双龙	2016—2017	标本
17			毛轴蕨	*Pteridium revolutum*（Bl.）Nakai	凤山、草海	2016—2017	标本
18	凤尾蕨科 Pteridaceae	凤尾蕨属 *Pteris*	凤尾蕨	*Pteris cretica* L.	凤山、银龙小镇、湿地公园	2016—2017	标本
19			蜈蚣草	*Pteris vittata* L.	杨家桥	2016—2017	标本
20			狭叶凤尾蕨	*Pteris henryi* Christ.	白岩	2016—2017	标本
21			指叶凤尾蕨	*Pteris dactylina* Hook.	白岩、百草坪	2016—2017	标本

（续）

序号	科名	属名	中文名	学名	分布地点	最新发现时间	数据来源
22	中国蕨科 Sinopteridaceae	中国蕨属 Sinopteris	小叶中国蕨	Sinopteris albofusca（Bak.）Ching	凤山、白岩	2016—2017	标本
23		粉背蕨属 Aleuritopteris	粉背蕨	Aleuritopteris anceps（Blanford）Panigraahi	风电场、草地站	2016—2017	标本
24			银粉背蕨	Aleuritopteris argentea（Gmel.）Fée	凤山、清水沟、红岩村	2016—2017	标本
25		薄鳞蕨属 Leptolepidium	绒毛薄鳞蕨	Leptolepidium subvillosum（Hook.）Shing et S. K. Wu	凤山	2016—2017	标本
26		碎米蕨属 Cheilosoria	大理碎米蕨	Cheilosoria hancockii（Bak.）Ching et S-hing	孔家山、草海村	2016—2017	标本
27		旱蕨属 Pellaea	滇西旱蕨	Pellaea mairei Brause	吕家河、风电场	2016—2017	标本
28		金粉蕨属 Onychium	黑足金粉蕨	Onychium contiguum Hope	孔家山、凤山、柏家营盘	2016—2017	标本
29			粟柄金粉蕨	Onychium japonicum var. lucidum（Don）Christ	柏家营盘	2016—2017	标本
30			野鸡尾金粉蕨	Onychium japonicum（Thunb.）Kze.	簸箕湾、大码城	2016—2017	标本
31	铁线蕨科 Adiantaceae	铁线蕨属 Adiantum	普通铁线蕨	Adiantum edgeworthii Hook.	孔家山	2016—2017	标本
32			蜀铁线蕨	Adiantum wattii Bak.	风电场、大码城	2016—2017	标本
33			白背铁线蕨	Adiantum davidii Franch.	柏家营盘	2016—2017	标本
34	裸子蕨科 Hemionitidaceae	金毛裸蕨属 Paragymnopteris	金毛裸蕨	Paragymnopteris vestita（Hook）K. H. Shing	凤山、风电场、清水沟	2016—2017	标本
35			滇西金毛裸蕨	Paragymnopteris delavayi（Bak.）Underw.	风店厂	2016—2017	标本
36			耳羽金毛裸蕨	Paragymnopteris bipinnata Christ var. auriculata（Franch.）K. H. Shing	凤山	2016—2017	标本
37		凤了蕨属 Coniogramme	普通凤了蕨	Coniogramme intermedia Hieron	凤山	2016—2017	标本
38			光叶凤了蕨	Coniogramme intermedia var. glabra Ching	百草坪	2016—2017	标本
39			上毛凤了蕨	Coniogramme suprapilosa Ching	小简槽	2016—2017	标本
40	蹄盖蕨科 Athyriaceae	蹄盖蕨属 Athyrium	稀陶蹄盖蕨	Athyrium dentigerum（Wall. ex Clarke）Mehra et Bir.	凤山	2016—2017	标本
41			川滇蹄盖蕨	Athyrium mackinnonii（Hope）C. Chr.	柏家营盘、湿地公园	2016—2017	标本
42			疏叶蹄盖蕨	Athyrium dissitifolium（Bak.）C. Chr.	凤山、湿地公园、柏家营盘	2016—2017	标本
43			轴果蹄盖蕨	Athyrium epirachis（Christ）Ching	凤山	2016—2017	标本
44			华东蹄盖蕨	Athyrium niponicum（Mett.）Hance	吕家河、湿地公园	2016—2017	标本
45			苍山蹄盖蕨	Athyrium biserrulatum Christ	凤山	2016—2017	标本
46			尖头蹄盖蕨	Athyrium vidalii（Franch. et Sav.）Nakai	孔家山、凤山	2016—2017	标本
47			薄叶蹄盖蕨	Athyrium delicatulum Ching	凤山	2016—2017	标本
48			华中蹄盖蕨	Athyrium wardii（Hook.）Makino.	大码城	2016—2017	标本

（续）

序号	科名	属名	中文名	学名	分布地点	最新发现时间	数据来源
49	蹄盖蕨科 Athyriaceae	蹄盖蕨属 Athyrium	禾杆蹄盖蕨	Athyrium yokoscense（Franch. et Sav.）Christ	泰丰园、南屯	2016—2017	标本
50			上毛蹄盖蕨	Athyrium suprapubescens Ching	小简槽	2016—2017	标本
51			阿里山蹄盖	Athyrium arisanense（Hayata）Tagawa	大码城	2016—2017	标本
52			密羽蹄盖蕨	Athyrium imbricatum Christ	大码城	2016—2017	标本
53		峨眉蕨属 Lunathyrium	四川峨眉蕨	Lunathyrium sichuanense Z. R. Wang	百草坪	2016—2017	标本
54		冷蕨属 Cystopteris	木坪冷蕨	Cystopteris moupinensis Franch	百草坪	2016—2017	标本
55		假冷蕨属 Pseudocystopteris	大叶假冷蕨	Pseudocystopteris atkinsonii（Bedd.）Ching	凤山、大码城	2016—2017	标本
56	肿足蕨科 Hypodematiaceae	肿足蕨属 Hypodematium	肿足蕨	Hypodematium crenatum（Forsst）Kuhn	凤山、牛家坟山、红岩村	2016—2017	标本
57			光轴肿足蕨	Hypodematium hirsutum（Don）Ching	孔家山、吕家河、凤山	2016—2017	标本
58	金星蕨科 Thelypteridaceae	金星蕨属 Parathelypteris	长根金星蕨	Parathelypteris beddmei（Bak.）Ching	孔家山、凤山	2016—2017	标本
59		紫柄蕨属 Pseudophegopteris	星毛紫柄蕨	Pseudophegopteris levingei（Clarke）Ching	草地站	2016—2017	标本
60			光叶紫柄蕨	Pseudophegopteris pyrrhorhachis（Kunze）Ching var. glabrata（Clarke）Holtt.	孔家山	2016—2017	标本
61	铁角蕨科 Aspleniaceae	铁角蕨属 Asplenium	铁角蕨	Asplenium trichomanes L.	柏家营盘、草海村	2016—2017	标本
62			北京铁角蕨	Asplenium pekinense Hance	孔家山、凤山、湿池公园	2016—2017	标本
63			华中铁角蕨	Asplenium sarelii Hook.	孔家山、凤山、小简槽	2016—2017	标本
64			卵叶铁角蕨	Asplenium ruta-muraria L.	凤山、牛家坟山、柏家营盘	2016—2017	标本
65			云南铁角蕨	Asplenium exiguum Bedd	凤山、红岩村	2016—2017	标本
66			虎尾铁角蕨	Asplenium incisum Thunb.	吕家河、湿地公园	2016—2017	标本
67			变异铁角蕨	Asplenium varians Wall. ex Hook. et Grev.	柏家营盘、大码城	2016—2017	标本
68			细茎铁角蕨	Asplenium tenuicaule Hayata.	风电场、金钟	2016—2017	标本
69			肾羽铁角蕨	Asplenium humistratum Ching ex H. S. Kung	金钟、花果山	2016—2017	标本
70	球子蕨科 Onocleaceae	荚果蕨属 Matteuccia	东方荚果蕨	Matteuccia orientalis（Hook.）Trev.	簸箕湾、雪里屯	2016—2017	标本
71	乌毛蕨科 Blechnaceae	狗脊蕨属 Woodwardia	狗脊	Woodwardia japonica（L. f.）Sm.	南屯	2016—2017	标本
72			单芽狗脊	Woodwardia unigemmata（Makino）Nakai	簸箕湾、凤山	2016—2017	标本

（续）

序号	科名	属名	中文名	学名	分布地点	最新发现时间	数据来源
73			金冠鳞毛蕨	*Dryopteris chrysocoma*（Christ）C. Chr.	吕家河	2016—2017	标本
74			粗齿鳞毛蕨	*Dryopteris juxtaposita* Christ	凤山、银龙小镇、南屯	2016—2017	标本
75			中华狭顶鳞毛蕨	*Dryopteris Lacera*（Thunb.）O. Ktze. var. *Chinensis* Ching	柏家营盘	2016—2017	标本
76			半岛鳞毛蕨	*Dryopteris peninsulae* Kitagawa	簸箕湾	2016—2017	标本
77			川西鳞毛蕨	*Dryopteris rosthornii*（Diels）C. Chr.	白岩、凤山、大码城	2016—2017	标本
78		鳞毛蕨属 *Dryopteris*	半育鳞毛蕨	*Dryopteris sublacera* Christ	簸箕湾	2016—2017	标本
79			豫陕鳞毛蕨	*Dryopteris pulcherrima* Ching	柏家营、湿地公园小简槽	2016—2017	标本
80			凸背鳞毛蕨	*Dryopteris basisora* Christ	白岩、红岩村	2016—2017	标本
81			易贡鳞毛蕨	*Dryopteris yigongensis* Ching	凤山、小简槽	2016—2017	标本
82			林芝鳞毛蕨	*Dryopteris nyingchiensis* Ching	白岩	2016—2017	标本
83			高贵鳞毛蕨	*Dryopteris nobilis* Ching	小简槽（西凉山）	2016—2017	标本
84	鳞毛蕨科 Dryopteridaceae		硬果鳞毛蕨	*Dryopteris fructuosa*（Christ）C. Chr.	凤山、白岩、湿地公园	2016—2017	标本
85			密鳞鳞毛蕨	*Dryopteris pycnopteroides*（Christ）C. Chr.	韭菜坪	2016—2017	标本
86			对马耳蕨	*Polystichum tsus-simense*（Hook.）J. Sm.	孔家山、簸箕湾、白岩	2016—2017	标本
87			圆片耳蕨	*Polystichum cyclobum* C. Chr.	孔家山、柏家营盘、清水沟	2016—2017	标本
88		耳蕨属 *Polystichum*	革叶耳蕨	*Polystichum neolobatum* Nakai	风电场、百草坪	2016—2017	标本
89			宝兴耳蕨	*Polystichum baoxingense* Ching	凤山	2016—2017	标本
90			蚀盖耳蕨	*Polystichum erosum* Ching et Shing	百草坪	2016—2017	标本
91			前原耳蕨	*Polystichum mayebarae* Tagawa	柏家营盘、草地站	2016—2017	标本
92			喜马拉雅耳蕨	*Polystichum garhwaticum*（Kze）Ching	风电场	2016—2017	标本
93			贯众	*Cyrtomium fortunei* J. Sm.	孔家山、柏家营盘、大码城	2016—2017	标本
94		贯众属 *Cyrtomium*	大叶贯众	*Cyrtomium macrophyllum*（Makino）Tagawa	柏家营盘、百草坪	2016—2017	标本
95			刺齿贯众	*Cyrtomium caryotiddeum*（Wall. ex Hook. et Grev.）Presl	凤山、柏家营盘	2016—2017	标本
96			有边瓦韦	*Lepisorus marginatus* Ching	凤山、柏家营盘	2016—2017	标本
97	水龙骨科 Polypodiaceae	瓦韦属 *Lepisorus*	台湾瓦韦	*Lepisorus papakensis*（Masamuse）Ching et Shing	风电场	2016—2017	标本
98			丽江瓦韦	*Lepisorus likiangensis* Ching et S. K. Wu	风电场	2016—2017	标本
99			星鳞瓦韦	*Lepisorus asterolepis*（Bak.）Ching et S. X. Xu	凤山、孔家山	2016—2017	标本

（续）

序号	科名	属名	中文名	学名	分布地点	最新发现时间	数据来源
100		瓦韦属 *Lepisorus*	粤瓦韦	*Lepisorus marginatus* Ching	风电场、凤山、孔家山	2016—2017	标本
101			扭瓦韦	*Lepisorus contortus*（Christ）Ching	孔家山、小简槽	2016—2017	标本
102			网眼瓦韦	*Lepisorus clathratus*（Clarke）Ching	风电场	2016—2017	标本
103			拟瓦韦	*Lepisorus tosaensis*（Makino）H. Ito	小简槽	2016—2017	标本
104	水龙骨科 Polypodiaceae	石韦属 *Pyrrosia*	毡毛石韦	*Pyrrosia drakeana*（Franch.）Ching	柏家营盘、草海村	2016—2017	标本
105			华北石韦	*Pyrrosia davidii*（Gies. ex Diels）Ching	柏家营盘、金钟	2016—2017	标本
106			庐山石韦	*Pyrrosia shcareri*（Bak.）Ching	柏家营盘	2016—2017	标本
107			柔软石韦	*Pyrrosia porosa*（Presl）Hovenk	九台寺	2016—2017	标本
108		水龙骨属 *Polypodiodes*	友水龙骨	*Polypodiodes amoena*（Wall. ex Mett.）Ching	白岩、柏家营盘	2016—2017	标本
109			红杆水龙骨	*Polypodiodes amoena*（Wall. ex Mett.）Ching var. *duclouxii*（Christ）Ching	金钟	2016—2017	标本
110		假瘤蕨属 *Phymatopteris*	紫柄假瘤蕨	*Phymatopteris crenatopinnata*（C. B. Clarke）Pic.	湿地公园、清水沟	2016—2017	标本
111	满江红科 Azollaceae	满江红属 *Azolla*	满江红	*Azolla imbricata*（Roxb. ex Griff.）Nakai	草海村	2016—2017	标本

附录 5　保护区浮游植物名录

蓝藻门 CYANOPHYTA

色球藻纲 CHROOCOCCOPHYCEAE
色球藻目 CHROOCOCCALES

一、色球藻科 CHROOCOCCACEAE

（一）微囊藻属 *Microcystis* Kutz.

1. 铜绿微囊藻 *M. aeruginosa* Kutz.

2. 水华微囊藻 *M. flos-aquae*（Wittr）Kirch.

3. 不定微囊藻 *M. incerta* Lemm.

4. 微小微囊藻 *M. minutissima* W. West.

（二）隐球藻属 *Aphanocapsa* Nag.

1. 美丽隐球藻 *A. pulchra*（Kutzing）Rabenh.

2. 微小隐球藻 *A. delicatissma* W. et G. S. West.

3. 细小隐球藻 *A. elachista* W. et. G. S. West.

4. 绿色隐球藻 *A. virescens*（Hass.）Rabenh

（三）隐杆藻属 *Aphanothece* Nag.

1. 微小隐杆藻 *A. microspica* Nag.

2. 静水隐杆藻 *A. stagnina* A. Braun

（四）色球藻属 *Chroococcus* Nag.

1. 立方色球藻 *C. cubicus* Gardner

2. 湖沼色球藻 *C. limneticus* Lemm.

3. 束缚色球藻 *C. tenax*

（五）集胞藻属 *Synechocystis* Sauvageau.

1. 水生集胞藻 *S. aquatilis* Sauvageau, Algues recolt.

2. 大型集胞藻 *S. crassa* Mat.

（六）聚球藻属 *Synechococcus* Nag.

1. 细长聚球藻 *S. elongatus* Nag. Gatt. einzell.

2. 小聚球藻 *S. parvus* Ming Crypt. Deut. Oesterr.

（七）拟指球藻属 *Dactylococcopsis* Hansgirg.

1. 簇束拟指球藻 *D. fascicularis* Lemm.

2. 石生拟指球藻 *D. rupestris* Hang.

（八）平列藻属 *Merismopedia* Meyen.

1. 优美平列藻 *M. elegans* A. Braun.

2. 银灰平列藻 *M. glauca* Ehr. Nag.

3. 细小平列藻 *M. minima* G. M. Smith

4. 点形平列藻 *M. punctata* Meyen Wiegm，Arch.

5. 微小平列藻 *M. tenuissima* Lemm.

（九）腔球藻属 *Coelosphaerium* Nag.

1. 居氏腔球藻 *C. kutzingianum* Nag.

2. 纳氏腔球藻 *C. nagelianum* Unger.

（十）束球藻属 *Gomphosphaeria* Kutz.

1. 圆胞束球藻 *G. aponina* Kutz.

2. 圆胞束球藻心形变种 *G. aponina* var. *cordiformis* Wille

3. 湖生束球藻 *G. lacustris* Chod.

4. 湖生束球藻密集变种 *G. lacustris* var. *compacta* Lemm.

皮果藻目 DERMOCARPALES

二、皮果藻藻科 DERMOCARPACEAE

（一）皮果藻属 *Dermocarpa* Crouan

1. 清水皮果藻塔特变种 *D. aquaedulcis* var. *tetrensis* Starmach

2. 小皮果藻 *D. parva*（Corn）

三、管胞藻科 CHAMAESIPHONACEAE

（一）管胞藻属 *Chamaesiphon* A. Br. et Gurnow

1. 层生管胞藻 *C. incrustans* Crunow

段殖体纲 HORMOGONOPHYCEAE

段殖体目 HORMOGONALES

四、颤藻科 OSICILLATORIACEAE

（一）螺旋藻属 *Spirulina* Turp.

1. 大螺旋藻 *S. major* Kutz .

（二）颤藻属 *Oscillatoria* Vauch.

1. 两栖颤藻 *O. amphibia* Ag.

2. 纤细颤藻 *O. angustissima* W. et G. S. West

3. 美丽颤藻 *O. formosa* Bory

4. 断裂颤藻 *O. fracta* Carlson

5. 颗粒颤藻 *O. gratulata* Grand.

6. 伪双点颤藻 *O. pseudogeminata* G. Schm.

7. 伪双点颤藻单粒变种 *O. pseudogeminata* var. *unigranulata* Biswas.

（三）席藻属 *Phormidium* Kutz.

1. 皮状席藻 *P. corium* （Ag.） Gom.

2. 胶质席藻 *P. gelatinosum* Woron

3. 分层席藻 *P. laminosum* （Ag.） Gom.

4. 纤细席藻 *P. tenue* （Men.） Gom.

含珠藻目 NOSTOCALES

五、念珠藻科 NOSTOCACEAE

（一）柱胞藻属 *Cylindrospermum* Kutz.

1. 静水柱胞藻 *C. stagnale* （Kutz.） Born. et Flah.

隐藻门 CRYPTOPHYTA

隐藻纲 CRYPTOPHYCEAE

隐藻目 CRYPTOMONADALES

六、隐鞭藻科 CEYPTOMONADACEAE

（一）蓝隐藻属 *Chroomonas* Hansg.

1. 尖尾蓝隐藻 *C. acuta* Uterm.

（二）隐藻属 *Cryptomonas* Ehr.

1. 齿蚀隐藻 *Cr. erosa* Ehr.

2. 卵形隐藻 *Cr. orata* Ehr.

甲藻门 PYRROPHYTA

甲藻纲 PYRROPHYCEAE

多甲藻目 PERIDINIALES

七、多甲藻科 PERIDINIACEAE

（一）多甲藻属 *Peridinium* Ehr.

1. 二角多甲藻 *P. bipes* Stein.

2. 楯形多甲藻 *P. umbonatum*

3. 微小多甲藻 *P. peridinium* （Pen.） Lemm.

八、角甲藻科 CERATIACEAE

（一）角甲藻属 *Ceratium* Schr.

1. 角甲藻 *C. cornutum* Claoarede et Lachmann

金藻门 CHRYSOPHYTA

金藻纲 CHRYSOPHYCEAE

金藻目 CHRYSOMONADALES

九、鱼鳞藻科 MALLOMONADACEAE

（一）鱼鳞藻属 *Mallomonas* Perty.

1. 具尾鱼鳞藻 *M. candata* Iwan.

十、黄群藻科 SYNURACEAE

（一）黄群藻属 *Synura* Ehr.

1. 黄群藻 *S. urella* Ehr.

十一、棕鞭藻科 OCHROMONADACEAE

（一）锥囊藻属 *Dinobryon* Ehr.

1. 分歧锥囊藻 *D. divergens* Imh

黄藻门 XANTHOPHYTA

黄藻纲 XANTHOPYCEAE

异球藻目 HETEROCOCALES

十二、肋胞藻科 PLEURCHLORIDACEAE

（一）拟气球藻属 *Botrydiopsis*

1. 拟气球藻 *B. arhiza*

黄丝藻目 THRBONEMATALES

十三、黄丝藻科 TRIBONEMATACEAE

（一）黄丝藻属 *Tribonema*

1. 小型黄丝藻 *T. minus*

硅藻门 BACILLARIOPHYTA

中心藻纲 CENTRICAE

圆筛藻目 COSCINODISCALES

十四、圆筛藻科 COSCINODISCACEAE

（一）直链藻属 *Melosira* Ag.

1. 颗粒直链藻 *M. granulata*（Ehr.）Ralfs

2. 变异直链藻 *M. varians* Ag.

（二）小环藻属 *Cyclotella* Kutz.

1. 广缘小环藻 *C. bodanica* Eul.

2. 湖北小环藻 *C. hubeiana* Chen et Zhu

3. 梅尼小环藻 *C. meneghiniana* Kutz.

羽纹藻纲 PENNATAE

无壳藻目 ARAPHIDIALES

十五、脆杆藻科 FRAGILARIACEAE

（一）等片藻属 *Diatoma* De Cand.

1. 普通等片藻卵圆变种 *D. vulgare* var. *ovalis* Grun.

（二）脆杆藻属 *Fragilaria* Lyngby.

1. 短线脆杆藻 *F. brevistriata* Grun.

2. 钝脆杆藻 *F. capucina* Desm.

3. 中型脆杆藻 *F. intermedia* Grun.

（三）针杆藻属 *Synedra* Ehr.

1. 尖针杆藻 *S. acus* Kutz.

2. 近缘针杆藻 *S. affinis* Kutz.

3. 双头针杆藻 *S. amphicephala* Kutz.

4. 肘状针杆藻 *S. ulna*（Nitzsch.）Ehr.

短壳缝目 RAPHIDIONALES

十六、短缝藻科 EUNOTIACEAE

（一）短缝藻属 *Eunotia* Ehr.

1. 弧形短缝藻 *E. arcus* Ehr.

2. 极小短缝藻 *E. perpusilla* Grun.

双壳缝目 BIRAPHIDINALES

十七、舟形藻科 NAVICULACEAE

（一）布纹藻属 *Gyrosigma* Hass.

1. 尖布纹藻 *G. acuminatum*（Kutz.）Rabenh.

2. 细布纹藻 *G. kutzingii*（Grun.）Cl.

（二）辐节藻属 *Stauroneis* Ehr.

1. 尖辐节藻 *S. acuta* W. Smith

2. 双头辐节藻 *S. anceps* Ehr.

3. 矮小辐节藻 *S. pygmaea* Chen et Zhu

（三）舟形藻属 *Navicula* Bory.

1. 简单舟形藻 *N. anglica* Ralfa.

2. 隐头舟形藻 *N. cryptocephala* Kutz.

3. 双头舟形藻 *N. dicephala*（Ehr.）Grun.

4. 短小舟形藻 *N. exigua*（Greg.）Mull.

5. 扁圆舟形藻 *N. placentula* Grun.

6. 喙头舟形藻 *N. rhynchocephala* Kutz.

7. 线形舟形藻 *N. graciloides*

8. 弯月形舟形藻 *N. menisculus*

9. 杆状舟形藻 *N. bacillum* Her

十八、桥弯藻科 CYMBELLACEAE

（一）桥弯藻属 *Cymbella* Ag.

1. 埃伦桥弯藻 *C. ehrenbergii*

2. 箱形桥弯藻 *C. cistula*（Hempr.）Grun.

3. 尖头桥弯藻 *C. cuspidata* Kutz.

4. 平滑桥弯藻 *C. laevis* Nag.

5. 微细桥弯藻 *C. parava*（W. Smith）Cl.

6. 极小桥弯藻 *C. perusilla* Cl.

7. 细小桥弯藻 *C. pusilla* Grun.

8. 膨大桥弯藻 *C. turgidula* Grun.

9. 膨胀桥弯藻 *C. tumida* Cl.

十九、异极藻科 GOMPHONEMACEAE

（一）异极藻属 *Gomphonema* Ag.

1. 窄异极藻 *G. angustatum* Rabenh.

2. 缢缩异极藻 *G. constrictum* Ehr.

3. 缢缩异极藻头状变种 *G. constrictum* var. *capitata* Cl.

4. 尖异极藻布雷变种 *G. acuminatum* var. *brebissonii*（Kutz.）Cl.

单壳缝目 MONORAPHIDINALES

二十、曲壳藻科 ACHNANTHACEAE

（一）卵形藻属 *Cocconeis* Ehr.

1. 扁圆卵形藻 *C. placentula*（Ehr.）Hust.

管壳缝目 AULONORAPHIDINALES

二十一、菱形藻科 NITZSCHIACEAE

（一）菱板藻属 *Hantzschia* Grun.

1. 双尖菱板藻 *H. amphioxys*（Ehr.）Mull.

二十二、双菱藻科 SURIRELLACEAE

（一）双菱藻属 *Surirella* Turp.

1. 粗壮双菱藻纤细变种 *S. robusta* var. *splendida*（Ehr.）V. H.

裸藻门 EUGLENOPHYTA

裸藻纲 EUGLENOPHYCEAE

裸藻目 EUGLENALES

二十三、裸藻科 EUGLENACEAE

（一）裸藻属 *Euglena* Ehr.

1. 洁净裸藻 *E. clara* Skuja
2. 带形裸藻 *E. ehrenbergii* Klebs
3. 尾裸藻 *E. oxyuris* Schmar
4. 静裸藻 *E. penium margaritaceum*（Ehr.）Breb.
5. 多型裸藻 *E. polymorpha* Dangeard
6. 绿色裸藻 *E. viridia* Ehr.

（二）囊裸藻属 *Trachelomonas* Ehr. em. Defl.

1. 密集囊裸藻 *T. crebea* Kell. em. Defl.
2. 扁圆囊裸藻 *T. curta* Da Cunha em. Defl
3. 不定囊裸藻 *T. incerlissima* Dell.
4. 微小囊裸藻 *T. pnsilla* Playfair
5. 华丽囊裸藻 *T. superba* Swirenko emend
6. 旋转囊裸藻 *T. volvocina* Ehr.

（三）扁裸藻属 *Phacus* Duj.

1. 旋扁裸藻 *P. helicoides* Pochm.
2. 梨形扁裸藻 *P. pyrum*（Ehr.）Stein
3. 三棱扁裸藻 *P. triqueter*（Ehr.）Duj.

绿藻门 CHLOROPHYTA

绿藻纲 CHLOROPHYCEAE

团藻目 VOLVOCALES

二十四、多毛藻科 PLOYBLEPHARIDACEAE

（一）平藻属 *Pedinomonas* Korsch.

1. 小形平藻 *P. minor* Korsch.

二十五、衣藻科 CHLAMYDOMONADACEAE

（一）衣藻属 *Chlamydomonas* Ehr.

1. 球衣藻 *C. globosa* Snow.

2. 小球衣藻 *C. microsphaera* Pash. et Jah.

3. 突变衣藻 *C. mutabilis* Gerl.

4. 卵形衣藻 *C. ovalis* Pasch

（二）拟球藻属 *Sphaerellopsos* Korsch.

1. 长拟球藻 *S. elongata* Skvortz.

（三）四鞭藻属 *Carteria* Dies.

1. 球四鞭藻 *C. globosa* Korsch.

2. 克来四鞭藻 *C. klebsii* France em.

二十六、团藻科 VOLVOCACEAE

（一）盘藻属 *Gonium* Muell.

1. 聚盘藻 *G. sociale*（Duj.）Warm.

（二）实球藻属 *Pandorina* Bory.

1. 实球藻 *P. morum*（Muell.）Bory.

（三）空球藻属 *Eudorina* Ehr.

1. 空球藻 *E. elegans* Ehr.

（四）杂球藻属 *Pleodorina* Shaw

1. 杂球藻 *P. californica* Shaw

四胞藻目 TETRASPORALES

二十七、四集藻科 TETRASPORACEAE

（一）球囊藻属 *Sphaerocystis* Chod.

1. 球囊藻 *S. schroeteri* Chod.

绿球藻目 CHLOROCOCCALES

二十八、绿球藻科 CHLOROCOCACEAE

（一）绿球藻属 *Chlorococcum* Fries

1. 水溪绿球藻 *C. infusionum*（Schr）Mest.

（二）粗刺藻属 *Acanthosphaera* Lemm.

1. 粗刺藻 *A. zachariasi* Lemm.

（三）多芒藻属 *Golenkinia* Chod.

1. 多芒藻 *G. radiata* Chod.

二十九、小桩藻科 CHARACIACEAE

（一）弓形藻属 *Schroederia* Lemm.

1. 拟菱形弓形藻 *S. mitzschioides*（West）Korsch

2. 弓形藻 *S. setigera* Lemm.

三十、小球藻科 CHLORELLACEAE

（一）小球藻属 *Chlorells* Beij.

1. 椭圆小球藻 *C. ellipsoidea* Gren.

2. 蛋白核小球藻 *C. pyrenoidosa*

3. 小球藻 *C. vulgaris* Beij.

（二）集球藻属 *Palmellococcus* Chod.

1. 集球藻 *P. miniatus*（Hiitz）Chod.

（三）顶棘藻属 *Chodatella* Lemm.

1. 四刺顶棘藻 *C. quadriseta* Lemm.

（四）四角藻属 *Tetraedron* Kutz.

1. 微小四角藻 *T. minimum*（A. Br.）Hansg

2. 浮游四角藻 *T. planctonicum* G. M. Smith

3. 膨胀四角藻 *T. tumidulum*（Reinsch.）Hansg.

（五）蹄形藻属 *Kirchneriella* Schm.

1. 肥壮蹄形藻 *K. obesa*（West）Schm

2. 蹄形藻 *K. lunaris*（Kirch.）Moeb.

（六）月牙藻属 *Selenastrum* Reinsh.

1. 月牙藻 *S. bibraianum* Reinsch.

2. 纤细月牙藻 *S. gracile* Reinsch

3. 端尖月牙藻 *S. westii* G. M. Smith

三十一、卵囊藻科 OOCYSTACEAE

（一）纤维藻属 *Ankistrodesmus* Cord.

1. 镰形纤维藻 *A. falcatus*（Cord.）Ralfs.

2. 螺旋纤维藻 *A. spiralis*

3. 狭形纤维藻 *A. angustus*

4. 卷曲纤维藻 *A. convolutus*

（二）卵囊藻属 *Oocystis* Nag.

1. 单生卵囊藻 *O. solitaria* Wittr.

2. 湖生卵囊藻 *O. lacustis* Chod.

3. 椭圆卵囊藻 *O. elliptica* W. West

（三）肾形藻属 *Nephrocytium* Nag.

1. 肾形藻 *N. agardhianum* Nag.

2. 粗肾形藻 *N. obesum* West.

三十二、胶网藻科 DICTYOSPHAERIACEAE

（一）胶网藻属 *Dictyosphaerium* Nag.

1. 胶网藻 *D. dhrenbergianum* Nag.

2. 美丽胶网藻 *D. pulchellum* Wood.

三十三、水网藻科 HYDRODICTYACEAE

（一）盘星藻属 *Pediastrum* Mey.

1. 双射盘星藻 *P. biradiatum* Mey.

2. 双射盘星藻具粒变种 *P. bidentulum* var. *ornatum* Nordst.

3. 短棘盘星藻 *P. boryanum*（Turp.）Men.

4. 短棘盘星藻长角变种 *P. boryanum* var. *longicore* Rac.

5. 二角盘星藻 *P. dulex* Mey.

6. 二角盘星藻纤细变种 P. dulex var. gracillimum. W. et G. S. West.

7. 整齐盘星藻 *P. intergrum* Nag.

8. 单角盘星藻 *P. simplex*（Mey）Lemm.

9. 单角盘星藻具孔变种 *P. simplex* var. *duodenrium*（Bail.）Rab.

10. 四角盘星藻 *P. tetras*（Ehr.）Ralfs

11. 四角盘星藻四齿变种 *P. tetras* var. tetraodon（Cord.）Rab.

三十四、栅藻科 SCENEDSMACEAE

（一）栅藻属 *Scenedesmus* Mey.

1. 丰富栅藻 *S. abundans*

2. 顶棘栅藻 *S. aculeolatus* Reinsch

3. 阿库栅藻 *S. acunae* Coma.

4. 弯曲栅藻 *S. arcuatus* Lemm.

5. 双对栅藻 *S. bijugattus*（Turp）Lag.

6. 瘤脊栅藻 *S. circumfusus* Hort.

7. 龙骨栅藻 *S. carinatus*（Lemm.）Chod.

8. 二形栅藻 *S. dimorphus*（Turp.）Kutz.

9. 被甲栅藻 *S. linearis* Kom.

10. 月形栅藻 *S. lunatus*（W. G. S. West）Chod.

11. 斜生栅藻 *S. obliquus*（Turp）Kutz.

12. 四尾栅藻 *S. quadricauda*（Turp）Breb

13. 四棘栅藻 *S. quadrispina* Chod.

14. 整齐栅藻 *S. regularis* Svir.

15. 多棘栅藻 *S. Spinosus*

（二）韦斯藻属 *Westella* Wild

1. 丛球韦斯藻 *W. botryoides*

（三）十字藻属 *Crucigenia* Morr.

1. 华美十字藻 *C. lauterbornei* Schm.

三十五、空星藻科 COELASTRACEAE

（一）空星藻属 *Coelastrum* Nag.

1. 小空星藻 *C. microporum* Nag.

2. 网状空星藻 *C. reticulatum*（Dang.）Senn.

3. 空星藻 *C. sphaericum* Nag.

丝藻目 ULOTRICHALES

三十六、丝藻科 ULOTRICHACEAE

（一）丝藻属 *Ulothrix* Kutz.

1. 细丝藻 *U. tenerrima*（Kutz.）Kutz.

（二）双胞藻属 *Geminella* Turp

1. 小双胞藻 *G. minor* Heer.

（三）骈胞藻属 *Binuclearia* Wittr.

1. 骈胞藻 *B. tectorum*（Kutz.）Beg. et Wichm.

鞘藻目 OEDOGONIALES

三十七、鞘藻科 OEDOGONIACEAE

（一）鞘藻属 *Oedogonium* Link.

1. 微细鞘藻 *O. pusillum* Kirch

刚毛藻目 CLADOPHORALES

三十八、刚毛藻科 CLADOPHORACEAE

（一）根枝藻属 *Rhizoclonium* Kutz.

1. 泉生根枝藻 *R. fontanum* Kutz.

接合藻纲 CONJUGATOPHYCEAE

双星藻目 ZYGNEMATALES

三十九、双星藻科 ZYGNEMATACEAE

（一）双星藻属 *Zygnema* Ag.

1. 野生双星藻 *Z. spontaneum* Nordst.

（二）转板藻属 *Mougeotia* Ag.

1. 小转板藻 *M. parvula* Hass.

2. 四角转板藻 *M. quadrangulata* Hass.

（三）水绵属 *Spirogyra* Link.

1. 普通水绵 *S. communis*（Hass.）Kutz.

2. 美貌水绵 *S. pulchrifigurata* Jao

中带藻目 MESOTAENIALES

四十、中带藻科 MESOTAENIACEAE

（一）棒形鼓藻属 *Gonatozygon* De Bary.

1. 棒形鼓藻 *G. monotaenium* De Bary.

鼓藻目 DESMIDIALES

四十一、鼓藻科 DESMIDIACEAE

（一）新月藻属 *Closterium* Nitzsch.

1. 锐新月藻 *C. acerosum*（Schrank.）Ehr.

2. 月牙新月藻 *C. cynthia* De Not

3. 纤细新月藻 *C. gracile* Breb.

4. 端尖新月藻 *C. westii*

（二）宽带鼓藻属 *Pleurotaenium* Naeg.

1. 宽带鼓藻 *P. trabecula*（Ehr.）Nag.

（三）凹顶鼓藻属 *Euastrum* Ehr.

1. 不定凹顶鼓藻 *E. dubium* Naeg.

2. 小刺凹顶鼓藻 *E. spinlosum* Delponte

（四）角星鼓藻属 *Staurastrum* Mey.

1. 尖刺角星鼓藻 *S. apiculatum* Breb.

2. 双臂角星鼓藻 *S. bibrachiatum* Reinsch

3. 钝齿角星鼓藻 *S. crenulatum*（Naeg）Delp

4. 尖头角星鼓藻 *S. cuspidatum* Breb.

5. 纤细角星鼓藻 *S. gracile* Ralfs.

6. 珍珠角星鼓藻 *S. margaritaceum*（Ehr.）Mar.

7. 伪四角角星鼓藻 *S. pseudotetracerum*（Nordst.）West.

8. 颗粒角星鼓藻 *S. punctulatum* Breb.

9. 四角角星鼓藻 *S. tetracerum* Ralfs.

（五）鼓藻属 *Cosmarium* Cord.

1. 短鼓藻 *C. abbreviatum* Rac.

2. 具角鼓藻 *C. angulosum* Breb.

3. 异粒鼓藻 *C. anisochondrum* Nordstedt

4. 布莱鼓藻 *C. blyttii* Will.

5. 圆鼓藻 *C. circulare* Reinsch.

6. 胡瓜鼓藻 *C. cucumis*（Cord.）Ralfs

7. 扁鼓藻 *C. depressum*（Naeg.）Lund.

8. 美丽鼓藻 *C. formosulum* Hoff.

9. 球鼓藻 *C. globosum* Bulnhein

10. 颗粒鼓藻 *C. granatum* Breb.

11. 光滑鼓藻 *C. laeve* Rab.

12. 珍珠鼓藻 *C. margaritatum*（Lund）Rog et Biss

13. 梅尼鼓藻 *C. meneghinii* Brib

14. 伪锥形鼓藻 *C. pseudopyramidatum*

15. 项圈鼓藻 *C. moniliforme*（Ehr.）Ralfs

16. 钝鼓藻 *C. obtusatum* Schmidl.

17. 厚皮鼓藻 *C. pachydermum* Lund.

18. 多角鼓藻 *C. polygonium*（Nag.）Arch

19. 波特鼓藻 *C. portianum* Arch.

20. 伪布鲁鼓藻 *C. pseudobroomei* Woll.

21. 斑点鼓藻 *C. punctulatum* Breb

22. 方鼓藻 *C. quadrum* Lund.

23. 原始鼓藻 *C. raciborskii* Lagerhein

24. 雷尼鼓藻 *C. regnellii* Will.

25. 肾形鼓藻 *C. reniforme*（Ralfs）Archer.

26. 近膨胀鼓藻 *C. subtumidum* Nordst.

27. 四眼鼓藻 *C. tetraophthalmum* Breb

（六）瘤接鼓藻属 *Sphaerozosma* Cord.

1. 颗粒瘤接鼓藻 *S. granulatum* Roy et Bisset

（七）顶接鼓藻属 *Spondulosium* Breb.

1. 平顶顶接鼓藻 *S. planum*（Woll.）W. et. G. S.

附录6 保护区浮游动物名录

物种	学名	采样断面											
		S1	S2	S3	S4	S5	S6	S7	S8	S9	S10	S11	S12
原生动物	Protozoa												
变形虫属	Amoeba												
珊瑚变形虫	A. Gorgonia			+	+	+	++	++	++	++	+		+
泥生变形虫	A. limicola Phambler			++	+	+	++	+	+	++			+
表壳虫属	Arcella												
碗表壳虫	A. catinus			++	++	+	+	+					+
盘状表壳虫	A. discoides				++	+	+	++			+	++	
大口表壳虫	A. megastoma			++			++	++	++				
法冠表壳虫	A. mitrata			++	++	++			++	++	++		
普通表壳虫	A. vulgaris	++	++	++	++	++	++	++	+++	+++	++	+	+
圆壳虫属	Cyclopyxis												
表壳圆壳虫	C. arcelloides	+			++	++			++			++	+
匣壳虫属	Centropyxis												
盘状匣壳虫	C. discoides	+		++	++			++	++	++		++	
砂壳虫属	Difflugia												
尖顶砂壳虫	D. acuminata	++	+	++			++			+	++		
藻壳砂壳虫	D. bacillarum					++	++	+	+	+	++		
冠砂壳虫	D. corona					++	+				++	+	+
球形砂壳虫	D. globulosa					++	++	+	+	++	++	++	
壶形砂壳虫	D. lebes					++	++	++			+	+	
湖沼砂壳虫	D. lienta	+	+	++			+++			++	++	+	+
片口砂壳虫	D. lobostoma				++	+	+				++		
长圆砂壳虫	D. oblonga	+	+	++				++	++	++			++
叉口砂壳虫	D. qramen							++			++	++	++
褐砂壳虫	D. aveilana			++			+++	++	++	++			+
圆钵砂壳虫	D. urceolata			++	+	++	++			++	++	++	++
累枝虫属	Epistylis												
瓶累枝虫	E. urceolata	+	+	++	++				++			++	++
游仆虫属	Euplotes												
阔口游仆虫	E. eurystomus	++	+	+	+	+++	++				++		
法帽虫属	Phryganella												
半球法帽虫	P. hemisphaerica	+	+	++	++	+	++	++	++			++	++
巢居法帽虫	P. nidulus			++	+			++	++	++	++		
钟虫属	Vorticella												
钟形钟虫	V. campanula	+	+	++	++			++	++			++	+

（续）

物种	学名	采样断面											
		S1	S2	S3	S4	S5	S6	S7	S8	S9	S10	S11	S12
琵琶钟虫	*V. lutea*	++	+	++	++	++			++	++	++	++	+
轮虫	Rotifera												
无柄轮虫属	*Ascomorpha*												
舞跃无柄轮虫	*A. saltans*			++	++	++			++			++	++
卵形无柄轮虫	*A. ovalis*	+	+	+	++	+	++	++	++	+	+	+	++
精囊轮虫属	*Asplanchna*												
前节精囊轮虫	*A. priodonta*	+	++	++	++	++	++	++	++	++	++	++	++
盖氏晶囊轮虫	*A. girodi*	+	++	++	++	++	++	++	++	++	+++	++	++
臂尾轮虫属	*Brachionus*												
角突臂尾轮虫	*B. angularis*	++	++	++	++	++	++	++	++	++	++	++	++
萼花臂尾轮虫	*B. calyciflorus*	++	++	+++	++	++	++	++	++	++	++	++	++
矩形臂尾轮虫	*B. leydigi*	++	++	++	++	++	++	++	++	++	++	++	++
方形臂尾轮虫	*B. quadridentatus*	+	++	++	+	++	++	++	++	++	++	++	++
尾突臂尾轮虫	*B. caudatus*	++	++	++	++	++	++	+	++	++	++	++	++
裂足臂尾轮虫	*B. diversicornis*	+	++	++	++	++		+	++	++	++	+	+
巨头轮虫属	*Cephalodella*												
尾棘巨头轮虫	*C. sterea*	+	++	++	+	++	++	++	++	++	++	++	++
小巨头轮虫	*C. catellina*	+		++	++	++			++	++	++	++	
狭甲轮虫属	*Colurella*												
钝角狭甲轮虫	*C. abtusa*	+	++	++	+++	++	+++	++	+++	++			++
钩状狭甲轮虫	*C. uncinala*	+	+++	++	+++	+++	++	++	++	+++	+++	+	++
聚花轮虫属	*Conochilus*												
独角聚花轮虫	*C. unicornis*	+	++	++	++	+++	++	++	++	++	++	++	++
猪吻轮虫属	*Dicranophorus*												
尾猪吻轮虫	*D. caudatu*	++	+++	+	+++	++	++	+++	++	++	++	++	++
水轮虫属	*Epiphanes*												
椎尾水轮虫	*E. senta*	++	++	+++	++	++	+++	+++	+++	++	++	++	+++
棒状水轮虫	*E. clavulatus*	++	+++	++	+++	++	++	+++	++	+++	+++	+++	+
鬃足轮虫属	*Euchlanis*												
竖琴鬃足轮虫	*E. lyra*	+++	+	+++	+++	+++	+++	+++	+++	++	++	+++	
大肚鬃足轮虫	*E. dilalata*	++	+++	+++	++	+++		+++	+++	++	+++	+++	+
透明鬃足轮虫	*E. pellucida*	+++	+	+++	+++	++	+++	+++	+++	++	+++	+++	+++
三肢轮虫属	*Filinia*												
长三肢轮虫	*F. lonyiset*	+++	++	+++	+++	+++	++	+++	+++	+++	++	+++	+
龟甲轮虫属	*Keratella*												
螺形龟甲轮虫	*K. cochlearis*	+++	+++	+++	+++	+++	+++	+++	+++	+++	+++	+++	+++
矩形龟甲轮虫	*K. quadrata*	+++	+++	+++	+++	+++	+++	+++	+++	+++	+++	+++	+++
曲腿龟甲轮虫	*K. valga*	+	+++	++	+++	+++	+++	+++	++	+++	+++	+++	++

232

（续）

物种	学名	采样断面											
		S1	S2	S3	S4	S5	S6	S7	S8	S9	S10	S11	S12
缘板龟甲轮虫	*K. ticinensis*	+	+	+++			++	++			+	++	+
龟形龟甲轮虫	*K. tesudo*	++	+	+	+	+	++	++	+++		++	++	++
腔轮虫属	*Lecane*												
月形腔轮虫	*L. luna*	++	+++	+++	+++	+++	+++	+++	+++	+++	+++	++	+++
蹄形腔轮虫	*L. ungulata*	+++	+++	+++	++	+++	++	+++	+++	+++	+++	+++	+++
无甲腔轮虫	*L. nodosa*			+++	++	+	++			++	++		
奥埃奥腔轮虫	*L. ohioensis*			+++	+++	+++			+++	++	+++	+++	+++
圆皱腔轮虫	*L. niothis*	+	+	+	+++	++	+	+++	+	+++	++	++	++
鞍甲轮虫属	*Lepadella*												
尖尾鞍甲轮虫	*L. acuuminata*	+++	++	+++	+++	++	+++	+++	+++	+++	+++	+++	+++
卵形鞍甲轮虫	*L. ovalis*	++	+++	+++	++	+++	+++	++	++	+++		+++	++
盘状鞍甲轮虫	*L. patella*	++	++	+	+++	++	+++		+++	+++	+++	+++	+++
半圆鞍甲轮虫	*L. apsida*	+	++	+++	+++	+++	+++	+++	+++	+++	+++	++	++
单趾轮虫属	*Monostyla*												
囊形单趾轮虫	*M. bulla*	+	+++	+++	+++	+++	+	+++	++	+++	+	+	++
尖爪单趾轮虫	*M. closterocerca*	++	++	++	+	++	+++	++	+	++	+++	+++	++
精致单趾轮虫	*M. elachis*	+++	++	+++	+++	++	+++	+++	++	+++	++	+++	+++
月形单趾轮虫	*M. lunaris*	++	++	++	+++	++	++	+++	+	++	++	+	+
尖角单趾轮虫	*M. hamata*	++	+++	+++	++	+++	+++	+++	+++	++	++	+++	++
梨形单趾轮虫	*M. pyriformis*	+++	++	+++	+++	++	+++	+++	++		++	+++	
棘管轮虫属	*Mytilina*												
腹棘管轮虫	*M. ventralis*			++	++			++	++			++	++
叶轮虫属	*Notholca*												
腰痕尖削叶轮虫	*N. acuminata*	++	+	++	++	++	++	+++	+	+	++	++	++
唇形叶轮虫	*N. labis*	++	++	++	++	++	++	++	++			+++	+
旋轮虫属	*Philodina*												
红眼旋轮虫	*P. erythrophthalma*	++	++	++	++	++	++	++	++	++	++	++	++
平甲轮虫属	*Platyias*												
四角平甲轮虫	*P. quadricornis*	+		+++	++	++	++	+++	+	++			++
多肢轮虫属	*Polyarthra*												
长肢多肢轮虫	*P. dolishoptera*	+	+	+++	+++	++	+++	+++	++	+++	+	+++	+
广布多肢轮虫	*P. unlgaris*	++	++	+++	++	++	+++	++	++	++	+++	+	++
针簇多肢轮虫	*P. trigla*	++	+	+++	+++	++	+++	+++	++	++	++	++	++
小多肢轮虫	*P. minor*	++	++	+++	+++	++	+++	+++	++	+++	+++	++	++
泡轮虫属	*Pompholyx*												
沟痕泡轮虫	*P. sulcata*			+++	+++			+++	+++			++	++
扁平泡轮虫	*P. complanta*	+	+	++	++	++	++	++	+++	++	++	++	++
前翼轮虫属	*Proales*												

（续）

物种	学名	采样断面											
		S1	S2	S3	S4	S5	S6	S7	S8	S9	S10	S11	S12
简单前翼轮虫	*Proales simplex*	++	+	+	++	+++	++	+++		+++	+++	++	+
疣毛轮虫属	*Synchacta*												
尖尾疣毛轮虫	*S. atylata*	+++	+++	+++	+++	++	++	++	++	+	++	++	+
长足疣毛轮虫	*S. longipes*	+++	++	+++	+++	++	+++	++	+++	++	+++	++	++
颤动疣毛轮虫	*S. tremula*				+++	+++			++	+++	+	++	+
镜轮虫属	*Testudinella*												
微凹镜轮虫	*T. mucronata*			+++	++	+++	++	++	+	++	+++		
盘镜轮虫	*T. patina*	++	++	+++	++	++	+	++	++	+	++	+	++
异尾轮虫属	*Trichocerca*												
韦氏异尾轮虫	*T. weberi*	+	+++	+++	++	++	++	+	++	+	++	++	+
长刺异尾轮虫	*T. longiseta*	++	++	++	++	++	++	+++	++	++	++	+++	++
纵长异尾轮虫	*T. elongata*	+++	+++	+++	+++	+++	+++	+++	+++	+++	+++	++	++
二突异尾轮虫	*T. bicristata*	++	+++	++	+		+++	+++		+	++	+++	+++
罗氏异尾轮虫	*T. rousseleti*	++	++	++	+++	+++	+	+	+++	+	+++	+++	++
圆筒异尾轮虫	*T. cylindrica*	+	+++	+++	++	+++	+++	+++	+++		++	+	+++
枝角类	*Cladocera*												
尖额溞属	*Alona*												
近亲尖额溞	*A. affinis*	++	+++	+++	+++	+++	+++	+++	+++	+++	+++	++	++
肋形尖额溞	*A. costata*	+++	+++	+++	+++	+++	+++	+++	++	+++	+++	+++
点滴尖额溞	*A. guttata*	++	+++	++	+++	++	+++	++	+++	+++	+++	+++	+++
方形尖额溞	*A. quadrangularis*	+++	+++	++	+++	+++	+++	+++	++	+++		++	++
中型尖额溞	*A. intermedia*	++	+++	+++	++	+++	+++	+++	+++	+++	+++	+++	++
锐额溞属	*Alonella*												
镰角锐额溞	*A. excisa*	+	+++	+++	+	+	+++	+++	+	+++	+++	+++	+
吻状锐额溞	*A. rostrata*	++	+++	++	+++	+++	+++	++	+++	+++	+	+++	+
小型锐额溞	*A. exigua*	+++	++	+++	+++	+	+++	+++	++	+++	+	+++	++
象鼻溞属	*Bosmina*												
简弧象鼻溞	*B. coregoni*	++	+++	+++	+++	+++	+++	++	+++	+++	+++	+++	+++
长额象鼻溞	*B. longirostris*	+++	+++	+++	+++	++	+++	+++	+++	+++	+++	+++	++
基合溞属	*Bosminopsis*												
颈沟基合溞	*B. deitersi*	+++	+++	+++	+++	+++	+++	+++	+++	+++	+++	+++	+++
网纹溞属	*Ceriodaphnia*												
方形网纹溞	*C. quadrangula*	++	+++	+++	+++	+++	+++	+++	+++	+++	+++	+++	++
盘肠溞属	*Chydorus*												
驼背盘肠溞	*C. gibbus*	+	+++	++	+++	+++	+++	+++	+++	+++	+++	+++	++
溞属	*Daphnia*												
隆线溞	*D. carinata*	++	+	+++	++	+++	++	++	++	+++	+++	+	++
蚤状溞	*D. pulex*	++	+++	+++	+++	+++	+	+++	+++	++	+++	+++	++

（续）

物种	学名	采样断面											
		S1	S2	S3	S4	S5	S6	S7	S8	S9	S10	S11	S12
秀体溞属	*Diaphanosoma*												
长肢秀体溞	*D. leuchtenbergianum*	+	+	+	++	++	+++	++	++	++	+++	+	++
多刺秀体溞	*D. sarsi*	+	+	++	+++	+++	+	++	+++	+	++	+++	
薄皮溞属	*Leptodora*												
透明薄皮溞	*L. Kindti*	+	+	+	+++	++	+++	+++			+++	++	++
裸腹溞属	*Moina*												
微型裸腹溞	*M. micrura*	+++	+++	+++	+++	+++	+++	+++	+++	+++	+++	+++	+++
平直溞属	*Pleuroxus*												
短腹平直溞	*P. aduncus*		+	++	+	+++	++	+++	+++	++	+++	++	++
棘齿平直溞	*P. denticulatus*		++	++	+++	+	++	++	++	++	++	++	++
光滑平直溞	*P. laevis*		++	++	++	+++	+++	+++	+++	+++	+++	+	+
三角平直溞	*P. laevis*	+	++	+++	+++	++	+++	+++	+	++	++	+++	++
弯额溞属	*Rhynchotalona*												
镰吻弯额溞	*R. falcata*	+	++	+++	++	+++	++	+++	++	+++	++	++	++
船卵溞属	*Scapholeberis*												
平突船卵溞	*S. mucronata*	+		+++	++	+	+	++	+++	++	++	++	++
仙达溞属	*Sida*												
晶莹仙达溞	*S. crystallina*		+	+++	++			+++	++	++			+
低额溞属	*Simocephalus*												
老年低额溞	*S. vetulus*	+++	++	+++	+++	+++	+++	+++	+++	+++	+++	+++	+++
桡足类	Copepoda												
刺剑水蚤属	*Acanthocyclops*												
矮小刺剑水蚤	*A. vernalis*	+++	++	+++	+++	++	+++	+	+++	+	+++	++	+
剑水蚤属	*Cyclops*												
英勇剑水蚤	*C. strennus*	++	+++	++	+++	++	+++	+++	+++	++	++	+++	+++
近邻剑水蚤	*C. vicinus vicinus*	++	+++	+++	++	+++	+++	++	+++	+++	+++	++	++
真剑水蚤属	*Eucyclops*												
锯缘真剑水蚤	*E. serrulatus*	+	+++	+++	+++	++	+++	++	+++	+++	+++	+++	+
窄腹剑水蚤属	*Limnoithona*												
中华窄腹剑水蚤	*L. sinensi*	++	++	+++	+++	++	+++	+	+++	++	+++	++	++
大剑水蚤属	*Macrocyclops*												
白色大剑水蚤	*N. albidus*	+	+	++	++	+++	+++	++	+++	+++	+++	+++	++
中剑水蚤属	*Mesocyclops*												
广布中剑水蚤	*N. leuckarti*	++	+++	++	+++	+++	+++	+++	++	+++	+++	+++	++
小剑水蚤属	*Microcyclops*												
跨立小剑水蚤	*N. raricans*	+	+	++	+++	++	+++	+++	+++	++	++	+++	++
温剑水蚤属	*Thermocyclops*												
台湾温剑水蚤	*T. taihokuensis*	++	++	+++	++	+++	+++	+++	+++	++	+++	++	+

物种	学名	采样断面											
		S1	S2	S3	S4	S5	S6	S7	S8	S9	S10	S11	S12
等刺温剑水蚤	*T. kawamurai*	+++	++	++	++	+++	+++	++	+++	+++	+++	+++	+++
拟剑水蚤属	*Paracyclops*												
亲近拟剑水蚤	*P. affinis*	++	+++	+++	+++	+++	+++	+++	+++	++	++	++	++
华哲水蚤属	*Sinocalanus*												
汤匙华哲水蚤	*S. dorii*	++	++	++	++	++	++	++	++	++	++	++	++
中镖水蚤属	*Sinodiaptomus*												
大型中镖水蚤	*S. sarsi*	++	++	++	+++	++	+++	++	+++	++	+++	++	++
荡镖水蚤属	*Neutrodiaptomus*												
西南荡镖水蚤	*N. mariadvigae*	++	+++	++	+++	+++	++	++	++	+++	+++	+++	++
蒙镖水蚤属	*Mongolodiaptomus*												
锥肢蒙镖水蚤	*N. birulai*		+	+	+	+			++	++	+	++	++
有爪猛水蚤属	*Onychocamptus*												
模式有爪猛水蚤	*O. mohamme*	++	++	++	++	++	++	++	++	++	++	++	+
湖角猛水蚤属	*Limnocletodes*												
窄肢湖角猛水蚤	*L. angustodes*	+	+	+	++	++	+	++			++	++	+
异足猛水蚤属	*Canthocamptus*												
沟渠异足猛水蚤	*C. microstaphylinus*	+	+	++	++		++	++	++	++			++
无节幼体		+++	+++	+++	+++	+++	+++	+++	+++	+++	+++	+++	+++

注："+++"表示数量大于总数10%，"++"表示数量为1%~10%，"+"表示数量小于1%。

附录7 保护区大型真菌名录

子囊菌门 Ascomycota

锤舌菌纲 Leotiomycetes

柔膜菌目 Helotiales

一、科不确定

（一）小双孢盘菌属 *Bisporella* Sacc.

1. 橘色小双孢盘菌 *Bisporella aff.* citrina（Batsch）Korf & S. E. Carp.，草地牛粪上生，腐生菌，用途不详。世界广布种。

二、地锤菌科 Cudoniaceae

（一）地锤菌属 *Cudonia* Fr.

1. 黄地锤菌 *Cudonia lutea*（Peck）Sacc.，生于林中地上，食毒不明。

盘菌纲 Pezizomycetes

盘菌目 Pezizales

三、马鞍菌科 Helvellaceae

（一）马鞍菌属 *Helvella* L.

1. 皱马鞍菌 *Helvella crispa*（Scop.）Fr.，生于林中地上，毒蘑菇。
2. 迪氏马鞍菌 *Helvella dissingii* Korf，生于林中地上，食用菌。贵州新记录。
3. 灰褐马鞍菌 *Helvella ephippium* Lév.，生于林中地上，食用菌。贵州新记录。
4. 阔孢马鞍菌 *Helvella latispora* Boud.，生于林中地上，食用菌。贵州新记录。

四、盘菌科 Pezizaceae

（一）盘菌属 *Peziza* Pers.

1. 褐盘菌 *Peziza sepiatra* Cooke，生于林中地上，食用菌。
2. 泡质盘菌 *Peziza vesiculosa* Bull.，生于林中地上，食用菌。

五、火丝盘菌科 Pyronemataceae

（一）缘刺盘菌属 *Cheilymenia* Boud

1. *Cheilymenia vitellina*（Pers.）Dennis，生于混交林中地上，食毒不明。贵州新记录。

六、根盘菌科 Rhizinaceae

（一）根盘菌属 *Rhizina* Fr.

1. 波状根盘菌 *Rhizina undulata* Fr.，生于林中地上，毒蘑菇。

粪壳菌纲 Sordariomycetes

肉座菌目 Hypocreales

七、虫草菌科 Cordycipitaceae

（一）虫草菌属 *Cordyceps* Fr.

1. 蛹虫草 *Cordyceps militaris*（L.：Fr.）Fr.，生于蝉蛹上，食用菌，药用菌。世界广布种。

炭角菌目 Xylariales

八、炭角菌科 Xylariaceae

（一）炭角菌属 *Xylaria* Hill ex Schrank

1. 癞炭笔 *Xylaria tenuis* Mathieu ex Beeli，生于林中地上，药用菌。贵州新记录。

担子菌门 Basidiomycota

伞菌纲 Agaricomycetes

伞菌目 Agaricales

九、伞菌科 Agaricaceae

（一）蘑菇属 *Agaricus* L.

1. 蘑菇 *Agaricus campestris* L.，生于林中地上，食用菌。

2. 细褐鳞蘑菇（显鳞蘑菇）*Agaricus moelleri* Wasser，生于林中地上，毒蘑菇。

3. 林地蘑菇 *Agaricus silbaticus* Schaeff.，生于阔叶林中地上，药用菌。

（二）小灰球菌属 *Bovista* Pers

1. 小灰球菌 *Bovista pusilla*（Batsch）Pers.，生于林中地上，食用、药用菌。

（三）鬼伞属 *Coprinus* Pers.

1. 毛头鬼伞 *Coprinus comatus*（O. F. Müll.）Pers.，生于林中草地上，食药用菌。

（四）蛋巢菌属 *Crucibulum* Tul. & C. Tul.

1. 乳白蛋巢菌 *Crucibulum laeve*（Huds.）Kambly，生于林中腐木上，药用菌。

（五）环柄菇属 *Lepiota*（Pers.）Gray

1. 冠状环柄菇 *Lepiota cristata*（Bolton）P. Kumm，生于腐殖质上，文献记载有毒。

2. 环柄菇一种 *Lepiota* sp.，生于林中地上。

（六）马勃属 *Lycoperdon* P. Micheli

1. 网纹马勃 *Lycoperdon perlatum* Pers.，夏秋季节生于林中地上或腐木上，幼时可食用，药用菌有消肿、止血、解毒作用，与云杉、松、栎形成外生菌根菌。

2. 白刺马勃 *Lycoperdon wrightii* Berk. & N. A. Curtis，阔叶林中地上，药用菌。贵州新记录。

（七）大环柄菇属 *Macrolepiota* Singer

1. 具托大环柄菇 *Macrolepiota velosa* Vellinga & Zhu L. Yang，生于林中地上，腐生菌。

2. 红顶大环柄菇 *Macrolepiota gracilenta*（Krombh.）Wasse，生于林中地上，食用。

十、鹅膏菌科 Amanitaceae

（一）鹅膏属 *Amanita* Dill. ex Boehm.

1. 白条盖鹅膏 *Amanita chepangiana* Tulloss & Bhandary，生于林中地上，菌根菌，毒蘑菇。

2. 小托柄鹅膏 *Amanita farinosa* Schwein，生于林中地上，菌根菌，毒蘑菇。

3. 黄赭鹅膏菌 *Amanita flavorubescens* G. F. Atk，生于林中地上，菌根菌，毒蘑菇，药用菌。

4. 格纹鹅膏 *Amanita fritillaria* Sacc，散生、群生于针叶、阔叶林中地上，食用菌。

5. 灰褐鹅膏 *Amanita griseofolia* Zhu L. Yang，生于针叶林中地上，药用菌。

6. 隐花青鹅膏 *Amanita manginiana* Har. & Pat.，生于混交林中地上，食用菌。

7. 小毒蝇鹅膏 *Amanita melleiceps* Hongo，生于林中地上，有毒。

8. 红褐鹅膏 *Amanita orsonii* Ash. Kumar & T. N. Lakh.，生于混交林，阔叶林中地上，菌根菌，食毒不明。贵州新记录。

9. 卵孢鹅膏 *Amanita ovalispora* Boedijn，生于针叶林中地上，菌根菌。热带分布种。

10. 球基鹅膏 *Amanita subglobosa* Zhu L. Yang，生于林中地上，菌根菌，毒蘑菇。

11. 灰鹅膏 *Amanita vaginata*（Bull.）Fr.，生于林中地上，菌根菌，毒蘑菇。

十一、珊瑚菌科 Clavariaceae

（一）珊瑚菌属 *Clavaria* P. Micheli

1. 虫形珊瑚菌 *Clavaria fragilis* Holmsk，生于林中地上，用途不详。

2. 堇紫珊瑚菌 *Clavaria zolingeri* Lev.，生于林中地上，药用菌。

（二）珊瑚菌属 *Clavulina* J. Schröt

1. 灰色锁瑚菌 *Clavulina cinerea*（Bull.）J. Schröt，夏秋季生于阔叶林地上，群生或丛生，食用菌。

2. 珊瑚状珊瑚菌 *Clavulina coralloides*（L.）J. Schröt.，生于林中地上，食用菌。

3. 皱锁瑚菌 *Clavulina rugosa*（Bull.）J. Schröt.，生于林中地上，食用菌。

（三）拟锁瑚菌属 *Clavulinopsis* Overeem

1. 怡人拟锁瑚菌 *Clavulinopsis amoena*（Zoll. et Mor.）Corner，生于林中地上，食用菌。

2. 梭形黄拟锁瑚菌 *Clavulinopsis fusiformis*（Sowerby）Corner，阔叶林中地上，食用。

十二、丝膜菌科 Cortinariaceae

（一）丝膜菌属 *Cortinarius*（Pers.）Gray

1. 尖孢丝膜菌 *Cortinarius fulgens* Fr.，生于林中地上，食用菌。

2. 半被毛丝膜菌 *Cortinarius hemitrichus*（Pers.）Fr.，生于林中苔藓地上，菌根菌，药用菌。贵州新记录。

3. 拟盔孢伞丝膜菌 *Cortinarius galeroides* Hongo，生于混交林中地上，菌根菌，食毒不明。

（二）暗金钱菌属 *Phaeocollybia* R. Heim

1. 詹妮暗金钱菌 *Phaeocollybia jennyae*（P. Karst.）Romagn，生于林中地上，食毒不明。贵州新记录。

十三、粉褶蕈科 Entolomataceze

（一）偏脚菇属 *Claudopus* Gillet

1. 偏脚菇属一种 *Claudopus* sp.，生于混交林中地上，食毒不明。贵州新记录。

（二）粉褶蕈属 *Entoloma* Fr. ex P. Kumm.

1. 美丽粉褶蕈 *Entoloma formosum*（Fr.）Noordel，生于混交林中地上。贵州新记录。

2. 蓝色粉褶蕈 *Entoloma* sp.，生于混交林中地上。贵州新记录。

十四、角齿菌科 Hydnangiaceae

（一）蜡蘑属 *Laccaria* Berk. & Broome

1. 白蜡蘑 *Laccaria alba* Zhu L. Yang & Lan Wang，群生于混交林中地上，食用。贵州新记录。

2. 紫晶蜡蘑 *Laccaria amethystea*（Bull. ;Gray）Murr.，生于林中地上，食用菌。北温带分布种。

3. 双色蜡蘑 *Laccaria bicolor*（Maire）P. D. Orton，生于林中地上，食用菌。

4. 红蜡蘑 *Laccaria laccata*（Scop.）Cooke，生于林中地上，食用菌。

5. 长柄蜡蘑 *Laccaria longipes* G. N. Muell.，生于林中地上，食用菌。

十五、蜡伞科 Hygrophoraceae

（一）蜡伞属 *Hygrophorus* Fr.

1. 象牙白蜡伞 *Hygrophorus eburneus*（Bull.）Fr.，生于混交林中地上，食用菌。

（二）湿伞属 *Hygrocybe*（Fr.）P. Kumm.

1. 朱红湿伞 *Hygrocybe miniata*（Fr.）P. Kumm，生于林中地上。

十六、层腹菌科 Hymenogastraceae

（一）窄褶菌属 *Hebeloma*（Fr.）P. Kumm

1. 毒滑锈伞 *Hebeloma fastibile*（Pers.）P. Kumm，生于林中地上，菌根菌。毒蘑菇。

十七、丝盖伞科 Inocybaceae

（一）靴耳属 *Crepidotus*（Fr.）Staude

1. 粘盖靴耳 *C. mollis*（Schaeff.）Staude，生于林中腐木上，食用菌，子实体小。

2. 硫色靴耳 *Crepidotus sulphurinus* Imaz. et Toki，生于腐木上，药用菌。

（二）丝盖伞属 *Inocybe*（Fr.）Fr.

1. 亚黄丝盖伞 *Inocybe cookei* Bres.，生于林中地上，毒蘑菇。

2. 黄丝盖伞 *Inocybe fastigiata*（Schaeff.）Fr.，散生于混交林中地上，毒菌。

3. 小孢丝盖伞 *Inocybe fastigiella* G. F. Atk，生于林中地上。

4. 黄褐丝盖伞 *Inocybe rimosa*（Bull.）P. Kumm，生于混交林中地上，毒蘑菇。

十八、小皮伞科 Marasmiaceae

（一）小皮伞属 *Marasmius* Fries

1. 伯特路小皮伞 *Marasmius berteroi*（Lév.）Murrill，生于混交林的落叶层上，用途不明。

2. 黑顶小皮伞 *Marasmius nigrodiscus*（Peck）Halling，生于林中腐殖质上，食用菌。

十九、小菇科 Mycenaceae

（一）小菇属 *Mycena*（Pers.）Roussel

1. 洁小菇 *Mycena pura*（Pers.）P. Kumm，生于林中地上，毒蘑菇。

2. 粉色小菇 *Mycena rosea* Gramberg，生于林中地上，毒蘑菇。

（二）侧耳属 *Panellus* P. Karst.

1. 亚侧耳 *Panellus serotinus*（Pers.）Kühner，生于林中腐木上，食用、药用。

二十、类脐菇科 Omphalotaceae

（一）裸菇属 *Gymnopus*（Pers.）Roussel

1. 安络裸菇 *Gymnopus androsaceus*（L.）J. L. Mata & R. H. Petersen，生于林中腐殖质上，药用。

2. 湿裸脚伞 *Gymnopus aquosus*（Bull.）Antonín & Noordel.，生于混交林中地上，食毒不明。贵州新记录

3. 二型裸脚菇 *Gymnopus biformis*（Peck）Halling，生于混交林中地上，食毒不明。贵州新记录。

4. 栎裸柄伞 *Gymnopus dryophilus*（Bull.）Murrill，生于混交林中地上，当地有人采食，部分人会发生胃肠炎型反应，不建议食用。

5. 红柄金钱菌 *Gymnopus erythropus*（Pers.）Antonín, Halling & Noordel.，生于阔叶林中地上，食用菌。

6. 盾状裸菇 *Gymnopus peronatus*（Bolton）Gray，生于腐殖质上，食用。

7. *Gymnopus subpruinosus*（Murrill）Desjardin, Halling & Hemmes，生于混交林中地上，食毒不明。贵州新记录。

（二）小香菇属 *Lentinula* Earle

1. 香菇 *Lentinus edodes*（Berk.）Pegler，生于腐木上，食用。

二十一、膨瑚菌科 Physalacriaceae

（一）蜜环菌属 *Armillaria*（Fr.）Staude

1. 蜜环菌 *Armillaria mellea*（Vahl）P. Kumm，生于阔叶林中腐木上，世界广布种，食、药用菌。

2. 假蜜环菌 *Armillaria tabescens*（Scop.）Emel，生于树干基部或伐木上，食、药用菌。

（二）小火焰菇属 *Flammulina* P. Karst.

1. 金针菇 *Flammulina velutipes*（Fr.）Singer，生于林中腐木上，食用菌，药用菌。

（三）*Hymenopellis* R. H. Petersen

1. 长根菇 *Hymenopellis radicata*（Relhan）R. H. Petersen，生于林中地上，食用菌。

（四）球果伞属 *Strobilurus* Singer

1. *Strobilurus albipilatus*（Peck）V. L. Wells & Kempton，生于松果上，贵州新记录。

（五）绒干菌属 *Xerula* Maire

1. 黄绒干菌 *Xerula pudens*（Pers.）Singer，生于林中地上，食用菌。

二十二、侧耳科 Pleurotaceae

（一）亚侧耳属 *Hohenbuehelia* Schulzer

1. 地生亚侧耳 *Hohenbuehelia petaloides*（Bull. : Fr.）Schulz，生于林中腐木上，食用。

（二）侧耳属 *Pleurotus*（Fr.）P. Kumm.

1. 金顶侧耳 *Pleurotus citrinopileatus* Singer，生于腐木上，食用菌，药用菌。

2. 长柄侧耳 *Pleurotus spodoleucus*（Fr.）Quel，生于腐木上，食用菌，药用菌。

3. 侧耳 *Pleurotus ostreatus*（Jacq.）P. Kumm.，生于阔叶林中腐木上，世界广布种。

4. 紫孢侧耳 *Pleurotus spadiceus* P. Karst，生于腐木上，食用菌，药用菌。

二十三、小脆柄菇科 Psathyrellaceae

（一）小鬼伞属 *Coprinellus* P. Karst

1. 白假鬼伞 *Coprinellus disseminatus*（Pers.）J. E. Lange，生于腐木上，毒蘑菇。

2. 晶粒小鬼伞 *Coprinellus micaceus*（Bull.）Vilgalys，生于林中腐木上，毒蘑菇，世界广布种。

3. 粪鬼伞 *Coprinellus sterqilinus*（Fr.）Fr.，生于粪堆上，可食用。

（二）拟鬼伞属 *Coprinopsis*

1. 墨汁拟鬼伞 *Coprinopsis atramentarius*（Bull.）Redhead，生于阔叶林中地上，可食用。

2. 白绒拟鬼伞 *Coprinopsis lagopus*（Fr.）Redhead，生于腐朽稻草堆及草地上。药用菌。

（三）垂幕菇属 *Lacrymaria* Pat.

1. 毡绒垂幕菇 *Lacrymaria lacrymabunda*（Bull.）Pat.，生于空旷草地上，药用菌。

（四）脆柄菇属 *Psathyrella*（Fr.）Quél.

1. 白黄小脆柄菇 *Psathyrella candolleana*（Fr.）Maire，生于林中腐木、腐殖质上，毒蘑菇。世界广布种。

2. 细丽脆柄菇 *Psathyrella gracilipes* Pat.，生于针叶林、混交林中地生。贵阳新记录。

3. 喜湿脆柄菇 *Psathyrella hydrophila*（Bull.）Maire，生于草地、混交林中地上。

4. 杂色脆柄菇 *Psathyrella multissima*（S. Imai）Hongo，生于混交林、针叶林中地上。

二十四、裂褶菌科 Schizophyllaceae

（一）裂褶菌属 *Schizopyllum* Fr.

1. 裂褶菌 *Schizopyllum commune* Fr.，生于林中腐木上，食用、药用。世界广布种。

二十五、球盖菇科 Strophariaceae

（一）垂暮菇属 *Hypholoma*（Fr.）P. Karst.

1. 簇生沿丝伞 *Hypholoma fasciculare*（Huds.）P. Kumm.，生于林中腐木上，毒蘑菇。

（二）环锈伞属 *Pholiota*（Fr.）P. Kumm.

1. 黄伞 *Pholiota adiposa*（Batsch）P. Kumm.，生于林中腐木上，食用，药用菌。

2. 黄褐环锈伞 *Pholiota spumosa*（Fr.）Singer，生于林中腐木上。

3. 翘鳞环锈伞 *Pholiota squarrosa*（Vahl）P. Kumm，生于林中腐木上，食用。

二十六、口蘑科 Tricholomataceae

（一）棒形杯伞属 *Ampulloclitocybe* Redhead, Lutzoni, Moncalvo & Vilgalys

1. 棒形杯伞 *Ampulloclitocybe clavipes*（Pers.）Redhead,Lutzoni,Moncalvo & Vilgalys，生于混交林中地上，食用菌，有微毒。

（二）乳头蘑属 *Catathelasma* Lovejoy

1. 梭柄乳头蘑 *Catathelasma ventricosum*（Peck）Singer，生于林中地上，食用菌。

（三）漏斗伞属 *Infundibulicybe* Harmaja

1. 肉色漏斗伞 *Infundibulicybe geotropa*（Bull.）Harmaja，生于林中地上，毒蘑菇。

（四）假杯伞属 *Pseudoclitocybe*（Singer）Singer

1. 灰假杯伞 *Pseudoclitocybe cyathiformis*（Bull. : Fr.）Singer，生于林中地上。

（五）口蘑属 *Tricholoma*（Fr.）Staude

1. 油口蘑 *Tricholoma equestre*（L.）P. Kumm，生于混交林中地上，药用菌。

2. 鳞盖口蘑 *Tricholoma imbricatum*（Fr.）P. Kumm，生于林中地上。

3. 松口蘑 *T. matsutake*（S. Ito & S. Imai）Singer，生于针叶林或混交林林中地上，食用菌。

4. 亚凸顶口蘑 *Tricholoma subacutum* Peck，生于针叶林或混交林林中地上，菌根菌。

5. 棕灰口蘑 *Tricholoma terreum*（Schaeff.）P. Kumm.，生于林中地上，食用菌，药用菌。

6. 锈口蘑 *Tricholoma pessundatum*（Fr.）Quél.，生于林中地上，食用菌。

（六）拟口蘑属 *Tricholomopsis* Singer

1. 赭红拟口蘑 *Tricholomopsis rutilans*（Schaeff.）Singer，生于针叶树树干基部，毒蘑菇。世界广布种。

二十七、科不确定

（一）花褶伞属 *Panaeolus*

1. 斑褶一种 *Panaeolus* sp.，生于草地上，有毒。

木耳目 Auriculariales

二十八、木耳科 Auriculariaceae

（一）木耳属 *Auricularia* Bull. ex Juss

1. 木耳 *Auricularia auricula-judae*（Bull.）Quél.，生于林中腐木上。日本，欧洲，北美洲分布种。

2. 毛木耳 *Auricularia polytricha*（Mont.）Sacc，生于林中腐木上。日本，南美洲，北美洲，大洋洲分布种。

辐片包目 Hysterangiales

二十九、鬼笔腹菌科 Phallogastraceae

（一）块腹菌属 *Protubera* Möller

1. 塞布尔块腹菌 *Protubera sabulonensis* Malloch，生于针叶林中地上，菌根菌。贵州新记录。

牛肝菌目 Boletales

三十、牛肝菌科 Boletaceae

（一）牛肝菌属 *Boletus* Tourn

1. 美味牛肝菌 *Boletus meiweiniuganjun* Dentinger，生于林中地上，菌根菌，食用菌。

2. 青木氏牛肝菌 *Boletus aokii* Hongo，生于林中地上，食毒不明。

3. 美柄牛肝菌 *Boletus speciosus* Frost，生于林中地上，菌根菌，毒蘑菇。

（二）*Bothia* Halling

1. *Bothia castanella*（Peck）Halling，生于混交林中地上，食用菌，药用菌。贵州新记录。

（三）红孔牛肝菌属 *Chalciporus* Bataille

1. 辛辣红孔牛肝菌 *Chalciporus piperatus*（Bull.）Bataille，生于林中地上，菌根菌。贵州新记录。

（四）疣柄牛肝菌属 *Leccinum* Gray

1. 远东疣柄牛肝菌 *Leccinum extremiorientale*（Lj. N. Vassiljeva）Singer，生于林中地上，菌根菌，食用菌。

（五）网柄牛肝菌属 *Retiboletus* Manfr. Binder & Bresinsky

1. 金黄网柄牛肝菌 *Retiboletus ornatipes* Manfr. Binder & Bresinsky，生于针叶林中地上，食用菌。

（六）褶孔牛肝菌属 *Phylloporus* Quél.

1. 覆鳞褶孔牛肝菌 *Phylloporus imbricatus* N. K. Zeng, Zhu L. Yang & L. P. Tang，生于针叶林中地上，药用菌。

2. 褶孔牛肝菌 *Phylloporus rhodoxanthus*（Schwein.）Bres，生于林中地上，菌根菌，食用菌。

（七）粉孢牛肝菌属 *Pulveroboletus* Murrill

1. 黄粉牛肝菌 *Pulveroboletus ravenelii*（Berk. & N. A. Curtis）Murrill，生于林中地上，菌根菌，毒蘑菇。

（八）松塔牛肝菌属 *Strobilomyces* Berk.

1. 松塔牛肝菌 *Strobilomyces strobilaceus*（Scop.）Berk.，生于林中地上，食用菌。

（九）*Sutorius* Halling

1. 铅紫粉孢牛肝菌 *Sutorius eximius*（Peck）Hallin，生于林中地上，食用菌。

（十）粉孢牛肝菌属 *Tylopilus* P. Karst

1. 绿盖粉孢牛肝菌 *Tylopilus virens*（W. F. Chiu）Hongo，生于林中地上，菌根菌，药用菌，毒蘑菇。

（十一）绒盖牛肝菌属 *Xerocomus* Quél.

1. 红绒盖牛肝菌 *Xerocomus rubellus* Quél.，生于林中地上，菌根菌。

三十一、复囊菌科 Diplocystidiaceae

（一）硬皮地星属 *Astraeus* Morgan

1. 硬皮地星 *Astraeus hygrometricus*（Pers.）Morgan，生于林中地上，药用菌。

三十二、桩菇科 Paxillaceae

（一）短孢牛肝菌属 *Gyrodon* Opat.

1. 铅色短孢牛肝菌 *Gyrodon lividus*（Bull.）Sacc，生于针叶林或混交林中地上，食用菌。

（二）网褶菌属 *Paxillus*

1. 卷边网褶菌 *P. Involutus*（batsch）Fr.，生于阔叶林及混交林中地上，药用菌，毒蘑菇。

三十三、硬皮马勃科 Sclerodermataceae

（一）硬皮马勃属 *Scleroderma* Pers.

1. 马勃状硬皮马勃 *Scleroderma areolatum* Ehrenb，生于林中地上，食用菌、药用菌、菌根菌。

2. 橙黄硬皮马勃 *Scleroderma citrinum* Pers.，生于林中地上，食用菌、药用菌、菌根菌。

三十四、须腹菌科 Rhizopogonaceae

（一）须腹菌属 *Rhizopogon*

1. 红根须腹菌 *Rhizopogon roseolus*（Corda）Th. Fr.，生于林中地上，药用菌。

三十五、乳牛肝菌科 Suillaceae

（一）小牛肝属 *Boletinus* Kalchbr

1. 亚洲小牛肝 *Boletinus asiaticus* Singer，生于林中地上，菌根菌。

（二）乳牛肝菌属 *Suillus* P. Micheli

1. 乳牛肝菌 *Suillus bovinus*（L.）Roussel，生于林中地上。日本、俄罗斯（远东地区）、澳大利亚、欧洲、非洲、北美洲分布种。

2. 点柄乳牛肝菌 *Suillus granulatus*（L.：Fr.）O. Kuntce，生于林中地上，食用菌、菌根菌。

3. 厚环乳牛肝菌 *Suillus grevillei*（Klotzsch）Singer，生于林中地上，食用菌、菌根菌。

4. 黄乳牛肝菌 *Suillus luteus*（L.）Rousse，生于林中地上，食用菌、菌根菌。

5. 虎皮乳牛肝菌 *Suillus pictus*（Peck）A. H. Sm. & Thiers，生于林中地上，菌根菌，毒蘑菇。

6. 白黄粘盖牛肝菌 *Suillus placidus*（Bonorder）Singer.，生于松林中地上，可食用，但也有微毒，不宜食用。

7. 松林乳牛肝菌 *Suillus pinetorum*（W. F. Chiu）H. Engel & Klofac，生于松林中地上，可食用，但也有微毒，不宜食用。

鸡油菌目 Cantharellales

三十六、鸡油菌科 Cantharellaceae

（一）鸡油菌属 *Cantharellus* Adans. ex Fr.

1. 小鸡油菌 *Cantharellus minor* Peck，生于林中地上，食用菌、药用菌、菌根菌。

（二）喇叭菌属 *Craterellus* Pers.

2. 黑喇叭 *Craterellus cornucopioides*（L.）Pers.，夏季、秋季在阔叶树林中腐质土上生长，食用菌。

钉菇目 Comphales

三十七、钉菇科 Gomphaceae

（一）陀螺菌属 *Gomphus* Pers.

1. 喇叭陀螺菌 *Gomphus floccosus*（Schwein.）Singer，生于阔叶林或针叶林中地上，食用菌，含有松蕈酸（agaricieacid），会引起肠道病。

（二）枝瑚菌属 *Ramaria* Fr. ex Bonord.

1. 葡萄状枝瑚菌 *Ramaria botrytis*（Pers.）Bourdot，生于阔叶林、混交林中地上，食用菌。

锈革菌目 Hymenochaetales

三十八、锈革菌科 Hymenochataceae

（一）集毛孔菌属 *Coltricia* Gray

1. 肉桂色集毛菌 *Coltricia cinnamomea*（Jacq.）Murrill，生于林中地上，用途不详。

2. 钹孔菌 *Coltricia perennis*（L.）Murrill，生于林中地上，用途不详。

（二）刺革菌属 *Hymenochaete* Lév.

1. 缠结锈革菌 *Hymenochaete intricata*（Lloyd）S. Ito，生于林中腐木上，药用菌。

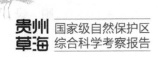

鬼笔目 Phallales

三十九、鬼笔科 Phallaceae

（一）竹荪属 *Dictyophora*

1. 长裙竹荪 *Dictyophora indusiata*（Vent. Pers.）Fisch.，生于林中地上，食用、药用菌。

多孔菌目 Polyporales

四十、拟层孔菌科 Fomitopsidaceae

（一）薄孔菌属 *Antrodia*

1. 薄孔菌 *Antrodia* sp.，生于林中腐木上。

（二）泊氏孔菌属 *Postia*

1. 脆泊氏孔菌 *Postia fragilis*（Fr.）Jülich，生于阔叶树腐木上。

四十一、灵芝科 Ganodermataceae

（一）灵芝属 *Ganoderma* P. Karst.

1. 树舌灵芝 *Ganoderma applanatum*（Pers.）Pat.，生于林中腐木上，药用菌。

2. 灵芝 *Ganoderma sichuanense* J. D. Zhao & X. Q. Zhang，生于林中腐木上，药用菌。

四十二、皱皮菌科 Meruliaceae

（一）黑管孔菌属 *Bjerkandera* P. Karst

1. 烟色烟管菌 *Bjerkandera fumosa*（Pers.）P. Karst.，生于腐木上，药用菌。

（二）半胶菌属 *Gloeoporus* Mont

1. 二色半胶菌 *Gloeoporus dichrous*（Fr.）Bres.，生于腐木上。

（三）耙齿菌属 *Irpex* Fr.

1. 白耙齿菌 *Irpex lacteus*（Fr.）Fr.，生于腐木上，药用菌。

四十三、多孔菌科 Polyporaceae

（一）革孔菌属 *Coriolopsis* Murrill

1. 法国粗盖孔菌 *Coriolopsis gallica*（Fr.）Ryvarden，生于林中腐木上，药用菌。

（二）拟迷孔菌属 *Daedaleopsis* J. Schröt.

1. 褶拟迷孔菌 *Daedaleopsis tricolor*（Bull.）Bondartsev & Singer，生于阔叶树腐木上，药用菌。

（三）红贝菌属 *Earliella* Murrill

1. 红贝菌 *Earliella scabrosa*（Pers.）Gilb & Ryvarden，生于林中腐木上，药用菌。

（四）蜂窝孔菌属 *Hexagonia* Fr.

1. 毛蜂窝孔菌 *Hexagonia apiaria*（Pers.）Fr.，生于腐木上，药用菌。

（五）香菇属 *Lentinus* Fr.

1. 虎皮香菇 *Lentinus tigrinus*（Bull.）Fr.，生于腐木上，食用。

2. 漏斗状侧耳 *Lentinus sajor-caju*（Fr.）Fr，生于腐木上，食用菌、药用菌。

3. 翘鳞香菇 *Lentinus squarrosulus* Mont，生于腐木上，食用。

（六）褶孔菌属 *Lenzites* Fr.

1. 桦褶孔菌 *Lenzites betulina*（L.）Fr.，生于阔叶腐木上，药用。

（七）脊革菌属 *Lopharia* Kalchbr. & MacOwan

1. 奇异脊革菌 *Lopharia mirabilis*（Berk. & Broome）Pat.，生于林中腐木上。

（八）多年菌属 *Perenniporia* Murrill

1. 角壳多年菌 *Perenniporia martia*（Berk.）Ryvarden，生于腐树干上，药用菌。贵州新记录种。

2. 骨质多年卧孔菌 *Perenniporia minutissima*（Yasuda）T. Hatt. & Ryvarden，生于腐树干上，药用菌。贵州新记录种。

（九）多孔菌属 *Polyporus* P. Micheli

1. 漏斗多孔菌 *Polyporus arcularius*（Batsch）Fr.，生于阔叶腐木上，药用菌。

（十）栓孔菌属 *Trametes* Fr.

1. 偏肿栓菌 *Trametes gibbosa*（Pers.）Fr.，生于活立木上，腐木上，属木腐菌，引起木材海绵状白色腐朽，药用菌。

2. 云芝（别名：云芝栓孔菌）*Trametes versicolor*（L.）Pilát，生于活立木上，腐木上，属木腐菌、药用菌。

3. 绒毛栓菌 *Trametes pubescens*（Schumach.）Pilát，生于林中腐木上，药用菌。

（十一）干酪菌属 *Tyromyces* P. Karst

1. 硫色干酪菌 *Tyromyces sulfureiceps* Corner，生于腐木上，药用菌。

（十二）茯苓属 *Wolfiporia* Ryvarden & Gilb

1. 茯苓 *Wolfiporia cocos*（F. A. Wolf）Ryvarden & Gilb，生于林中地上，药用菌。

四十四、科不确定

（一）附毛孔菌属 *Trichaptum* Murrill

1. 冷杉附毛菌 *Trichaptum abietinum*（Dicks.）Ryvarden，生于腐木上。

四十五、耳匙菌科 **Auriscalpiaceae**

（一）杯瑚菌属 *Artomyces* Jülich

1. 杯瑚菌 *Artomyces pyxidatus*（Pers.）Jülich，阔叶林中腐木上，可食用，有微毒。

四十六、刺孢多孔菌科 **Bondarzewiaceae**

（一）刺孢多孔菌属 *Bondarzewia* Singer

1. 伯氏圆孢地花菌 *Bondarzewia berkeleyi*（Fr.）Bondartsev & Singer，生于林中地上，食用菌。

（二）异担子菌属 *Heterobasidion* Bref.

1. 无壳异担子菌 *Heterobasidion ecrustosum* Tokuda，T. Hatt & Y. C. Dai，生于腐木上，引起木材白腐。

四十七、红菇科 **Russulaceae**

（一）乳菇属 *Lactarius* Pers.

1. 粘绿乳菇 *Lactarius blennius*（Fr.）Fr.，生于林中地上，菌根菌、食用菌。

2. 香乳菇 *Lactarius camphoratus*（Bull.）Fr.，生于林中地上，菌根菌、食用菌。

3. 鸡足山乳菇 *Lactarius chichuensis* W. F. Chiu，生于林中地上，菌根菌、食用菌。

4. 皱盖乳菇 *Lactarius corrugis*，生于林中地上，菌根菌、食用菌。

5. 松乳菇 *Lactarius deliciosus*（L.）Gray，生于林中地上，菌根菌、食用菌。

6. 詹氏乳菇 *Lactarius gerardii* Peck，生于林中地上，菌根菌、食用菌。

7. 暗褐乳菇 *Lactarius gluliginosus*，生于林中地上，菌根菌、食用菌。

8. 红汁乳菇 *Lactarius hatsudake* Nobuj. Tanaka，生于林中地上，菌根菌、食用菌。

9. 稀褶乳菇 *Lactarius hygrophoroides* Berk. & N. A. Curtis，生于林中地上，菌根菌、食用菌。

10. 血红乳菇 *Lactarius sanguifluus*，生于林中地上，菌根菌、食用菌。

11. 香亚环乳菇 *Lactarius subzonarius* Hongo，生于林中地上，菌根菌、食用菌。

12. 多汁乳菇 *Lactarius volemus*（Fr.）Fr.，生于林中地上，菌根菌、食用菌。

（二）红菇属 *Russula* Pers.

1. 铜绿红菇 *Russula aeruginea* Lindblad ex Fr.，生于林中地上，可食用。

2. 白菇 *Russula albida* Peck，生于林中地上，可食用。

3. 白黑红菇 *Russula albonigra*（Krombh.）Fr.，生于林中地上，菌根菌。

4. 大红菇 *Russula alutacea*（Fr.）Fr.，生于针叶林或混交林中地上，食用菌、菌根菌。

5. 怡红菇 *Russula amoena* Quél.，生于针叶林或混交林中地上，食用菌、菌根菌。

6. 黑紫红菇 *Russula atropurpurea*（Krombh.）Britzelm.，生于林中地上，食用菌、菌根菌。

7. 灰绿红菇 *Russula chloroides*（Krombh.）Bres.，生于林中地上，食用菌、菌根菌。

8. 蓝黄红菇 *Russula cyanoxantha*（Schaeff.）Fr.，生于林中地上，菌根菌、食用菌。

9. 大白菇 *Russula delica* Fr.，生于针叶林、混交林中地上，菌根菌、食用菌。

10. 臭红菇 *Russula foetens* Pers.，生于林中地上，菌根菌。

11. 粉柄红菇 *Russula farinipes* Romell，生于林中地上，菌根菌。

12. 叶绿红菇 *Russula heterophylla*（Fr.）Fr.，生于林中地上，菌根菌。

13. 灰肉红菇 *Russula griseocarnosa* X. H. Wang, Zhu L. Yang & Knudsen，生于阔叶林中地上，食用菌、药用菌。

14. 变色红菇 *Russula integra*（L.）Fr.，生于林中地上，食用菌、药用菌。

15. 稀褶黑菇 *Russula nigricans* Fr.，生于林中地上，菌根菌。

16. 篦边红菇 *Russula pectinata* Fr.，生于针叶林或混交林中地上，菌根菌、食用菌，有辛辣味。

17. 拟篦边红菇 *Russula pectinatoides* Peck.，生于林中地上，菌根菌。

18. 假大白菇 *Russula pseudodelica* J. E. Lange，生于林中地上，菌根菌。

19. 美红菇 *Russula puellaris* Fr.，散生于林中地上，食用菌。

20. 玫瑰柄红菇 *Russula roseipes* Secr & Bress，生于林中地上，菌根菌。

21. 大朱菇 *Russula rubra*（Fr.）Fr.，生于林中地上，菌根菌。

22. 茶褐红菇 *Russula sororia*（Fr.）Romell，生于林中地上，菌根菌。

23. 点柄臭黄菇 *Russula senecis* Imai，生于混交林中地上，药用菌、菌根菌，毒蘑菇。

24. 菱红菇 *Russula vesca* Fr，生于阔叶林中地上，食用菌、药用菌、菌根菌。

25. 绿红菇 *Russula virescens*（Schaeff.）Fr.，生于阔叶林或混交林中地上，食用菌、药用菌、菌根菌。

四十八、韧革菌科 Stereopsidaceae

（一）拟韧革菌属 *Stereopsis* D. A. Reid

1. 伯特拟韧革菌 *Stereopsis burtianum*（Peck）Reid，生于林中腐殖质上。贵州新记录种。

（二）趋木菌属 *Xylobolus* P. Karst.

1. 金丝韧革菌 *Xylobolus spectabilis*（Klotzsch）Boidin，生于林中腐木上，药用菌。

革菌目 Thelephorales

四十九、烟白齿菌科 Bankeraceae

（一）亚齿菌属 *Hydnellum* P. Kars

1. 蓝肉齿菌 *Hydnellum caeruleum*（Hornem.）P. Karst，生于林中地上，贵州新记录种。

（二）革菌属 *Thelephora* Ehrh. ex Willd.

1. 干巴菌 *Thelephora ganbajun* N. Zang，生于林中地上，菌根菌、食用菌。

2. 疣革菌 *Thelephora terrestris* Ehrh.，生于松林或针阔混交林中地上，药用菌。

层菌纲 Hymenomycetes

非褶菌目 Aphylloporales

五十、挂钟菌科 Cyphellaceae

（一）胶质韧革菌属 *Gloeostereum*

1. 肉红胶质韧革菌 *GloeostereumIncarnatum* S. Ito & S. Imai，生于腐木上，药用菌。贵州新记录种。

五十一、层菌科 Hymenochaetaceae

（一）针层孔菌属 *Porodaedalea* Murrill

1. 松针层孔菌 *Porodaedalea pini*（Brot.）Murrill，生于针叶树腐木、活立木上，药用菌。贵州新记录种。

五十二、齿菌科 Hydnaceae

（一）齿菌属 *Hydnum* L.

1. 卷缘齿菌 *Hydnum repandum* L.：Fr.，生于林中地上，食用菌、菌根菌。

2. 白齿菌 *Hydnum repandum* L.：Fr. var. *album*（Quél.）Rea，生于林中地上，食用菌、菌根菌。

银耳纲 Tremellomycetes

银耳目 Tremellales

五十三、银耳科 Tremellaceae

（一）银耳属 *Tremella* Dill. ex L.

1. 金耳 *Tremella mesenterica* Retz，生于林中腐木上，食用菌。

2. 橙耳 *Tremella cinnabarina* Bull，生于林中腐木上，食用菌。

附录8 保护区野生脊椎动物名录

哺乳动物

种类	数量	分布型	区系	数据来源	保护级别
一、食虫目					
（一）鼩鼱科 Soricidae					
1. 灰麝鼩 *Crocidura attenuata*	++++	Sc	东	标本	
2. 中麝鼩 *Crocidura russula* *	++	Sc	东	标本	
二、翼手目					
（二）蹄蝠科 Hipposideridae					
3. 大蹄蝠 *Hipposideros armiger*	++++	Sb	东	资料	
（三）蝙蝠科 Vespertilionidae					
4. 印度伏翼 *Pipistrellus coromandra*	++++	Sb	东	标本	
三、鳞甲目					
（四）穿山甲科 Manidae					
5. 穿山甲 *Manis pentadactyla*	+	Sb	东	资料	Ⅰ、EN、CITES附录Ⅱ
四、兔形目					
（五）兔科 Leporidae					
6. 西南兔 *Lepus comus*	++++	Hr	东	标本	K
五、啮齿目					
（六）松鼠科 Sciuridae					
7. 赤腹松鼠 *Callosciurus erythraeus*	++	Sb	东	标本	LC、K
8. 泊氏长吻松鼠 *Dremomys pernyi*	++++	Sb	东	标本	LC、K
（七）鼯鼠科 Petauristidae					
9. 霜背大鼯鼠 *Petaurista philippensis*	+	Sb	东	资料	LC、K
（八）田鼠科 Arvicolidae					
10. 昭通绒鼠 *Eothenomys olitor*	+++	Hr	东	资料	K
（九）鼠科 Muridae					
11. 中华姬鼠 *Apodemus draco*	+++	Sc	东	资料	
12. 高山姬鼠 *Apodemus chevrieri* *	++++	Sc	东	标本	
13. 黄胸鼠 *Rattus flavipectus flavipectus*	+++	Sb	东	资料	
14. 大足鼠 *Rattus nitidus*	+++	Sb	东	资料	
15. 褐家鼠 *Rattus norvegicus*	++++	Sc	古	标本	LC
16. 社鼠 *Niviventer niviventer*	+++	Sb	东	资料	
17. 小家鼠 *Mus musculus*	++++	Sc	古	标本	
六、食肉目					
（十）鼬科 Mustelidae					

（续）

种类	数量	分布型	区系	数据来源	保护级别
18. 黄鼬 *Mustela sibirica davidiana*	++++	Eh	古	标本	K
19. 水獭 *Lutra lutra*	+	Sb	广	标本	Ⅱ、NT、CITES 附录Ⅰ
（十一）猫科 Felidae					
20. 豹猫 *Felis bengalensis*	+	Sb	东	标本	Ⅱ、VU、K
七、偶蹄目					
（十二）鹿科 Cervidae					
21. 黄麂 *Muntiacus reevesi*	+	Sc	东	资料	LC、K
（十三）猪科 Suidae					
22. 野猪 *Sus scrofa* *	++	Eh	广	标本	K

分布型：Lh-古北型，Sc-南中国型，Sb-东南亚热带—亚热带型，Hr-横断山脉—喜马拉雅型。区系：东-东洋界物种，北-古北界物种，广-古北、东洋界广布种。物种证据：实-遇见或铗获动物实体，访-采用访谈法获取的证据，资料-文献证据。保护级别：Ⅰ-国家一级重点保护野生动物，Ⅱ-国家二级重点保护野生动物；K-国家"三有"动物，LC-IUCN 的无危等级，EN-IUCN 的濒危等级，VU-IUCN 的易危等级，NT-IUCN 的近危等级。"*"为草海新记录种。

鸟类

种类	居留情况	区系从属	保护级别			记录来源
			国家	CITES	IUCN	
鸊鷉目 PODICIPEDIFORMES						
鸊鷉科 Podicipedidae						
小鸊鷉 *Tachybaptus ruficollis*	R	广			LC	ab
凤头鸊鷉 *Podiceps cristatus*	W				LC	ab
黑颈鸊鷉 *Podiceps nigricollis*	W		Ⅱ		LC	b
鹈形目 PELECANIFORMES						
鸬鹚科 Phalacrocoracidae						
普通鸬鹚 *Phalacrocorax carbo*	W				LC	ab
鹳形目 CICONIIFORMES						
鹭科 Ardeidae						
苍鹭 *Ardea cinerea*	R	广			LC	ab
草鹭 *Ardea purpurea*	O	广			LC	ab
大白鹭 *Egretta alba*	W	广			LC	b
中白鹭 *Egretta intermedia*	S	东			LC	b
白鹭 *Egretta garzetta*	R	东			LC	ab
牛背鹭 *Bubulcus ibis*	W	东			LC	草
池鹭 *Ardeola bacchus*	S	东			LC	ab
夜鹭 *Nycticorax nycticorax*	S	广			LC	b
黄斑苇鳽 *Ixobrychus sinensis*	S	东			LC	ab
紫背苇鳽 *Ixobrychus eurhythmus*	O	东			LC	草
栗苇鳽 *Ixobrychus cinnamomeus*	S	东			LC	b
黑苇鳽 *Dupetor flavicollis*	O	东			LC	b
大麻鳽 *Botaurus stellaris*	W				LC	ab

（续）

种类	居留情况	区系从属	保护级别			记录来源
			国家	CITES	IUCN	
鹳科 Ciconiidae						
黑鹳 *Ciconia nigra*	W		I	附录II	VU	ab
白头鹮鹳 *Mycteria leucocephalus*	S	东				省
东方白鹳 *Ciconia boyciana*	W		I	附录I	EN	ab
钳嘴鹳 *Anastomus oscitans*	S	东			LC	省
鹮科 Threskiornithidae						
彩鹮 *Plegadis falcinellus*	S		I		DD	省
白琵鹭 *Platalea leucorodia*	W		II	附录II	NT	ab
黑脸琵鹭 *Platalea minor*	W		II		EN	ab
雁形目 ANSERIFORMES						
鸭科 Anatidae						
大天鹅 *Cygnus cygnus*	W		II		NT	b
小天鹅 *Cygnus columbianus*	W		II		NT	草
豆雁 *Anser fabalis*	W				LC	省
小白额雁 *Anser erythropus*	W		II		VU	b
灰雁 *Anser anser*	W				LC	ab
斑头雁 *Anser indicus*	W				LC	b
赤麻鸭 *Tadorna ferruginea*	W				LC	ab
翘鼻麻鸭 *Tadorna tadorna*	W				LC	ab
棉凫 *Nettapus coromandelianus*	O	东	II		EN	b
鸳鸯 *Aix galericulata*	O	古	II		NT	草
赤颈鸭 *Anas penelope*	W				LC	ab
罗纹鸭 *Anas falcata*	W				NT	ab
赤膀鸭 *Anas strepera*	W				LC	ab
花脸鸭 *Anas formosa*	W		II	附录II	NT	省
绿翅鸭 *Anas crecca*	W				LC	ab
绿头鸭 *Anas platyrhynchos*	W				LC	ab
斑嘴鸭 *Anas poecilorhyncha*	W（R）	广			LC	ab
针尾鸭 *Anas acuta*	W				LC	ab
白眉鸭 *Anas querquedula*	W				LC	b
琵嘴鸭 *Anas clypeata*	W				LC	ab
赤嘴潜鸭 *Netta rufina*	W				LC	ab
红头潜鸭 *Aythya ferina*	W				LC	ab
青头潜鸭 *Aythya baeri*	W		II		CR	b
白眼潜鸭 *Aythya nyroca*	W				NT	ab
凤头潜鸭 *Aythya fuligula*	W				LC	ab
斑背潜鸭 *Aythya marila*	W				LC	b
鹊鸭 *Bucephala clangula*	W				LC	b

（续）

种类	居留情况	区系从属	保护级别			记录来源
			国家	CITES	IUCN	
斑头秋沙鸭 *Mergellus albellus*	W				LC	b
普通秋沙鸭 *Mergus merganser*	W				LC	ab
隼形目 FALCONIFORMES						
鹰科 Accipitridae						
黑翅鸢 *Elanus caeruleus*	W	东	II	附录II	NT	省
黑鸢 *Milvus migrans*	R	广	II	附录II	LC	ab
白尾海雕 *Haliaeetus albicilla*	W		I	附录I	VU	b
白腹鹞 *Circus spilonotus*	W		II	附录II	NT	省
白尾鹞 *Circus cyaneus*	W		II	附录II	NT	ab
鹊鹞 *Circus melanoleucos*	W		II	附录II	NT	ab
松雀鹰 *Accipiter virgatus*	W	广	II	附录II	LC	ab
雀鹰 *Accipiter nisus*	W	广	II	附录II	LC	ab
苍鹰 *Accipiter gentilis*	W		II	附录II	NT	ab
普通鵟 *Buteo buteo*	W	广	II	附录II	LC	ab
大鵟 *Buteo hemilasius*	O		II	附录II	VU	省
乌雕 *Aquila clanga*	O		I	附录II	EN	省
草原雕 *Aquila nipalensis*	W		I	附录II	VU	ab
白肩雕 *Aquila heliaca*	W		I	附录I	EN	省
金雕 *Aquila chrysaetos*	R	广	I	附录II	VU	b
隼科 Falconidae						
黄爪隼 *Falco naumanni*	O		II	附录II	VU	省
红隼 *Falco tinnunculus*	R	古	II	附录II	LC	ab
灰背隼 *Falco columbarius*	W		II	附录II	NT	b
燕隼 *Falco subbuteo*	S	广	II	附录II	LC	b
游隼 *Falco peregrinus*	R	广	II	附录I	NT	ab
鸡形目 GALLIFORMES						
雉科 Phasianidae						
日本鹌鹑 *Coturnix japonica*	W（R）				LC	ab
环颈雉 *Phasianus colchicus*	R	古			LC	ab
白腹锦鸡 *Chrysolophus amherstiae*	R	东	II		NT	ab
鹤形目 GRUIFORMES						
鹤科 Gruidae						
灰鹤 *Grus grus*	W		II	附录II	NT	ab
白头鹤 *Grus monacha*	W		I	附录I	LC	b
黑颈鹤 *Grus nigricollis*	W		I	附录I	VU	ab
秧鸡科 Rallidae						
普通秧鸡 *Rallus aquaticus*	W				LC	草
白胸苦恶鸟 *Amaurornis phoenicurus*	S	东			LC	草

（续）

种类	居留情况	区系从属	保护级别			记录来源
			国家	CITES	IUCN	
小田鸡 *Porzana pusilla*	S	广			LC	b
棕背田鸡 *Porzana bicolor*	O	东	Ⅱ		LC	b
董鸡 *Gallicrex cinerea*	S	东			LC	ab
紫水鸡 *Porphyrio porphyrio*	W（R）	东	Ⅱ		VU	b
黑水鸡 *Gallinula chloropus*	R	广			LC	b
白骨顶 *Fulica atra*	W（R）	古			LC	ab
鸻形目 CHARADRIIFORMES						
水雉科 Jacanidae						
水雉 *Hydrophasianus chirurgus*	S	东	Ⅱ		NT	省
彩鹬科 Rostratulidae						
彩鹬 *Rostratula benghalensis*	O				LC	省
反嘴鹬科 Recurvirostridae						
黑翅长脚鹬 *Himantopus himantopus*	W				LC	ab
反嘴鹬 *Recurvirostra avosetta*	W				LC	b
燕鸻科 Glareolidae						
普通燕鸻 *Glareola maldivarum*	O				LC	省
鸻科 Charadriidae						
凤头麦鸡 *Vanellus vanellus*	W				LC	ab
灰头麦鸡 *Vanellus cinereus*	W				LC	b
金鸻 *Pluvialis fulva*	W				LC	ab
灰鸻 *Pluvialis squatarola*	W				LC	b
长嘴剑鸻 *Charadrius placidus*	W				NT	ab
金眶鸻 *Charadrius dubius*	O	广			LC	b
环颈鸻 *Charadrius alexandrinus*	W				LC	ab
鹬科 Scoiopacidae						
丘鹬 *Scolopax rusticola*	W				LC	ab
孤沙锥 *Gallinago solitaria*	W				IUCN	b
针尾沙锥 *Gallinago stenura*	W				LC	b
扇尾沙锥 *Gallinago gallinago*	W				LC	ab
中杓鹬 *Numenius phaeopus*	O				LC	省
白腰杓鹬 *Numenius arquata*	O				NT	b
鹤鹬 *Tringa erythropus*	W				LC	ab
红脚鹬 *Tringa totanus*	M（W）				LC	b
青脚鹬 *Tringa nebularia*	W				LC	ab
白腰草鹬 *Tringa ochropus*	W（R）				LC	ab
林鹬 *Tringa glareola*	M（W）				LC	ab
大滨鹬（细嘴滨鹬）*Calidris tenuirostris*	M				VU	ab
三趾滨鹬（三趾鹬）*Calidris alba*	M		Ⅱ		LC	ab

（续）

种类	居留情况	区系从属	保护级别			记录来源
			国家	CITES	IUCN	
青脚滨鹬（乌嘴滨鹬）*Calidris temminckii*	M				LC	ab
黑腹滨鹬 *Calidris alpina*	M				LC	b
鸥科 Laridae						
海鸥 *Larus canus heinei*	O				LC	b
棕头鸥 *Larus brunnicephalus*	O				LC	b
红嘴鸥 *Larus ridibundus*	W				LC	ab
燕鸥科 Sternidae						
白翅浮鸥 *Chlidonias leucopterus*					LC	草
鸽形目 COLUMBIFORMES						
鸠鸽科 Columbidae						
山斑鸠 *Streptopelia orientalis*	R	广			LC	ab
火斑鸠 *Streptopelia tranquebarica*	R	东			LC	ab
珠颈斑鸠 *Streptopelia chinensis*	R	东			LC	ab
鹃形目 CUCULIFORMES						
杜鹃科 Cuculidae						
红翅凤头鹃 *Clamator coromandus*	O	东			LC	草
大鹰鹃 *Cuculus sparverioides*	S	东			LC	b
四声杜鹃 *Cuculus micropterus*	S	广			LC	b
大杜鹃 *Cuculus canorus*	S	广			LC	ab
翠金鹃 *Chrysococcyx maculatus*	S	东			NT	b
乌鹃 *Surniculus dicruroides*	S	东			LC	b
鸮形目 STRIGIFORMES						
鸱鸮科 Strigidae						
西红角鸮（红角鸮）*Otus scops*	R	广	II	附录II	LC	ab
雕鸮 *Bubo bubo*	R	古	II	附录II	NT	b
斑头鸺鹠 *Glaucidium cuculoides*	R	东	II	附录II	LC	b
短耳鸮 *Asio flammeus*	W		II	附录II	NT	ab
夜鹰目 CAPRIMULGIFORMES						
夜鹰科 Caprimulgidae						
普通夜鹰 *Caprimulgus indicus*	S	广			LC	ab
雨燕目 APODIFORMES						
雨燕科 Apodidae						
短嘴金丝燕 *Aerodramus brevirostris*	O	东			NT	草
佛法僧目 CORACIIFORMES						
翠鸟科 Alcedinidae						
普通翠鸟 *Alcedo atthis*	R	广			LC	ab
蓝翡翠 *Halcyon pileata*	S	东			LC	b
佛法僧科 Coraciidae						

（续）

种类	居留情况	区系从属	保护级别			记录来源
			国家	CITES	IUCN	
棕胸佛法僧 *Coracias benghalensis*	O	东			NT	省
戴胜目 UPUPIFORMES						
戴胜科 Upupidae						
戴胜 *Upupa epops*	R	广			LC	ab
䴕形目 PICIFORMES						
啄木鸟科 Picidae						
星头啄木鸟 *Dendrocopos canicapillus*	R	东			LC	ab
大斑啄木鸟 *Dendrocopos major*	R	广			LC	ab
灰头绿啄木鸟 *Picus canus*	R	广			LC	ab
雀形目 PASSERIFORMES						
百灵科 Alaudidae						
小云雀 *Alauda gulgula*	R	东			LC	ab
燕科 Hirundinidae						
家燕 *Hirundo rustica*	M（S）	古			LC	ab
金腰燕 *Cecropis daurica*	S				LC	草
鹡鸰科 Motacillidae						
白鹡鸰 *Motacilla alba*	R	广			LC	ab
黄头鹡鸰 *Motacilla citreola*	W	古			LC	b
灰鹡鸰 *Motacilla cinerea*	R	古			LC	b
田鹨 *Anthus richardi*	M	广			LC	ab
树鹨 *Anthus hodgsoni*	W（M）	广			LC	b
粉红胸鹨 *Anthus roseatus*	W	古			LC	ab
水鹨 *Anthus spinoletta*	R	广			LC	ab
山椒鸟科 Campephagidae						
暗灰鹃鵙 *Coracina melaschistos*	R	东			LC	草
长尾山椒鸟 *Pericrocotus ethologus*	R	东			LC	ab
鹎科 Pycnonotidae						
领雀嘴鹎 *Spizixos semitorques*	R	东			LC	ab
黄臀鹎 *Pycnonotus xanthorrhous*	R	东			LC	ab
白头鹎 *Pycnonotus sinensis*	R	东			LC	草
伯劳科 Laniidae						
虎纹伯劳 *Lanius tigrinus*	S	古			LC	b
棕背伯劳 *Lanius schach schach*	R	东			LC	ab
灰背伯劳 *Lanius tephronotus*	R	东			LC	ab
黄鹂科 Oriolidae						
黑枕黄鹂 *Oriolus chinensis*	S	广			LC	草
卷尾科 Dicruridae						
黑卷尾 *Dicrurus macrocercus*	S	东			LC	ab

（续）

种类	居留情况	区系从属	保护级别			记录来源
			国家	CITES	IUCN	
灰卷尾 *Dicrurus leucophaeus*	S	东			LC	b
椋鸟科 Sturnidae						
八哥 *Acridotheres cristatellus*	R	东			LC	ab
灰背椋鸟 *Sturnia sinensis*	S	东			LC	草
丝光椋鸟 *Sturnus sericeus*	W	东			LC	草
灰椋鸟 *Sturnus cineraceus*	S				LC	草
紫翅椋鸟 *Sturnus vulgaris*	W				LC	省
鸦科 Corvidae						
松鸦 *Garrulus glandarius*	R	古			LC	ab
红嘴蓝鹊 *Urocissa erythrorhyncha*	R	东			LC	ab
喜鹊 *Pica pica bactriana*	R	古			LC	ab
星鸦 *Nucifraga caryocatactes*	R	古			LC	ab
达乌里寒鸦 *Corvus dauuricus*	R	古			LC	ab
小嘴乌鸦 *Corvus corone*	R	古			LC	ab
大嘴乌鸦 *Corvus macrorhynchos*	O	广			LC	ab
白颈鸦 *Corvus pectoralis*	R	广			NT	ab
鹪鹩科 Troglodytidae						
鹪鹩 *Troglodytes troglodytes*	O	古			LC	ab
鸫科 Turdidae						
栗背短翅鸫 *Brachypteryx stellata*	O	东			LC	ab
红胁蓝尾鸲 *Tarsiger cyanurus*	W	古			LC	ab
鹊鸲 *Copsychus saularis*	R	东			LC	ab
北红尾鸲 *Phoenicurus auroreus*	R	古			LC	ab
蓝额红尾鸲 *Phoenicurus frontalis*	R	古			LC	ab
红尾水鸲 *Rhyacornis fuliginosa*	R	东			LC	ab
白顶溪鸲 *Chaimarrornis leucocephalus*	R	古			LC	ab
黑喉石䳭 *Saxicola torquata*	R	古			IUCN	ab
蓝矶鸫 *Monticola solitarius*	R	古			LC	ab
紫啸鸫 *Myophonus caeruleus*	R	东			LC	ab
虎斑地鸫 *Zoothera dauma*	W	古			LC	ab
黑胸鸫 *Turdus dissimilis*	R	东			NT	b
乌鸫 *Turdus merula*	R	广			LC	b
白眉鸫（白腹鸫）*Turdus obscurus*	M				LC	ab
红尾鸫（斑鸫）*Turdus naumanni*	W				LC	ab
宝兴歌鸫 *Turdus mupinensis*	R	古			LC	ab
鹟科 Muscicapidae						
红喉姬鹟 *Ficedula parva*	S				LC	草
棕腹仙鹟 *Niltava sundara*	S	东			LC	ab

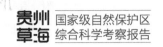
（续）

种类	居留情况	区系从属	保护级别			记录来源
			国家	CITES	IUCN	
画眉科 Timaliidae						
画眉 *Garrulax canorus*	R	东	Ⅱ	附录Ⅱ	NT	b
白颊噪鹛 *Garrulax sannio*	R	东			LC	ab
橙翅噪鹛 *Garrulax elliotii*	R	东	Ⅱ		LC	ab
斑胸钩嘴鹛（锈脸钩嘴鹛）*Pomatorhinus erythrocnemis*	R	东			LC	ab
棕颈钩嘴鹛 *Pomatorhinus ruficollis*	R	东			LC	ab
矛纹草鹛 *Babax lanceolatus*	R	东			LC	ab
红嘴相思鸟 *Leiothrix lutea*	R	东	Ⅱ	附录Ⅱ	LC	ab
棕头雀鹛 *Alcippe ruficapilla*	R	东			LC	ab
褐头雀鹛 *Alcippe cinereiceps*	R	东			LC	ab
褐胁雀鹛 *Alcippe dubia*	R	东			LC	ab
白领凤鹛 *Yuhina diademata*	R	东			LC	ab
鸦雀科 Paradoxornithidae						
点胸鸦雀 *Paradoxornis guttaticollis*	R	东			LC	b
棕头鸦雀 *Paradoxornis webbianus*	R	广			LC	b
暗色鸦雀 *Paradoxornis zappeyi*	R	东	Ⅱ		VU	ab
扇尾莺科 Cisticolidae						
棕扇尾莺 *Cisticola juncidis*	R	广			LC	草
山鹪莺 *Prinia crinigera*	R	东			LC	草
纯色山鹪莺 *Prinia inornata*	R	东			LC	草
莺科 Sylviidae						
栗头地莺 *Tesia castaneocoronata*	R	东			LC	ab
强脚树莺 *Cettia fortipes*	R	东			LC	草
褐柳莺 *Phylloscopus fuscatus*	R	古			LC	草
黄腹柳莺 *Phylloscopus affinis*	S	东			LC	b
棕腹柳莺 *Phylloscopus subaffinis*	R	东			LC	ab
黄腰柳莺 *Phylloscopus proregulus*	W	古			IUC	ab
黄眉柳莺 *Phylloscopus inornatus*	M（W）	古			LC	ab
冠纹柳莺 *Phylloscopus reguloides*	S	东			LC	草
比氏鹟莺（金眶鹟莺）*Seicercus valentini*	R	东			LC	ab
栗头鹟莺 *Seicercus castaniceps*	S	东			LC	b
戴菊科 Regulidae						
戴菊 *Regulus regulus*	R	古			LC	ab
绣眼鸟科 Zosteropidae						
红胁绣眼鸟 *Zosterops erythropleurus*	M		Ⅱ		LC	ab
暗绿绣眼鸟 *Zosterops japonicus*	R	东			LC	ab
长尾山雀科 Aegithalidae						
红头长尾山雀 *Aegithalos concinnus*	R	东			LC	ab

（续）

种类	居留情况	区系从属	保护级别			记录来源
			国家	CITES	IUCN	
黑眉长尾山雀 *Aegithalos bonvaloti*	R	东			LC	ab
山雀科 Paridae						
煤山雀 *Parus ater*	R	古			LC	ab
黄腹山雀 *Parus venustulus*	R				LC	草
大山雀 *Parus major*	R	广			LC	ab
绿背山雀 *Parus monticolus*	R	东			LC	ab
鸤科 Sittidae						
普通鸤 *Sitta europaea*	R	古			LC	ab
滇鸤 *Sitta yunnanensis*	R		Ⅱ		VU	b
雀科 Passeridae						
山麻雀 *Passer rutilans*	R	东			LC	ab
麻雀 *Passer montanus*	R	广			LC	ab
燕雀科 Fringillidae						
燕雀 *Fringilla montifringilla*	W				LC	ab
普通朱雀 *Carpodacus erythrinus*	R	古			LC	ab
酒红朱雀 *Carpodacus vinaceus*	R	古			LC	ab
黑头金翅雀 *Carduelis ambigua*	R	东			LC	ab
黄雀 *Carduelis spinus*	W				LC	b
金翅雀 *Carduelis sinica*	R	广			LC	ab
鹀科 Emberizidae						
灰眉岩鹀 *Emberiza godlewskii*	R	古			LC	ab
三道眉草鹀 *Emberiza cioides*	R	古			LC	ab
白眉鹀 *Emberiza tristrami*	S				NT	草
小鹀 *Emberiza pusilla*	W				LC	b
黄喉鹀 *Emberiza elegans*	R	古			LC	ab
灰头鹀 *Emberiza spodocephala*	R	古			LC	b
苇鹀 *Emberiza pallasi*	W				LC	省

居留情况中，R-留鸟；S-夏候鸟；W-冬候鸟；M-旅鸟；O-居留情况不清。

区系从属中，广-广布种；古-古北种；东-东洋种。

①国家中，Ⅰ-国家一级重点保护野生动物；Ⅱ-国家二级重点保护野生动物，依据2021版《国家重点保护野生动物名录》。

②CITES中，附录Ⅰ-列入《濒危野生动植物种国际贸易公约》附录Ⅰ；附录Ⅱ-列入《濒危野生动植物种国际贸易公约》附录Ⅱ。

③IUCN中，CR-极危，EN-濒危；VU-易危；NT-近危；LC-无危，DD-数据缺乏。

记录来源：a-在《省州鸟类志》（吴志康，1986）中有记录；b-在《草海研究》（张华海，2007）中有记录；省-贵州省鸟类新记录；草-草海鸟类新记录。

爬行动物

种名	区系成分	数量*	保护价值	采集点
一、龟鳖目 （一）地龟科 乌龟属 1. 乌龟 *mauremys reevesii*	古北界及东洋界	+	中国濒危动物红皮书 濒危野生动植物种国际贸易公约 濒危	城关附近（资料）
（二）泽龟科 滑龟属 2. 巴西红耳龟※ *Trachemys scripta elegans*	入侵种	++	外来入侵种 防治、监控	草海（调查）
二、有鳞目 （三）鬣蜥科 龙蜥属 3. 昆明龙蜥 *Japalura varcoae*	西南区	++	三有动物	黑石头（资料）
（四）石龙子科 蝘蜓属 4. 蝘蜓 *Lygosoma indicum*	华中及华南区	++++	三有动物	黑石头（资料）
（五）游蛇科 锦蛇属 5. 王锦蛇 *Elaphecarinata*	华中及华南区	++++	中国濒危动物红皮书 濒危	黑石头（资料）
6. 紫灰锦蛇指名亚种 *Elophe porphyracea porphyracea*	西南区	++	中国濒危动物红皮书 濒危	龙街、城关附近、黑石头（资料）
7. 黑眉锦蛇 *Elophe taeniura*	古北界及东洋界	++++	中国濒危动物红皮书 濒危	黑石头（资料）
白环蛇属 8. 双全白环蛇 *Lycodon fasciatus*	华中区	++	三有动物	龙街、黑石头（资料）
颈棱蛇属 9. 颈棱蛇 *Macropisthodon rudis*	西南区	+++	三有动物	黑石头（资料）
腹链蛇属 10. 无颞鳞腹链蛇 *Amphiesma atemporalis*	华中区	++++	三有动物	黑石头（资料）
11. 棕网腹链蛇 *Amphiesma johannis*	西南区	++++	三有动物	龙街（资料）
12. 八线腹链蛇 *Amphiesma octolineata*	西南区	++++	三有动物	龙街、黑石头、刘家巷、江家湾、大桥、倮裸山、阳关山、锁黄仓（调查）
颈槽蛇属 13. 虎斑颈槽蛇大陆亚种 *Rhabdophis tigrina lateralis*	古北界及东洋界	++++	三有动物	龙街、黑石头（资料）
颈斑蛇属 14. 颈斑蛇 *Plagiopholis blakewayi*	西南区	++	三有动物	黑石头（资料）
15. 花尾斜鳞蛇 *Pseudoxenodon stejnegeri*	华中区	+++	三有动物	锁黄仓（调查）
16. 斜鳞蛇中华亚种 *Pseudoxenodon macrops sinensis*	华中区	++++	三有动物	龙街、黑石头、刘家巷、中河、东山、清水沟（调查）
剑蛇属 17. 棕头剑蛇 *Sibinophis grahami*	西南区	++	三有动物	黑石头（资料）

（续）

种名	区系成分	数量*	保护价值	采集点
乌梢蛇属 18. 黑线乌梢蛇 *Zaocys nigromarginatus*	西南区	++++	中国濒危动物红皮书 易危	黑石头、白马塘（调查）
（六）蝰科 白头蝰属 19. 白头蝰 *Azemiops feae*	西南区	+	中国濒危动物红皮书 濒危	黑石头（资料）
（七）蝮科 原矛头蝮属 20. 菜花原矛头蝮 *Protobothrops jerdonii*	西南区	+++	三有动物 近危	龙街、黑石头、刘家巷（调查）
21. 原矛头蝮** *Protobothrops mucrosquamatus*	华中华南区种	++	三有动物 近危	刘家巷（调查）
烙铁头属 22. 山烙铁头 *Ovophis monticola*	华南区种	+++	三有动物 近危	黑石头（资料）

注："++++"表示优势种，"+++"表示常见种，"++"表示偶见种，"+"表示稀少种。**：保护区新记录种。

两栖动物

种名	区系成分	数量	采集点
一、无尾目 （一）蟾蜍科 蟾蜍属 1. 中华蟾蜍华西亚种 *Bufo gargarizans*	西南区	++++	刘家巷、锁黄仓湿地、倮罗山、坡脚、鸭子塘、白马塘、幸福小镇、薛家海子、阳关山出水口、江家湾码头、东山、薛家屯、万下、郑家营
（二）雨蛙科 雨蛙属 2. 华西雨蛙景东亚种 *Hyla annectans jingdongensis*	西南区	++++	倮罗山、坡脚、万下、高粱子、锁黄仓湿地、鸭子塘、白马塘、幸福小镇、大桥出水口、郑家营
（三）蛙科 林蛙属 3. 昭觉林蛙 *Rana chaochiaoensis*	西南区	++++	倮罗山、南屯、锁黄仓湿地、白马塘、簸箕湾、阳关山出水口、大桥出水口、江家湾码头、东山、薛家屯、万下、郑家营
侧褶蛙属 4. 滇侧褶蛙 *Rana pleuraden Boulenger*	西南区	++++	倮罗山、锁黄仓湿地、鸭子塘、白马塘、簸箕湾、白家嘴、江家湾、阳关山出水口、朱家沟、大桥出水口、幸福小镇、万下、郑家营、中河、刘家巷
臭蛙属 5. 无指盘臭蛙 *Odorrana grahami*	西南区	++++	倮罗山、坡脚、高粱子、锁黄仓湿地、鸭子塘、白马塘、幸福小镇、阳关山出水口、刘家巷、泰丰园、大桥出水口、万下、郑家营
6. 绿臭蛙 *Odorrana margaratae Liu*	华中区	+++	坡脚、万下、高粱子、鸭子塘、白马塘、金钟、羊街河头上
棘蛙属 7. 双团棘胸蛙 *Paa yunnanensis*	西南区	++++	鸭子塘、阳关山出水口、中河、大桥出水口、金钟
8. 棘腹蛙 *Paa boulengeri*	华中区	++	白马塘、坡脚、万下、高粱子、羊街河
蛙属 9. 牛蛙 *Rana catesbeiana*	入侵种	++++	簸箕湾、刘家巷、白家嘴、西海码头
趾沟蛙属 10. 威宁趾沟蛙 *Pseudorana weiningensis*	西南区	++++	李子沟、新街河、龙街河

（续）

种名	区系成分	数量	采集点
（四）树蛙科 树蛙属 11. 黑点树蛙 *Rhacophorus nigropunctatus*	华中西南区	++++	锁黄仓湿地、泰丰园、江家院子、薛家屯、大桥
（五）角蟾科 齿蟾属 12. 红点齿蟾 *Oredalax rhodostigmatus*	华中区	++	黑石
（六）姬蛙科 狭口蛙属 13. 多疣狭口蛙 *Kaloula verrucosa*	西南区	++++	刘家巷、倮罗山、坡脚、薛家海子、大桥出水口
小狭口蛙属 14. 云南小狭口蛙 *Calluella yunnanensis*	西南区	++++	锁黄仓湿地、倮罗山、坡脚、万下、高粱子、薛家海子、刘家巷、大桥出水口、郑家营
二、有尾目 （七）蝾螈科 疣螈属 15. 贵州疣螈 *Tylototriton kweichowensis*	西南区	++++	龙街、狗街、云贵

注"++++"表示优势种，"+++"表示常见种，"++"表示偶见种，"+"表示稀少种。

鱼类

编号	中文名称	学名	备注
1	鲤鱼	*Cyprinus carpio*	
2	鲫鱼	*Carassius auratus*	
3	△草鱼	*Ctenopharyngodon idellus*	
4	贝氏鳘	*Hemiculter bleekeri*	
5	麦穗鱼	*Pseudorasbora parva*	
6	彩石鳑	*pseudoperilampus lighti*	
7	泥鳅	*Misgurnus anguillicaudatus*	
8	△黑斑云南鳅	*Yunnanilus nigromaculatus*	
9	★草海云南鳅	*Yunnanilus caohaiensis*	现存于杨湾桥水库
10	黄鳝	*Monopterus albus*	
11	黄黝鱼	*Micropercops swinhonis*	
12	波氏鰕虎鱼	*Rhinogobius cliffordpopei*	
13	普栉鰕虎鱼	*Ctenogobius giurinus*	
14	青鳉	*Oryzias latipes*	
15	▲黄颡鱼	*Pelteobagrus fulvidraco*	渔民保存的标本
16	▲埃及胡子鲶	*Clarias leather*	
17	▲鲢	*Hypophthalmichthys molitrix*	
18	杂交鲟		渔民口述

注：标"★"为草海特有鱼类；标"▲"为本年度采集到而未见于历史记录的种类；标"△"表示历史记录中出现而未在本年度采集到的种类。

附录 9　保护区昆虫名录

1. 畸刺长突飞虱 *Stenocranusa nomalus* Chen & Liang

2. 琴镰飞虱 *Falcotoya lyraeformis*（Matsumura）

3. 大褐飞虱 *Changeondelphax velitchkovskyi*（Melichar）

4. 灰飞虱 *Laodelphax striatellus*（Fallén）

5. 白条飞虱 *Terthron albovittatum*（Matsumura）

6. 钩突淡脊飞虱 *Neuterthron hamuliferum* Ding

7. 褐飞虱 *Nilaparvata lugens*（Stål）

8. 伪褐飞虱 *Nilaparvata muiri* China

9. 拟褐飞虱 *Nilaparvata bakeri*（Muir）

10. 白背飞虱 *Sogatella furcifera*（Horváth）

11. 烟翅白背飞虱 *Sogatella kolophon*（Kirkaldy）

12. 稗飞虱 *Sogatella vibix*（Haupt）

13. 丽中带飞虱 *Tagosodes pusanus*（Distant）

14. 黑边梅塔飞虱 *Metadelphax propinqua*（Fieber）

15. 沼泽派罗飞虱 *Parmalia paludosa*（Flor）

16. 白脊飞虱 *Unkanodes sapporona*（Matsumura）

17. 短头飞虱 *Epeurysa nawaii* Matsumura

18. *昆明竹飞虱 *Bambusiphaga kunmingensis* Chen & Yang

19. 斑翅脊额飞虱 *Carinofrons maculatipennis* Chen & Li

20. *兰坪偏角飞虱 *Neobelocera lanpingensis* Chen

21. 额斑匙顶飞虱 *Tropidocephala festiva*（Distant）

22. 荻叉飞虱 *Garaga miscanthi* Ding et al.

23. 多氏长唇基飞虱 *Sogata dohertyi* Distant

24. 黑额长唇基飞虱 *Sogata nigrifrons*（Muir）

25. 草海芳飞虱 *Fangdelphax caohaiensis* Zhou & Chen

26. 梵净山竹短蜡蝉 *Bambusicaliscelis fanjingshanensis* Chen & Zhang

27. 齿突竹短蜡蝉 *Bambusicaliscelis dentis* Chen & Zhang

28. *全斑珞颜蜡蝉 *Loxocephala perpunctata* Jalob

29. *滇德颖蜡蝉 *Deferunda diana* Chen & He

30. 韦氏库菱蜡蝉 *Kuvera vilbastei* Anufriev

31. 中华冠脊菱蜡蝉 *Oecleopsis sinicus*（Jacobi）

32. 伊布菱蜡蝉 *Cixius ibukisanus* Matsumura

33. 鳖扁蜡蝉 *Cixiopsis punctatus* Matsumura

注 ：" * " 表示39 个贵州新记录种。

34. * 格氏斧扁蜡蝉 *Zema montana* Wang & Liang

35. 尾刺脊额瓢蜡蝉 *Gergithoides caudospinosus* Chen，Zhang & Chang

36. 威宁扁足瓢蜡蝉 *Neodurium weiningnisis* Zhang & Chen

37. 逆蒙瓢蜡蝉 *Mongoliana recurrens* Butler

38. 蒙瓢蜡蝉 *Mongoliana chilochorides* Walker

39. 短刺柯瓢蜡蝉 *Kodaianella bicinctifrons* Fennah

40. 恶性巨齿瓢蜡蝉 *Dentatissus damnosus*（Chou & Lu）

41. * 额蚁蜡蝉 *Egropa* sp.

42. 螂蝉 *Pomponia linearis*（Walker）

43. 松寒蝉 *Meimuna opalifera*（Walker）

44. 蟪蛄 *Platypleura kaempferi*（Fabricius）

45. 红脚黑翅蝉 *Scieroptera formosana* Schmidt

46. 红蝉 *Huechys sanguinea*（De Geer）

47. 绿草蝉 *Mogannia hebes*（Walker）

48. 李氏额垠叶蝉 *Mukaria lii* Yang & Chen

49. 双带痕叶蝉 *Mohunia bifasciana* Li & Chen

50. 黑面拟隐脉叶蝉 *Sophonia nigrifrons*（Kuoh）

51. 印度消室叶蝉 *Chudania delecta* Distant

52. 白头小板叶蝉 *Oniella honesta*（Melichar）

53. 端黑对突叶蝉 *Decursusnirvana excels*（Melichar）

54. 端钩横脊叶蝉 *Evacanthus uncinatus* Li

55. 昆明消室叶蝉 *Chudania kunmingana* Zhang & Yang

56. 白脊突冠叶蝉 *Convexana albicarinata* Li

57. 北方冠垠叶蝉 *Boundarus ogumae*（Matstumura）

58. 鹅头条大叶蝉 *Atkinsoniella goosenecka* Yang，Meng & Li

59. 褐带横脊叶蝉 *Evacanthus acuminatus*（Fabricius）

60. 暗褐角胸叶蝉 *Tituria fusca* Cai & Li

61. 长刺横脊叶蝉 *Evacanthus longispinosus* Kuoh

62. 黄绿网脉叶蝉 *Krisna viridula* Li & Wang

63. 红背点翅叶蝉 *Gessius rufidorsu* Wang & Li

64. 大青叶蝉 *Cicadella viridis*（Linnaeus）

65. 弯茎单突叶蝉 *Olidiana recuvata*（Nielson）

66. 中华突脉叶蝉 *Riseveinus Sinensis*（Jacobi）

67. 片胫叶蝉 *Balala fulvintris*（Walker）

68. 曲突皱背叶蝉 *Striatanus curvatanus* Li & Wang

69. 黑条边大叶蝉 *Kolla nigrifascia* Yang & Li

70. 二点黑尾叶蝉 *Nephotettix viriscens*（Distant）

71. 黑尾叶蝉 *Nephotettix cincticeps*（Uhler）

72. 二条黑尾叶蝉 *Nephotettix apicalis*（Motschulsky）

73. 三斑条大叶蝉 *Atkinsoniella trimaculata* Li

74. 水凹叶蝉 *Bothrogonia shuichengana* Li

75. 黑额突冠叶蝉 *Convexana nigrifronta* Li

76. 假眼小绿叶蝉 *Enpoasca vitis*（Gothe）

77. 黑纹片角叶蝉 *Idiocerus koreanus* Matsumura

78. 稻叶蝉 *Inemadara oryzae*（Matsumura）

79. 姜黄短头叶蝉 *Iassus rubrofrontalis* Distant

80. 金翅网脉叶蝉 *Krisna sherwilii* Distant

81. 四点二叉叶蝉 *Macrosteles quadrimaculatus*（Matsumura）

82. 双斑纹翅叶蝉 *Nakaharanus bimaculatus* Li

83. 纹翅叶蝉 *Nakaharanus maculosus* Kuoh

84. 一点木叶蝉 *Phlogotettix Cyclops*（Mulsant & Rey）

85. 苹小塔叶蝉 *Pyramidotettix minuta* Yang

86. 白条带叶蝉 *Scaphoideus albivittatus* Matsumura

87. 长茎带叶蝉 *Scaphoideus changjingnus* Li

88. 日本小眼叶蝉 *Xestocephalus japanichu* Ishihara

89. 端钩菱纹叶蝉 *Hishimonus hamatus* Kuoh

90. 印度顶带叶蝉 *Exitianus indicus*（Diatant）

91. 黑斑愈叶蝉 *Maiestas maculata*（Pruthi）

92. 黑额二叉叶蝉 *Macrosteles striifrons* Anufriev

93. 异条沙叶蝉 *Psammotettix alienulus* Vilbaste

94. 纵带尖头叶蝉 *Yanocephalus yanonis*（Matsumura）

95. 阿穆尔东方叶蝉 *Orientus amurensis* Guglielmino

96. 威宁丘额叶蝉 *Agrica weiningensis* Luo & Chen

97. 红胸凤沫蝉 *Paphnutitus semirufus*（Haupt）

98. 周氏脊顶沫蝉 *Kanozata choui*（Yuan & Wu）

99. 赭色曙沫蝉 *Eoscarta ochraceous*（Metcalf & Horton）

100. 尤氏曙沫蝉 *Eoscarta assimilis*（Uhler）

101. 二点铲头沫蝉 *Clovia bipunctata*（Kirby）

102. 方斑铲头沫蝉 *Clovia quadrangularis* Metcalf & Horton

103. 岗田鞘圆沫蝉 *Lepyronia okadae*（Matsumura）

104. 格式象沫蝉 *Philagra grahami* Metcalf & Horton

105. 白纹象沫蝉 *Philagra albinotata* Uhler

106. 白斑尖胸沫蝉 *Aphrophora quadriguttata* Melichar

107. 暗黑连脊沫蝉 *Aphropsis nigrina* Jacobi

108. 草履蚧 *Drosicha corpulenta*（Kuwana）

109. 大田鳖 *Lethocerus deyrollei* Vuillefroy

110. 沼水龟 *Aquairus paludum* Fabricius

111. 淡娇异蝽 *Urochela yangi* Maa

112. 九香虫 *Coridius chinensis* Dallas

113. 云南菜蝽 *Eurydema pulchra*（Westwood）

114. 横纹菜蝽 *Eurydema gebleri* Kolenati

115. 紫蓝曼蝽 *Menida violacea* Motshulsky

116. 稻绿蝽黄肩型 *Nezara viridula* f. *torquata*（Fabricius）

117. 稻绿蝽全绿型 *Nezara viridula* f. *typica*（Linnaeus）

118. 红尾碧蝽 *Palomena prasina*（Linnaeus）

119. 二星蝽 *Stollia guttiger*（Thunberg）

120. 日本朱土蝽 *Parastrachia japonensis*（Soctt）

121. 角盾蝽 *Cantao ocallatus*（Thunderg）

122. 山字宽盾蝽 *Poecilocoris sanszesignatus* Yang

123. 云斑真猎蝽 *Harpactor incertus* Distant

124. 斑环猛猎蝽 *Sphedanolestes impressicollis*（Scott）

125. 短翅豆芫菁 *Epicauta aptera* Kaszab

126. 眼斑沟芫菁 *Hycleus cichorii*（Linnaeus）

127. *绿芫菁 *Lytta* sp.

128. 黄缘真龙虱 *Cygister bengalensis* Aube

129. 灰色龙虱 *Eretes sticticus*（Linnaeus）

130. 尖突巨牙甲 *Hydrophilus acuminatus* Motschulsky

131. 红脊胸牙甲 *Sternolophus rufipes*（Fabricius）

132. 双刻脊胸牙甲 *Sternolophus inconspicuus*（Nietner）

133. 绿丽金龟 *Anomala expansa*（Bates）

134. 三条异丽金龟 *Anomala trivirgala* Fairmaire

135. 曲带弧丽金龟 *Popillia pustulata* Fairmaire

136. 孟蜣螂 *Copris bengalensis* Girllet

137. 佛利蜣螂 *Liatongus fucerus*

138. 中华星步甲 *Calosoma chinense* Kirby

139. 毛娄步甲 *Harpalus griseus*（Panzer）

140. 黄斑青步甲 *Chlaenius micans*（Fabricus）

141. 异角青步甲 *Chiaenius variicornis* Morawitz

142. 奇裂跗步甲 *Bischissus mirandus* Bates

143. 小气步甲 *Brachinus incomptus* Bates

144. 中华广肩步甲 *Calosoma maderae* Fabricius

145. 毛青步甲 *Chlaenius pallipes* Gebler

146. 耶屁步甲 *Pheropophus jessoensis* Morawitz

147. 黑角瘤筒天牛 *Linda atricornis* Pic

148. 椎天牛 *Spondylis buperstoides*（Linnaeus）

149. 家茸天牛 *Trichoferus campestris*（Faldermann）

150. 竹绿虎天牛 *Chlorophorus annularis* Fabricius

151. 榄绿虎天牛 *Chlorophorus eleodes*（Fairmaire）

152. 二点小筒天牛 *Phytoecia guilleri* Pic

153. 褐梗天牛 *Arhopalus rusticus*（Linnaeus）

154. 黑翅脊筒天牛 *Nupserha infantula*（Ganglbauer）

155. 蓝墨天牛 *Monochamus gerryi* Pic

156. 沟天牛 *Exocentrus* sp.

157. 花斑卷象 *Paroplapoderus pardalis*（Vollenhoven）

158. 绿鳞象甲 *Hypomeces squamosus* Herbst

159. 松疣象 *Hyposipalus gigaus* Linnaeus

160. 蕨萤叶甲 *Mimastra limoata* Baly

161. 云南瘦角叶甲 *Miochira tsinensis*（Pic）

162. 蓝扁角叶甲 *Platycorynus peregrinus*（Herbst）

163. 红脚绿丽金龟 *Anomala cupripes*（Hope）

164. 赤胸丽金龟 *Anomala rufithorax* Ohaus

165. 三条丽金龟 *Anomala trivirgata* Fairmaire

166. 芒康希鳃金龟 *Hilyotrogus mangkamensis* Zhang

167. 灰胸突鳃金龟 *Hoplosternus incanus* Motachulsky

168. 黄鳃金龟 *Metabolus tumidiforns* Farimaire

169. 匀脊鳃金龟 *Pledina aequabilis* Bates

170. 宽云斑鳃金龟 *Polyphylla laticollis* Lewis

171. 蓝亮弧丽金龟 *Popillia cyanea splendicolis* Fairmaire

172. *滇黄壮瓢虫 *Xanthadalia hiekei* Iablokoff-Khnzorian

173. 龟纹瓢虫 *Propylea japonica*（Thunberg）

174. 七星瓢虫 *Coccinella septempunctata* Linnaeus

175. *多异瓢虫 *Adonia variegata*（Goeze）

176. 眼斑食植瓢虫 *Epilachna ocellataemaculata*（Mader）

177. 永善食植瓢虫 *Epilachna yongshanens* Cao & Xiao

178. *奇斑瓢虫 *Harmonia eucharis*（Mulsant）

179. 马铃薯瓢虫 *Henosepilachna vigintioctomaculata*（Motschulsky）

180. 黑方突毛瓢虫 *Pseudoscymnus kurohime*（Miyatake）

181. 二双斑唇瓢虫 *Chiloccrus lijugs* Mulsant

182. 梵文菌瓢虫 *Halyzia sanscrita* Mulsant

183. 异色瓢虫 *Harmonia axyridis*（Pallas）

184. *红星盘瓢虫 *Phrynocaeia congener*（Billberg）

185. *黑斑突角瓢虫 *Hippodama potanini*（Weise）

186. 四斑裸瓢虫 *Calvia muiri*（Timberlake）

187. 隐斑瓢虫 *Harmonia yedoensis*（Takizawa）

188. 双七瓢虫 *Coccinula quatuordecimpustulata*（Linnaeus）

189. 黑斑瓢虫 *Harmonia rephirinae* Mulsant

190. 德环蛱蝶 *Neptis dejeani* Berthur

191. 小红蛱蝶 *Vanessa cardui*（Linnaeus）

192. 大红蛱蝶 *Vanessa indica*（Herbst）

193. 柳紫闪蛱蝶 *Apatura ilia*（Denis & Schiffermuller）

194. 紫闪蛱蝶 *Apatura iris* Linnaeus

195. 中华荨麻蛱蝶 *Aglais chinensis*（Leech）

196. 老豹蛱蝶 *Argyronome laodice* Pallas

197. 戟眉线蛱蝶 *Limenitis homeyeri* Tancré

198. 三线蛱蝶 *Neptis hylas* Linnaeus

199. 苎麻赤蛱蝶 *Vanessa cardui* Linnaeus

200. 苎麻蛱蝶 *Vanessa indica* Herbst

201. 大绢玖王蝶 *Parantica sita* Kollar

202. 华夏矍眼蝶 *Ypthima sinica* Uémura & koiwaya

203. 孔矍眼蝶 *Ypthima confuse* Shirôzu & Shima

204. 矍眼蝶 *Ypthima baldus*（Fabricius）

205. 藏眼蝶 *Tatinga tibetana*（Oberthur）

206. 康定黛眼蝶 *Lethe sicelides* Grose-Smith

207. 暮眼蝶 *Melanitis leda*（Linnaeus）

208. 棕带眼蝶 *Chonada praeusta*（Leech）

209. 草原舜眼蝶 *Loxerebia pratorum*（Oberthür）

210. 豹蚬蝶 *Takashia nana*（Leech）

211. 黄赭弄蝶 *Ochlodes crataeis*（Leech）

212. 直纹稻弄蝶 *Parnara guttata*（Bremer & Grey）

213. 黄斑银弄蝶 *Carterocephalus alcinoides* Lee

214. 似小赭弄蝶 *Ochlodes similis*（Leech）

215. 小黄斑弄蝶 *Ampittia dioscorides etura*（Mabille）

216. 埃毛眼灰蝶 *Zizina emelina*（de Lorza）

217. 蓝灰蝶 *Everes argiades*（Pallas）

218. 蚜灰蝶 *Taraka hamada* Druce

219. 酢浆灰蝶 *Pseudozizeeria maha*（Kollar）

220. 大紫琉璃灰蝶 *Celastrina oreas*（Leech）

221. 橘黄豆粉蝶 *Colias fieldii* Ménétriés

222. 东亚豆粉蝶 *Colias poliographus* Motschulsky

223. 菜粉蝶 *Pieris rapae*（Linnaeus）

224. 东方菜粉蝶 *Pieris canidia*（Sparrman）

225. 暗色绢粉蝶 *Aporia bieti*（Oberthür）

226. 小檗绢粉蝶 *Aporia hippie*（Bremer）

227. 三黄绢粉蝶 *Aporia larraldei*（Oberthür）

228. 宽边黄粉蝶 *Eurema hecabe*（Linnaeus）

229. 黑纹粉蝶 *Pieris melete* Ménétriès

230. 豆粉蝶 *Colias hyale* （Linnaeus）

231. 云粉蝶 *Pontia edusa* （Fabricius）

232. 欧洲粉蝶 *Pieris brassicae* （Linnaeus）

233. 斑粉蝶 *Pontia daplidice* Linnaeus

234. 褐脉粉蝶 *Pieris malete* Menetries

235. 啬青斑蝶 *Tirumala septentrionis* （Butler）

236. 金凤蝶 *Papilio Machaon* Linnaeus

237. 川匀点尺蛾 *Percnia belluaria sifanica* （Wehril）

238. 皱霜尺蛾 *Boarmia displiscens* Butler

239. 油桐尺蠖 *Buzura suppressaria* Guenee

240. 云尺蛾 *Buzura thibetaria* Oberthur

241. 择长翅尺蛾 *Obeidia tigrata neglecta* Thierry-Mieg

242. 黄尺蛾 *Sirinopteryx parallela* Wehrli

243. 华西拖尾锦斑蛾 *Elcysma delavayi* Oberthür

244. 黄肩旭锦斑蛾 *Campylotes histrionicus* Westwood

245. 马尾松斑蛾 *Campylotes desgodinsi* Oberthur

246. 黑基纹丛螟 *Stericta kogii* Inoue & Sasak

247. 紫歧角螟 *Endotricha punicea* Whalley

248. 二化螟 *Chilo suppressalis* （Walker）

249. 银光草螟 *Crambus perlellus* （Scopoli）

250. 饰纹广草螟 *Platytes ornatella* （Leech）

251. 纯白草螟 *Pseudocatharylla simplex* （Zeller）

252. 亚洲玉米螟 *Ostrinia furnacalis* （Guenée）

253. 款冬玉米螟 *Ostrinia scapulalis* （Walker）

254. 狭翅苔螟 *Scoparia isochroalis* Hampson

255. 圆突野螟 *Pyrausta genialis* South

256. *锈黄缨突野螟 *Udea ferrugalis* （Hübner）

257. 稻纵卷叶野螟 *Cnaphalocrocis medinalis* （Guenée）

258. 四斑绢丝野螟 *Glyphodes quadrimaculalis* （Bremer & Grey）

259. 豆荚野螟 *Maruca testulalis* （Fabricius）

260. 甜菜青野螟 *Spoladea recurvalis* （Fabricius）

261. 三环狭野螟 *Stenia charonialis* （Walker）

262. 麦牧野螟 *Nomophila noctuella* （Denis & Schiffermüller）

263. 红云翅斑螟 *Oncocera semirubella* （Scopoli）

264. 微红梢斑螟 *Dioryctria rubella* Hampson

265. 褐翅切叶野螟 *Herpetogramma rudis* （Warren）

266. 稻巢草螟 *Ancylolomia japonica* Zeller

267. 差叶少脉羽蛾 *Crombrugghia distans* （Zeller）

268. 丽黄卷蛾 *Archips opiparus* Liu

269. 隐黄卷蛾 *Archips arcanus* Razowski

270. 忍冬双斜卷蛾 *Clepsis rurinana*（Linnaeus）

271. 细圆卷蛾 *Neocalyptis liratana*（Christoph）

272. 桃褐卷蛾 *Pandemis dumetana*（Treitschke）

273. 秦褐卷蛾 *Pandemis phaenotherion* Razowski

274. 溲疏新小卷蛾 *Olethreutes electana*（Kennel）

275. 白钩小卷蛾 *Epiblema foenella*（Linnaeus）

276. 巴塘白斑小卷蛾 *Epiblema batangensis*（Caradja）

277. 栗小卷蛾 *Olethreutes castaneanum*（Wilsingham）

278. 筒小卷蛾 *Rhopalovalva grapholitana*（Caradja）

279. 茶长卷叶蛾 *Homona magnanima* Diaknjonoff

280. 小菜蛾 *Plutella xylostella*（Linnaeus）

281. 暗脉艳苔蛾 *Asura nigrivena*（Leech）

282. 网斑粉蝶灯蛾 *Alphaea anopunctata*（Oberthur）

283. 丽首灯蛾 *Callimorpha principalis* Kollar

284. 长翅丽灯蛾 *Nikaea longipennis matsumurai* Kishida

285. 乳白斑灯蛾 *Pericallia galactina*（Hoeven）

286. 污白灯蛾 *Spilarctia jankowsskii*（Oberthur）

287. 仿污白灯蛾 *Spilarctia lubricipeda*（Linnaeus）

288. 鹅点足毒蛾 *Redoa anser* Collenette

289. 云南松毛虫 *Dendrolimus latipennis* Walker

290. 李枯叶蛾 *Gastropacha quercifolia* Linnaeus

291. 栗黄枯叶蛾 *Trabala vihnow* Lefebure

292. 小地老虎 *Agrotis ypsilon*（Rottemberg）

293. 八字地老虎 *Xestia c−nigrum*（Linnaeus）

294. 黄地老虎 *Agrotis segetum* Schiffermuller

295. 苹梢鹰夜蛾 *Hypocala subsatura* Gueneé

296. 劳氏粘夜蛾 *Leucania loryi*（Duponchel）

297. 白脉粘虫 *Leucania venalba* Moore

298. 粘虫 *Mythimna separate* Walker

299. 褐宽翅夜蛾 *Naenia contaminate*（Walker）

300. 大螟 *Sesamia inferens*（Walker）

301. 杨二尾舟蛾 *Cerura menciana* Moore

302. 黑带二尾舟蛾 *Cerura vinula felina* Butler

303. 榆掌舟蛾 *Phalera fuscescens* Butler

304. 肥躯金蝇 *Chrysomya pinguis*（Walker）

305. 丝光绿蝇 *Lucilia sericata*（Meigen）

306. 巨尾阿丽蝇 *Aldrichina grahami*（Aldrich）

307. 崂山壶绿蝇 *Lucilia ampullaceal laoshanensis* Quo

308. 不显口鼻蝇 *Stomorhina obsoleta* (Wiedemann)

309. 大头金蝇 *Chrysomya megacephala* (Fabricius)

310. 广额金蝇 *Chrysomya phaonis* (Séguy)

311. 绯颜裸金蝇 *Achoetandrus rufifacies* (Macquart)

312. 巴浦绿蝇 *Lucilia* (*Luciliella*) *papuensis* Macquart

313. 拟新月陪丽蝇 *Bellardia menechmoides* Chen

314. 小黄粪蝇 *Scathophaga stercoraria* (Linnaeus)

315. 黑尾黑麻蝇 *Helicophagella melanura* (Meigen)

316. 野亚麻蝇 *Parasarcophga* (*Pandelleisca*) *similis* (Meade)

317. 喜马拉雅管蚜蝇 *Eristalis himalayensis* Brunetti

318. 长尾管蚜蝇 *Eristalis tenax* (Linnaeus)

319. 灰带管蚜蝇 *Eristalis cerealis* Fabricius

320. *狭带条胸蚜蝇 *Helophilus virgatus* Coquilletti

321. *阿沙姆细腹蚜蝇 *Sphaerophoria assamensis* Joseph

322. 宽条粉颜蚜蝇 *Mesembrius flaviceps* (Matsumura)

323. 中宽粉颜蚜蝇 *Mesembrius amplintersitus* Huo

324. 梯斑墨蚜蝇 *Melanostoma scalare* (Fabricius)

325. 大灰优蚜蝇 *Eupeodes corollae* (Fabricius)

326. 黑带蚜蝇 *Epistrophe balteata* De Geer

327. 埃及刺腿蚜蝇 *Ischiodon aegyptius* Wiedemann

328. 短刺刺腿蚜蝇 *Ischiodon scutellaris* Fabricius

329. *刺腿蚜蝇 *Ischiodon* sp.

330. 裸芒宽盾蚜蝇 *Phytomia errans* (Fabricius)

331. 黄胫异蚜蝇 *Allograpta aurotibia* Huo

332. 异带黄斑蚜蝇 *Xanthogramma anisomorphum* Huo

333. 横带壮蚜蝇 *Ischyrosyrphus transifasciatus* Huo

334. 毛踝厕蝇 *Fannia manicata* (Meigen)

335. 南螫蝇 *Stomoxys sitiens rondani* (Stomoxis)

336. 广西翠蝇 *Nemomyia fletcheri* (Emden)

337. 紫翠蝇 *Neomyia gavisa* (Walker)

338. 名山妙蝇 *Myospila mingshanana* Feng

339. 蓝翠蝇 *Neomyia timorensis* (Robineau-Desvoidy)

340. 突出池蝇 *Limnophora prominens* Stein

341. 黑池蝇 *Limnophora nigra* Xue

342. 黄端重毫蝇 *Dichaetomyia fulvoapicata* Emden

343. 铜腹重毫蝇 *Dichoaetomyia bibax* (Wiedemann)

344. 羞怯翠蝇 *Neomyia diffidens* (Walker)

345. 肖溜蝇 *lispe assimilis* Wiedemann

346. 北栖家蝇 *Musca bezzii* Patton & Cragg

347. 厩螫蝇 *Stomoxys calcitraus*（Linnaeus）

348. 灰地种蝇 *Delia platura*（Meigen）

349. 黑隰蝇 *Hydrophoria pullata* Wu，Liu & Wei

350. 蚕饰腹寄蝇 *Blepharipa zebina*（Walker）

351. 黑须卷蛾寄蝇 *Blondelia nigripes*（Fallén）

352. 平庸赘寄蝇 *Drino inconspicua*（Meigen）

353. 透翅追寄蝇 *Exorista hyalipennis*（Baranov）

354. 拟乡间追寄蝇 *Exorista pseudorustica* Chao

355. 比贺寄蝇 *Hermya beelzebul*（Wiedemann）

356. 黑斑麦寄蝇 *Medina fuscisquana* Mesnil

357. 杂色美根寄蝇 *Meigenia dorsalis*（Meigen）

358. *毛基节菲寄蝇 *Phebellia setocoxa* Chao & Chen

359. 日本纤芒寄蝇 *Prodegeeria japonica*（Mesnil）

360. 小寄蝇 *Tachina iota* Chao & Arnaud

361. 白带柔寄蝇 *Thelaira leucozona*（Panzer）

362. 长角髭寄蝇 *Vibrissina turrita*（Meigen）

363. 西南小异长足虻 *Chrysotus xinanus* Wei & Zhang

364. *黄足毛瘤长足虻 *Condylostylus flavipedus* Zhu & Yang

365. 普通锥长足虻 *Rhaphium mediocre*（Becker）

366. 奇距水虻 *Allognosta vagans*（Loew）

367. *离眼水虻 *Chorisops* sp.

368. 直刺鞍腹水虻 *Clitellaria bergeri*（Pleske）

369. 亮斑扁角水虻 *Hermetia illucens* Linnaeus

370. 金黄指突水虻 *Ptecticus aurifer*（Walker）

371. 狡猾指突水虻 *Ptecticus vulpianus*（Enderlein）

372. 黄腹小丽水虻 *Microchrysa flaviventris*（Wiedemann）

373. 丽瘦腹水虻 *Sargus metallinus* Fabricius

374. *云南诺斯水虻 *Nothomyia yunnanensis* Yang Wei & Yang

375. 隐脉水虻 *Oplodontha viridula*（Fabricius）

376. 黄胸斑虻 *Chrysops flaviscutellus* Philip

377. 贵阳厌蚋 *Simulium*（*Boophthora*）*guiyangense* Chen，Liu & Yang

378. 窄足真蚋 *Simulium*（*Eusimulium*）*angustipes* Edwards

379. 威宁真蚋 *Simulium*（*Eusimulium*）*weiningense* Chen & Zhang

380. 黄毛纺蚋 *Simulium*（*Nevermannia*）*aureohirtum* Brunetti

381. 装饰短蚋 *Simulium*（*Odagmia*）*ornatum* Meigen

382. 双齿蚋 *Simulium*（*Simulium*）*bidentatum* Shiraki

383. 草海蚋 *Simulium*（*Simulium*）*caohaiense* Chen & Zhang

384. 昌隆蚋 *Simulium*（*Simulium*）*chamlongi* Takaoka & Suzuki

385. 兴义维蚋 *Simulium*（*Wilhelmia*）*xingyiense* Chen & Zhang

386. 白纹伊蚊 *Aedes albopictus*（Skuse）

387. 云南伊蚊 *Aedes yunnanensis*（Gaschen）

388. 褐尾库蚊 *Culex fuscanus*（Wiedemann）

389. 棕头库蚊 *Culex fuscocephala* Theobald

390. 贪食库蚊 *Culex halifaxii*（Theobald）

391. 黄氏库蚊 *Culex huangae* Meng

392. 棕盾库蚊 *Culex jacksoni* Edwards

393. 斑翅库蚊 *Culex mimeticus*（Noe）

394. 小斑翅库蚊 *Culex mimulus* Edwards

395. 致倦库蚊 *Culex pipiens quinuefacitatus*（Say）

396. 薛式库蚊 *Culex shebbarei*（Barraud）

397. 希式库蚊 *Culex theileri*（Theobald）

398. 迷走库蚊 *Culex vegans*（Wiedemann）

399. 中华大刀螳 *Tenodera sinensis* Saussure

400. 棕褐屏顶螳 *Kishinouyeum hepatica* Zhang

401. 云南大齿螳 *Odontomantis monticola* Beier

402. 蠼螋 *Labidura riparia*（Pallas）

403. 肥螋 *Anisolabis maritima*（Borelli）

404. 华球螋 *Forficula sinica*（Bey-Bienko）

405. 慈螋 *Eparchus insignis* Haan

406. * 首垫跗螋 *Proreus simulans*（Stål）

407. * 垂齿新蝎蛉 *Neopanorpa pendula* Qian & Zhou

408. 尼尔森新蝎蛉 *Neopanorpa nielseni* Byers

409. * 李氏新蝎蛉 *Neopanorpa lifashengi* Hua & Chou

410. * K 纹新蝎蛉 *Neopanorpa k-maculata* Cheng

411. * 蝎蛉 *Panorpa* sp.

412. * 盲蛇蛉 *Inocellia crassicoris*（Schummel）

413. 无背大腿小蜂 *Brachymeria excarinata* Gahan

414. * 蝶蛹金小蜂 *Pteromalus puparum*（Linnaeus）

415. 蚜虫宽缘金小蜂 *Pachyneuron aphidis*（Bouche）

416. * 东方拟瘦姬蜂 *Netelia orientalis*（Cameron）

417. 黑斑嵌翅姬蜂 *Dicamptus nigropictus*（Matsumura）

418. * 网脊嵌翅姬蜂 *Dicamptus reticulatus*（Cameron）

419. * 红足等距姬蜂 *Hypsicera erythropus*（Cameron）

420. 横带驼姬蜂 *Coryphus basilaris*（Holmgren）

421. * 具瘤爱姬蜂 *Exeristes roborator* Fabricius

422. * 武姬蜂 *Ulesta* sp.

423. * 悬茧姬蜂 *Charops* sp.

424. 粉蝶盘绒茧蜂 *Cotesia glomeratus*（Lfirmaem）

425. 螟蛉盘绒茧蜂 *Cotesia ruficrus*（Haliday）

426. *赤腹深沟茧蜂 *Iphiaulax imposter*（Scopoli）

427. 燕麦蚜茧蜂 *Aphidius evenae* Haliday

428. 烟蚜茧蜂 *Aphidius gifuensis* Ashmae

429. 台湾挫角肿腿蜂 *Bristocera formosana* Miwa & Sonan

430. 黑端刺斑叶蜂 *Tenthredo fuscoterminata* Marlatt

431. 中华蜜蜂 *Apis cerana* Fabricius

432. 瑞熊蜂 *Bombus richardsi*（Reing）

433. *熊蜂属一种 *Bombus* sp1.

434. *熊蜂属一种 *Bombus* sp2.

435. 细黄胡蜂 *Vespula flaviceps*（Smith）

436. 金环胡蜂 *Vespa manderinia manderinia* Smith

437. 油茶地蜂 *Andrena camellia* Wu

438. 东方植食行军蚁 *Dorylus orientalis* Westwood

439. 黄蚂蚁 *Dorylus orientalis* Westwood

440. 日本蚱 *Tetrix japonica*（Bolivar）

441. 瘤背大磨蚱 *Macromotettix torulosinota* Zheng

442. 眼优角蚱 *Eucriotettix oculatus*（Bolivar）

443. 中华稻蝗 *Oxya chinensis*（Thunberg）

444. 昆明拟凹背蝗 *Pseudoptygonotus kunmingensis* Cheng

445. 贵州蹦蝗 *Sinopodisma guizhouensis* Zheng

446. 云南蝗 *Yunnanities Coriaces* Uvarov

447. 疣蝗 *Trilophidia annulata*（Thunberg）

448. 短额负蝗 *Atractomorpha sinensis* Bolivar

449. 秋掩耳螽 *Elimaea fallax* Bey-Bienko

450. 日本条螽 *Ducetia japonica*（Thunberg）

451. 东方蝼蛄 *Gryllotalpa orientalis* Burmeister

452. *日本蚤蝼 *Ridactylus japonicus*（Haan）

453. 滇印星齿蛉 *Protohermes arunachalensis* Ghosh

454. 滇蜀星齿蛉 *protohermes similes* Yang & Yang

455. 普通草蛉 *Chrysoperla carnea*（Stephens）

456. 黑点细蜉 *Caenis nigropunctata* Klapálek

457. 粗灰蜻 *Orthetrum cancellatum*（Linnaeus）

458. 异色灰蜻 *Orthetrum melanium*（Selys）

459. 白尾灰蜻 *Orthetrum albistylum* Selys

460. 黄蜻 *Pantala flavescens* Fabricius

461. 赤褐灰蜻 *Orthetrum pruinosum*（Burmeister）

462. *曲缘蜻 *Palpoleura* sp.

463. 纹蓝小蜻 *Diplacodes trivialis*（Rambur）

464. 红蜻 *Crocothemis servilia*（Drury）

465. 碧伟蜓 *Anax parthenope julius*（Brauer）

466. 褐斑异痣蟌 *Ischnura senegalensis*（Rambur）

467. 肩纹细蟌 *Cercion hieroglyphicum*（Brauer）

468. 二色异痣蟌 *Ischnura asiatica*（Brauer）

469. 赤异痣蟌 *Ischnura rofostigma* Selys

470. 隼尾蟌 *Paracercion hieroglyphicum*（Brauer）

471. 捷尾蟌 *Paracercion v-nigrum* Needham

472. 黑狭扇蟌 *Copera tokyoensis* Asahina

473. *透翅绿色蟌 *Mnais andersoni* McLachlan

附录 10　保护区蜘蛛名录

科名	种名	资料来源		动物地理区系							新发现		
				特有种			世界动物地理区						
		2005	2017	中国特有	贵州特有	草海特有	东洋区	古北区	跨区种	广布种	新种	雄性新发现	贵州新记录
一、漏斗蛛科 Agelenidae	家隅蛛 *Tegenaria domestica* (Clerck, 1757)	1	1							1			
	森林漏斗蛛 *Agelena silvatica* Oliger, 1983		1						1				
	迷宫漏斗蛛 *Agelena labyrinthica* (Clerck, 1757)	1	1					1					
	近骨华隙蛛 *Sinocoelotes sussacratus* Jiang & Zhang, 2018		1	1									
	伪地华隙蛛 *Sinocoelotes pseudoterrestris* (Schenkel, 1963)		1	1									1
	阔不定龙隙蛛 *Draconarius latusincertus* Wang, Griswold & Miller, 2010		1	1									
	绵羊龙隙蛛 *Draconarius ovillus* Xu & Li, 2007		1	1									
二、拟壁钱科 Oecobiidae	南国壁钱 *Uroctea compactilis* L. Koch, 1878	1							1				
三、暗蛛科 Amaurobiidae	宽唇胎拉蛛 *Taira latilabiata* Zhang, Zhu & Song, 2008	1	1				1					1	
四、管巢蛛科 Clubionidae	针管巢蛛 *Clubiona aciformis* Zhang & Hu, 1991		1	1									
	漫山管巢蛛 *Clubiona manshanensis* Zhu & An, 1988	1	1	1									
	棕管巢蛛 *Clubiona japonicola* Bösenberg & Strand,1906	1							1				
五、平腹蛛科 Gnaphosidae	滇池异狂蛛 *Allozelotes dianshi* Yin & Peng, 1998		1	1									1
	锯齿掠蛛 *Drassodes serratidens* Schenkel, 1963		1					1					1
	华美小蚁蛛 *Micaria dives* (Lucas, 1846)		1					1					1
	朱氏狂蛛 *Zelotes zhui* Yang & Tang, 2003		1	1									1
	赵氏平腹蛛 *Gnaphosa zhaoi* Ovtsharenko, Platnick & Song, 1992		1	1									
六、栅蛛科 Hahniidae	威宁栅蛛 *Hahnia weiningensis* Huang, Chen & Zhang, 2018		1				1					1	
七、狼蛛科 Lycosidae	舌状阿狼蛛 *Artoria ligulacea* (Qu, Peng & Yin, 2009)		1	1									1
	猴马蛛 *Hippasa holmerae* Thorell, 1895	1					1						
	黑腹狼蛛 *Lycosa coelestis* L. Koch, 1878	1						1					
	星豹蛛 *Pardosa astrigera* L. Koch, 1878	1	1					1					
	查氏豹蛛 *Pardosa chapini* (Fox, 1935)		1	1	1								
	沟渠豹蛛 *Pardosa laura* Karsch, 1879	1	1					1					
	拟环纹豹蛛 *Pardosa pseudoannulata* (Böesenberg & Strand, 1906)	1	1				1						
	真水狼蛛 *Pirata piraticus* (Clerck, 1757)		1					1					1
	类小水狼蛛 *Piratula piratoides* (Bösenberg & Strand, 1906)		1					1					

（续）

科名	种 名	资料来源		动物地理区系							新发现		
				特有种			世界动物地理区					雄性新发现	贵州新记录
		2005	2017	中国特有	贵州特有	草海特有	东洋区	古北区	跨区种	广布种	新种		
八、猫蛛科 Oxyopidae	霍氏猫蛛 Oxyopes hotingchiehi Schenkel, 1963		1				1						
	利氏猫蛛 Oxyopes licenti Schenkel, 1953		1					1					1
	斜纹猫蛛 Oxyopes sertatus L. Koch, 1878	1						1					
九、逍遥蛛科 Philodromidae	刺跗逍遥蛛 Philodromus spinitarsis Simon, 1895		1					1					
十、刺足蛛科 Phrurolithidae	中华刺足蛛 Phrurolithus sinicus Zhu & Mei, 1982		1					1					1
	灿烂刺足蛛 Phrurolithus splendidus Song & Zheng, 1992		1	1									1
十一、盗蛛科 Pisauridae	驼盗蛛 Pisaura lama Bösenberg & Strand, 1906		1					1					1
	梨形狡蛛 Dolomedes chinesus Chamberlin, 1924	1	1	1									
	黄褐狡蛛 Dolomedes sulfureus L. Koch, 1877	1	1					1					
十二、褛网蛛科 Psechridae	昆明褛网蛛 Psechrus kunmingensis Yin, Wang & Zhang, 1985		1	1									1
十三、跳蛛科 Saltiidae	白斑猎蛛 Evarcha albaria (L. Koch, 1878)		1					1					
	盘触拟蝇虎 Plexippoides discifer (Schenkel, 1953)		1	1									
	华南菱头蛛 Bianor angulosus (Karsch, 1879)	1						1					
	鳃哈莫蛛 Harmochirus brachiatus (Thorell, 1877)	1						1					
	阿氏蛤沙蛛 Hasarius adansoni (Audouin, 1826)	1								1			
	花腹金蝉蛛 Phintella bifurcilinea (Bösenberg et Strand, 1906)	1							1				
	毛垛兜跳蛛 Ptocasius strupifer Simon, 1901	1						1					
	阿贝宽胸蝇虎 Rhene albigera (C. L. Koch, 1848)	1						1					
十四、肖蛸科 Tetragnathidae	西里银鳞蛛 Leucauge celebesiana (Walckenaer, 1842)	1							1				
	佐贺后鳞蛛 Metleucauge kompirensis (Bösenberg & Strand, 1906)	1	1					1					
	凤振粗螯蛛 Pachygnatha fengzhen Zhu, Song & Zhang, 2003		1	1									
	尖尾肖蛸 Tetragnatha caudicula (Karsch, 1879)	1						1					
	锥腹肖蛸 Tetragnatha maxillosa Thorell, 1895		1						1				
	华丽肖蛸 Tetragnatha nitens (Audouin, 1826)	1	1						1				
	前齿肖蛸 Tetragnatha praedonia L. Koch, 1878	1	1						1				
	近江崎肖蛸 Tetragnatha subesakii Zhu, Song et Zhang, 2003	1				1							
	鳞纹肖蛸 Tetragnatha squamata Karsch, 1879		1						1				
	赵丫肖蛸 Tetragnatha zhaoya Zhu, Song et Zhang, 2003	1				1							
	威宁后蛛 Meta weiningensis Chen et al., 2019		1					1			1		

（续）

科名	种名	资料来源		动物地理区系							新发现		
				特有种			世界动物地理区					雄性新发现	贵州新记录
		2005	2017	中国特有	贵州特有	草海特有	东洋区	古北区	跨区种	广布种	新种		
十五、球蛛科 Theridiidae	白银斑蛛 *Argyrodes bonadea* (Karsch, 1881)	1							1				
	裂额银斑蛛 *Argyrodes fissifrons* O. P. -Cambridge, 1869	1					1						
	蚓腹阿里蛛 *Ariamnes cylindrogaster* (Simon, 1889)	1							1				
	近黄圆腹蛛 *Dipoena submustelina* Zhu, 1998		1	1									
	杭齿螯蛛 *Enoplognatha abrupta* (Karsch, 1879)		1					1					1
	苔齿螯蛛 *Enoplognatha caricis* (Fickert, 1876)		1					1					
	剑额逐蛛 *Faiditus xiphias* Thorell, 1887	1	1				1						
	日本仁姬蛛 *Nihonhimea japonica* (Bösenberg & Strand, 1906)	1	1						1				
	温室拟腴蛛 *Parasteatoda tepidariorum* (C. L. Koch, 1841)	1	1						1				
	圆拱背蛛 *Spheropistha orbita* (Zhu, 1998)		1	1									1
	昆明高蛛 *Takayus kunmingicus* (Zhu, 1998)		1	1									1
	庐山高蛛 *Takayus lushanensis* (Zhu, 1998)		1	1									
	畸形圆腹蛛 *Dipoena pelorosa* Zhu, 1998		1						1				
	易北千国蛛 *Chikunia albipes* (Saito, 1935)		1					1					
	半月肥腹蛛 *Steatoda cingulata* (Thorell, 1890)	1							1				
	怪肥腹蛛 *Steatoda terastiosa* Zhu, 1998	1	1	1									
	白眼球蛛 *Theridion albioculum* Zhu, 1998		1	1									
十六、蟹蛛科 Thomisidae	三突伊蛛 *Ebrechtella tricuspidata* (Fabricius, 1775)	1	1					1					
	刺斜蟹蛛 *Loxobates spiniformis* Yang, Zhu & Song, 2006		1	1									1
	波纹花蟹蛛 *Xysticus croceus* Fox, 1937	1	1						1				
	鞍形花蟹蛛 *Xysticus ephippiatus* Simon, 1880	1						1					
十七、妩蛛科 Uloboridae	鼻状喜妩蛛 *Philoponella nasuta* (Thorell, 1895)	1					1						
	广西妩蛛 *Uloborus guangxiensis* Zhu, Sha & Chen, 1989	1		1									
	结实腰妩蛛 *Zosis geniculata* (Olivier, 1789)	1								1			
十八、派模蛛科 Pimoidae	云南文蛛 *Weintrauboa yunnan* Yang, Zhu & Song, 2006		1	1									1
十九、园蛛科 Araneidae	黄斑园蛛 *Araneus ejusmodi* Bösenberg et Strand, 1906	1						1					
	五纹园蛛 *Araneus pentagrammicus* (Karsch, 1879)		1					1					
	大腹园蛛 *Araneus ventricosus* (L. Koch, 1878)	1	1					1					
	伯氏金蛛 *Argiope bösenbergi* Levi, 1983	1						1					
	横纹金蛛 *Argiope bruennichi* (Scopoli, 1772)		1					1					
	孔金蛛 *Argiope perforata* Schenkel, 1963	1		1									
	裂尾艾蛛 *Cyclosa senticauda* Zhu & Wang, 1994		1	1									1
	黑尾艾蛛 *Cyclosa atrata* Bösenberg et Strand, 1906	1						1					
	双锚艾蛛 *Cyclosa bianchoria* Yin et al., 1990	1		1									

（续）

科名	种 名	资料来源		动物地理区系							新发现	
				特有种			世界动物地理区					
		2005	2017	中国特有	贵州特有	草海特有	东洋区	古北区	跨区种	广布种	新种	雄性新发现	贵州新记录
十九、园蛛科 Araneidae	山地艾蛛 *Cyclosa monticola* Bösenberg et Strand, 1906	1						1					
	红高亮腹蛛 *Hypsosinga sanguinea* (C. L. Koch, 1844)	1						1					
	角类肥蛛 *Larinioides cornutus* (Clerck, 1757)	1	1					1					
	丰满新园蛛 *Neoscona punctigera* (Doleschall, 1857)	1							1				
	青新园蛛 *Neoscona scylla* (Karsch, 1879)		1					1					
	茶色新园蛛 *Neoscona theisi* (Walckenaer, 1841)	1					1						
	棒络新妇 *Nephila clavata* L. Koch, 1878	1	1					1					
	山地亮腹蛛 *Singa alpigena* Yin, Wang et Li, 1983	1		1									
	叶斑八氏蛛 *Yaginumia sia* (Strand, 1906)	1						1					
二十、皿蛛科 Linyphiidae	卡氏盖蛛 *Neriene cavaleriei* (Schenkel, 1963)	1					1						
	花腹盖蛛 *Neriene radiata* (Walckenaer, 1841)		1					1					
	艾利斑皿蛛 *Lepthyphantes erigonoides* Schenkel, 1936		1	1									
二十一、巨蟹蛛科 Sparassidae	对立伪遁蛛 *Pseudopoda contraria* Jäger & Vedel, 2007		1	1									1
二十二、卷叶蛛科 Dictynidae	赫氏苏蛛 *Sudesna hedini* (Schenkel, 1936)		1				1						
二十三、管蛛科 Trachelidae	螺旋拟彩蛛 *Paraceto spiralis* Jin, Yin & Zhang, 2017		1	1									1
二十四、幽灵蛛科 Pholcidae	昆明幽灵蛛 *Pholcus kunming* Zhang & Zhu, 2009		1	1									1
二十五、卵形蛛科 Oonopidae	具盾弱斑蛛 *Ischnothyreus peltifer* (Simon, 1891)		1						1				1
	角巨膝蛛 *Opopaea cornuta* Yin & Wang, 1984		1				1						1
合计	108 种	56	73	30	5	3	13	34	20	3	2	1	23

附录11 保护区大型底栖无脊椎动物名录

科 名	种 名	数 据 来 源		
		1986年	2007年	本次
一、田螺科 Viviparidae	中华圆田螺 Cipangopaludina cathayensis	1	1	
	中国圆田螺 Cipangopaludina chinensis		1	
	胀肚圆田螺 Cipangopaludina ventricosa	1	1	1
	梨形石田螺 Sinotaia purificata	1	1	
	方形石田螺 Sinotaia quadrata		1	
	铜锈石田螺 Sinotaia aeruginosa	1	1	1
	绘石田螺 Sinotaia limnophila	1	1	
二、沼蜷科 Paludomidae	沼蜷 Paludomus sp.			1
三、盖螺科 Pomatiopsidae	钉螺滇川亚种 Oncomelania hupensis robertsoni			1
四、豆螺科 Bithyniidae	纹沼螺 Parafossarulus manchouricus			1
	椭豆螺 Gabbia misella			1
五、盘螺科 Valvatidae	西伯利亚盘螺 Valvata sibirica Middendorff		1	
	平盘螺 Valvata cristata Müller		1	
	鱼盘螺 Valvata piscinalis		1	
六、膀胱螺科 Physidae	尖膀胱螺 Physella acuta			1
七、椎实螺科 Lymnaeidae	卵萝卜螺 Radix ovata	1	1	
	椭圆萝卜螺 Radix swinhoei	1	1	1
	狭萝卜螺 Radix lagotis		1	
	耳萝卜螺 Radix lagotis	1	1	
	折叠萝卜螺 Radix plicatula			1
八、扁卷螺科 Planorbidae	凸旋螺 Gyraulus convexiusculus	1	1	
	扁旋螺 Gyraulus compressus			1
九、蚌科 Unionidae	伍氏华蚌 Sinanodonta woodiana			1
十、球蚬科 Sphaeriidae	湖球蚬 Musculium lacustre			1
	斯氏球蚬 Odhneripisidium stewarti			1
合 计	25种	9种	15种	13种

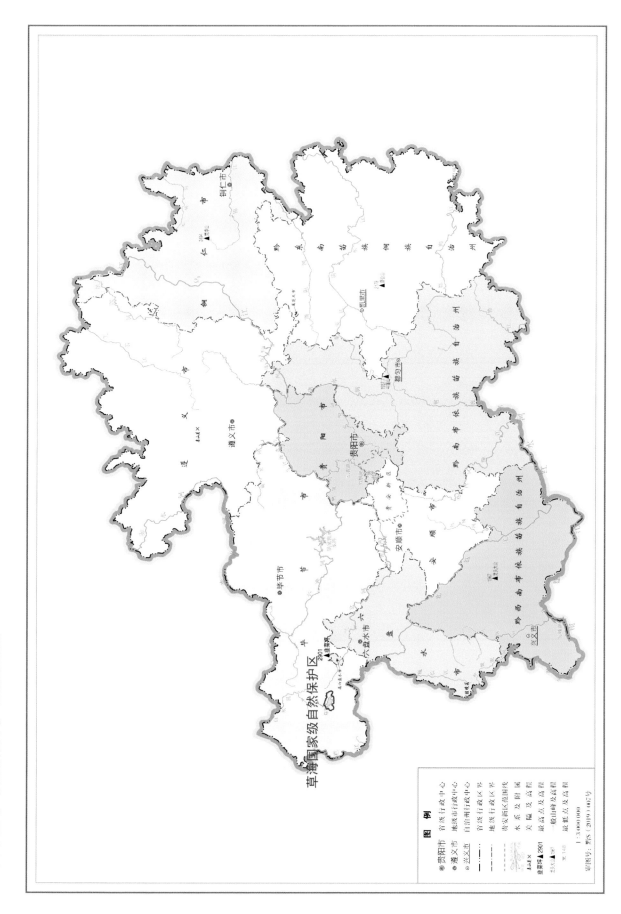

◎草海国家级自然保护区位置图

贵州草海
国家级自然保护区综合科学考察报告

◎草海国家级自然保护区地形图

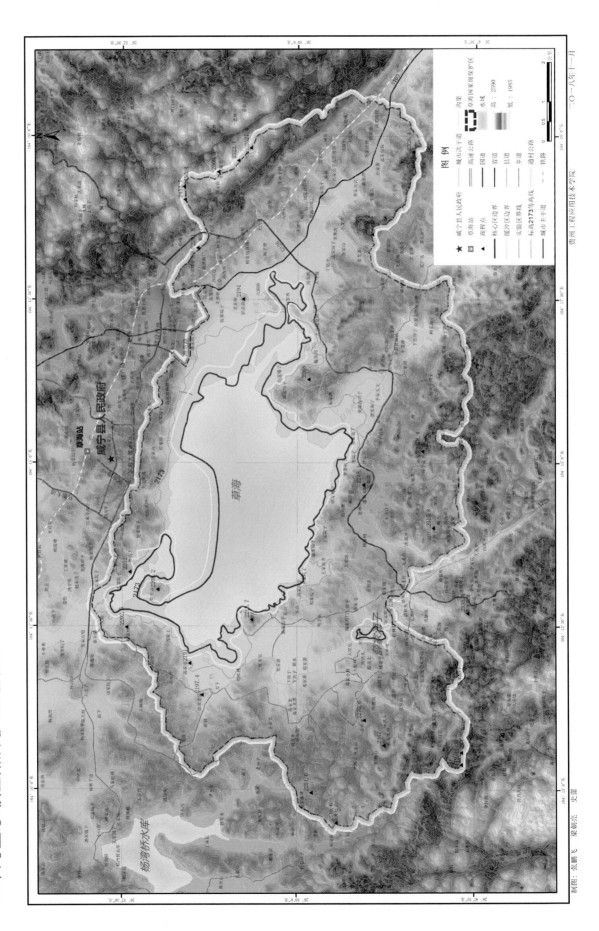

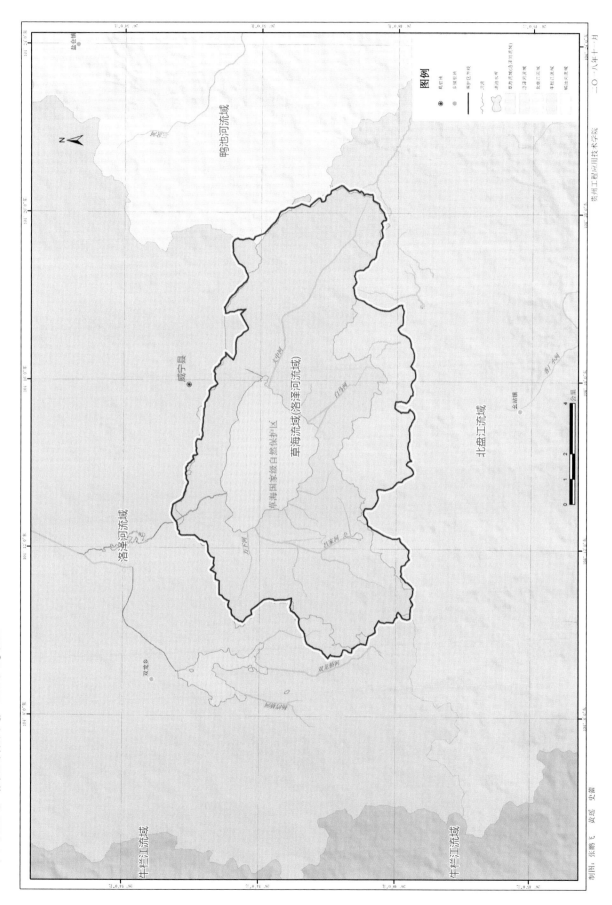

◎草海国家级自然保护区水系图

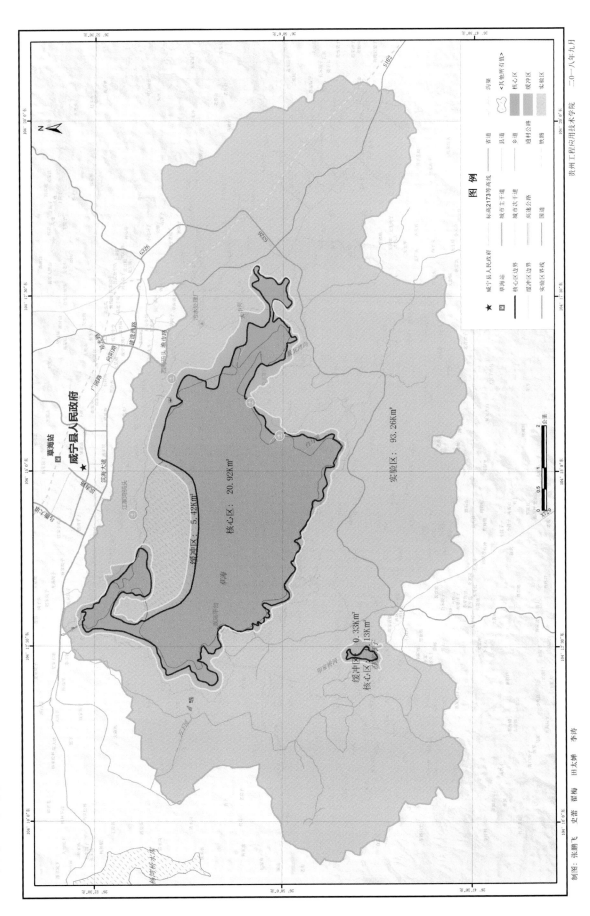

◎草海国家级自然保护区土地利用现状图

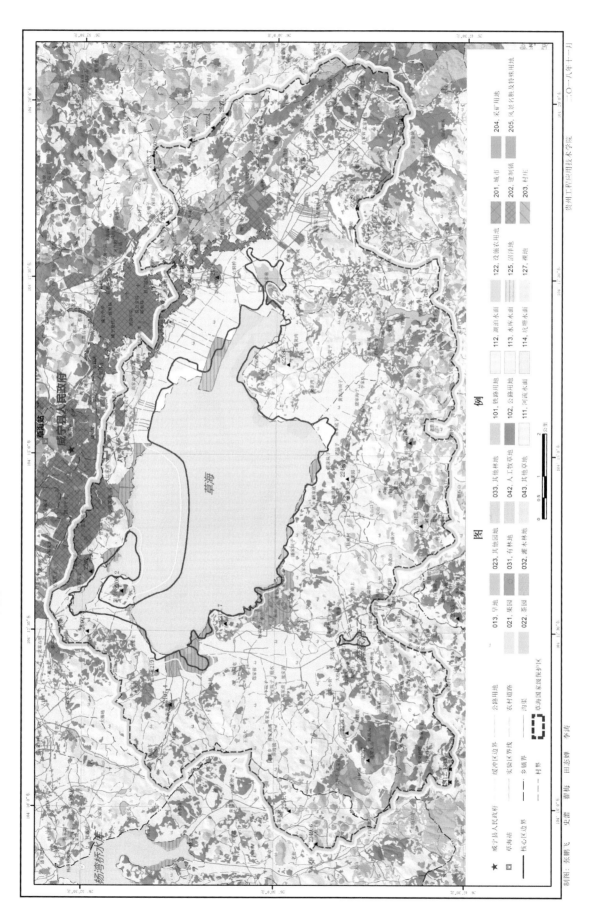

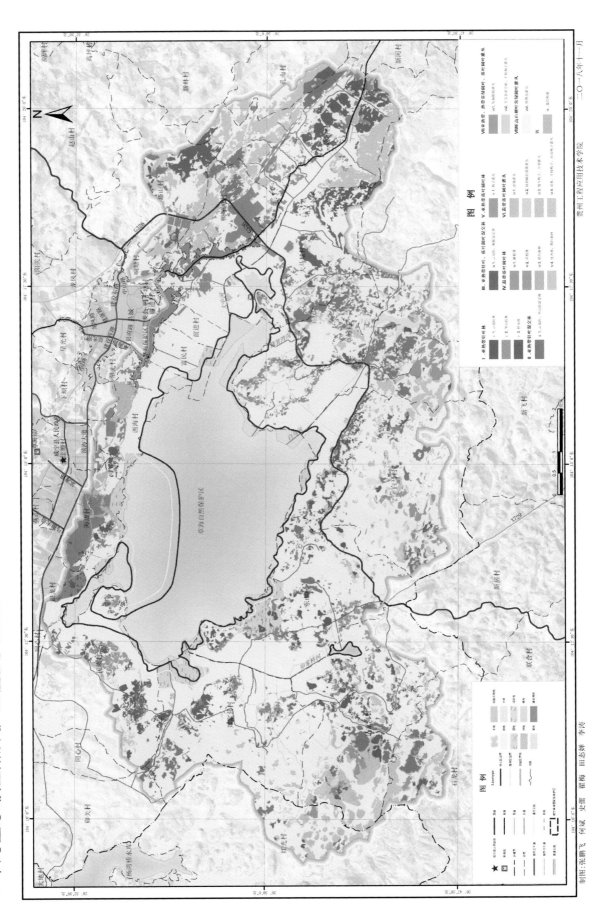

◎草海国家级自然保护区植被类型图

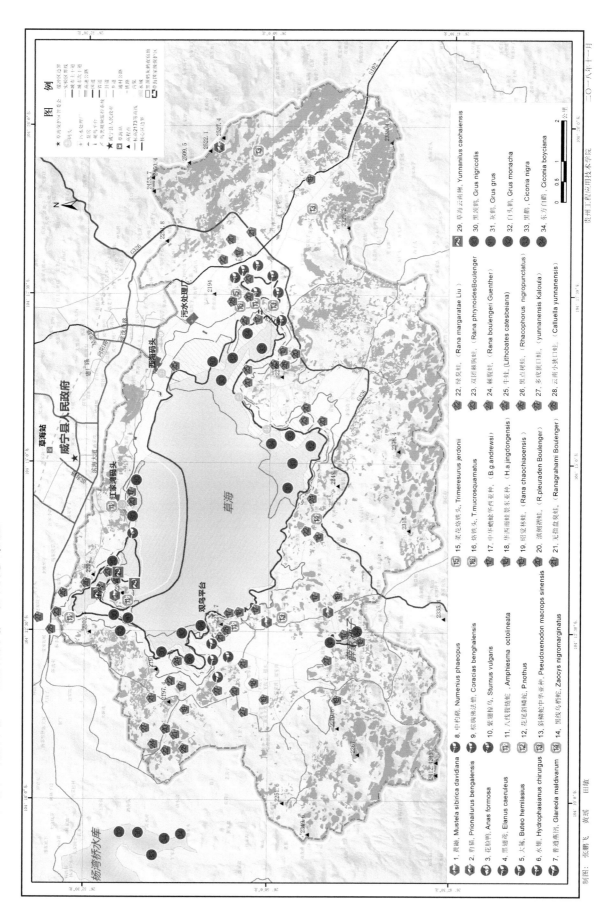

◎ 草海国家级自然保护区重点保护动物分布图

贵州草海

国家级自然保护区综合科学考察报告

7

◎草海国家级自然保护区珍稀濒危植物分布图

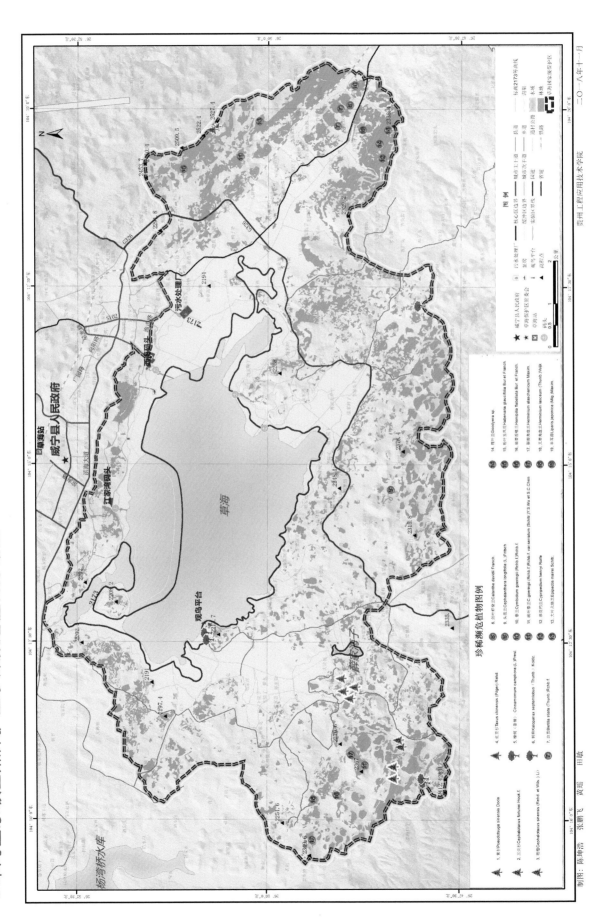

◎ 地质地貌

凹河窜珠状落水洞（莫世江 摄）

双霞山岩面溶沟（莫世江 摄）

小崖头悬井溶洞（莫世红 摄）

凤山岩面钙化堆积（莫世江 摄）

草海远眺（陈永祥 摄）

◎ 地质地貌

代家营张断层（莫世江 摄）

石基屯冲断层（莫世江 摄）

江家湾冲断层（莫世江 摄）

小偏岩张断层带（莫世江 摄）

◎大型真菌

鸡油菌 *Cantharellas cibarius*（邓春英 摄）

怡红菇 *Russula amoena*（邓春英 摄）

灰肉红菇 *Russula griseocarnosa*（邓春英 摄）

蛹虫草 *Cordyceps militaris*（冯图 摄）

绿盖粉孢牛肝菌 *Tylopileus virens*（邓春英 摄）

硬皮地星 *Astraeus hygrometricus*（邓春英 摄）

◎苔藓地衣

互生鳞叶藓 *Taxiphyllum alternans*（蒋洁云 摄）

藻苔 *Takakia lepidoioides*（蒋洁云 摄） 钝叶光萼苔 *Porella obtusata*（蒋洁云 摄）

长枝砂藓 *Rhacomitrium ericoides*（蒋洁云 摄） 细枝羽藓 *Thuidium delicatulum*（蒋洁云 摄）

◎水生维管束植物

问荆 *Equisetum arvense*（袁果 摄）

光叶眼子菜 *Potamogeton lucens*（袁果 摄）

水毛花 *Scirpus triangulatus*（袁果 摄）

东方泽泻 *Alisma orientale*（袁果 摄）

◎水生维管束植物

海菜花 *Ottelia acuminata*（袁果 摄）

水烛 *Typha anaustifolia*（袁果 摄）

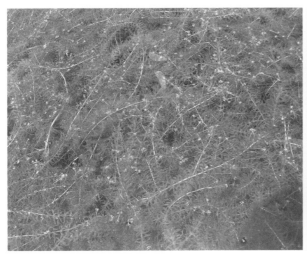

黑藻 *Hydrilla verticillata*（袁果 摄）

细果野菱 *Trapa incisa*（袁果 摄）

穗状狐尾藻 *Myriophyllum spicatum*（袁果 摄）

假稻 *Leersia japonica*（袁果 摄）

◎水生维管束植物

金鱼藻 *Ceratophyllum demersum*（袁果 摄）

荆三棱 *Scirpus yagara*（袁果 摄）

两栖蓼 *Polygonum amphibium*（袁果 摄）

披散木贼 *Equisetum diffusum*（袁果 摄）

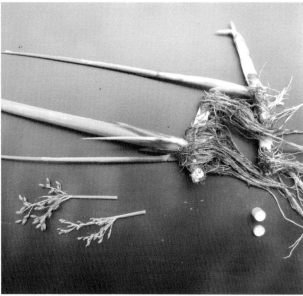

具刚毛荸荠 *Eleocharis valleculosa* var. *setosa*（袁果 摄）水葱 *Scirpus validus*（袁果 摄）

◎蕨类植物

喜马拉雅耳蕨 *Polystichum garhwaticum*（骆强 摄）

粉背蕨 *Aleuritopteris anceps*（骆强 摄）

垫状卷柏 *Selaginella pulvinata*（骆强 摄）

云南铁角蕨 *Asplenium exiguum*（骆强 摄）

蜀铁线蕨 *Adiantum wattii*（骆强 摄）

华北石韦 *Pyrrosia davidii*（骆强 摄）

◎ 种子植物

黄杉 *Pseudotsuga sinensis*　　云南松 *Pinus yunnanensis*　　华山松 *Pinus armandii*
　　（陈坤浩 摄）　　　　　　　　（陈坤浩 摄）　　　　　　　　（陈坤浩 摄）

红豆杉 *Taxus chinensis*　　　　狼毒 *Stellera chamaejasme*　　刺柏 *Juniperus formosana*
　　（陈坤浩 摄）　　　　　　　　（陈坤浩 摄）　　　　　　　　（陈坤浩 摄）

杯柄铁线莲 *Clematis trullifera*（陈坤浩 摄）　　　血满草 *Sambucus adnata*（陈坤浩 摄）

◎ 种子植物

红素馨 *Jasminum beesianum*（陈坤浩 摄）

白刺花 *Sophora davidii*（陈坤浩 摄）

全缘火棘 *Pyracantha atalantioides*（陈坤浩 摄）

火棘 *Pyracantha fortuneana*（陈坤浩 摄）

矮杨梅 *Myrica nana*（陈坤浩 摄）

鞍叶羊蹄甲 *Bauhinia brachycarpa*
（陈坤浩 摄）

金丝梅 *Hypericum patulum*
（陈坤浩 摄）

◎种子植物

两头毛 *Incarvillea arguta*
（陈坤浩 摄）

牛奶子 *Elaeagnus umbellate*
（陈坤浩 摄）

七叶一枝花 *Paris polyphylla*
（陈坤浩 摄）

水红木 *Viburnum cylindricum*（陈坤浩 摄）

珊瑚苣苔 *Corallodiscus cordatulus*（陈坤浩 摄）

黄毛草莓 *Fragaria nilgerrensi*（陈坤浩 摄）

扇唇舌喙兰 *Hemipilia flabellata*（陈坤浩 摄）

19

◎植被

鹅耳枥 + 化香林（何斌 摄）

金花小檗 + 平枝栒子灌丛（何斌 摄）

云南松 + 槲栎混交林（何斌 摄）

华山松 + 云南松混交林（何斌 摄）

◎环节动物

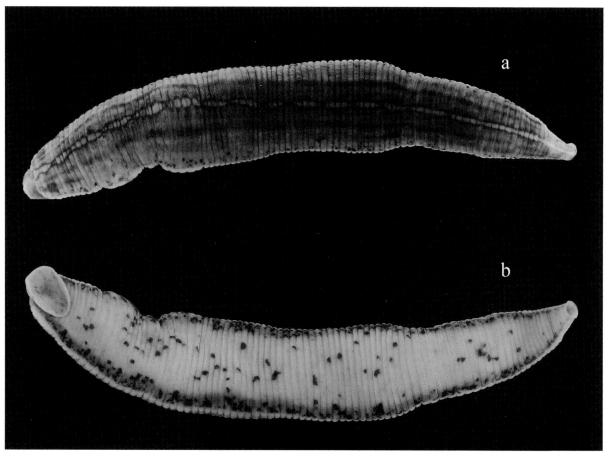

光润金线蛭 *Whitmania laevis*
（陈会明 摄）

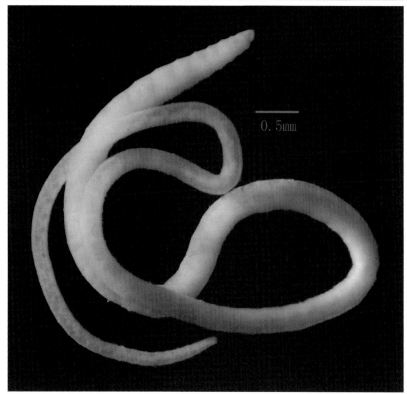

中华河蚓 *Rhynacodrilus sinicus*
（陈会明 摄）

◎甲壳动物

葛氏华米虾 *Sinodina gregoriana*（陈会明 摄）　　中华长臂虾 *Palaemon sinensis*（陈会明 摄）

克氏原螯虾
Procambarus clarkii 幼体
（陈会明 摄）

克氏原螯虾
Procambarus clarkii 背面观
（陈会明 摄）

◎ 软体动物

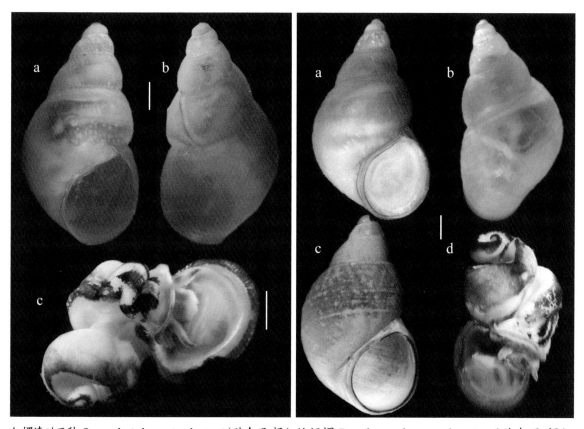

钉螺滇川亚种 Oncomelania hupensis robertsoni（陈会明 摄） 纹沼螺 Parafossarulus manchouricus（陈会明 摄）

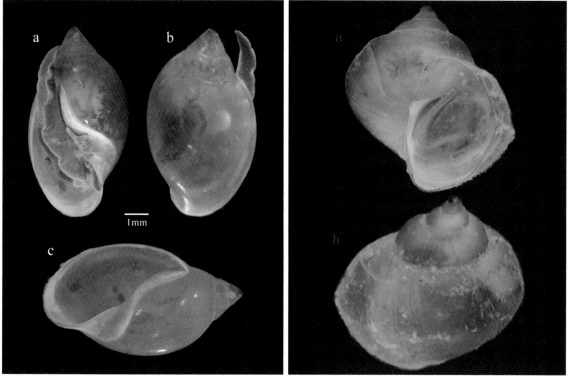

尖膀胱螺 Physella acuta（陈会明 摄）　　　　铜锈石田螺 Sinotaia aeruginosa（陈会明 摄）

◎ 蜘蛛

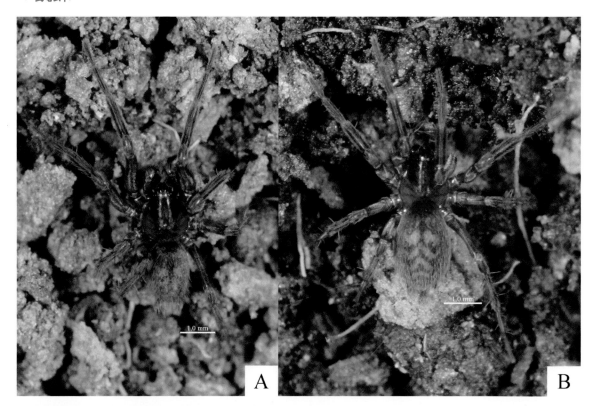

威宁栅蛛 *Hahnia weiningensis*（陈会明 摄）

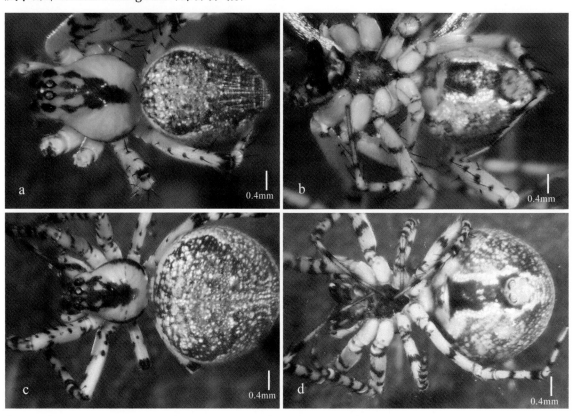

威宁后蛛 *Meta weiningensis*（陈会明 摄）（a. 雄蛛背面观；b. 雄蛛腹面观；c. 雌蛛背面观；d. 雌蛛腹面观）

◎昆虫

草海芳飞虱 *Fangdelphax caohaiensis*（陈祥盛 摄）

昆明竹飞虱 *Bambusiphaga kunmingensis*（陈祥盛 摄）

曲缘蜻 *Palpoleura*（陈祥盛 摄）

狭带条胸蚜蝇 *Helophilus virgatus*（陈祥盛 摄）

◎鱼类与蛙类

彩石鲋 *Pseudoperilampus lighti*（赵海涛 摄）

草海云南鳅 *Yunnanilus caohaiensis*（赵海涛 摄）

棘腹蛙 *Paa boulengeri*（王延斌 摄）

绿臭蛙 *Odorrana margaratae*（王延斌 摄）

云南小狭口蛙 *Calluella yunnanensis*（王延斌 摄）

昭觉林蛙 *Rana chaochiaoensis*（王延斌 摄）

◎鸟类

斑头雁 *Anser indicus*（安金黎 摄）　　钳嘴鹳 *Anastomus oscitans*（安金黎 摄）

灰雁 *Anser anser*（安金黎 摄）　　苍鹭 *Ardea cinerea*（安金黎 摄）

鸟的天堂（安金黎 摄）

◎鸟类

白骨顶 Fulica atra（匡中帆 摄）

赤麻鸭 Tadorna ferruginea（安金黎 摄）

小䴙䴘 Tachybaptus ruficollis（匡中帆 摄）

赤颈鸭 Anas penelope（安金黎 摄）

斑嘴鸭 Anas poecilorhyncha（安金黎 摄）

赤膀鸭 Anas strepera（匡中帆 摄）

绿头鸭 Anas platyrhynchos（安金黎 摄）

赤嘴潜鸭 Netta rufina（匡中帆 摄）

◎鸟类

反嘴鹬 *Recurvirostra avosetta*（安金黎 摄）

青脚鹬 *Tringa nebularia*（安金黎 摄）

鹤鹬 *Tringa erythropus*（匡中帆 摄）

黑翅长脚鹬 *Himantopus himantopus*（安金黎 摄）

黑颈鹤 *Grus nigricollis*（安金黎 摄）

◎鸟类

斑头鸺鹠 *Glaucidium cuculoides*
（安金黎 摄）

大鵟 *Buteo hemilasius*
（匡中帆 摄）

红隼 *Falco tinnunculus*
（匡中帆 摄）

扇尾沙锥 *Gallinago gallinago*
（安金黎 摄）

燕隼 *Falco subbuteo*
（匡中帆 摄）

戴胜 *Upupa epops*
（安金黎 摄）

紫水鸡 *Porphyrio porphyrio*（安金黎 摄）

红嘴鸥 *Larus ridibundus*（安金黎 摄）

大斑啄木鸟 *Dendrocopos major*（匡中帆 摄）

◎鸟类

点胸鸦雀 *Paradoxornis guttaticollis*（安金黎 摄）

小云雀 *Alauda gulgula*（匡中帆 摄）

小鹀 *Emberiza pusilla*（匡中帆 摄）

乌鸫 *Turdus merula*（安金黎 摄）

黑头金翅雀 *Carduelis ambigua*
（匡中帆 摄）

红头长尾山雀 *Aegithalos concinnus*
（安金黎 摄）

灰卷尾 *Dicrurus leucophaeus*
（安金黎 摄）

酒红朱雀 *Carpodacus vinaceus*
（安金黎 摄）

栗背短翅鸫 *Brachypteryx stellata*
（安金黎 摄）

紫啸鸫 *Myophonus caeruleus*
（匡中帆 摄）

31

◎工作掠影

浮游生物采集

水样采集

鸟类观察（匡中帆 摄）

地质调查（莫世江 摄）

水生植物标本采集

土壤动物采集